高功率激光手册

High-Power Laser Handbook

［美］Hagop Injeyan，Gregory D. Goodno　著

万学斌　王小军　高清松　周　军　等译
　　　郑建刚　冯国斌　周　朴

国防工业出版社

·北京·

著作权合同登记 图字:军-2015-053号

图书在版编目(CIP)数据

高功率激光手册/(美)格雷戈里·D.古德诺
(Gregory D. Goodno),(美)哈古普·因杰扬
(Hagop Injeyan)著;万学斌等译.—北京:国防工业出版社,2018.11

书名原文:High-Power Laser Handbook

ISBN 978-7-118-11711-0

Ⅰ.①高… Ⅱ.①格… ②哈… ③万… Ⅲ.①大功率
激光器—手册 Ⅳ.①TN248-62

中国版本图书馆 CIP 数据核字(2018)第 260992 号

※

国防工业出版社出版发行

(北京市海淀区紫竹院南路 23 号 邮政编码 100048)

三河市众誉天成印务有限公司

新华书店经售

*

开本 787×1092 1/16 印张 27¼ 字数 617 千字

2018 年 11 月第 1 版第 1 次印刷 印数 1—1800 册 定价 120.00 元

(本书如有印装错误,我社负责调换)

国防书店:(010)88540777 发行邮购:(010)88540776

发行传真:(010)88540755 发行业务:(010)88540717

关于作者

Hagop Injeyan 博士

近期刚从诺思罗普·格鲁曼宇航航空航天系统公司退休。他自 1982 年起就在该公司工作,并在 1999 年成为公司的技术委员。此外,他目前还是加州州立大学(洛杉矶)的教授。Injeyan 博士拥有 22 项美国发明专利,以及 20 余篇国际学术期刊论文,涉及化学激光、固体激光和非线性光学等领域。他还曾任先进固态光子学(ASSP)会议大学主席以及激光与光电子(CLEO)会议组委会专题主席。

Gregory D. Goodno 博士

现任诺思罗普·格鲁曼宇航航空航天公司资深科学家。他自 1999 年起在该公司工作,迄今已发表 50 余篇学术论文和专利,涉及非线性超快光谱学、光束合成以及高功率板条和光纤激光等领域。现为先进固态光子学会议执行主席。

致　谢

感谢以下同志在本书的翻译和校对中的辛勤工作(排名不分先后):

窦玉焕,杜雪原,高松信,胡浩,胡曼,黄珂,蒋新颖,晋晓曦,姜曼,柯伟伟,雷敏,李守先,刘勤勇,苏华,尚建立,唐选,王振国,王雄,王兆坤,王子薇,严雄伟,于益,赵海川,邹峰。

序

由 Hagop Injeyan 和 Gregory D. Goodno 编著的《高功率激光手册》一书既全面又及时。之所以说本书是全面的,是因为它所讨论的激光技术包括了气体、化学和自由电子激光,尤其着重介绍了固体激光技术,包括半导体二极管激光、固体激光、光纤激光,以及功率定标和高能激光的应用。

之所以说本书是及时的,是因为 2010 年是红宝石激光诞生 50 周年纪念日,该激光器是由在加利福尼亚州马里布的休斯研究实验室的 Theodore Maiman 首先演示的。从开始人们就意识到激光在军事上将有非常大的用途,从雷达到远程切割金属。人们也意识到激光将提供空前的峰值功率聚合氢同位素。经过 50 年的发展,激光技术已经足够成熟到可以实现 20 世纪 60 年代的设想。

激光现在已经成为科研中必不可少的工具,范围包括生物、化学、物理以及应用物理和工程学。激光技术使得亚波长分辨率成为可能,反而很快成为一项生物学和神经病学中的极为有用的工具。激光器是电磁辐射最为精确的形式,它使得光学时钟具有史无前例的精确度(以宇宙寿命计,准确度小于 1s)。激光器还可以对人们所能够尝试的长度做最精确的测量。例如,它们可以在激光干涉引力波天文台(LIGO)长 4000m 的臂上测量光波长的十亿分之一的长度变化,这个观测台可对穿过宇宙的引力波进行直接探测。另外,激光器还可以控制分子和原子,从而改变和控制化学反应或者将原子冷却到单量子状态,即波色爱因斯坦凝聚。

激光还可以优化材质。通过激光冷锻喷气发动机的涡轮叶片,可以提高发动机性能与可靠性。金属激光切割是制造业目前首选的工具。表面激光打标技术已经很普及,可以对众多的局部进行标示和追踪。激光经纬仪是专门用来测量方向和距离的工具,而激光水准仪提供了一个低耗简练的方式去水准测量天花板。

激光在方方面面影响着人们的生活,从医疗到娱乐到交通设施。每天有超过 10 亿次扫描是通过世界各地的收银台的激光扫描完成的。激光使得我们通过光纤通信而联系在一起,这是现代社会的支柱,远远超过 10 年前在速度和带宽方面的乐观预测。我们现在视频链接和在线下载电影不再需要打包传送。

目前的激光有效而实用。超过 20 种不同的激光可用来生产汽车。手机、笔记本电脑、电视生产时都需要用精密激光在微型电路或屏幕上钻孔、融合或调整连接。

某天激光作为精密武器用于防卫的梦想现在正在成为现实。大家都可以在网站 YouTube 上见证激光束用于照亮并摧毁导弹、迫击炮、火炮的视频演示。2009 年,随着一台 20% 效率、二极管泵浦激光器成功演示了超过 100kW 的平均输出功率,人们见证了高效、小型激光器走向武器的重要一步。我们是如何从 1984 年的 2mW 二极管泵浦激光器发展到今天的远超 100kW 的功率? 本书在讨论固态激光器之前先讨论这个过程,这将有助于理解激光技术的关键性突破,这个突破使得仅四分之一世纪内激光功率增加了100万倍。

  2009 年人们见证了世界最大激光器——用于研究激光核聚变的国家点火装置的兆焦级激光器的试运行。这个激光器利用激光能够在 3ns 内输送 1MJ 紫外光能量到目标这一独特属性,来研究激光核聚变的各个方面。初步的实验结果已经发表出来了,而且非常有发展潜力。实验的目的是通过实现实验室里的核聚变燃烧达到对物质更为深入的理解。当物质被压缩成高温高密度的物质时,将导致更有效的聚变燃烧。下一步将是设计并制造出一种激光器,它能够以 10Hz 重复频率驱动核聚变过程,并用于聚变能源。

  过去 50 年来,激光技术取得了令人瞩目的成就。本书从参与并对激光技术有贡献的专家们的成就中节选了部分。对于头 50 年激光技术的理解和应用可以让我们对未来50 年的发展有一个小小的窥视。当然对未来进行预测是很困难的。我揣测我们将极大低估激光技术的发展以及激光技术所能达到的应用广度。

Robert L. Byer

前　言

过去的 10 年间,高能激光在各方面的发展都取得了非凡的进步。在气体、固态、光纤、自由电子、化学以及半导体激光器方面的技术进步,使得能量、效率、光束质量以及可靠性都达到了空前的状态。与此同时,通常是具有推动性的,激光源发展中的进步,使得激光进一步渗透到商业、军事和科学应用的不同区域,从传统激光加工到更多的机密应用,如定向能武器。

对目前高能激光技术工艺水平的了解是很重要的,不仅仅是针对激光工程师,也是针对系统工程师、光学设计师、应用工程师以及技术管理人员。应用工程师或系统设计师经常把激光源看作"黑匣子",他们对产生及发射光子的机制没有一个真正的理解。很多情况下,这种对某种给定的激光技术的内在优势或局限性的理解不够会导致无法进行最优化设计。

本书的一系列章节是请在各个技术领域中有名望的专家撰写的。这样编辑的目的是为高能激光目前最新的发展水平提供一个广泛的快速浏览。这种方法主要是现象学的,目的是为读者提供一个对各种各样激光技术的主要特征的直观性理解,而给有兴趣的读者留下一些文献参考的基本物理出处。这种流线化方法的主要目的是为了涵盖更为宽泛的高能激光技术以及应用,而不仅仅限于在单卷里所能够得到的。

在这里特别提出,编撰此书的目的在于:

· 描述每个重要类别的激光所特有的最先进的性能参数;

· 既为多种类型的激光工作模式,也为限制它们性能和有效性的工程或物理约束提供评估;

· 提供实际分析工具,以及真实世界的应用实例,这样读者可以根据他们的需要分辨适当的激光光源。

我们希望本书能够成为有用的参考,既可以服务于直接工作在高能激光发展领域的人,也可以服务于不是激光专家但希望鉴定适当的激光性能和技术的工程师。本书适用于职业工程师,他们在光学物理方面有一些背景但本身又不一定是激光方面的专家;也可以作为大学的激光技术课程参考材料。

Hagop Injeyan

Gregory D. Goodno

引　言

本书的每个章节可以看作特定激光技术的独立介绍。我们把级别类似或者技术相关的章节编制成组,目的在于为不是激光专家的读者提供一些结构和建议阅读的顺序。

第1篇(第1章到第4章)涵盖了基本的功能,并讨论了高能气体的、化学的和自由电子激光器的专业技术最新发展状况。这些技术在某些方面是成熟的,随着研发兴趣转入更新的固相技术,在这些领域研发的投资在数年前全都处于巅峰状态。最近的有重要意义的研发活动仍然在继续,是与工业和军事应用有关的,在光源产生方面的进步保证它们涵盖了所有关于高能激光的论述。

第2篇(第5章和第6章)包含了半导体二极管激光,以及与封装、可靠性、光束整形和传输相关的技术。二极管激光器是到目前为止研制出来的、具有最广泛应用和经济性的激光技术。高亮度、光纤传输二极管激光系统的出现使得材料加工有了很多新的应用。而且,作为光泵浦源,二极管激光器使得固体激光器有了革命性发展,并使得光纤激光器成为新兴的、有前途的领域。第5章介绍了与半导体二极管激光单管有关的基本概念,包括它们的制造、封装、性能和定标能量。第6章把这个讨论延伸到封装、功率定标以及巴条和阵列的光纤耦合,此外还涵盖了与高亮度半导体激光相关的应用。

第3篇(第7章到第14章)讲述固体激光器(SSL)。这部分反映了过去10年投入在SSL技术研发的相对规模,也反映了定标方法的多样性,后者取决于目标是高连续波(CW)功率、高脉冲能量还是高峰值功率。对部分研发团体的持续高水平关注将固体激光技术提升到其他技术之上,如作为在峰值和平均功率、脉冲能量以及脉冲宽度等方面最高性能的电激光器。这种兴趣反过来也促成了庞大多样的,在材料加工、惯性聚变、防御、光谱学以及强场物理研究方面的应用。固体激光部分首先是一个简短介绍(第7章),概述高能固体激光器以及它们独特的功能。第8章和第9章将讨论能量可定标的连续波以及"之"字形板条激光器。第10章介绍另一个主要的连续波可定标的结构——薄片激光器。第11章讨论热容激光器的概念,这是与军事应用有关的功率定标的可能方法,允许进行数秒的"冲击"模式运行。第12章介绍超快固体激光器,其用于产生短脉冲的设计必须与来自平均功率(脉冲重复频率)定标的要求相平衡。第13章通过对以高重复频率、短脉冲为目标的薄片几何能力的讨论进一步说明这个平衡。第14章回顾最近完成的用于聚变能源研究的国家点火装置激光器,这代表了到目前为止所建造的最为复杂和脉冲能量最高的激光系统。

第4篇(第15章到第18章)介绍几年来发展最快的高能技术——光纤激光器。光纤激光器可认为是固体激光器的一个特殊子集,然而,由于在导光和热移除方面引人注目的几何性质,它们为功率定标和包装封装提供了一个独特的技术平台,这保证了它们可以独占本书的一部分。第15章就光纤激光器做了全面的介绍，从光波导和光纤模式的基本特点到常用的各种不同类型的光纤。此外，还介绍非线性效应，这种效应限制了输出功率的进一步定标能力。第16章对这些非线性限制的细节进一步挖掘，因为它们直接限制在光纤中产生高峰值功率。第17章将这些关于峰值功率定标的讨论扩展到超快啁啾脉冲放大器，这种放大器的脉冲光谱保真度在短脉冲产生中起到了至关重要的作用。第18章回顾高平均(CW)功率光纤激光器的性能和工程化，也介绍它在通常的工业和国防方面的应用。

第5篇(第19章)回顾光束合成技术的不同方法。平行合成很多束激光，可以使光束合成系统达到远超过任何单一激光器的性能。一些体现目前最高水平的对于空间亮度或者脉冲能量的演示，都是源自光束合成。尽管光束合成技术本质上不是一种激光技术，但当底层的激光技术足够成熟，却不满足空间亮度要求时，它被认为是非常重要的；这主要是由国防应用所驱动的。

目　录

第1篇　气体、化学和自由电子激光

第 2 篇　二极管激光

第5篇　光束合成

第 1 篇　气体、化学和自由电子激光

第1章

二氧化碳激光器

Jochen Deile

TRUMPF 有限公司激光部经理,康涅狄格州法明顿市

Francisco J. Villarreal

TRUMPF 有限公司激光学科首席科学家,康涅狄格州法明顿市

1.1 引言

二氧化碳(CO_2)激光器在过去的几十年里得到了深入研究。虽然它已经不再是学术界的研究热点,但在工业领域中以单模块或集成多模块的方式工作的 CO_2 激光器仍然被广泛应用。典型的工业应用包括金属切割和焊接,塑料、织物及玻璃等非金属材料的加工,打标和编码等;以及在医学、牙科和其他科学领域中的应用。据统计,2008 年全球工业激光产值共计 60 亿美元,其中激光切割的份额约占 25%。一台 CO_2 激光器几乎能加工所有类型、任意厚度的材料,这种通用性使得 CO_2 激光器获得了很大成功。

在历史上,与其他类型激光器相比,CO_2 激光器产生的激光功率更高、光束质量(BQ)更好、成本较低。20 世纪 80 年代 CO_2 激光器就已经实现了数千瓦的输出。将氮气(N_2)注入激光气体[1]以提升 CO_2 分子的激励方式是 CO_2 激光器发展历程中的一个重要突破。技术的进步不但有效地减小了激光器的体积,而且使其能完全适应工业环境的要求。另一个重要的技术突破与其可靠性相关,来自射频(RF)激励方式的引入。虽然 CO_2 激光不能采用光纤引导传输,同时一些现代激光技术具有更高的效率,但得益于激光器自身波长($10\mu m$)特点和资金投入小等优势,CO_2 激光器在很长一段时间内仍将继续获得应用。

设计一台稳定的工业用 CO_2 激光器,需要掌握多学科的知识,包括光学谐振腔、气体化学、热力学、表面化学、射频/直流激励、放电物理和光束整形等。本章将对部分上述学科进行论述。因为许多激光书籍和相关文献对 CO_2 激光器物理过程的各方面进行过详细的介绍[2-5],所以本章只对典型工业应用中的相关知识进行概述。

1.2 主要参数

表 1.1 列出了 CO_2 激光的主要参数。

表 1.1 CO_2 激光器基本参数

参数	范围	典型值
量子效率/%	—	40
电光效率/%	10 ~ 30	20
插头效率/%	8 ~ 15	12
功率水平(连续输出)/kW	10^{-6} ~ 100	10 ~ 300W 2 ~ 10
波长/μm	9 ~ 11	10.6
功率水平(脉冲输出)/kW	10^{13}	
小信号增益 g_0/m^{-1}	0.5 ~ 1.5	
饱和光强 I_s/W/cm^2	100 ~ 1000	
光束质量 M^2	1 ~ 10	1.2
光斑直径(86%能量直径)/mm	3 ~ 30	20
聚焦直径/μm	15 ~ 600	200
偏振	—	线偏振

1.3 CO_2 激光原理

CO_2 分子具有线性对称结构,两个原子核的连线形成一条对称轴,并且在与该轴垂直的平面内存在面对称性。发射的激光波长取决于 CO_2 分子的低能态振动和转动能级。

将 N_2 注入激光气体,是 CO_2 激光器发展过程中的一个重要突破[1]。N_2 分子由两个相同的原子组成,不存在偶极辐射,所以电激励 N_2 分子非常有效。受激 N_2 分子的衰变只能通过与放电导管壁或其他分子的碰撞才能完成。由于 N_2 分子振动能级和 CO_2 分子 ν_3 振动能级之间的共振,N_2 分子中的能量可以很容易转移到 CO_2 分子中(图 1.2)。CO_2 的 (00^01) 能级仅比氮分子的 ν_1 振动能级的高 $\Delta E = 18cm^{-1}$,这远小于平均动能,因此在碰撞中 CO_2 的 ν_3 振动能级很容易被激发,从而使 N_2 分子的振动能量转移到 CO_2 分子中[2]。

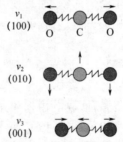

图 1.1 CO_2 分子简正振动模式

ν_1 对称模式;ν_2 二重简并振动模式;ν_3 非对称拉伸模式。

在一氧化碳(CO)和 CO_2 分子间也存在类似的效应。CO 产生于 CO_2 的放电解离,并常作为混合剂添加到扩散冷却 CO_2 激光器的激光气体中。放电过程中 CO 分子的激发截面非常大,而且 CO 振动能级和 CO_2 的 (00^01) 能级的能量差 $\Delta E = 170 cm^{-1}$,远小于平均动能,因此能量可以从 CO 分子转移到 CO_2 的 ν_3 振动能级。与 N_2 和 CO_2 分子间的能量转移相比,CO 与 CO_2 能级间能量差更大,且 CO 分子有偶极矩存在自发衰减,因此其能量转移效率较低。

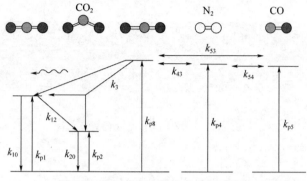

图 1.2　CO_2、CO 和 N_2 分子的振动能级

N_2 和 CO 由于电子撞击产生振动激发的截面非常大,所以能量通过 N_2 或 CO 转移到 CO_2 远比直接激励 CO_2 分子有效。根据 Hake 和 Phelps(1967)的研究,电子直接撞击激励 CO_2 分子的振动激发只能有效地产生于一段很窄的电子能量范围内[6]。而电子撞击 CO 和 N_2 分子的振动激发,在很宽的一段能量范围内都非常有效。电子能量为 1~3eV 时,CO 和 N_2 的激发效率最高。通过改变电压和激光气体混合物的比例,可以调整电子能量范围[2]。图 1.3 给出了 CO_2 中各种跃迁的小信号增益计算结果。

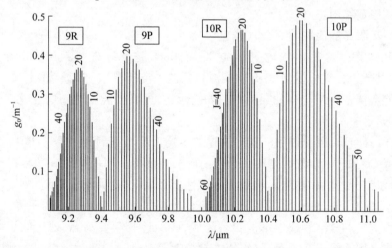

图 1.3　CO_2 频谱范围内小信号增益计算结果

注:激光器温度 $T = 520K$;RF 密度 $= 5 Wcm^{-3}$;He $= 73\%$;$N_2 : CO_2 = 2.75$[19]。

CO_2 激光器中的气体放电是一种典型的汤森放电,即气体电离过程。最初的少量自由电子在足够强的电场加速下雪崩增长,引起气体电离。当自由电子数量降低或电场强度减弱时,电离停止。

RF 放电可以分为诱导放电和电容放电两种,绝大多数激光器采用电容放电方式。

根据汤森系数 α 和 γ，电容放电又分为 α 型和 γ 型。系数 α 和 γ 代表电子产生的位置[4]。两种放电方式主要在鞘层阻抗、鞘层的功率耗散和电流密度等方面存在不同。通过放电路径上的密度和亮度分布可以很容易区分两种放电方式（图1.4）。γ 型放电的电流密度超过 α 型放电1个数量级，因此两种放电方式又常称为大电流放电和小电流放电。

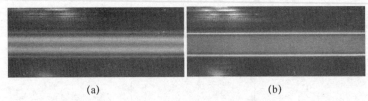

(a)   (b)

图 1.4 典型的 6mm 电极间距放电
(a) α 型放电；(b) γ 型放电。

CO_2 激光器中的气体通常是 CO_2、N_2 和氦气（He）的混合气体，为提升激光器某些特性，还需要掺入 CO、氙气（Xe）和其他气体。激光气体和冷却电极表面的温度梯度与热导率成反比，而 He 的热导率是 N_2 和 CO_2 的6倍，所以它能有效降低气体温度。100℃时，He 的热导率 $\kappa_{He}=0.17W/(m \cdot K)$。为实现高功率输出，电子能量被控制在 1~3eV；与该值相比，He 能级间的能量差超过20eV，所以 He 的存在不会对放电过程产生显著影响。由于热导率主要由混合气体中 He 的量决定，因此 He 的存在会加快热量的转移并降低下激光能级的热粒子数。此外，增益线宽与温度有关，并随着温度的降低而增大。由于扩散过程和热传导通过消除局部不均匀性对稳定放电过程非常重要，因此 He 的加入还可以对放电起到稳定作用。

扩散冷却激光的代表性混合气体也包括 Xe。浓度3%~5%的 Xe 会增加激光器的出光功率和效率。这是由放电过程中 Xe 的电子能量分布引起的。Xe 的电离能为12.1eV，比其他组分气体低2~3eV。相对较低的电离能会减小能量超过4eV的电子数，从而增加能量低于4eV电子的数目[7]。如前所述，该电子能量分布的变化有利于 CO 和 N_2 的振动激发。

水分子（H_2O）对激光器的性能有较强的影响。低功率封离式激光器中，为抑制 CO_2 分子解离成 CO 和 O，需要加入 H_2O 分子。而在加装有金属电极的高功率扩散冷却激光器中，过量水汽分子的存在会影响激光器的性能。因此，必须将其移除。当 H_2O 和氢气（H_2）的含量超过一定水平时，将对激光上能级弛豫过程会产生很大的影响

水会在电极和真空管表层形成单分子膜，去除该膜需要高温、低压的烘烤。为防止扩散冷却激光器系统中水汽过量，可以在真空系统中加入水汽吸附剂，如沸石。在快流激光器中，为防止气体污染和性能退化，会以较低的转移率不断更新气体。

如果不考虑镜面损伤等因素，CO_2 气体压强的长期稳定性以及材料放气及泄漏对激光气体产生的污染将决定封离式 CO_2 激光器的寿命。同样准封离式激光器的气体更新频率也与上述因素有关[8,9]。

由于 CO_2 分子的解离，CO_2 分子的压强会随着时间而改变[10,11]。如果不采取任何措施，产生激光的过程会打破气体内部 CO_2、CO 和 O 的初始平衡，并不断增加 CO 的比例，

直至反应不再产生。初始平衡与气体混合度、压力、RF 输入功率和电极材料等因素有关。达到初始平衡时,通常 50% ~ 70% 的 CO_2 会被解离。

气体放电中 CO_2 分子的解离由电子碰撞触发[12]:

$$CO_2 + e^- \Leftrightarrow CO + O + e^- - 5.5 eV \tag{1.1}$$

$$CO_2 + e^- \Leftrightarrow CO + O^- - 3.85 eV \tag{1.2}$$

以下方法可以用来稳定 CO_2 分压:

· 通过氧化或吸收过程消耗氧从而阻止气体电离时氧的产生;

· 使用催化剂,如金,加速从 CO 和 O_2 到 CO_2 的逆反应过程[11];

· 使用气体添加剂,如 H_2O 和 H_2[2];

· 使用 CO_2 供体[13];

· 使用预离解混合气体。

为保持 CO_2 气体分压,需要选择正确的激光器制造材料。根据质量作用定律,如果氧气分压减小,CO_2 气体分压也会降低。可以通过使用石英、陶瓷等非氧化性材料或者钝化金属材料避免氧气分压的减小。例如,通过铝和强氧化剂如硝酸的化学反应,可以钝化铝电极表面[8]。其他方法还包括阳极氧化和使用转化膜。使用催化剂加速从 CO 和 O_2 到 CO_2 的逆反应过程也可以维持 CO_2 气体分压。

最常用的稳定 CO_2 气体分压的方法是使用预解离混合气体,即在激光气体中加入 CO 气体,有时还会加入 O_2。该方法不仅避免了 CO_2 气体的离解还会阻碍 O_2 的产生。因为 O_2 会淬灭激光上能级和受激 N_2 分子[14],所以避免 O_2 的产生具有重要的意义[15]。

1.4 CO_2 激光器类型

与其他激光器类似,CO_2 激光器运行效率有限,因此有效转移激光气体的热量并将气体温度维持在 600K 以下对保持激光器的高效运转十分重要。目前,市面上有快流激光器和扩散冷却激光器两种 CO_2 激光器能有效从介质中转移热量。在快流激光器的设计中,气体在放电区域的循环速度能达到声速的 1/2,在循环至放电区域之前会通过热交换器对其进行冷却。而在扩散冷却激光器的设计中,激光气体和冷却面接触,通过热气体分子向水冷电极的扩散完成热量的转移。稍后本节会介绍这两种激光器。

还可以根据激励方式、设计以及运行模式等对 CO_2 激光器进行分类。激发 CO_2 激光可以使用中频(0.3 ~ 3MHz)、射频(3 ~ 300MHz)或微波(0.3 ~ 3GHz)激励气体放电。此外,还有封离式激光器、波导式激光器、横向激励大气压激光器和气动激光器等分类。下一小节将集中讨论当前工业应用中涉及的各种激光器。

1.4.1 扩散冷却 CO_2 激光器

扩散冷却 CO_2 激光器的功率 P_L 与表面积 A(决定了从气体中转移出的热量)及水冷电极间的距离 d 有关:

$$P_L \propto A/d$$

扩散冷却激光器的输出功率可以从数毫瓦直至 10kW。本小节以 1kW 作为高功率(大于 1kW)和低功率(小于 1kW)激光器的区分标准,并对常见的高功率扩散冷却激光器电极结构加以介绍。

1. 封离式低功率激光器

功率低于 1kW 的扩散冷却激光器通常以封离式模式工作,这意味着制造过程中激光气体被注入激光腔后在用户使用过程中不会进行更换。激光气体的典型寿命为 30000h。为保证激光气体的长寿命,在准备和气体介质相关的材料及决定真空系统泄漏率时(如 1.3 节中的讨论),一些事项需要特别注意。功率低于 300W 时,激光系统只需要空气冷却,不需要水冷。放电由嵌入激光头的 RF 发生器产生(图 1.5)。激发频率范围为 40 ~ 80MHz。

图 1.5 典型的低功率扩散冷却激光器

注:顶部风扇提供空冷。RF 发生器整合在外壳上,控制界面使得激光器功率和脉冲频率可控[16]。

得益于紧凑的设计,封离式激光器可以方便地用于生产线的打标和编码系统,这也是这类激光器最主要的两个应用领域。其他应用领域还包括极薄金属片、金属箔的切割,以及塑料、织物、陶瓷和木材等非金属材料的切割。

2. 高功率扩散冷却激光器

功率超过 1kW 的扩散冷却激光器通常以准封离式模式工作,即激光器在工作过程中激光气体会被定期更换。典型的气体更换周期为 72h,由附加在激光器上的小气瓶提供。为实现最大限度的散热,激光器应具有较大的表面积和体积比。平板和同轴几何结构是最常见的设计,如图 1.6 所示。

图 1.6 高功率扩散冷却激光器典型结构

w—宽度;l—高度;g—间距。

波导激光器是典型的具有平板结构的扩散冷却激光器。电极间距 $d \approx 2\text{mm}$，较小的电极间距能确保激光器的有效冷却，但同时会在谐振强的损耗中增加波导损耗。为使波导损耗最小，必须非常精确地控制表面粗糙度和电极的布放。与平板结构相比，基座相同的同轴结构表面积增大 π 倍，因此其电极间距可以相应增大 π 倍而不减弱激光器冷却能力。更大的电极间距允许自由空间传播并减小谐振腔的内部损耗。对于自由空间传播的谐振腔，电极并不是其光学系统的组成部分，因此也降低了电极表面粗糙度以及电极布放的重要性。

稳定-非稳定混合谐振腔(图 1.7)产生的光束不具有旋转对称特征，不对称的特性使其不具有应用价值。使用光束整形透镜系统可以将该发散的光束整形成圆对称光束。整形后光束质量 $M^2 = 1.1$。

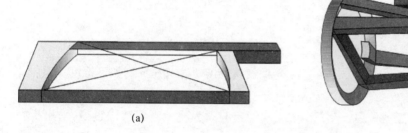

(a)　(b)

图 1.7　稳定 - 非稳定混合谐振腔
(a)具有平面电极结构的扩散冷却激光器中的稳定 - 非稳定混合谐振腔；
(b)具有同轴电极结构的扩散冷却激光器中的稳定 - 非稳定混合谐振腔。

非常好的光束质量使得该类激光器成为切割厚 0.5 英寸(1 英寸 = 2.54cm)左右金属板的理想选择。对于薄金属片，切割速度正比于焦点处功率密度而不是激光束的能量。而对于具有一定厚度的材料，切割速度由熔融材料的动力学特性和激光能量决定，与激光功率密度无关。

与快流激光器相比，扩散冷却激光器效率更低，因此产生单位能量激光所需要冷却和泵浦的耗费更高。但是扩散冷却激光器其他部件与快流激光器相比消耗更小且没有活动件(例如涡轮径向风机)，因此当快流激光器设计功率为 3.5 ~ 4kW 时，其实际耗费大于扩散冷却激光器。

1.4.2　快流 CO_2 激光器

快流激光器是最常用的输出功率超过 2kW 的工业用 CO_2 激光器。目前该种激光器已成为工业应用的中坚力量并革新了金属片的加工工艺。标准产品的输出功率已达 20kW，并且在一些特定项目中出现了功率高达 100kW 的快流激光器(图 1.8)。

在快流激光器中，射频能量通过与石英管相连的电极对气体放电。为保证激光器的运转效率必须对气体进行足够的冷却，激光气体从放电区域流入热交换器被冷却后，再由涡轮径向风机重新送入放电区域。在气体被重新送入放电区域前，涡轮径向风机产生的压缩热会被热交换器移除。激光功率 P_L 与可从激光气体移除的热量(由气体容积流

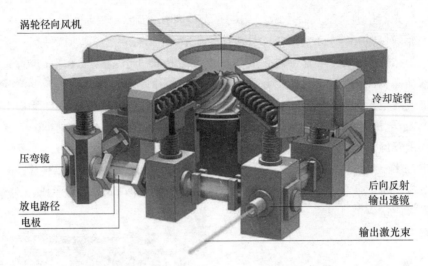

涡轮径向风机

冷却旋管

压弯镜

后向反射
输出透镜

放电路径
电极

输出激光束

图1.8 千瓦级快流激光器(来自 TRUMPF[20])

量 V 决定)、气体特性 f(f 代表分子的自由度)、气体温度 T 和气压 p 有如下标度关系:

$$P_L \propto pV(f-2)/T$$

图1.8所示的激光器采用长度约为6m的稳定腔。为使激光器结构紧凑,采用折叠式光学谐振腔(图1.9)。它产生旋转对称光束,典型的模式为 TEM_{00} 或 TEM_{01}。腔的耦合输出率为40%~60%。可以根据应用需求的不同,提供光束质量最适合的输出光束。

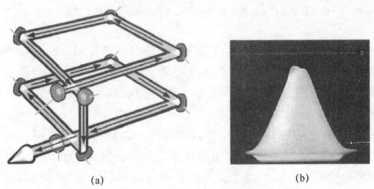

(a)   (b)

图1.9 千瓦级快流激光器折叠稳定腔和耦合输出光束密度分布
(a)折叠稳定腔;(b)耦合输出光束密度分布。

1.5 应用

图1.10示出了高功率快流激光器和扩散冷却激光器的典型应用。目前该类激光器最主要的应用还是切割领域,其他应用还包括激光焊接和表面处理。对材料加工中激光的应用详细介绍可以查阅美国激光协会出版的《激光材料加工手册》[17]。

在激光切割应用中,大部分高功率激光器用于二维平面切割,部分五轴激光器用于

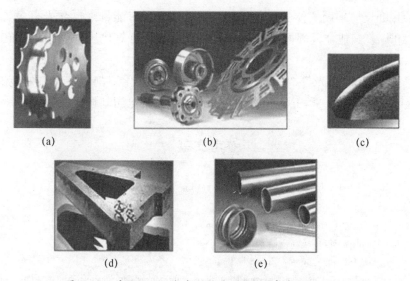

(a)　　　　　　　　　(b)　　　　　　　　　(c)

(d)　　　　　　　　(e)

图 1.10　千瓦级 CO_2 激光器的典型应用(来自 *TRUMPF*)

(a)深穿透焊接(8~15kW);(b)汽车部件的精确加工和焊接(1~8kW);

(c)表面处理(6~15kW);(d)金属片切割(1~6kW);(e)管和侧壁的连接焊接(1~15kW)。

三维切割。CO_2 激光器的多种特性使其可以应用于如下四种不同的切割加工:

(1)非金属材料的汽化切割。与其他加工不同,材料是汽化而不是熔化,因此不需要其他气体将切割处的熔化材料吹走。

(2)在低碳钢中最常用的氧化切割加工。如图 1.11 所示,氧气是辅助气体,在切割处的氧化过程会产生额外的热量来加快速度。如果切割后切口需要上漆,必须采取后续处理工艺去除氧化层。

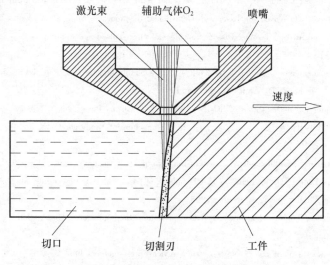

图 1.11　氧化切割中的辅助气体

注:氧化反应提供切割的部分热量;在熔化切割中,辅助气体不发生反应仅是移除切口处熔融材料。

(3)使用非反应辅助气体的熔化切割。该方法中所有能量来自激光自身。低碳钢、铝、不锈钢和许多其他合金都可以使用该方法。由于没有氧化层,工件无须加工即可上漆或焊接。

(4)高速切割,即激光等离子体切割,一种改进的熔化切割。在切口处能够汽化材料,加强吸收。该过程要求相当高的功率密度,因此和熔化切割相比,其切割质量较差。

参考文献

[1] Patel, C. K. N., "Selective Excitation Through Vibrational Energy Transfer and Optical Maser Action in $N_2 - CO_2$," Phys. Rev. Lett., 13: 617-619, 1964.

[2] Witteman, W. J., The CO_2 Laser, Springer Verlag, Berlin, 1987.

[3] Cheo, P. K., Handbook of Molecular Lasers, Dekker, New York, 1987.

[4] Raizer, Y. P., Gas Discharge Physics, Springer, Berlin, 1997.

[5] Willett, C. S., Gas Lasers: Population Inversion Mechanisms with Emphasis on Selective Excitation Processes, Elsevier, 1974.

[6] Hake, R. D., and Phelps, A. V., "Momentum-Transfer and Inelastic Collision Cross Sections for Electrons in O_2, CO, and CO_2," Phys. Rev. Lett., 158: 70-84, 1967.

[7] Novgorodov, M. Z., Sviridov, A. G., and Sobolev, N. N., "Electron energy distri-bution in CO_2 laser discharges," IEEE Journal of Quantum Electronics, QE-7(11): 508-512, 1971.

[8] Laakmann, P., and Laakmann K. D. Sealed-off RF-excited CO_2 lasers and method of manufacturing such lasers, United States Patent 4, 393: 506, 1983.

[9] Witteman, W. "High-Output Powers and Long Lifetimes of Sealed-Off CO_2 Lasers," Appl. Phys. Lett., 11, 1971.

[10] Macken, J. A., Yagnik, S. K. and Samis, M. A. "CO_2 Laser Performance with a Distributed Gold Catalyst," IEEE J. Quantum Electron., 25: 1695-1703, 1989.

[11] Heeman-Ilievva, M. B., Udalov, Y. B., Hoen, K., and Witteman, W. J. "Enhanced Gain and Output Power of a Sealed-Off RF-Excited CO_2 Waveguide Laser with Gold-Plated Electrodes," Appl. Phys. Lett., 64: 673-675, 1994.

[12] Smith, A. L. S., and Austin, J. M. "Dissociation Mechanism in Pulsed and Continuous CO_2 Lasers," J. Phys. D: Appl. Phys., 7(2), 1974.

[13] Malz, R., and Haubenreisser, U. "Use of Zeolites for the Stabilization of CO_2 Partial Pressure in Sealed-Off CO_2 Waveguide Lasers," J. Phys. D: Appl. Phys., 24, 1991.

[14] Center, R. E. "Vibrational Relaxation of CO_2 by O atoms," J. Chem. Phys., 59, 1973.

[15] McNeal, R. J., Whitson, M. E., and Cook, G. R. "Quenching of Vibrationally Excited N_2 by Atomic Oxygen," Chem. Physics Lett., 16, 1972.

[16] Universal Laser Systems. (Online) http://www.ulsinc.com/products/features/index.php, 2010.

[17] Ready, J. F., and Farson, D. F. (eds.). LIA Handbook of Laser Materials Processing, Magnolia Publishing, 2001.

[18] Vogel, H. Gertson Physik, Springer, Berlin, 1995.

[19] Schulz, J. "Diffusionsgekuehlte, koaxiale CO_2-Laser mit hoher Strahlqualitaet," Dissertation. s. l. : RWTH Aachen, 2001. Bd. Dissertation.

[20] TRUMPF: http://www.trumpf.com/en/press/media-services/press-pictures.html.

第2章

准分子激光

Rainer Paetzel
相干公司,迪堡,德国

2.1 工作原理

准分子激光器是目前功率、效费比和可靠性最高的脉冲紫外(UV)激光源。自1970年莫斯科列别捷夫物理研究所 Nikolai Basov 等人[1]第一次在实验上实现准分子激光输出后,它经历了快速发展。准分子激光独特的输出特性使其成为医药、微电子、平板显示、汽车、生物医学设备和替代能源市场等不同行业增长的革新力量。

本质上,准分子激光器是一种辐射脉冲紫外线的气体激光,"准分子"是激发态聚合物的简称,是由两个相同组分聚合形成的激发态分子。准分子激光器的激活介质是稀有气体的聚合物(如氩(Ar)、氪(Kr)或氙(Xe)),以及卤化物(如氟(F_2)、氯(Cl_2))。在合适的放电激发条件下,生成只在受激状态下存在的激发态分子并产生紫外波段的激光辐射。激光辐射的精确波长由所使用的混合气体决定[2]。

表2.1列出了准分子气体介质及辐射激光的波长,其中五种商业应用广泛的是351nm的氟化氙(XeF)、308nm 氯化氙(XeCl)、248nm 的氟化氪(KrF)、193nm 的氟化氩(ArF)、157nm 的氟气(F_2)激光。在这些波长中,308nm、248nm 和 193nm 涵盖了绝大多数的产品和应用。

表 2.1　准分子气体介质及辐射出激光的波长　　　单位:nm

H_2	Ar_2	F_2	Xe_2	ArF	KrCl	KrF	XeBr	XeCl	XeF
116	126	157	176	193	223	248	282	308	351

图2.1以简化的 KrF 反应图来说明准分子激光工作的基本原理。

稀有气体卤化物分子的形成是由双反应通道控制的。在离子通道中,带正电的稀有气体离子 Kr^+ 与带负电的卤素离子 F^- 在氖气或氦气等缓冲气体环境下再结合。在中性通道中,受激态的稀有气体原子 Kr^* 与卤素分子 F_2 发生化学反应,这些反应在纳秒时间

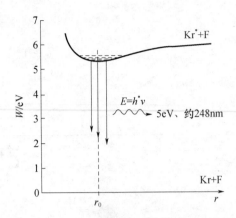

图 2.1 248nm 准分子激光从激发态到基态的电子跃迁图示

尺度内完成,上能级产物效率达到百分之几十。受激态的 KrF* 分子在上能级并不稳定,在几纳秒延迟后会通过光子辐射分解为 Kr 原子和 F 原子,随后基态的 Kr 原子和 F 原子又可用于下一个激发循环过程。由于激发速率必须和快速的淬灭过程、碰撞和无辐射弛豫过程进行竞争,因此需要很高的泵浦功率密度,这只能通过脉冲系统来获得。因此,从本质上讲准分子激光都以高峰值功率的脉冲模式运行的。

2.2 准分子激光器技术及性能

2.2.1 设计和技术概述

经过 30 多年的工业化,准分子激光器已进入高成熟期,一些设计方面的差异将准分子激光器与其他激光器结构区别开来。此外,准分子激光器提供的一些特殊的工作条件使一些特有技术得到发展。由于准分子激光器的混合气体工作介质包含一种低浓度的含氟或氯的卤素化合物,为避免消耗性的化学反应而进行的材料选择是极其重要的。在气体容积相对较大且压强达到 $6 \times 10^5 Pa$ 条件下的运行,需要保证密封且具有高强度的机械结构。激励过程需要使用超过 40kV 的放电电压,决定了激光器要使用有效的高介电强度绝缘子。上述性能的实现依赖于准分子激光器的设计、材料选择和生产工艺[3]。

准分子激光器的一个重要设计要素是激励方法。高压气体放电激励方式几乎是专门应用于高功率工业用准分子激光器系统的技术。此技术可以提供高达数焦的输出能量和数千赫的重复频率。放电装置集成于激光气室内,激光气室一般设计为高压气体腔(图 2.2)。

激光气室内的混合气体工作介质包含 0.05% ~ 0.5% 的卤素气体组分、3% ~ 10% 的惰性气体组分以及压强 $3 \sim 6 \times 10^5 Pa$ 的缓冲气体(氦气或氖气)。为了在放电不稳定性开始前就结束激励过程,准分子激光器采用短脉冲激励,典型的激光脉宽短至 10 ~ 30ns。

1. 放电回路
均匀气体放电的产生和控制技术是准分子激光器运转的关键。这项技术的关键部

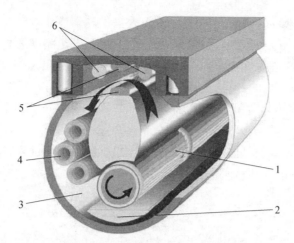

图 2.2 表面电晕预电离的准分子激光气室示意
1—循环风扇;2—静电过滤器;3—激光气室(压力容器);
4—热交换器;5—电极;6—表面电晕预电离。

分包括激光气体介质的预电离、放电电极、气体循环系统和高功率放电电路。

在准分子激光的术语中,"预电离"是指主放电开始前在放电区域内均匀注入电子和离子。获得均匀辉光放电、避免放电不稳定性产生所需的电子浓度为 $10^7 \sim 10^9 \mathrm{cm}^{-3}$。激励过程中的预电离技术和电极结构的使用决定了放电截面与放电质量,也决定了激光输出能量与效率。商用的高功率工业级准分子激光器通常使用火花放电或表面电晕放电中的一种来实现激光气体的预电离。对于一些特殊的设计,例如应用于基础激光研究的准分子激光器,为了利用大增益体积来获取每脉冲高达数百焦的激光能量,在结构设计时特别使用 X 射线,或者表面放电[4]来实现预电离,或者直接利用电子束泵浦来实现主放电。

在典型的预电离结构中,大量细小的预电离针在临近放电电极的绝缘介质表面排成一行。当应用快电压脉冲时,预电离针的作用类似于火花隙,在主放电开始前产生一个约 10ns 脉宽的表面诱导放电。多通道放电产生的紫外辐射足够电离电极间大面积的激光气体,产生密度至少为 $10^8 \mathrm{cm}^{-3}$ 的均匀初始电子。在当前高能准分子激光器设计中,在预电离针中间放置绝缘介质材料,从而产生可扩展至几毫米的表面诱导放电来代替原先形成的非常窄的放电通道。这种设计有效降低了预电离针的消耗,由此延长气体和电极寿命到 100 亿个脉冲以上。表面电晕预电离(SCP)通常在需要小的放电截面来实现高重频运行时使用,SCP 是低能量激光器和应用于缩微平板印刷激光器的首选设计。

为了保持最佳的激励能量密度,可以通过改变电极长度和放电宽度来增加有效的激光体积。在高压气体放电激光器中,放电电极的外形结构可以在放电区域内形成非常均匀的电场分布,并且避免在电极边缘形成场汇聚,否则会过早出现不稳定放电和电弧。电极的外形结构,包括宽度和轮廓,决定了放电的最大沉积能量,同时也决定了激光光斑的形状。电极必须经受大电流放电的烧蚀作用,以及气体中氟化物和氯化物的化学腐蚀作用。为了能够更好满足氟化物和氯化物化学属性的要求,专利合金得到发展并且使电极的腐蚀降到了最小。

　　为了满足粒子数反转的要求,要在短时间内提供高泵浦能量密度。准分子激光器常使用高电压电容回路(脉冲发生器)实现泵浦过程,通过放电将电能直接沉积到气体介质中去(图2.3)。泵浦结构包括可在很短时间内将电能注入放电系统的高效开关,以及同样需要精确设计的空间和时间结构,这决定了放电均匀性,同时影响输出光束的空间均匀性。为了获得所需的峰值电流和电压上升时间,高功率准分子激光器使用多级脉冲压缩技术;同时利用新型半导体开关实现的全固态开关技术,如半导体闸流管、矩形脉冲断路器(GTO)或绝缘栅双极晶体管(IGBT)。磁脉冲压缩回路通过多步将电能传递到激光腔内,类似于基本的电容转移回路(C—C转移回路)。

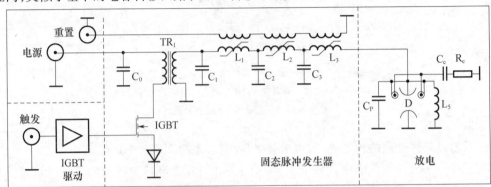

图2.3　包括全固态脉冲发生器和多级脉冲压缩的放电回路

C_0—储能电容;IGBT—(绝缘栅双极晶体管)固态开关;TR_1—变压器;$C_1 \sim C_3$—磁压缩回路电容;

$L_1 \sim L_3$—磁压缩电感;R_c、C_c—电晕预电离回路;D—放点电极(激光气室内);C_P—峰化电容;L_5—放电线圈。

　　固态主开关回路在较慢的时间尺度内将初级储能(C_0)转移到多级磁压缩回路中的次级储能(C_1、C_2、C_3),然后通过放电将能量迅速转移到激光腔内。图2.4是从低峰值功率到快的高峰值功率脉冲传输变换的示意。从C_0到C_1的转移利用了升压变压器,使初级充电电压C_0转换到次级回路所需的20~20kV高压。从C_0到最后的峰值电容(C_p),脉冲通常压缩为原来的1/100~1/50倍。电感L_1、L_2和L_3在感抗时间后饱和,然后迅速将能量传递到次级,随后可饱和电感在主动提供的重置电流作用下恢复到初始的不饱和状态。全固态开关技术是高可靠性工业用准分子激光器系统的重要进步,因为固态开关免维护,具有几乎无限的使用寿命。目前,所有高功率工业用准分子激光器和用于缩微平板印刷的高重频准分子激光器都使用了固态开关技术,常规免维护运行时间达到几万小时。

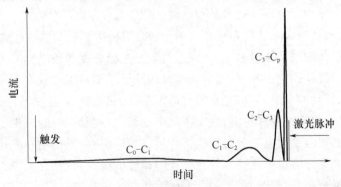

图2.4　从C_1到C_p的放电脉冲压缩过程

对于脉冲运行的气体放电激光器,激光脉冲源的初级储能电容必须在能量转移到放电单元前充电至预设的高电压,在高重频、高功率系统中,由于直流谐振充电的效率更高(大于90%)而得到广泛应用。开关式电源(SMPS)技术的优势使其成为商用准分子激光器充电方法的首选。

2. 气体循环,冷却和补给

由于在放电后放电区域内的气体不再保持热平衡状态,因此要在两个连续激光脉冲之间进行彻底更换。放置于激光气室内的横向循环风机在每一个激光脉冲后彻底置换主电极间的气体,并且在整个电极长度上提供均匀气流。在两个连续激光脉冲之间,放电区的气体必须完整地置换2倍以上,图2.5给出了高重频准分子激光器放电区内的气体流动状态。

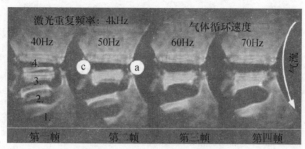

图2.5 电极间的气体循环

在图2.5的第二帧图中显示了电极的位置阳极(a)和阴极(c)可作为参考。正如图中所示,绿色氦氖激光扩束后纵向穿过放电区域。记录的每一帧图像与放电同步,激光重复频率固定在4kHz。图片显示了驱动电机频率在40Hz、50Hz、60Hz和70Hz条件下气体流速的变化情况。放电区域显示为黑色是由于被加热的气体因折射率变化对光的"阻挡"产生的。40Hz设置(第一帧图)对应于较慢的气体置换速度,放电区域被加热的气体是第四个激光脉冲所致,之前的第1、第二和第三个脉冲也都能看到。由于每个被加热的气体区域间隙较小,激光工作状态受气体的扰动而变得不稳定。随着气体流速的提高清除率也不断增加,当驱动电机频率在60Hz时达到足够的清除率且激光器工作状态稳定。对于高功率激光器,典型的气体循环流速在25m/s左右,而对于高功率和高重频运行的工业用准分子激光器,流速要到达50m/s以上。对于大放电横截面和高重频运行的高功率准分子激光器,在连续激光脉冲间隙清除放电区的气体是一件费力的事。建成的流动循环系统,其结构类似于气流喷嘴,可以优化放电区的流场,避免流场不均匀和电极表面的流场分离。通过风洞模拟对气体流动循环系统的细致设计,可以实现大横截面和高重频条件下气体流速和流场均匀性的优化。准分子激光器从输入电功率到输出紫外光功率的典型转换效率为2%~4%,多余的能量转换为废热有效地排出。激光气室内的强制循环将放电加热的激光气体送入热交换器,在这里激光气体再次冷却到适合工作的温度。对于所有的气体激光冷却系统,实现激光气体与热交换器之间的高效热传递是一个挑战。热交换器常利用闭环或开环系统的水作为冷却媒介,特别是在高重频运行模式下需要足够的接触面积来提供高性能的温度稳定性。另外,为了与横流风扇性能相匹配,气流经过热交换器的气阻要足够小。为了获得最佳输出,激光气室窗口必须加以保护以防止放电过程中产生的电化学腐蚀污染。激光气室窗口的外表面通常用干燥纯氮气进行清洗,去除环境空气中的气体污染物和杂质。因此净化系统是所有高功率高重频准分子激光器的标准装置。此外,主动和被动的污染物控制对于保持窗口内表面的清洁也是非常必要的。

通过优化污染物控制系统,准分子激光器的窗口寿命能够在每周7天,每天24h连续运行条件下超过100亿次脉冲。被动污染物控制通过选择耐用电极材料和激光气室及内部组件的合适材料开始,最彻底的是通过受控的钝化过程在所有激光气室内部结构上建立一层卤化物涂层,以及通过混合气体中的卤素成分与激光气室的反应避免污染物的产生。主动污染物控制是通过静电颗粒物过滤,以及在一些情况下使用低温颗粒物净化实现的。在有代表性的具体设备中,经循环风扇驱动产生的压力梯度指向流经静电和低温过滤器的主气流方向。在过滤器入口和出口之间的压差驱动下,不需要额外的主动风扇或气泵就能够实现装置内的稳定气流。实现电晕放电的导线使来流激光气体中的颗粒带电,通常过滤器中的气体流速降到1m/s以下从而使带电颗粒能够落在接地的过滤壁上。经过清洁的无颗粒气体流经多个缓冲盒返回到窗口附近的激光气室,缓冲盒的结构类似于声阻尼装置,这些盒子是为了在激光窗口前产生无湍流的气体流动,并且阻止冲击波传输到窗口。超过100亿个脉冲的窗口寿命已经成为当今拥有良好设计过滤系统的高性能工业用准分子激光器的标准。

由于电极放电导致的卤素气体消耗可通过卤素注入进行非常理想的补偿,通过先进的自主学习补给算法能够对激光混合气体中注入非常少的卤素气体而不影响注入过程的激光能量稳定性。补给速率依赖于激光器运行时间、注入能量和性能参数,如高压电平或时间脉冲宽度。运算法则能够保持高压电平,从而保持在单次充气条件下10亿个脉冲运行周期内所有基本光束参数的稳定。

3. 激光谐振腔

准分子激光器的典型谐振腔结构由平面镜组成,在这种结构中,后镜(RM)是镀有介质膜的平面镜,能够提供超过99%的高反射率。耦合输出镜(OC)也使用平面镜,其内表面有一定反射率实现激光振荡,外表面镀有介质减反膜来实现最佳的激光输出(图2.6)。耦合输出镜的反射率取决于准分子激光的波长和到靶能量,对于248nm或308nm的高功率激光可以小百分之几,而对于运行在低能量范围的小激光器反射率可以提高到50%。

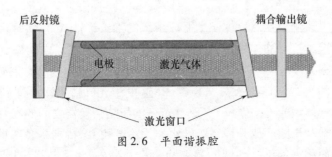

图2.6 平面谐振腔

　　平面谐振腔所容许的发散角由谐振腔几何结构决定。由于准分子激光脉冲宽度较窄,一般在 5~25ns,因此激光在谐振腔内只能振荡几个来回。这导致激光输出是有大的光束横截面积和一定发散角的多模光束。使用典型的平面谐振腔,准分子激光器输出激光的发散角达到 1~3mrad 同时具有和大的束参积(BPP),这是用光束口径乘以光束发散角计算得出的。对于高功率准分子激光,其束参积通常为 50mm·mrad。尽管这与其他类型激光器有很大差别,但这已被证明是许多大尺寸工业加工应用的重要优势;因为此时准分子激光束可看作一种低相干光源,所以可以避免斑点和干涉条纹。

　　图 2.7 是使用平面谐振腔的高能准分子激光器的激光光斑图样,准分子激光器的输出波长 248nm(KrF),脉冲能量 1J。光斑的测量使用包含光束衰减器和 CCD 相机在内的标准光束轮廓仪。光束截面积为 35mm×12mm,其中长轴方向的尺寸由激光电极距离决定。

　　光束在这个方向的能量分布呈现平顶轮廓,表现出一个均匀性和对称性都非常好的形态。对于很多应用,这种平顶能量分布非常有用,可以在不需要做进一步光束匀化的情况下在工作区域实现很好的均匀性。在另一个正交方向的能量分布曲线是由放电分布引起的,它主要由电极间隙、电极形貌,还有气体成分和气压等运行参数来决定。特别是电极形貌,经过多年的不断进步使不同气体介质的运行状态和寿命以及参数范围都得到了优化,在此方向其形状近似高斯光束。

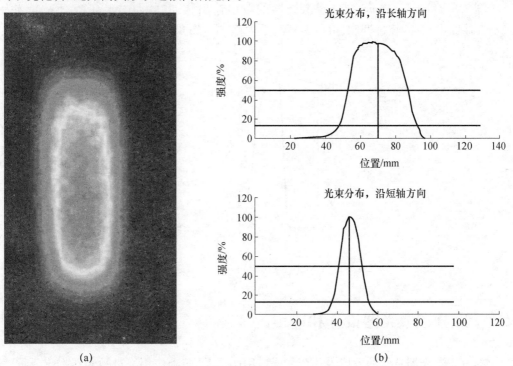

(a)　　　　　　　　　　　　　　　　　　(b)

图 2.7　CCD 相机测量获得的波长 248nm、能量 1000mJ 高能准分子激光器的光束形貌
(a)二维彩色显示;(b)一维强度分布。

　　对于准分子激光器的高亮度应用,激光束的发散角需要减小;要实现这一点,对谐振腔的容许角必须进行限制。对于这些高亮度应用,使用曲面光学元件的低发散角谐振腔得到发展并应用于许多技术方向。在基本概念中,谐振腔由球面镜组成,形成放大率为

M 的卡塞格伦系统,光束在谐振腔内按照放大率被扩束 M 倍,进而导致输出光束的发散角减小(见图 2.8)。实际使用的 M 值为 5～15,这使得亮度的幅值可以增加 2 个量级,在焦点处可以获得 $10kJ/cm^2$ 以上的能量密度。另一种杂化型低发散角谐振腔使用柱面镜对光束进行一维扩束,从而仅在一个期望的方向上减小光束发散角,这对于平衡两个维度的束参积,或者在一个方向上获得更好的聚焦光束而保持另一方向上具有较大发散角都非常有用。

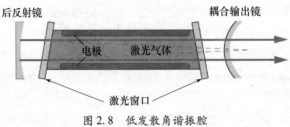

图 2.8　低发散角谐振腔

准分子激光器的激励由短脉冲实现。激光输出脉冲强度是在超过激光阈值后开始并迅速上升到最大强度。谐振腔内所有反转粒子的能量在几个振荡周期内被提取出来,此时可以观察到第二个和第三个极大值。

图 2.9 给出了 248nm 准分子激光器的典型输出脉冲,脉冲的半高宽(FWHM)为 22ns。在图中,脉冲经过调制,可以看到两个尖峰,尖峰的时间间隔为 9ns,这与谐振腔长度一致。

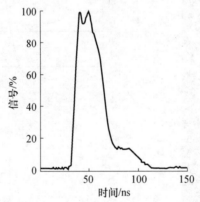

图 2.9　工作在 248nm、输出能量 650mJ 的 KrF 准分子激光器脉冲形状

2.3　准分子激光器设计和应用

准分子激光器技术的发展由几个主要应用所驱动,每项应用都对激光器提出不同需求,使其发展成为科研、医疗和工业领域非常成功的仪器。

2.3.1　高功率准分子激光器

高激光紫外波段是准分子激光器的主要工作区间,多年来对高功率的需求驱动着准分子激光器的发展。在 20 世纪 80 年代,利用准分子激光器实现数千瓦激光输出的几个项目受到全世界的关注[5]。尽管瞄准许多应用的兴趣已经褪色,如同位素分离,但是这些基础性发展所获得的成果仍然应用于今天的成熟商用准分子激光器中,代表性的输出功率 600W 的商用激光器已证明是可满足工业应用的。发展路线图表明,为了在工业应用中缩短加工时间,提高生产能力,需要超过 1kW 的功率水平。

作为高功率工业用准分子激光器的例子,图 2.10 展示了相干公司提供的 600Hz 重频运行的准分子激光器。所有激光组成模块都集成在一个激光器机柜内,机柜提供了包括气体、水、气流和电源等所有功能,同时作为激光气室的光学稳定基座。准分子激光器的核心部件是放电装置,它构成激光气室,包括气体和放电回路。激光器使用与磁脉冲压缩器和变压器相结合的固态开关,免除了激励回路的日常维护。通过机械结构的集成化可以在不更换脉冲发生器的情况下更换激光气室,从而进一步降低维护费用。高产率(功率为 600W)和高稳定性(均方根小于 0.5%),结合长寿命部件和单放电腔结构,运行费用得到大幅降低。

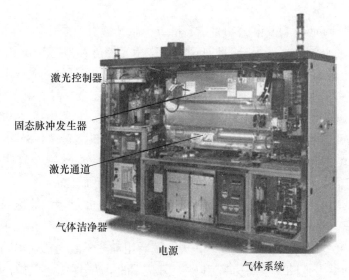

图 2.10　高功率工业用准分子激光器

为了与特种装备和工厂环境相结合,激光器的控制变得越来越重要,通过定制的激光控制面板和实时操作系统与计算机控制相结合,可以实现对所有激光参数的控制,包括脉冲到脉冲的基准、能量稳定性的主动控制、脉冲的时间延迟以及其他重要的激光参数控制。此外,控制器还提供完整的自动化数据记录功能,通过以太网协议与工厂主机的通信可以完全集成到制造工序中。

图 2.11 给出了激光脉冲的峰 – 峰值能量稳定性,柱状图是基于 6200 万个激光脉冲的运行测试给出的。超过 99.999% 的激光脉冲能量在 ±1.5% 的目标能量窗口内。这个稳定性是系统在生产条件下超过两天的工作周期内进行不间断的生产过程中保持的。在退火应用中,对单个激光脉冲的能量精确性要求非常敏感,实现这种非常严格的能量分布是实现高产的一项关键要求。

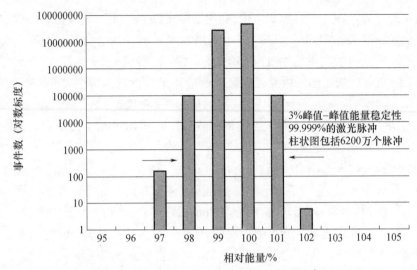

图 2.11　在波长 308nm、输出功率 540W、运行频率 600Hz
条件下对峰-峰能量稳定性测量的直方图

自 1975 年 Lambda Physik 公司首次将准分子激光器引入商业领域后,其性能得到迅速提高。首先是脉冲能量的提升,目前这种特殊激光器脉冲能量输出能够达到 10J。此外,应用于先进微缩平板印刷中的准分子激光器的重复频率已经达到 6kHz。准分子激光器性能的极大提升主要表现在输出功率的提高。1976 年,第一台商用准分子激光器利用输出波长 248nm 的最有效准分子气体(KrF)获得 2W 的紫外输出。到 1985 年为止,这类激光器仅能应用于科学研究,例如光电离、紫外化学和光谱测量。1985 年,商用器件已经能够获得 100W 的功率水平,这是利用辐射波长 308nm 的 XeCl 混合气体获得的,开启了准分子激光器的工业应用,包括聚合物剥蚀和其他材料的加工。

不久以后,功率水平和稳定性得到进一步提高,在 2000 年已经能够达到 300W 的功率水平,从而使准分子激光器在平面显示屏工业中得到广泛应用。在广泛的工业应用中,只有部分应用需要超过 100W 的激光功率,图 2.12 展示了商用准分子激光器输出功率的发展历程。2010 年,输出功率达到 1200W,高功率可以将工业应用的生产力和总经济效益最大化。

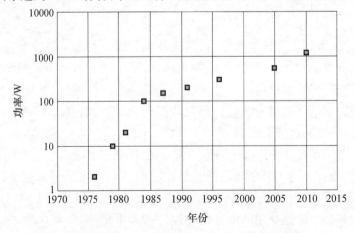

图 2.12　商用准分子激光器输出功率的路线图

2.3.2　微缩平板印刷术

准分子激光的深紫外波长与汞灯 365nm 的 I 线相比具有潜在优势,这一波长能够使准分子激光获得更小的特征尺度,其本身有助于促进大规模集成电路的发展,例如微处理器和存储芯片。在 20 世纪 90 年代初,248nm 的准分子激光器是主流缩微平板印刷的选择,当时主推 250nm 的特征尺度。这种激光器能够用于缩微平板印刷应用是因其能够提供非常窄的谱线宽度,从而能够在高功率高重频条件下实现步进透镜的高对比度操作。基于 248nm(KrF)的微缩平板印刷扫描器已经应用超过了 20 年,使用 193nm 的最先进设备已经能够实现 65nm、45nm、32nm 和 22nm 的设计点。

为了获得高分辨率图像,激光波长必须具有非常窄的光谱来避免色差。因此一些特别的线宽压缩方案得到发展,从而使输出光谱的宽度从自然的 0.5nm 降低到 0.1pm。对于先进的 193nm 准分子激光器在缩微平板印刷中的应用,双气室系统变成了标准配置。在这样的系统中,通过在振荡器的谐振腔中插入色散元件来获得窄光谱输出,典型的线宽压缩模块包括与自准直条件工作的闪耀光栅相结合的棱镜扩束器。振荡器的低功率输出通过第二个气室进行放大,在重频 6kHz 条件下达到 90W。两个气室的特定组合形成直线型主振荡器——功率放大器(MOPA)结构,或者可以在放大器级使用环形结构(图 2.13)。

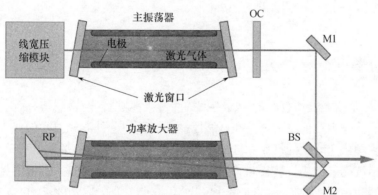

图 2.13　应用于微缩平板印刷的使用环形结构的典型两级 193nm 激光器
OC—耦合输出镜;M1,M2—反射镜;BS—分束器;RP—相延棱镜。

主振荡器输出窄线宽的低功率光束,其线宽由线宽压缩模块决定,振荡器输出通过反射镜 M2 直接进入放大器放大。相延棱镜(RP)将光束偏折,随后经放大后完全输出。分束器(BS)将小部分输出光束重新引入放大器进行第二程和第三程放大[6,7]。

2.3.3　LASIK

LASIK(激光辅助原位角膜磨削术)是通过光折射过程实现对角膜组织的直接切除,在世界范围得到广泛应用。1983 年,IBM 公司的 Trokel 和 Srinivasan 开始利用 193nm 准分子激光器进行光折射外科手术的开创性工作[8]。从那时开始,这一应用驱动着准分子激光器向极端紧凑化方向发展,并且工作在 193nm 的 ArF 激光器得到优化,满足医疗设备规程的所有严格要求,提供满足医疗应用需求的可长时间免维护运行和操作简单的激光器。在早期的光折射眼科手术中,使用具有较高功率的大型激光器,然而当今的趋势是使用能量范围 3 ~ 5mJ/脉冲、重复频率 200 ~ 1000Hz 的激光器,与高速精确扫描仪相结合的这一参数范围可以将治疗时间大大缩短。图 2.14 是相干公司生产的 ExciStar XS 台面准分子激光器。这一紧凑型激光器的尺寸仅有 650mm × 300mm × 410mm,可以很容易集成到医疗设备中。激光器输出 5mJ 脉冲能量,典型重复频率为 500Hz,并且通过建立的能量监测和反馈回路实现能量稳定。气体和部组件的长寿命可以达到超过 1 年的免维护运行时间。

图 2.14　ExciStar XS 台面准分子激光器

2.4　高功率准分子激光器的应用

目前,准分子激光器所拥有的独特光束特性使其能够将非特殊材料涂层改变为高价值的功能表面。作为目前成本效益和可靠性最高的脉冲紫外激光技术的代表,准分子激光器能够在多种快速增长的行业中带来革新,包括医疗,微电子、平板显示,汽车、生物医学设备和非传统能量市场。波长和峰值能量或峰值功率这两个基本方面的结合,决定了准分子激光器独一无二的价值,进而增加其在高技术工业中应用的潜力,包括对产品尺寸、效率和加工速度及生产成本性能等方面都要进行平衡的应用。

在 20 世纪 80 年代早期,Srinivasan[9] 对紫外窄脉冲激光与聚合物、聚乙烯或聚甲基丙烯酸甲酯(PMMA)等材料的独特相互作用进行了研究。利用光子能量高于基底材料键合能(例如 248nm 为 5eV)的高强度紫外准分子激光,可以产生独特的烧蚀机理。通过这些研究,形成了一个新的术语"冷烧蚀"来描述通过破坏化学键而非热分解清除聚合物材料的方法。正如该名称指出的,由于对紫外激光辐射的强吸收作用,这种方法对周围材料的影响非常小。193nm 激光应用于光折射外科手术是这些研究的直接成果,并且驱动了应用于受欢迎的 LASIK 的紧凑型低功率准分子激光器的发展。

在激光材料加工中能获得的光学分辨率与激光波长成比例。短波长的准分子激光器是市场上最精确的光学加工工具。依赖于激光波长、材料和光学系统,基于准分子激光器的材料激光工具能够实现特征尺寸 1μm 甚至更小的加工精度。利用短的紫外波长

进行微加工的优势可由下述最小特征尺寸(MFS)的方程给出:

$$\mathrm{MFS} \approx k_1 \times \frac{\lambda}{\mathrm{NA}}$$

式中:k_1 为加工因子;λ 为波长;NA 为数值孔径。

在实际应用中,数值孔径可以取 0.12,加工因子取 0.5,那么 248nm 准分子激光器能够获得的精度为 1μm。

此外,与短波长可以转化为更小的侧向结构相较,高光子能量(如 248nm 对应 5.0eV,193nm 对应 6.4eV)导致的材料的强吸收使得在垂直方向上对材料的损伤非常有限。事实上,准分子激光薄膜材料加工的深度分辨率在亚微米量级,并且依材料样品和波长的不同可达到 50nm/脉冲。

短波长可以直接被"透明"材料吸收,如玻璃、石英、聚四氟乙烯或者氧化物导电薄膜(TCO),这些材料可以在非常小的体积内与紫外激光辐射的直接相互作用,进而且将体加热效应降到最低。这一优势使准分子激光器在有严格控制热效应需求的材料加工中得到成功应用。图 2.15 给出了用准分子激光烧蚀玻璃的例子。图中类似火山口平面表明,准分子激光在整个照射区域内都能够实现非常好的均匀性。

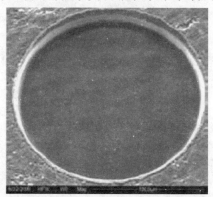

图 2.15　准分子激光的烧蚀坑(美国国家标准与技术研究院(NIST),马里兰州盖茨伯格;在玻璃上经 193nm、50 个激光脉冲辐照后获得)

2.4.1　高分辨率微加工

脉冲紫外激光的独特烧蚀特性使其能够实现空间分辨率的精确控制,在三维空间达到 1μm。为了充分发挥光学分辨率的优势,利用准分子激光进行微加工的典型装置结构如图 2.16 所示。准分子激光器的输出光束经过变形望远镜进行整形,并通过光束匀化器进行进一步匀化后照明掩模板,由掩模板图案决定的图样刻蚀在基底材料上。对于典型材料如聚酰亚胺,正电子成像术(PET)、聚醚醚酮(PEEK)和聚对二甲苯,典型激光能量密度取 $500 \sim 2000\mathrm{mJ/cm^2}$,可以实现 $0.1 \sim 0.4$μm/脉冲的烧蚀速率。利用这种结构,空间分辨率主要由波长和光学系统的数值孔径及像差决定,实际应用的数值孔径为 $0.05 \sim 0.2$,准分子激光应用可获得的典型分辨率从 10μm 到小于 1μm 不等。薄膜材料如经常在显示屏中作为 TCO 使用的锡氧化铟、氮化硅、聚对二甲苯缓冲层,都在微电子学和显示屏制造中广泛应用,它们都是通过单个激光脉冲烧蚀加工的。

对于厚材料的烧蚀可通过在同一点上加载多个脉冲完成,可通过精确控制实现几百纳米的烧蚀深度。利用准分子激光微加工完成的产品制造涵盖了非常广泛的工业和生产领域。准分子激光器小型化的发展趋势在微电子机械系统(MEMS)、医疗设备和电子元器件等领域带来新的机遇[10-12]。

1. 喷墨打印机喷嘴打孔

一个相关的工业应用是为喷墨打印机或液体和药品分配器的高精度喷嘴进行打孔。这种喷嘴阵列通常用厚 $10\mu m$ 的聚酰亚胺薄膜焊接而成,由于特殊的应用,喷嘴尺寸为 $2\sim50\mu m$,并且经常在圆度、出入口直径上有高精度要求,也需要严格控制锥角,孔尺寸公差小于1%,锥角变化小于1°。能量密度典型值为 $1000mJ/cm^2$ 的248nm准分子激光器被证明是能够在全天24h,每周7天的工业制造条件下,能够满足保持严格公差要求下实现重复性刻蚀加工的最佳激光器。在典型装置结构(图2.16)后,有多至300个喷嘴的完整喷嘴平面在同时加工,其结构类似于图2.17。利用100W的输出功率可以达到非常高的生产效率。

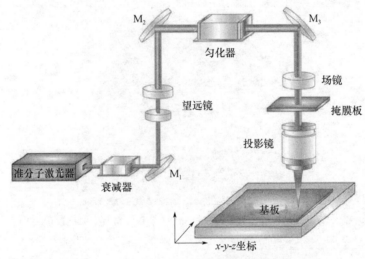

图 2.16 准分子激光微加工系统的典型布局

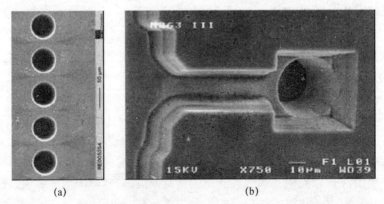

(a)   (b)

图 2.17 包括流动通道的喷嘴阵列和单个喷嘴(来源:LEXMARK)

2. 三维图形制作

为了在大尺度上获得高密度和周期性的三维立体结构,同步图像扫描技术(SIS)得到应用[13]。在这项技术中,希望获得的结构外形在烧蚀方向 z 轴上被分割为很多层,每一脉冲的烧蚀深度控制在 $0.1 \sim 0.2\mu m$。在这一过程中,基质材料由脉冲激光触发连续移动,从而与每一个设计的激光脉冲相吻合,基质材料以重复步长随每一幅图像精确移动。随着准分子激光的脉冲输出同步更换掩模板,从而对每一层都能够产生准确的烧蚀图样并最终在基质材料上形成期望的三维立体轮廓。

通过使用与产品对应的特定掩模板,利用重复图样创建的主模可以实现大尺寸的加工。这种方法的优势在于高功率准分子激光器能够用来加工数量庞大的大尺寸产品。图 2.18 给出了 PMMA 中显微透镜和梯度三维立体结构,可作为使用 SIS 技术进行加工的应用实例。

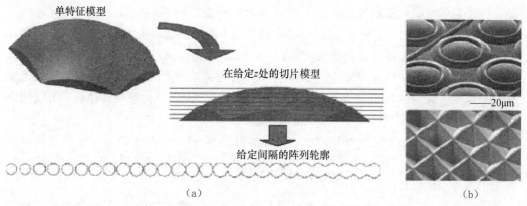

（a）　　　　　　　　　　　　　　　　（b）

图 2.18　同步图像扫描原理和利用 SIS 实现的结构样品[13]

（a）原理；（b）结构样品。

3. 传感器和电路的直接图案加工

高能准分子激光器能够利用单个脉冲完成大面积烧蚀。对于 1J 的典型激光能量,有效能量密度在 $800 \sim 1200mJ/cm^2$ 时能够完成大约 $1cm^2$ 的烧蚀(图 2.19)。单个激光脉冲能够覆盖完整的探测器和电路区域,并且通过对激光参数的恰当选择可以实现完整的加工图样。在单脉冲烧蚀加工过程,可以去除典型厚度 $50 \sim 100nm$ 的多种材料薄膜,如金、铜、ITO、氮化硅($SiNx$)。单脉冲烧蚀加工非常适合基底材料连续移动的同时激光脉冲连续输出的滚动加工过程。这种模式的高效生产率使得应用于医疗、制药和电子元器件的传感器生产成本大大降低。

图 2.19　准分子激光器加工获得的传感器电路结构(分割前)

2.4.2　高亮度显示屏

10多年来,全球平板显示屏在所有显示行业中展现出巨大的增长,从小的移动电话和汽车导航显示屏到大的家庭娱乐和广告宣传显示屏。新兴的显示技术,如有机发光二极管(OLEDS)或者基于可弯曲基底的显示屏,将进一步带动相关工业领域的迅速发展。近年来,低温多晶硅(LTPS)通过在高集成度有源矩阵液晶显示屏(AMLCD)、特别是最近的有源矩阵有机发光二极管显示屏(AMOLED)的成功应用证明了它的优势。

加工装备的发展使显示工业能够利用更大的玻璃尺寸并提升规模经济。对于LTPS,这一进步在准分子激光源上表现明显,尤其是在输出功率、发次稳定度,以及为了控制结晶过程将光束传输到基底材料的光束传输系统。退火过程需要对每一个激光脉冲进行严格控制,使得脉冲到脉冲(p2p)的能量稳定性成为激光器的最重要参数。近年来,在这一领域的发展本质上增加了有效激光能量,因此也满足了不断增加的对更大玻璃平面更高产量的需求以及对用于AMOLED的LTPS底板的需求。准分子激光能够将低电子迁移率的硅加工成为厚50nm的薄膜,支持应用于高精度AMLCD的薄膜晶体管(TFT)快电压开关的生产,也是出于AMOLED中电流驱动的需求。

数百瓦的输出功率使大面积快速加工成为可能,特别是实现了将电子迁移率提高到超过$100cm^2/(V \cdot s)$,这比非晶硅层的电子迁移率高出2个量级。多晶硅层(图2.20)允许电子更容易地通过其非常有序的晶格。

随着基于LTPS的显示屏和AMOLED显示屏份额的增加,显示屏制造采用更大规格玻璃,例如,应用于小型笔记本电脑显示屏的Gen5.5($1300mm \times 1500mm$)和应用于更经济的大尺寸OLED电视面板产品的Gen8($2200mm \times 2500mm$)[14]。为了满足节拍时间要求,对激光功率的要求超过1kW,同时线光束的长度至少达到750mm。

脉冲激光熔敷。在脉冲激光的应用中,高功率紫外波段准分子激光器对一些特殊材料的烧蚀非常有效,这可以使其沉积在各种其他材料的表面形成结构特性非常独特的薄膜。通过这种方法,可以沉积出多层薄膜,从而将靶材料的化学特性优势传递到基底材料上。超硬涂层[15]或者类金刚石碳(DLC)的生产是在工业领域广泛应用的实例。高温超导体(HTS)工业的出现是因其工作电流密度高于传统铜导线系统100倍,而成为从磁能存储到电能传输网络的解决方案。利用HTS建立的系统(通过液氮冷却)的技术优势包括高效率、大电流和高功率密度,以及与传统技术相比体积重量进一步降低。图2.21展示了传输相同电流所需的铜质电缆以及包含厚$1\mu m$超导钇钡氧化铜(YBaCuO)涂层的细小HTS带的数量。未来,HTS在成本和节能方面的潜力非常巨大,使得准分子激光器成为第一选择方案来打破技术屏障。HTS商业化的核心在于成本效益和高性能的薄膜熔敷技术[14]。

第二代超导体带由多层结构组成,基础是承受机械力的、熔敷了多功能涂层的不锈钢带。氧化铈(CeO_2)缓冲层和超导YBaCuO层经由308nm脉冲准分子激光熔敷而实现[16],在真空腔室内,准分子激光的每个脉冲从靶材料上只烧蚀很小部分,伴随产生的等离子体羽烟实现了靶材料的直接转移并熔敷在基底材料上。通过对激光工作条件的严格控制可实现最佳的烧蚀和薄膜的均匀熔敷。

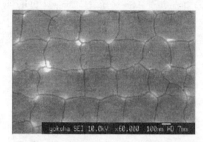

图 2.20 利用 308nm 准分子激光退火重结晶获得的高度有序排列的多晶硅涂层

图 2.21 这种薄的高温超导带
注:能够传输比它大得多的铜导线所携带的功率。

高功率准分子激光的使用范围在稳步增加,经工业需求驱动向小型化和高加工成本效益方向发展,包括淘汰了湿法化学加工法。各种应用和生产对准分子激光器技术的需求使其已经发展进入非常成熟的阶段。未来超过 1kW 的更高功率水平需求,以及激光加工工序的成本进一步降低成为先进准分子激光器技术背后的驱动力量,也为新的机遇铺平了道路。

参考文献

[1] Basov, N. G., et al., "Laser Operating in the Vacuum Region of the Spectrum by Excitation of Liquid Xenon with an Electron Beam," J. Exp. Theor. Phys. Lett., 12(S. 329), 1970.

[2] Rhodes, C. D., Excimer Lasers—Topics in Applied Physics, Vol. 30, 2nd ed., Berlin, Springer-Verlag, 1984.

[3] Basting, D., and Marowsky, G., Excimer Laser Technology, Berlin, Springer-Verlag, 2005.

[4] Borisov V., et al., "Conditions for the excitation of a wide-aperture XeCl laser with an average output radiation power of 1 kW," Quantum Electronics, 25: 408, 1995.

[5] Godard, B., et al., "First 1-kW XeCl Laser," Proc. CLEO 93, Baltimore, MD, 1993.

[6] Yoshino, M., et al., "High-Power and High-Energy Stability Injection Lock Laser Light Source for Double Exposure or Double Patterning ArF Immersion Lithography," Optical Microlithography XXI, eds. H. J. Levinson and M. V. Dusa, SPIE, Bellingham, WA, 2008.

[7] Fleurov, V., et al., "XLR 600i: Recirculating Ring ArF Light Source for Double Patterning Immersion Lithography," Optical Microlithography XXI, eds. H. J. Levinson and M. V. Dusa, SPIE, Bellingham, WA, 2008.

[8] Trokel, S. L., Srinivasan, R., and Braren, B.: "Excimer laser surgery of the cornea," Am. J. Ophthalmol., 96: 710-715, 1983.

[9] Srinivasan, R., et al., "Mechanism of the Ultraviolet Laser Ablation of Polymethyl Methacrylate at 193 and 248 nm: Laser-Induced Fluorescence Analysis, Chemical Analysis, and Doping Studies," J. Opt. Soc. Am., 3: 785-791, 1986.

[10] Herman, P. R., et al., "VUV Holographic Gratings Etched by a Single F2 Laser Pulse," OSA Conference on Lasers and Electro-Optics, Anaheim, CA, 1994.

[11] Stamm, U., et al., "Novel Results of Laser Precision Microfabrication with Excimer Lasers and Solid State Lasers," 1st International. Symposium on Laser Precision Microfabrication, SOIE, Omiya, Saitama, Japan, 2000.

[12] Paetzel, R., "UV-Micromachining by Excimer Laser," ICALEO, 2005. Excimer Lasers 41.

[13] Abbott, C. , et al. , "New Techniques for Laser Micromachining MEMS devices," SPIE, 4760: 281, 2002.

[14] Herbst, L. , Simon, R. , Paetzel, R. , Chung, S. -H. , and Shida, J. , "Advances in Excimer Laser Annealing for LTPS Manufacturing," IMID, 2009.

[15] Delmdahl, R. , Weissmantel, S. , and Reisse, G. , "Excimer Laser Deposition of Super Hard Coatings," SPIE Photonics West, 7581, 2010.

[16] Usoskin, A. , and Freyhardt, H. C. , "YBCO-Coated Conductors Manufactured by High-Rate Pulsed Laser Deposition," MRS Bulletin, 29(8): 583 – 589, 2004.

第3章

化学激光

Charles Clendening

诺思罗普·格鲁曼宇航航空航天公司技术委员,

加利福尼亚州,洛杉矶南湾

H. Wilhelm Behrens

诺思罗普·格鲁曼宇航航空航天公司流体和热物理学部主任,

加利福尼亚州,洛杉矶南湾

3.1 引言

有些化学反应的初生产物本来就处于非平衡能量分布状态,这些化学反应有潜力为实现激射所需的粒子数反转提供方便能源。

对化学激光感兴趣的一个重要原因是它们能用于可移动的高平均功率激光系统。最成功的候选者是氢的卤化物,特别是氟化氢(HF)和氟化氘(DF)以及化学氧碘激光(COIL)装置。预混和流动混合两种工作模式都已成功运行。光腔为超声速气流的兆瓦级连续激光装置已取得实验成功。一些预混装置依靠电解或光解来驱动引发,但引发器所需的功率与激光输出相当,甚至还大。因此本章对依靠电解驱动引发的预混装置不予过多讨论。

对能用于高功率激光(HEL)装置的气体流动化学激光感兴趣的原因有:

(1)化学反应提供能源。

(2)增益介质中的热量可由流动的气体连续带走。

(3)超声速气流的低密度使得对折射率梯度的控制相对容易,并获得可接受的光束质量。

本章将简单介绍化学激光背景;然后详细讨论典型的 HF 或 DF 和 COIL 化学激光器,最后讨论目前出现的其他化学激光器。

3.2 一般性背景

1961 年,Polanyi 和 Penner[1]通过对低压氢原子(H)和氯分子(Cl_2)火焰的研究,首先指出化学反应产生的粒子数反转可用来产生红外激光。在 1965 年,位于加利福尼亚大学的 Kasper 和 Pimentel[2] 利用光解引发氢氯爆炸,首次成功演示了化学激光出光。

实际上,无论是放热化学反应直接产生激发态激射粒子,还是化学反应产生的激发态粒子传能给别的激射粒子,已证实可定标放大成高功率的例子非常少。如果将化学激光的定义扩展,包含依赖于电解或光解产生的粒子来引发化学反应或实际提供主要反应物的那些体系,则化学激光体系的成员将明显增加。另外,也可以包括气动激光(GDL)。GDL 利用化学燃烧产生处于热平衡的热混合气体,然后将这些混合气体膨胀到超声速状态,利用分子不同的弛豫速率来实现粒子数反转。化学激光领域早期的主要耕耘者 Pimental 将化学激光涉及的化学反应进行了分类[3],见表 3.1。

表 3.1 Pimentel[4] 给出的化学激光化学反应分类

类型	例子
三原子交换反应	$F + H_2 \rightarrow HF^* + H$ $O + CS \rightarrow CO^* + S$
提取反应	$F + CH_4 \rightarrow HF^* + CH_3$
光解反应	$CF_3I + h\nu \rightarrow CF_3 + I(^2P_{1/2})$
消去反应基团复合	$CH_3 + CF_3 \rightarrow HF* + CH_2CF_2$
插入	$O(D) + CH_nF_{4-n} \rightarrow HF^* + OCH_{n-1}F_{3-n}$
加成	$NF + H_2CCH_2 \rightarrow HF^* + CH_3C-N$
消光反应	$H_2C-CHCl + h\nu \rightarrow HCl^* + HCCH$

值得注意的是,在表 3.1 所列的反应中,多数需要提供一个反应物是自由基或含能光子(或放电)以产生感兴趣的化学反应。实际上,这些化学反应体系中的多数是化学增强的"电"激光。例如,在光解碘激光器中,所需的紫外(UV)光子比光子产生的碘原子更具活性。在少数情况下,通过纯化学方法,例如燃烧驱动的氟分子(F_2)热分解,是可以产生自由基的。在有些情况下,利用链式反应可将所需的自由基数目降到最小。

新近也应包括液相中的纯化学反应体系,如:

$$2H_2O_2 + 2KOH \rightarrow 2HO_2^- + 2H_2O + 2K^+ \tag{3.1}$$

及

$$Cl_2 + 2HO_2^- \rightarrow O_2(^1\Delta) + H_2O_2 + 2Cl^- \tag{3.2}$$

在此过程中,产生了氧分子的电子亚稳态,或称为单重态;该态是 COIL 装置工作的基础,在 COIL 中能量从单重态氧传给碘原子而产生激光。其他类似的亚稳态的粒子还有单重态氯化氮(NCl)和单重态氟化氮(NF)。只有 COIL 装置利用了溶液中的自由基 O_2H^- 直接产生了激发态粒子能源。

本章主要介绍高功率连续波混合化学激光器。HF 和 DF 激光将作为常规例子进行详细讨论,然后介绍 COIL。最后简短讨论现存的其他化学激光。读者若想进一步了解,可参考 Gross 和 Bott[4]、Stitch[5]、Cheo[6] 以及 Endo 和 Walter[7] 等人著作及其所列文献。

3.3　氟化氢激光和氟化氘激光

卤化氢(HF 和 DF)激光是早期成功演示的化学激光之一,也是各类激光中能够定标放大到兆瓦级平均功率的为数不多的激光之一。这些分子激光基于振动和转动跃迁产生激射。作为详细的例子,图 3.1 给出了 DF 激光器硬件的布局,其中也标明了各处发生的化学反应。布局图是按比例画的,旁边的激光混合喷管图放大了 10 倍。燃烧室内的化学反应和激光腔相应的化学反应也示于图 3.1 中。

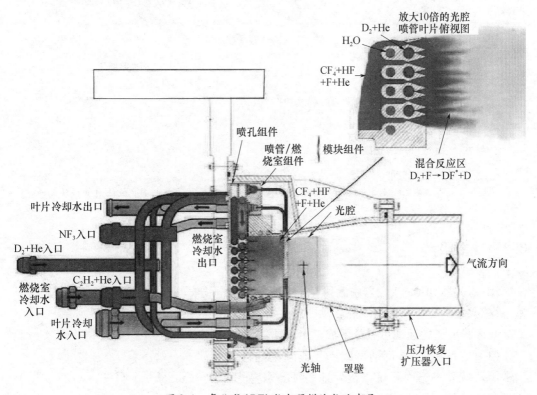

图 3.1　氟化氘(DF)激光器模块气流布局

注:DF 激光化学动力学:燃烧室—$10NF_3 + 3C_2H_2 \rightarrow 26CF_4 + 6HF + 25N_2 + Q$(产生分解成氟原子所需热量的反应之一);激光腔—$D_2 + F \rightarrow DF* + D$。

光腔利用生成的增益来产生激光输出。图 3.2 给出了高功率 DF 激光光腔和光路布局示例。光束的大小显示在了各处横截面上。高功率化学激光器的一个主要特点是利用了气动窗口来隔绝激光腔(约 10torr,torr = 1.33×10^2Pa)和大气环境。如图 3.2 所示,气动窗口通常设在激光束的焦点处。

下面首先讨论 HF 激光和 DF 激光的能级结构及小信号增益方程,然后讨论粒子数反转的产生方法和相应的流体力学问题,最后讨论 HF 激光和 DF 激光的相关性能。

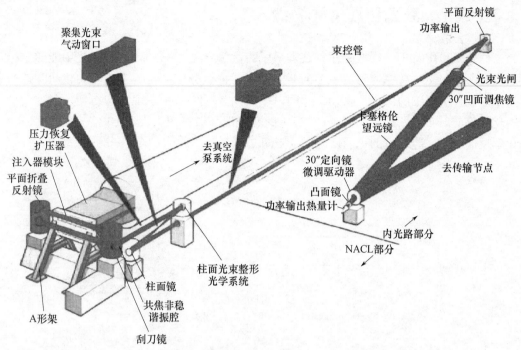

图 3.2 高功率 DF 激光光腔和光路布局示例(图中激光器有两个上下叠放的喷管模块)

3.3.1 能级

HF 激光器和 DF 激光器中激射粒子分别是双原子分子 HF 和 DF。分子处于其电子基态,感兴趣的是分子的振动和转动能级。普通双原子分子的行为如图 3.3 所示。

双原子分子的运动可以分解成三个主要部分:

(1)质心平动:该运动可以用经典理论处理,通常用局域静态温度就可以很好地表征。当考虑激光跃迁能量时可以忽略,除非要考虑像多普勒展宽那样的二阶效应。

(2)绕轴的转动:需要对转动能 $I\omega^2/2$ 项进行量子化,其中,I 为转动惯量,ω 为角频率。由于绕通过双原子轴的转动惯量小,因此可以忽略绕

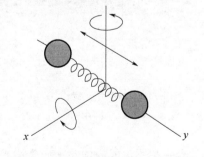

图 3.3 决定能级的双原子分子运动

该轴的转动。绕其他两轴的转动都有显著的贡献。忽略高阶项,相应量子能级为 $B_J \times J \times (J+1)$,其中,$B_J$ 为分子转动常数,J 为转动量子数。在无激射的情况下,分子处在平动温度下的近热平衡状态,由统计力学知,处在第 J 能级上的布居数份额 F_J 可由下式给出:

$$(2J+1)\mathrm{e}^{\left[-B_J \times J \times (J+1)/(kT)\right]}/Z \tag{3.3a}$$

式中

$$Z = \sum_i (2i + 1) e^{[-B_J \times i \times (i+1)/(kT)]} \tag{3.3b}$$

式中配分函数 Z 近似正比于温度 T，并弱依赖于振动能级 v，这是由 B_J 弱依赖于 v 引起的。在存在激射时，虽然对这些简单分布的偏离可由高级模型加以考虑，但大体趋势还保留着。

（3）振动：从经典的角度，振动可以看作弹簧类的简谐振动。从量子力学角度，振动可以由一个简谐振子来表征，有时也要包含非谐振项。相应的能级可简单表示为

$$\omega(v + 1/2) \tag{3.4}$$

式中：ω 为振动量子能；v 为振动量子数。

与平动和转动自由度相比，在没有化学泵浦时，所有分子都处于振动基态（$v = 0$）。当有泵浦或激射时，与平动温度相关的简单热行为假定不再成立。

前面给出的转动和振动能级都是最简化的表达式，忽略了准确确定能级所需的高阶项。更精确的能级表达式为

$$E(v,J) = \omega(v + 1/2) + X(v + 1/2)^2 + B_J \times J \times (J+1) + B_{1J}(v + 1/2) \times J \times (J+1) + 高阶项 \tag{3.5}$$

HF 和 DF 能级参数的典型值见表 3.2。

表 3.2　HF 和 DF 能级参数　　　　　单位：波数

		HF	DF
ω	振动能级线性项	4138.73	3000.358
X	一阶非谐振修正	−90.05	−47.34
B_J	转动常数	20.96	11.00
B_{1J}	转动常数一阶修正	−0.7958	−0.2936

式（3.5）右边：第一项对应于量子数为 v 的简谐振子的行为。v 的允许值为 0，1，2，…；第二项相应于一阶非谐振修正，用于描述对理想谐振行为的偏离；第三项相应于转动量子数为 J 的刚性转子的转动能，J 的取值为 0，1，2，…；第四项是转动能的科里奥利效应修正。包含 16 项，甚至更多项的精细表达式也可以查到。双原子分子能级和光谱可以参见文献[8]，书中也提供了双原子分子能级标识的一般信息。

应该注意，含有氢元素的双原子分子不同于大多数单键的双原子分子。前者具有大的振动能级间距、明显的非谐振性及非常大的转动常数。最后一个特点是宜于激光产生的主要优点。

HF 和 DF 分子跃迁选择定则为

$$\Delta v = +/-1 \tag{3.6a}$$

$$\Delta J = +/-1 \tag{3.6b}$$

此外，$E(v,J)$ 能级的简并度为 $2J + 1$。

从能级变化的角度，允许的主要跃迁有：

$E(v, J-1) \rightarrow E[(v-1), J]$，记为 P 支

$E(\nu, J+1) \rightarrow E[(\nu-1), J]$,记为 R 支

由于具有更高的增益(参照 3.3.2 节),P 支是主要的激射跃迁。图 3.4 给出了 HF 激光和 DF 激光的能级图(注意振动能级的标识为 V 而不是 ν)。

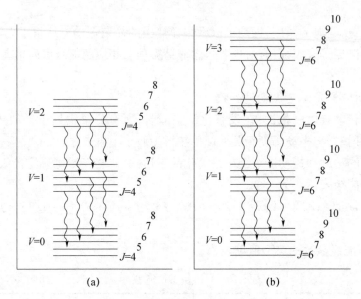

图 3.4 HF 和 DF 激光跃迁能级图

(a)HF 激光;(b)DF 激光。

对于 HF 和 DF 的 P 支跃迁,相应的跃迁能一阶近似为

$$\omega_{\text{photon}} = 4138.73 - 180.1\nu + (2J-1)B_e + 高阶项 \tag{3.7a}$$

$$\omega_{\text{photon}} = 3000.36 - 94.7\nu + (2J-1)B_e + 高阶项 \tag{3.7b}$$

连续波 HF 激光的相应波长范围为 $2.6 \sim 3.0\mu m$,而 DF 激光的相应波长范围为 $3.6 \sim 4.0\mu m$。脉冲激光的波长范围要稍大一些。利用 DF 激光而不是 HF 激光的主要动机是想避开大气的水蒸气吸收带。在没有采取谱线选择措施的情况下,HF 激光和 DF 激光通常同时包含多条 $v-J$ 跃迁谱线捕。图 3.5 和图 3.6 分别给出了连续波 HF 激光与 DF 激光的典型光谱。这些谱线的大气吸收信息可参考 Zissis 和 Wolf 的工作[9]。

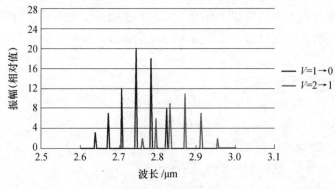

图 3.5 典型连续波 HF 激光光谱

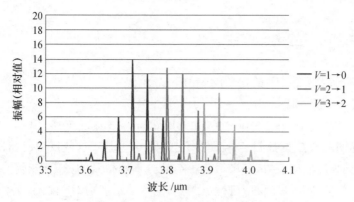

图 3.6　典型连续波 DF 激光光谱

3.3.2　小信号增益

在激光器中,小信号增益通常表示为

$$\gamma(\nu) = \{[N_U - N_L(g_U/g_L)] \times \lambda^2/(8\pi t_{spont})\} g(\nu) \tag{3.8}$$

式中:N_U 为上能级粒子数密度;N_L 为下能级粒子数密度;g_U 为上能级简并度;g_L 为下能级简并度;λ 为激光波长;t_{spont} 为上能级自发辐射寿命;$g(\nu)$ 为归一化线型函数。

下面只讨论 HF 激光,首先考虑式(3.8)中括号内的项以及跃迁($v+1$, $J-1$)→(v, J)。N_U 可以表示成 HF 总粒子数密度 N 与处于 $v+1$ 和 $J-1$ 态的分子份额的乘积。

在没有激射的情况下,位于转动能级上的粒子数常常处于热力学温度 T 下的热平衡状态,且不依赖于振动能级;假定这在有激射的情况下也近似成立。忽略高阶项,由热力学可知,处于 J 能级的粒子数平衡转动份额可由式(3.3a)给出。假设处于振动态 v 的布居数可以用 $F(v)$ 表示,并忽略 B_e 和 Z 对 v 的依赖性,则式(3.8)括号内的表达式近似为

$$e^{(-J^2+J)B_e/(kT)}\{F(v+1) - F(v)[2J-1)/(2J+1)]e^{2JB_e/(kT)}\}/Z \tag{3.9}$$

对于 P 支激射,即使当处于振动能级 $v+1$ 的粒子数 $F(v+1) < F(v)$ 时,指数因子乘以第二项也允许获得增益,称为部分粒子数反转。它是由 HF 和 DF 较大的 B_e 值造成的。注意,对于 R 支激射,则需要绝对粒子数反转才能获得增益,并且达到阈值增益的困难增加了。

归一化线型函数 $g(\nu)$ 依赖于线宽。在很低压强下,根据多普勒展宽可简单地计算出线宽。在谱线中心,由下式给出:

$$g(0) = 2[\ln(2)/\pi]^{1/2}/\Delta\nu_D \tag{3.10}$$

式中

$$\Delta\nu_D = 2\nu_0[2\ln(2)kT/Mc^2]^{1/2} \tag{3.11}$$

其中:ν_0 为谱线中心频率;T 为热力学温度;M 为相对分子质量,c 为光速。

在高压情况下(这不是连续波装置的典型工况,而是多数脉冲装置普遍工况),压力展宽成为主要因素,线宽与压强成反比。像脉冲系统那样,描述连续波装置压力展宽需要采用 Voigt 函数。Voigt 函数将压力展宽和多普勒效应耦合在了一起[4]。实际上,连续波 HF 激光器的小信号增益的典型值为每厘米百分之几,而脉冲 HF 激光器的要适当高一些。

3.3.3 激发态粒子的化学产生

用于产生振动激发态 HF 的化学反应由下式给出:

$$F + H_2 \rightarrow HF* + H + 31.5 kcal^{①}/mol \quad (冷反应) \tag{3.12}$$

$$H + F_2 \rightarrow HF* + F + 98 kcal/mol \quad (热反应) \tag{3.13}$$

式中:所标明的放热量都假定存于激发态 HF 中。基于这些反应已研制了两类主要激光器。第一类为冷反应装置,其中氢分子与充分离解得到的氟原子混合反应而产生激光。Polanyi 等[10] 最早对该冷反应进行了测量,结果显示产物 HF 优先处于分子振动激发态。这两个反应的初生粒子布居数估算示于图 3.7 中。注意有相当部分的反应能开始储存在振动能级中,且初始分布显示在某些能级间存在绝对粒子数反转。由此可知,即使不在部分粒子数反转下产生激射,也存在增益。

虽然热反应可以产生更多振动量子数的 HF,并显示出更大的优势,但主要靠热反应来驱动激光器是不现实的。氢分子的键合能高(436kJ/mol,而 F_2 的键合能为 157kJ/mol)使获得大量的氢原子非常困难。还有,热反应倾向于产生处于高振动能级的分子份额,而处于高振动能级的 HF 比处于低能级的淬灭要快得多,这将在后面讨论。

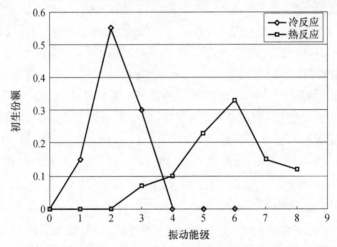

图 3.7 在 $T = 300K$ 下初生 HF 振动能级上粒子数份额估算分布

相比之下,冷反应所需要产生的大量氟原子要可行的多。在早期装置中,产生 F 原子是靠电来完成,利用高功率电弧来热解氟原子供体。后来,化学燃烧室被用于产生氟原子,因为燃烧热解 F_2 分子要相对容易些。F_2 和 NF_3 都可用作氟原子供体。不同的燃烧室需要不同的燃料,在燃烧过程中部分氟原子被消耗,剩下的提供给后面与氢(或氘)分子反应。平衡分解率依赖于温度和氟分压。图 3.8 给出了典型运行参数的定标规律。注意图中的压力只是氟分压。典型情况下,将掺入 10 倍或更多的稀释气体。分解率定义如下:

$$\alpha = [F]/(2([F_2] + [F]/2)) \tag{3.14}$$

---

① 1cal = 4.187J。

式中:[F]和[F₂]为分子密度或摩尔流量。

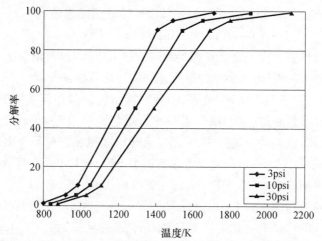

图 3.8　F₂ 分解与温度和氟分压的关系(1psi = 6.89 × 10³Pa)

3.3.4　动力学过程、淬灭和传能

在评估化学激光器性能时,除泵浦化学反应外,还要考虑其他重要的动力学过程,其中最重要的是淬灭过程。在淬灭过程中,振动激发态分子(振动能级为 v)与其他气体分子(记为 M)碰撞,导致激发态分子跃迁到低振动能级并往气流释放热量:

$$HF(v) + M \rightarrow HF(v - m) + M + \Delta Q \qquad (3.15)$$

这称为振动到平动能量转移过程(VT)。

在 HF 和 DF 装置中非常严重的去活化剂是卤化氢本身,这包括激射粒子和燃烧室燃烧产物。这些过程相应的动力学速率的测量结果标明淬灭速率依赖于 v 的二次幂到三次幂之间。另外,发现氢原子对振动能级等于或高于 3 的 $HF(v)$ 的淬灭速率大大增加。这些特点使之前讨论过的冷反应($F + H_2$)优于热反应($H + F_2$)。此外,最初预期,淬灭速度应随着温度的降低而减小。实际却发现,随着温度降低,淬灭速率虽然开头先减小,但当降到最小值后又增加(图 3.9)。这一行为说明淬灭过程的复杂本质。

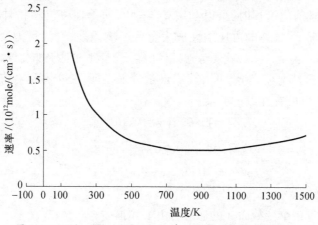

图 3.9　$HF(v = 1) + HF \rightarrow 2HF$ 淬灭速率的温度依赖关系

振动到振动的能量转移过程$(V-V)$对理解激光行为也是重要的,在这个过程中两个激发态的 HF 分子碰撞,形成了两个不同于其初始振动激发态的 HF 分子:

$$HF(v) + HF(v') \rightarrow HF(v+m) + HF(v'-m) \tag{3.16}$$

这些过程非常迅速。在流动装置感兴趣的压强下,这些过程明显扰动了泵浦反应生成的初生份额。对 HF 和 DF 动力学速率更详细的讨论可参见文献[11]。

由此可以断定,对于 HF 和 DF 装置,淬灭和能量转移过程非常重要,并明显影响了这些激光器的设计。特别是,它们决定了在激光器装置中 HF 或 DF 的分压能实际达到多高;它们也表明了,在高功率装置中,利用高流速以在激发态粒子淬灭前提取功率的好处。为了进一步来说明这一点,假定只考虑室温下 HF$(v=1)$被 HF 淬灭损失:

$$HF(v=1) + HF(v=0) \rightarrow HF(v=0) + HF(v=0) \tag{3.17}$$

这个过程的典型速率常数 $k = 1 \times 10^{12} \text{mole}/(\text{s} \cdot \text{cm}^3)$。即使在室温、HF 的分压为 1 torr(摩尔密度为 $5.5 \times 10^{-8} \text{mole/cm}^3$)、没有其他气体的情况下,相应的 $1/e$ 衰减时间仅为 $18 \mu \text{s}$。在流速为 10^5cm/s 时,发生 $1/e$ 衰减所需的流向距离仅为 1.8 cm。这个例子说明压力定标放大的困难和高流速的必要性。这也说明需要快速混合和提取功率以便与淬灭损失竞争。

3.3.5 流体力学和喷管设计

低温有利于通过部分粒子数反转和多普勒展宽来提高增益,因此在远低于氟热分解所需的温度下运行 HF 和 DF 连续波激光器是有利的。这可以使燃烧室气体通过先收缩(亚声速)后膨胀(超声速)喷管几何来实现,在这个过程中氟分解率被冻结,而压强、静温和密度剧烈降低。下面关于一维流体力学相关概念的一般回顾对理解流动激光器装置的相关问题是有帮助的。

对于给定位置,气体的性质由流动参数和气体组分的相对摩尔份额决定。这些变量包括:(1)静温 T、静压 P、密度 ρ,和气体流速 U。利用化学计量学的知识还可以计算出平均相对分子质量 W,平均比定压热容 c_P 和比定容热容 c_V,比热比 $\gamma = c_P/c_V$,以及混合气体声速 c。气体状态方程通常采用理想气体状态方程近似,可以由温度和压强计算出各种气体组分的质量密度和当地分子数密度。

当考虑动力学演化过程时,可以利用 $dx = Udt$,简单地将位置和时间通过速度 U 联系。在高流速情况下,气体的可压缩性成为重要影响因素,气流行为变得复杂。通常当马赫数 $Ma = U/c$,大于 0.3 时,就要考虑气体的可压缩性。对于非化学反应气流,在没有摩擦和加热(等熵)情况下,气流可由其滞止参量来表征,滞止参量对应于气流等熵减速到静止时的流动条件,存在以下关系:

$$\begin{cases} T_0/T = 1 + 0.5(\gamma - 1)Ma^2 \\ P_0/P = [1 + 0.5(\gamma - 1)Ma^2]^{\gamma/(\gamma-1)} \\ \rho_0/\rho = [1 + 0.5(\gamma - 1)Ma^2]^{1/(\gamma-1)} \end{cases} \tag{3.18}$$

式中:P、T、ρ 为静参量;P_0、T_0、ρ_0 为滞止参数。

气流等熵经过一个变截面 A 的通道可由下式描述:

$$dU/U = (dA/A)/(Ma^2 - 1) \tag{3.19}$$

式(3.19)描述了气体通过收缩-扩张喷管后的变化规律。收缩-扩张喷管广泛用于气体激光领域。在收缩段,气流一直加速直至到达最小截面的喉部,气流加速到 $Ma = 1$。通过喉部后,气流在扩张段继续加速,其中 Ma 继续增大到超音速值,导致非常低的压强、静温和密度。

与此同时,副气流流出的氢与氟原子进行反应产生振动激发态的 HF 并释放出热量。加热促使气流向 $Ma = 1$ 的状态转化,或称为热堵塞状态。避免这种状态是化学激光设计关心的一个主要问题。超声速气流的热堵导致各种不良的行为,如降低流速、增加密度和压强、温度升高、与密度变化有关的大光程差、以及对上游区域气流的扰动等。为了避免热堵,用惰性稀释气体,如氦或很少用的氮来增加混合气体的热容,从而使热量释放引起的效应降到最小。作为备选,也可以通过面积扩张来减轻热量释放,然而这将增加对真空泵系统的要求。图 3.10 ~ 图 3.12 给出了典型光腔中有无副气流加热的情况下,混合气体马赫数、温度、压强随位置的变化。

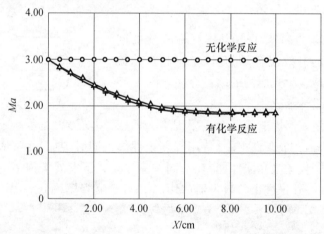

图 3.10　有/无反应热的情况下,光腔中混合气体马赫数随位置的变化

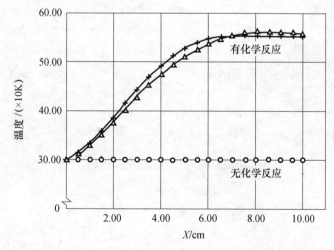

图 3.11　有/无反应热的情况下,光腔中混合气体温度随位置的变化

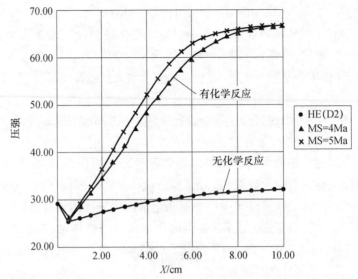

图 3.12 有/无反应热的情况下,光腔中混合气体压强随位置的变化

副气流的加入也带来了一个具有挑战性的问题——超声速流的有效混合,即允许主副超声速流迅速混合并反应产生激光所需的增益介质。图 3.13 给出了典型喷管设计示意。

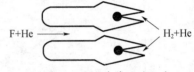

图 3.13 典型喷管设计示意

混合是决定激光器性能的一个主要因素,且它必须与淬灭竞争。减小喷管尺寸,致使混合距离减小,但造成黏性损失,费用和复杂性等也同时增加,通常情况下,需要在它们之间权衡。为了优化激光器性能,在不同的流体模式下发展了许多变形的喷管结构。图 3.14 给出了中红外先进化学激光器(MIRACL)DF 喷管模块分解图。图 3.15 给出了

图 3.14 中红外先进化学激光器(MIRACL)喷管模块分解

整个激光器喷管组件,它能产生兆瓦级功率。HF 和 DF 混合喷管通常设想为利用两个平行的机制来同时完成混合,即大尺度结构混合(如喷射)与大尺度结构间的局部扩散混合,这种混合有可能被局部湍流和简单扩散稍微增强。

图 3.15　MIRACL 激光器两个喷管列阵之一(由 19 个模块组成,没有全部示出)

　　压力恢复。连续波化学激光器典型工作压强相当低,这表明可移动系统需要一个化学或多孔吸附泵,如沸石,或者使用像一级或多级引射器那样的外用泵,来维持所需的工作压强。如图 3.16 所示,引射器由气体发生器、超声速混合喷管、恒截面超声速扩压区和亚声速扩压膨胀区等四部分组成。其中,超声速混合喷管将气体注射到亚声速激光器废气中;恒截面超声速扩压区通过二维或三维激波相互作用将混合气体由超声速流转化成亚声速流以升高静压;亚声速扩压器膨胀区进一步降低气体流速,提高静压。为了获得更多的压力恢复,激光器本身也包含以相同原理工作的串联在一起的超声速和亚声速扩压器。这些扩压器依靠激光腔自身提供的混合超声速气流工作。

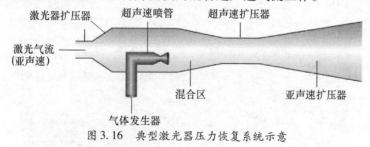

图 3.16　典型激光器压力恢复系统示意

3.3.6　连续波 HF 和 DF 激光器的衍生装置

1. HF 和 DF 泛频激光器

　　除了基频跃迁$(\Delta v = 1)$产生激光外,HF 也可以通过泛频跃迁$(\Delta v = 2)$产生激光。由于相应的爱因斯坦系数明显减小,泛频跃迁增益降低。此外,必须利用光腔设计来适应明显降低的泛频增益,同时抑制基频跃迁的高增益。利用那些与常规低压($\Delta v = 1$)装置类似的技术途径,建立了中等规模的连续波泛频装置。注意以上讨论主要以 HF 作为例子,DF 装置的技术途径与 HF 的非常相似。

2. HF 和 DF 脉冲激光器

HF 和 DF 脉冲激光器都已成功研制。典型情况下,当利用 H_2(D_2)和 F_2 作为工作气体时,它们与抑制气体预混在一起,抑制气体的使用是为了抑制反应过早的发生。通过放电或光解产物来引发连锁反应。正如表 3.1 所显示的那样,一旦选择电引发反应,则有很多反应物可以选择。对于实验室应用,则选择那些更有吸引力、更具冒险性,而不是更传统、更有效的反应物(如 SF_6)。当需要高平均功率时,就会出现额外的困难。既然这样,就需要获得适当的高重复频率。在实践中,由于重复频率和压强的增加,出现了另一个具有挑战性的流体问题——如何快速移走前一个脉冲的反应产物和热量? 在通常使用的连续流系统中,可能要么浪费反应物,要么遭受前一个脉冲引起的返压效应影响。

3.3.7 HF 和 DF 激光器性能

高功率 HF 和 DF 激光器的发展始于 20 世纪 70 年代早期,持续贯穿 80 年代和 90 年代,发展了几个数百千瓦和兆瓦级激光器。这些包括基准演示激光器(BDL)和海军高级研究计划署的化学激光器(NACL),这两个都建于 70 年代后期;建于 80 年代早期的中红外先进化学激光器(MIRACL,图 3.17);以及作为战略防御计划(SDI)组成部分的建于 80 年代和 90 年代早期的阿尔法激光器(图 3.18)。发展这些激光器的主要动机通常是军事应用。在 90 年代后期,提出了陆军战术高功率激光计划(THEL,图 3.19),它由第一个完整的激光武器系统组成,成功地实现了侦查、跟踪,并击落了火箭弹、炮弹和迫击炮弹等多种飞行军事目标。尽管拥有这些成功,由于储存和运输反应物(H_2/D_2 和 F_2/NF_3)以及处理它们产生的强腐蚀尾气等产生的后勤问题,人们对 HF 和 DF 激光的兴趣逐渐消失。因此,当前 HF 和 DF 化学激光的活动限于低功率的实验室装置和特殊应用领域,这些装置典型采用放电而不是燃烧来分解 SF_6 产生氟原子,其功率范围为几十瓦到几百瓦。

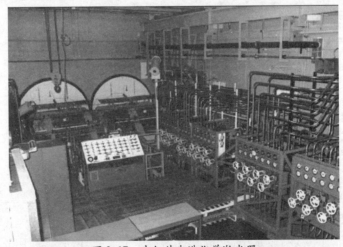

图 3.17 中红外先进化学激光器

图 3.18　阿尔法激光器设备及其喷管组件

(a)激光器设备；(b)喷管组件。

图 3.19　战术高功率激光系统及光束定向器

3.4　化学氧碘激光

1971 年，Derwent 和 Thrush[12]首先提出了建造化学氧碘激光(COIL)装置的可能性。首次激射演示成功是由空军武器实验室(AFWL)的 McDermott 及其团队于 1978 年[13]完成的。Truesdell、Helms 和 Hager[14]总结了直到 1995 年美国国内 COIL 的发展成就。技术改进和定标放大至大型装置的工作已持续在各地展开。

COIL 装置基于与 HF 和 DF 激光完全不同的化学机理。图 3.20 给出了简单的氧碘化学激光器结构框图。首先，氯气与双氧水碱性溶液(BHP)发生气液两相反应，产生位于电子激发态的单重态氧。与其他大多数电子激发态相比，单重态氧具有非常长的寿命。这个反应器称为单重态氧发生器(SOG)。其次，该激发态氧与适当的稀释气体一起传输到超声速膨胀喷管。超声速膨胀喷管将氧气流与碘分子和适当的载气混合在一起。

单重态氧化学分解碘分子成碘原子,碘原子具有易于由单重态氧共振传能给碘原子的电子能级。生成的增益使得碘原子跃迁发生激射。典型条件下,氧分子与碘原子的摩尔比值相当大,在单重态氧产额充分消耗之前,每个碘原子都要经过多次的共振传能和受激辐射。正如图3.20中所示,实际COIL装置还必须包括BHP循环、移走反应热和将压力恢复到环境压力水平的设备。

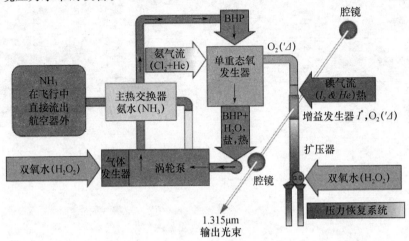

图3.20　氧碘化学激光器结构框图

3.4.1　能级

COIL装置中的激射粒子是碘原子。与大多数其他化学激光相比,其跃迁能级是电子能级,而不是分子的振动——转动能级。激射跃迁是基态两自旋轨道能级 $5^2P_{1/2} \to 5^2P_{3/2}$ 间的磁偶极跃迁。由于这个能级是(电偶极)禁戒的,所以它具有约 125ms 的相当长的辐射寿命。上能级分裂成两个超精细子能级——总角动量量子数 F 为 2 和 3。下能级分裂成四个超精细子能级,F 为 1、2、3和4。相应的简并度为 $2F+1$。碘原子能级图如图3.21所示,为了清晰起见,图中超精细子能级的间隔被夸大了。$\Delta F = 0$,$+/-1$ 跃迁间的能级真实总间隔小于该能级的 1/7000。在以下部分中碘原子上下精细结构能级简记为 $I*$ 和 I。

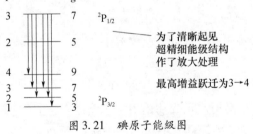

图3.21　碘原子能级图

3.4.2　小信号增益

工作压力是化学泵浦装置的一个主要参量。在典型压力下,碘原子各谱线的廓线适度分开,可以假定超精细子能级上的粒子数分布处于热平衡。表3.3给出了各跃迁的爱因斯坦自发辐射系数 A。

表 3.3 爱因斯坦自发辐射系数 A

跃迁	A/s^{-1}
3→4	5.0
3→3	2.1
3→2	0.6
2→3	2.4
2→2	3.0
2→1	2.3

这些因素表明,化学装置运行在 $F=3$ 到 $F=4$ 单谱线跃迁。平衡假设表明,7/12 的激发态碘原子将处于 $F=3$ 态,而只有 9/24 的基态碘原子将处于 $F=4$ 态。假定上、下能级粒子数密度分别为 N_U 和 N_L,则增益正比于

$$N_U - (g_U/g_L)N_L \tag{3.20}$$

对于 3→4 跃迁,增益正比于

$$(7/12)[P_{1/2}] - (7/9)(9/24)[P_{3/2}] = (7/12)([P_{1/2}] - 1/2[P_{3/2}]) \tag{3.21}$$

这表明,在 COIL 装置中部分反转也可以产生增益。

与其他类型的化学激光相比,单谱线 COIL 装置相对较窄的线宽在一些应用中具有优势。在非常低的压力下,如 COIL 装置中多普勒展宽占优。在中等压力下,压力展宽也变得比较重要,有助于抹平驻波的增益烧孔。

能量泵浦反应:单重态 E – E 传能。COIL 装置的能源是能量由电子激发态的单重态氧 $[O_2(^1\Delta)]$ 近共振传递给基态碘原子,生成 $^2P_{1/2}$ 态碘原子和基态氧 $O_2(^3\Sigma)$,后者也简单地记作 O_2。电子能级往电子能级传能($E-E$)示于图 3.22 中。虽然氧的振动和转动能级没有在图 3.22 中示出,但振动能级在淬灭反应和碘分解中可能起一定的作用。描述 $E-E$ 传能过程的动力学方程如下:

$$I + O_2(^1\Delta) \rightarrow I* + O_2 \tag{3.22}$$

逆反应为

$$I* + O_2 \rightarrow I + O_2(^1\Delta) \tag{3.23}$$

由于小的能量差($279cm^{-1}$),正反应相当快;它也快于逆反应,这是由于传能是由高往低的缘故。在没有其他过程的情况下,热力学估算给出这两个方程的平衡关系为

$$[I*]/[I] = 3/4e^{(402/T)}[O_2(^1\Delta)]/[O_2(^3\Sigma)] \tag{3.24}$$

式中: $[I]$ 、 $[I*]$ 、 $[O_2(^1\Delta)]$ 和 $[O_2(^3\Sigma)]$ 为组分的粒子数密度; T 为热力学温度(K)。

在实际装置中,碘的数量仅为氧的百分之几。在没有激射和淬灭的情况下,速率通常足够小,系统处于近平衡状态,式(3.24)可用来估算被激发态碘原子的份额。在多数超声速装置中,在没有激射的情况下,大多数分解生成的碘原子被激发。由于增益阈值发生在 $[I*]/[I]=1/2$ 时,因而产生小信号增益相对容易。即使在室温下,只需要 15% 的总氧为 $O_2(^1\Delta)$,而在更低温度下少于 10% 的总氧为 $O_2(^1\Delta)$,就足以产生增益。E – E 传能重布居 $O_2(^3\Sigma)$ 的能力有助于确定光腔特性和碘流量优化;在气流流过光腔时 $O_2(^3\Sigma)$ 被受激辐射耗尽。

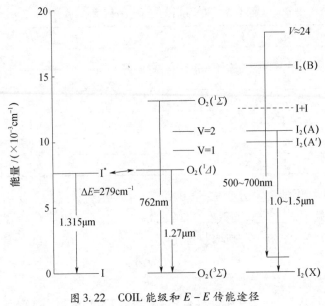

图 3.22　COIL 能级和 $E-E$ 传能途径

3.4.3　淬灭过程

COIL 光腔内的淬灭速率明显低于 HF 和 DF 的 VT 速率。由于难于高效地将单重态氧发生器的压力定标放大，因此宜于在相对低光腔马赫数下运行。此外，SOG 出口气流的总温比 HF 和 DF 的低，因而即使降低了的淬灭速率也需要非常关注，主要是由于需要避免热堵和使温升降到最低。

光腔内非常重要的淬灭过程如下：

$$I^* + H_2O \rightarrow I + H_2O \tag{3.25}$$

$$I^* + O_2(^1\Delta) \rightarrow I + O_2(^1\Delta) \tag{3.26}$$

另外，明显的损耗可能与碘分解过程动力学有关，也可能与 I_2 参与的淬灭过程有关。

3.4.4　碘分解

$O_2(^1\Delta)$ 双重职能：分解 I_2 分子和激发 I 原子。非常偶然地发现，当碘分子与 $O_2(^1\Delta)$ 混合时，它被化学分解了；特别是由于单个 $O_2(^1\Delta)$ 具备分解一个碘分子所需的能量（图 3.22）。首先报道这一行为的是 Ogryzlo 等[15]。虽然碘分解过程没有完全理解，最初迹象表明分解过程是通过 $O_2(^1\Sigma)$ 进行的，$O_2(^1\Sigma)$ 是由能量积聚反应生成的；

$$O_2(^1\Delta) + O_2(^1\Delta) \rightarrow O_2(^3\Sigma) + O_2(^1\Sigma) \tag{3.27}$$

加上 $E-E$ 传能过程，在这些过程中能量损耗超过了分解一个 I_2 所需两个的 $O_2(^1\Delta)$ 的最低值。目前相信，碘分解远比与 $O_2(^1\Sigma)$ 的简单相互作用复杂得多，可能包括另外的中间态，中间态自然最可能是振动态。

3.4.5　单重态氧发生器

$O_2(^1\Delta)$ 产生机理由 BHP 对氯气的吸收和综合为以下净等效反应组成:

$$MOH + H_2O_2 \rightarrow HO_2^- + M^+ + H_2O(M = Li、Na 或 K) \tag{3.28}$$

$$Cl_2 + HO_2^- \rightarrow O_2(^1\Delta) + 2Cl^- + H^+(速率常数 \ k_1) \tag{3.29}$$

$$HO_2^- + H^+ \leftrightarrow H_2O_2 \tag{3.30}$$

如图 3.23 所示,反应式(3.29)和式(3.30)发生在气液接触面附近,气液接触面是氯气通过由反应式(3.28)备好双氧水碱溶液时形成的。

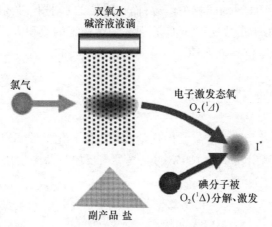

图 3.23　单重态氧发生器示意

高效 SOG 的实用性是 COIL 装置成为现实的重要保证。评价 SOG 性能时关心的主要变量:氯气利用率,或氯气反应份额 U;单重态氧产额 F_Δ,或处于 $O_2(^1\Delta)$ 态的份额;输出气流的杂质(H_2O)的含量;以及气体输运压强和温度。

氯气反应速率由氯气浓度和过氧氢根离子 HO_2^- 浓度的乘积决定。假定 BHP 溶液对氯气的吸收是主要机制,氯的供应量可由三个因素限制:氯穿透 BHP 溶液表层的能力;氯在 BHP 中的溶解性;氯气由气相扩散到液体表面的能力。HO_2^- 的浓度同样决定该反应发生的速率。扩散模拟表明 HO_2^- 能被耗尽,所以它成为该反应的主要限制,除非表面出现搅拌或置换。还应注意,虽然式(3.29)的反应发生在液相中,由于 $O_2(^1\Delta)$ 能被液相中的水相当快地淬灭,因此该反应有必要发生在非常接近表面的区域,这样 $O_2(^1\Delta)$ 够逃逸回气相。

这些需求引领了拥有紧凑、大表面积气液交界面特点的各种反应器原理的发展。这些界面使 $O_2(^1\Delta)$ 产额最高,且有效流动的 BHP 表面在一个大的摩尔浓度范围内使得氯气利用率最高。这些界面的例子包括简单喷淋器(湍流喷射鼓泡器)、各种湿壁反应器、喷雾器以及液体射流反应器[16]。

普遍相信以上反应产生的 $O_2(^1\Delta)$ 产额接近于 1。$O_2(^1\Delta)$ 产额能被以下机制降低:液体内淬灭,引起所谓逃逸产额;气相表面膜碰撞淬灭;气相内各向同性淬灭。在大多数实际装置中,显著的 $O_2(^1\Delta)$ 产额损耗机制是气相中各向同性的 $O_2(^1\Delta)$ 的自淬灭。精细的 SOG 性能模型可用于精确评估这些过程。许多已报道的模型同时模拟了气体和液膜流的行为,进而预测 SOG 工作性能。这样模型[17]包括等效阻力的氯 – 氧质量传输模型、局部 BHPHO$_2^-$ 扩散模型以及 $O_2(^1\Delta)$ 逃逸产额、表面淬灭和气相淬灭的评估等。

SOG 氯气利用率也是氯气流量和 BHP HO$_2^-$ 摩尔浓度的函数。由于 BHP 由流动过程连续替换,在 BHP 表面滞留在反应区的驻留时间内,表面HO$_2^-$ 浓度由反应损耗和来自液体内的离子扩散间的平衡决定。对于典型的 SOG,在非常低的氯气流量极限下,氯气利用率通常接近于 1 的水平;而在有用流量下,该值降到 0.8 和 0.9。在高初始[HO$_2^-$]水平下,利用率通常是[HO$_2^-$]的弱相关函数;而在降低的水平下,其最终会随[HO$_2^-$]趋于零而降到零。然而,由于多数现代 SOG 原理都采用一定的流动方式来更新 BHP,只有在离子扩散慢到不能充分维持表面HO$_2^-$ 时,消耗才是重要的。

3.4.6 COIL 激光器性能指标

除 SOG 参数,纯激光器性能经常由化学效率表征。化学效率定义为输出功率与预期输出功率之比,预期输出功率为 100% 的氯气参与反应且每个生成的氧分子都产生一个激光光子时的功率,以上可表示为

$$化学效率 = P/(91 \times X_{Cl2}) \tag{3.31}$$

式中:P 为功率(kW);X_{Cl2}为氯气摩尔流量。

通常近似地由唯像方程[14]表示为

$$化学效率 = U \times (F_\Delta - N \times X_{I2} - F_{thres})\, \eta_{mix}\eta_{extract} \tag{3.32}$$

式中:U 为氯气利用率;F_Δ 为 SOG 出口单重态氧产额;N 为分解一个 I_2 分子所消耗的 $O_2(1\Delta)$ 估计个数;X_{I2}为碘摩尔流量;F_{thres}为单重态氧产额的激射阈值;η_{mix} 为与混合不充分相关的损失因子;$\eta_{extract}$ 为与光学提取不充分相关的损失因子。

在实际应用中,以报道的小装置的最好结果,基于以上定义,化学效率超过了 30%。

如同针对 HF 和 DF 装置那样,已建立了非常精细的光腔三维流体力学计算机模型,包括化学动力学和物理光学模型,来预言 COIL 器性能。模拟的主要限制似乎是动力学过程和初始条件的不确定性,而不是求解计算问题的能力。

3.4.7 COIL 激光器性能

高能 COIL 激光器技术主要由空军研究实验室(AFRL)研发,直接推动了兆瓦级机载激光(ABL)研制。实际工程装置相当复杂。图 3.24 展示了波音 747 飞机机载激光平台,在飞机前端装载了光束定向器。2009 年 8 月 ABL 首次在飞行中出光,于 2010 年 2 月持续照射攻击并摧毁了助推段弹道导弹,再次表明了激光武器的潜力。

图 3.24　波音 747 飞机机载激光平台

3.5　其他化学激光

3.5.1　DF-CO₂ 传能激光

DF-CO₂ 传能激光是 DF 装置的另一种选择。往常规的 DF 装置中添加 CO_2 并适当改变光腔腔镜，DF 激光可相当容易地转换成 $10.6\mu m$ 跃迁的 CO_2 激射。这一转换之所以可能，是由于两个分子间存在相当高效的近共振振动传能：

$$DF(v) + CO_2(000) \rightarrow DF(v-1) + CO_2(001) \tag{3.33}$$

利用这一机制连续流动和脉冲装置都已实验成功。

其他卤化氢激光。也可能建造其他卤化氢激光器。由于键能的原因，它们不能简单地类比于 HF 和 DF 冷反应装置，而必须依赖于热反应，在实际中这促成了主要依赖于链式反应的装置。表 3.4 给出了相关键能。注意 H_2 键是强于 HBr 或 HCl 而弱于 HF 的。对于溴和氯系统，循环链式反应仍然是放热的。另外，虽然这些装置从来没有像 HF 和 DF 装置[5]那样顺利地定标放大过，但也进行过使用 HI 替代 H_2 来产生 HCl 激光的研究。

表 3.4　键能[18]

分子	F₂	Cl₂	Br₂	H₂	HF	HBr	HCl	HI
键能/(kJ/mol)	156.9	242.6	193.9	436.0	568.6	365.7	431.6	298.7

3.5.2　一氧化碳激光

化学驱动的一氧化碳激光器也已实验成功，它们通常依赖于高放热泵浦反应：

$$CS + O \rightarrow CO* + S, \Delta Q = 334kJ \tag{3.34}$$

其中，自由基 CS 通常由下列反应产生：

$$CS_2 + O \rightarrow CS + SO \tag{3.35}$$

泵浦反应产生高振动激发态 CO,CO 被 V-V 传能过程重新布居。CO∗ 的 VT 淬灭速率比 HF 的平缓得多。不幸的是,由于 O_2 的高键能,氧原子的产生几乎与氢原子的产生一样困难。因为氧原子通常是电手段产生的,因此使用一个完全电驱动的 CO 激光器没有真正的优势。此外,大气中 CO 激光相对差的传输特性限制了对 CO 激光的兴趣。

参考文献

[1] Polanyi, J. C., "On iraser detectors for radiation emitted from diatomic gases and coherent infrared sources," J. Chem. Phys., 34: 347, 1961; Penner, S. S., "Proposal for an infrared maser dependent on vibrational excitation," J. Quant. Spectrosc. Radiative Transfer, 1: 163, 1961.

[2] Kasper, J. V. V., and Pimentel, G. C., "HCl Chemical Laser," Phys. Rev. Lett., 14: 352, 1965.

[3] Pimentel, G. C., "The significance of chemical lasers in chemistry," IEE J. Quantum Electron, 6: 174, 1970.

[4] Gross, R. W. F., and Bott, J. F., Handbook of Chemical Lasers, John Wiley & Sons, New York, 1976.

[5] Stitch, M. L., Laser Handbook, Volume 3, North-Holland Publishing Company, Amsterdam, 1979.

[6] Cheo, P., Handbook of Molecular Lasers, Dekker, New York, 1987.

[7] Endo, M., and Walter, R., Gas Lasers, CRC Press, New York, 2007.

[8] Hertzberg, G., Spectra of Diatomic Molecules, Van Nostrand Reinhold Company, New York, 1950.

[9] Zissis, G. J., and Wolf, W. L., *The Infrared Handbook*, Environmental Research Institute of Michigan, Ann Arbor, 1985.

[10] Polanyi, J. C., and Woodall, K. B., "Energy distribution among reaction products VI F + H_2, D_2," J. Chem. Phys., 57: 1574, 1972; Polanyi, J. C., and Sloan, J. J., "Energy distribution amoung reaction products VII H + F_2," J. Chem. Phys., 57: 4988, 1972.

[11] Cohen, N., and Bott, J. F., "Review of Rate Data for Reactions of Interest in HF and DF Lasers," Aerospace Corporation TR SD-TR-82-86, Segundo, CA, 1982.

[12][12] Derwent, R. G., and Thrush, B. A., "The radiative lifetime of the metastable iodine atom $I(5^2P_{1/2})$," Chem. Phys. Lett., 9: 591, 1971.

[13] McDermott, W., Pchelkin, W. E., Bernard, D. J., and Bousek, R. R., "An electronic transition chemical laser," Appl. Phys. Lett., 32: 469, 1970.

[14] Tr uesdell, K. A., Helms, C. A., and Hager, G. D., "History of chemical oxygen-iodine laser (COIL) development in USA," Proceedings of the SPIE, 2502(217), 1995.

[15] Arnold, S. J., Finlayson, N., and Ogryzlo, E. A., "Some novel energy pooling processes involving $O_2(^1\Delta_g)$," J. Chem. Phy., 44: 2529, 1966.

[16] McDermott, W. E., "Generation of O_2(a1vg) a survey update," Proceedings of the SPIE, 2702(239), 1996.

[17] Clendening, C. W., and Hartlove, J., "COIL performance model," Proceedings of the SPIE, 2702(226), 1996; Clendening, C. W., and Hartlove, J., "COIL performance modeling," Proceedings of the SPIE, 3268(137), 1998.

[18] Dean, J. A., Lange's Handbook of Chemistry, McGraw-Hill, New York, 1992.

第 4 章

高功率自由电子激光

George R. Neil

托马斯·杰弗逊国家加速器实验室主任助理,
弗吉尼亚州,纽波特纽斯市

4.1 简介

高功率自由电子激光(FEL)的发展已经历了 30 多年的历史。然而近一段时期才在实现高功率方面取得了显著进步。这主要归功于加速器技术方面的进步,尽管其他组成部分也有所贡献,但主要关键进步是在注入器方面。本章主要介绍 FEL 物理、实现高功率 FEL 的技术途径,以及讨论相关技术的一些应用等。

4.2 FEL 物理

4.2.1 物理机制

FEL 的激励机制可以理解为电磁场对相对论电子束作用的结果。在最简单的情况下,相对论电子束被注入一个呈正弦分布的磁场中,该磁场是由一个称为摇摆器的周期性磁场产生的。在电磁场的作用下会使电子束在横向扭动振荡。从电子束来看,摇摆器(也称为波荡器)的波长因为 $(1+\beta)\gamma$ 的洛伦兹收缩被压缩,其中 $\beta = v/c$,即电子沿轴向的速度除以光速,γ 是 1 加上电子的动能除以 0.511MeV 的静止质量(图 4.1)。由于横向的加速度,电子通过偶极过程产生光辐射。变换到静止系,这成为具有另一个 γ 因子的多普勒移动,并被重叠在一个前向的 $1/\gamma$ 光锥中。这个偶极辐射成为激光的初始自发辐射。

因为电子(在一个光波长尺度内)均匀分布在束从内,最初的辐射光因为波长比束长更短,其光谱较宽且不相干。但是随着这个过程继续,出现了一些引人注目的事情。由于辐射光子穿过摇摆器时引起的电场会使电子在一个光波长尺寸产生密度调制。

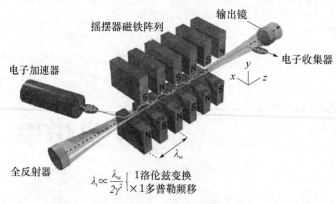

图 4.1 自由电子激光相互作用

均匀分布的电子束就会变成一系列同相的微群聚束,并在辐射光场中建立相干性。光场的辐射带宽逐步变窄,光模式变得更纯,光场就会不断提取电子束的能量并被增益放大[1,2]。

在正弦曲线的五个点处分别标出了对应的共振光子横向电场的电子位置。电子与光场都以光速运动,但由于电子运动轨迹较长,因此电子每移动一个摇摆器周期向后滑移一个光波长。

4.2.2 共振波长

从粒子运动与电磁场联合方程中可以很容易推导出纵向的电子束群聚运动。但是,理解其中的物理规律是更重要的。也就是说,实际上是光场产生了有质动力势的传输波,电子会被这种运动势阱捕获并输送能量给电磁波。事实上,如果这个过程不断持续,电子束能移动到势阱的另一边并从电磁波中重新获取能量。但如果电子束的移动比有质动力波稍快一些,则只有电子束的能量传送到光波中。在这种情况下,电子束随着光波做"冲浪"运动,但如果电子束奋力推开光波则情况刚好相反,即电子束会从光波中获得能量。波的速度与波长有关。共振波长由下面公式确定:

$$\lambda_s = \frac{\lambda_w}{2\gamma^2}(1 + K^2) \tag{4.1}$$

式中:λ_s 为辐射波长;λ_w 为摇摆器波长;K 为摇摆器磁场的强度参数,$K = 93.4 B_{rms}(T)\lambda_w$(m),$B$ 摇摆器磁场强度(K 数量级是 1,表明电子在摇摆器中的运动轨迹并不是严格与光轴平行的)。例如,如果 $B_{rms} = 0.2T$ 和 $\lambda_w = 0.05m$,电子能量是 $100MeV$,则共振波长约为 $1.2\mu m$。共振波长也就是在一个摇摆器周期下电子束恰好向后滑移一个光波长。在滑移一个光波长的距离内,发生了电子和光波之间的净能量传输,因为电子束横向运动的方向总是与光波的横向电场一致($qE \cdot dl$ 总是正的,图 4.2)。

在实际术语中,K 为摇摆器强度的测量因子,为了得到适当的增益一般在 1 左右。

粗略分析式(4.1)可以发现,如果摇摆器周期波长固定,摇摆器调节输出波长的能力是有限的,这种情况下或者通过控制输入功率(如果摇摆器是电磁场)调节 K 值,或者通

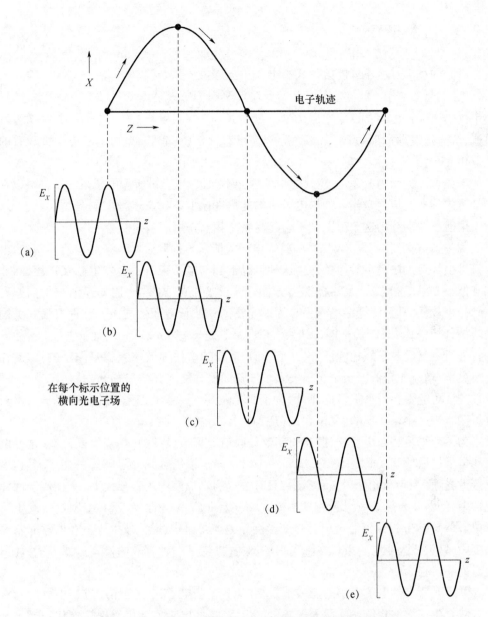

图 4.2 共振条件:电子束在一个摇摆器周期的正弦轨迹图

注:(a)电子横向运动方向与电场方向相同,因此电子对光场做功,也就是说电子能量传递给光场;(b)电子运动方向与电场垂直,因此没有相互作用;(c)电子运动方向与电场方向都反过来了,因此电子能量再次传递给光场;(d)电子与光场无相互作用;(e)电子再次回到(a)的情况,但是向后滑移了一个光波长。

过改变永磁摇摆器的间隙来调节输出光波长。但也可以通过调节输入电子束的能量来控制输出波长,因此,FEL 可以在任意波长输出。但是,可操作的范围会受到实际和物理特性的限制,这一点将在下面的讨论中变得更为清楚。

4.2.3 增益和带宽

FEL 的小信号增益可以由下式给出：

$$g = 31.8(I/I_A)(N^2/\gamma)B\eta_1\eta_f\eta_u \tag{4.2}$$

式中：$I_A = 17\mathrm{kA}$，$B = 4\xi[J_0(\xi) - J_1(\xi)]^2$，$\xi = K^2/[2(1 + K^2)]$，$J$ 为贝塞尔函数；I 为峰值电流；N 为摇摆器周期数；η_1、η_f、η_u 分别表示有限辐射、能散、光与电子束交叠导致的增益退化。

增益宽度大约为 $1/2N$。与其他常见激光不同，理论上讲所有电子束功率都可以在这个带宽内抽取能量给激光。如果电子束的能散度比 $1/2N$ 大或者相当，光增益就会减少，电子束能量波动超出这个范围则不会与光发生相互作用。

因为增益受到 $1/2N$ 带宽的限制，当电子束能量被抽取后，如式（4.1）所表明的，电子束显然最终会无法满足共振条件。这种情况下光与电子束就不会发生相互作用，除非采取其他一些手段和方法，如沿摇摆器方向逐步改变摇摆器参数，比如逐渐减少摇摆器场强到一个较低的值，使低能电子束与辐射光在同一波长内产生共振。这种方法在美国战略防御计划（SDI）时代就开展过研究，主要为了提高高功率 FEL 的性能[3,4]。这种方法的物理机制已经被很好地验证了（尽管 FEL 系统的增益和效率乘积是固定的，因此在一定情况下，增益比较低以至于光损失大于增益而使光能量无法增加）。从实际情况来看，这种方法可能不会带来很多优势，因为消耗后的电子束能散度会增加，使电子束重新恢复可用看来是难以实现的（见下面的分析）。

为了获得足够的增益，摇摆器周期数一般情况下被设计为 50 或更多一些，这样电子束能量的提取效率大概是 1%（$1/2N \sim 0.01$）。电子束仍然保留着 99% 的能量，其速度仍然接近光速（因为激光介质在真空中，只有很小的光学模场畸变会发生）。在传统固体激光器中，增益介质热效应引起的光学模式畸变是非常糟糕的，而 FEL 中则不会发生这种现象。但是 FEL 振荡器腔镜引起热变形会导致模式退化、增益减少等。在增益非常高的系统中，针尖般大小电子束仅在轴向提供增益，提供了一种有效的模式过滤方法，使得输出激光品质很高。

并不是所有的电子提供的能量都是相同的，一些电子在相互作用过程中可能与有质动力波发生错误的相位关联而丢失能量。最终，这些电子就会仍然保持着初始能量甚至会被轻微加速。当能量提取过程沿着摇摆器逐步发生后，电子束的能散就会逐步增加。实验上观察到的最终的电子束的能散度大概是平均能量损失的 6 倍[5]。因此，一旦受激发生后，电子束品质一般就不适合再次进入 FEL 中进行受激利用了。

电子束有另外一个潜在受限的物理参数，它类似于光束的光束质量，称为电子束的发射度。发射度束宽与发散角的乘积。归一化发射度即发射度乘以 γ 是一个守恒量。换言之，电子束经过最初的加速后，归一化发射度只能下降，或者其值至少保持不变，除非受到非保守力的作用。如果电子的运动轨迹在光场模式之外，那么显而易见将导致小的增益。归一化发射度 ε_n 必须小于 $\lambda_s/4\pi$ 以保持足够的增益。可以用刘维定理（以及热力学第二定理）来解释这种现象，即不可能从电子束中产生比电子束本身亮度还高的光束。FEL 的功率可以简单估计为电子束的功率(电压 E 乘以电流 $<I>$)乘以 FEL 的提取效率。

4.2.4　实际因素

在描述完 FEL 相互作用后,认识到 FEL 系统的实现可以使用振荡器或者放大器,两者各有优缺点。作为振荡器的 FEL 具有下列优点:不需要种子激光;所需要的摇摆器长度较短;电子束的峰值电流很不需要特别高。但是振荡器性的 FEL 的调谐能力受到腔镜和镀膜的限制。由于腔镜上需要镀 $\lambda/4$ 的电介质反射膜,典型的高功率腔镜一般具有 10% 的带宽。其中一个部分透射的镜子用来输出激光。因为对一个固定的 FEL 装置来说,增益和效率的乘积是一个常数,一般在饱和时光腔的增益比较低(大约为 20%)。小信号增益区需要的增益至少是饱和区增益的 3 倍,这样才能保证有效的能量抽取。

振荡器具有这么多优点的代价就是面临腔镜热效应的难题[6]。另外,因为光场模式必须与电子束很好的叠合以获得较高的增益和能量抽取率,对谐振腔的准直容忍度的要求是十分苛刻的。尤其是用于高功率 FEL 的光学谐振腔,光腔较长且需要严格共轴。FEL 相互作用的过程中自然会产生高次谐波,其功率大约是基波的 10^{-H} 倍(H 为高次谐波数)[7]。如果低阶谐波在紫外光谱范围,则必须要考虑腔镜的镀膜能够在紫外波段的影响下不受破坏。

尽管对放大器型的 FEL 来说不需要考虑腔镜的扭曲变形问题,但是放大器型的 FEL 需要种子激光且需要特别长的摇摆器。在腔镜不能适合的波长区域,采用这种放大器型的 FEL 是唯一的选择。一般来说这种 FEL 必须提供大约 100 倍甚至更多的增益,而电子束和摇摆器的组合必须具有这种高性能。使 FEL 操作在自放大自发辐射模式下也是可行的,这种情况下激光起源于噪声,但是需要更长的摇摆器。另外,输出功率的不稳定性类似于放大的噪声。但在一些波段,这种模式可能是唯一的选择。例如,在斯坦福线性加速器中心(SLAC)的线性相干光源(LCLS)X 射线 FEL 使用了 120m 的摇摆器产生了 10keV 的 X 射线脉冲,其功率完全起振于噪声(图 4.3)[8]。但是对高平均功率的 FEL 系统来说这并不是一个很好的选择。

图 4.3　斯坦福线性加速器中心的线性加速器相干 X 射线 FEL 装置
注:LCLS 利用了 SLAC 的线性加速器,并采用了一个新的注入器和扭摆器。

在洛斯·阿拉莫斯(LANL)发展的一个混合的设计被称为自再生放大 FEL(RAFEL),这是另外一种选择方式。RAFEL 需要一个高增益的振荡器,其中少许输出激光被反馈用于维持激励。这种模式的高增益在较大的范围内降低了对光学系统以及对腔镜的热变形苛刻的容忍度。

4.3　硬件设施

4.3.1　概要

为了产生高平均功率的 FEL,必须有由高平均功率加速器加速的电子束流。幸运的是,这项技术因为用于核物理、高能物理、材料研究、中子源等,因而近十年来已经被广泛研究。目前世界上存在几处能产生平均功率在吉瓦(连续束功率 10^9 W)水平的电子束流装置及数百家功率稍低的装置。已经通过有效利用线性加速器产生的适合 FEL 的电子束流来进行高功率 FEL 研究。即使从电子束中抽取 1% 的能量,也能产生让人难以置信的高功率光源。

FEL 系统主要由电子束源(注入器)、加速器或者具有传输线的线性加速器、摇摆器、光学系统(可能还有能量回收系统、电子束废弃处)组成。还需要一些辅助系统,如功率源、冷却装置、准直装置、控制系统等。FEL 系统的缺点是这些系统都是缺一不可的,即使是低功率系统的 FEL 装置也如此。好处之一是即使要求高功率输出也不需要使装置加大太多。下面讨论主要包括在红外到可见波段实现高平均功率输出所涉及的主要子系统的关键技术。其他一些技术可能比较适合其他波段范围或者是较低功率水平的装置。

4.3.2　注入器

注入器是整个 FEL 系统最关键的部分,因为一旦电子束产生后其电子束的品质只能越来越差。因为产生高品质的连续电子束流是非常困难的,大多数 FEL 系统的性能由注入器的能力决定。在寻求合适注入器的过程中,许多方法已经或者正在被采用;但是在连续输出的工作模式还没有一种方法具有明显的优势。目前常采用的方法有热阴极(或光阴极)高压直流电子枪、光阴极铜射频腔、光阴极超导射频腔等。

高平均束流注入器设计面临的主要难题是需要连续产生如此高的束电荷,此状态下非线性的空间电荷力会产生重要的影响。另外,低功率输出的 FEL 通过强制电磁场补偿法[10]、高的初始腔梯度法以及设计纵向和横向的密度曲线形成直线作用力的方法克服这个难题。这种设计方法可以产生电荷量为 1nC,归一化发射度为 1mm·mrad 的电子束。使用能量为 45.2MeV 的该电子束[11] 已经产生出紫外波段激光,并且正在推动世界上第一台硬 X 射线激光——LCLS 的 SLAC 装置(图 4.3)的研制[8]。高亮度高电荷量的电子束流的产生主要依赖于脉冲结构形式的高梯度电场,因为高梯度电场能在空间电荷力将电子束品质变差之前将电子束进行加速。据报道可实现 125MV/m 的加速梯度[12],但是实际上应用的在光阴极表面的加速梯度较小,一般约 20～40MV/m。遗憾的是,因为在

RF 腔中会产生巨大的欧姆损失,如此高的加速梯度或者说均匀的高占空比特性不能持续时间太长。这种情况在直流式结构光阴极中高的加速梯度也不能持续时间太长,主要是受到 6～10MV/m 的场致发射的影响。还有一些其他手段来帮助维持高亮度的连续电子束的产生。

直流高压热阴极电子枪是由俄罗斯核物理研究所的 Budker 提出的。目前,研究人员已经产生了平均束流为 22mA,归一化发射度为 30mm·mrad 的电子束流[13]。热阴极电子枪产生高平均束流是比较直接的。这项技术应用的主要困难是在短波长 FEL 系统中,因为由于调制栅极的退化效应,具有如此发射度水平的电子束流只能勉强在较短的红外波段实现激励。在产生较短的电子束流用于随后的加速方面也面临着一些技术困难。因此,除加速腔之外还需要 RF 群聚腔。由于电子束以较低的能量在这些腔中传输,因而空间电荷力有了可乘之机使得电子束品质变差。

不使用栅极及快速加速电子束后,可以避免空间电荷力对低能电子束品质破坏的影响,波音公司的研究小组研制出高平均电流的 RF 光阴极注入器[14]。铜腔的工作频率为 433MHz。注入器使用阴极为 CsKSn 的锁模激光产生了脉冲占空比为 25%、平均电流为 135mA、归一化发射度为 12mm·mrad,比较适合比红外波长更短的光谱区的激励。光阴极注入器具有两个方面的局限性:一是 RF 腔中相对低的真空环境(大约维持 3h)会使阴极退化;二是铜腔壁上的功耗较大,会产生腔壁冷却的困难,并显著增加了系统功耗。因为此功耗,光阴极加速梯度被限制在大约 6MV/m。尽管如此,这个在 1986 年达到的指标目前仍保持着这项技术的基准。

托马斯·杰弗逊国家加速器工厂(杰弗逊实验室)使用了光阴极高压直流腔来产生高品质长寿命的 9mA 短脉冲电子束流。较长的生命周期因为真空泵浦的直流腔的几何特性较好而成为可能。电子束品质在可见光波段产生受激发射是比较合适的,尽管由于高压崩溃的原因使得加速梯度需要小于 4.5MV/m。加速梯度的限制是该设备能否达到更高束流的一个主要因素,但是杰弗逊实验室的研究人员正在努力提高该光阴极设备的加速梯度。

所有关于设计光阴极注入器面临的技术挑战是需要超高真空的条件以避免阴极源的污染。对大多数阴极源来说真空度要求在 10^{-9}～10^{-10}torr 是必需的;这里水蒸气是最主要的污染因素。维持高效率(15%)运行一般需要真空度在 10^{-11}torr。即使阴极不被非理想的真空污染,电子束流在阴极表面引起的离子轰击现象也会使阴极的使用寿命受到限制。阴极的使用寿命是由总的传递的电荷量决定的,而不是由时间决定。

用于光阴极的激光源可以是钇铝石榴石(YAG)或氟化钇锂(YLF)激光的倍频、三倍频或者是四倍频产物,依赖于阴极材料的选择。不同的阴极源在不同条件下具有一些特定的优势:Cs2Te 在波长 263nm 时的量子效率为 13%,使用寿命为数百小时;LaB6 在波长 355nm 时的量子效率为 0.1%,使用寿命为 24h;K2CsSb 在波长 527nm 时的量子效率为 8%,使用寿命 4h;Cs3Sb 在波长 527nm 时的量子效率为 4%,使用寿命是 40h(关于不同阴极材料的选择参见文献[16,17])。这里引入的使用寿命数据具有一定的不确定度,因为在发射电荷过程中出现的一些小的效应会导致阴极寿命的退化。某些阴极材料可以使用氧化清洗的手段利用很多次。注入器的设计一般采取准备和更换新的阴极的方法,或者使用具有多个阴极的盒式磁带的方法。对应高平均流强的产生,紫外波段电极尽管比较耐用,但产生高功率紫外波段激光是比较困难的。功率22.4W绿光的(两倍频的YLF激光)可以产生100mA的电流,量子效率为1%。而四倍频的YLF激光同样产生100mA的电流,量子效率为1%,要求44.8W的短脉冲、锁模激光输出。这样的激光源远远超出了商业技术的范围,在紫外波段关于倍频晶体的使用寿命的问题仍然没有解决。实现驱动激光的相位和振幅的稳定性,以及可靠性的问题也是至关重要的。一般需要振幅的稳定性达到0.5%或者更高一些,不同脉冲的相位稳定性要小于1ps。每次倍频其振幅噪声都要翻倍。

为了使阴极产生高连续加速梯度的同时具有较好的真空度,研究者们正在开展超导射频(SRF)注入器腔的研究。目前,SRF注入器都是在低电流范围内开展了演示实验,但是这项技术将具有巨大的潜在应用价值。德国德累斯顿·罗森道夫研究中心的一个研究组正在从事一项研究,他们认为在平均加速梯度10MV/m、工作频率1300MHz,3.5单元的特斯拉型的阴极腔是可能使阴极加速梯度接近20MV/m的。他们已经建成了1.5单元的样机。尽管没有基本的物理问题,但是工程方面的挑战是非常大的。首先,在RF腔表面精确维持阴极、并防止RF腔的热效应问题是困难的;其次,因为超导屏蔽作用,在阴极上强制增加一个螺线管进行电场的补偿也是不可行的;最后,阴极本身和超导环境的匹配是一个潜在的问题。目前正在针对这些问题开展研究。

4.3.3 加速器

RF加速器对注入其中的具有与腔内微波振荡场相位匹配的短脉冲电子束进行加速。微波的纵向电场加速电子束,使电子束从微波中获取能量。一旦电子束的能量大于1MeV,电子束就像光束一样以接近光的速度传输,因而微波场显然需要合适的相位调整。电场会形成一个较高的加速梯度:脉冲式的铜加速器的加速梯度为60MV/m甚至更高,现代连续SRF加速器的加速梯度为20MV/m。对高占空比铜加速器来说,铜腔中高的欧姆损失会产生严重的热负载,甚至使加速梯度减少为6MV/m。最终会使大多数铜加速器的工作占空比仅为10^{-3},这个指标可以满足科学研究的需要,但不能用于高平均功率FEL。也有一个例外就是在Budker研究所建造的频率为180MHz可回收FEL系统,其产生电流为30mA、能量为18MeV的连续电子束用于FEL的激励。目前正在进行更高功率的升级。

铜加速器欧姆损失的难题推动了超导铌加速腔的发展(图4.4)。尽管需要氦冷却器,但低耗散的铌在2K温度下可以具有较高的加速梯度并进行连续波操作。

SRF线性加速器的结构比较典型的应用是在杰弗逊实验室的连续电子束加速器(CEBA,图4.5)[19],该加速器使用了工作频率为1497MHz、温度为2K的腔,能产生能量为6GeV的电子束用于核物理的研究。对SRF腔来说当保持较高的加速梯度(5~18MV/m)时其欧姆损失基本可以忽略[20](典型加速梯度下单腔的损失为6W)。可以达到的加速梯度还与频率有关,频率越高,加速梯度越高,因为高频时在腔的表面会减少不利因素

图 4.4　在冷却设备内部采用 RF 波导注入器的铌腔
（电子束从右前方的管道中注入加速器中）

发生的可能性。使用铜加速器可以在低频腔中产生更高的平均电流，甚至达到 100mA 以上，但需要频率低于 1500MHz。值得注意的是，世界上第一台 FEL[21]、第一个渐变型的摇摆器[22]、首次产生可见光波段激光的 FEL[23]，就使用了斯坦福的超导线性加速器。自首次实验演示成功以后，该线性加速器就服务于接下来的几代激光器装置，因为其产生的连续电子束可以使激光的功率、波长、相位和脉冲长度具有更高的稳定性。近年来，该装置作为用户装置取得了很大成功，其产生红外激光可用于很多双光子实验以及继续研究 FEL 相互作用的物理机制。目前该装置已经搬出了斯坦福大学，现位于美国加利福尼亚州的蒙特里海军研究生院。

图 4.5　杰弗逊实验室连续电子束加速器装置
注：FEL 装置位于图的上部中心位置，CEBA 在图的下部，整个椭圆形的圆周 7/8 英里（1 英里加 1.609km）。核物理相关部分位于右下方三个圆形草坪覆盖的下面。核冷却装置在椭圆形中心的房子里。

4.3.4 摇摆器

摇摆器技术是比较成熟的商业技术,一般有螺旋周期对称结构和平面周期对称结构两种结构,使用均匀的超导电磁场、永磁块或者两者的混合结构,并使用铁组件用于集中磁场。摇摆器技术方面的商业成功不完全归功于来自 FEL 应用市场的推动,而主要是由于第二代和第三代同步辐射光源的研制。同步辐射光源需要大量插入元件的同时对磁场的品质要求是非常高的。

摇摆器采用的技术选择主要由摇摆器的周期决定,在用于长波长的情况下电磁摇摆器比较具有优势。当摇摆器周期为 6cm 甚至下降到 2cm 或更低时,一般采用永磁混合摇摆器技术。整个系统使用 $SmCo_5$ 或 NdFeB 永磁铁固定在由钒合金类似金属制作的床槽上,在大概 1cm 的间隙上产生的参数 $K \approx 1$。最初由 Halbach[24] 开发的摇摆器结构可以在红外和可见光波段产生相当大的增益。在杰弗逊实验室的红外波段的摇摆器由 STI Optronics 制造,其摇摆器参数 $K = 1$,间隙为 12mm,周期长度为 2.7cm,有效周期数为 40.5。

因为需要避免离失电子撞击到辐射敏感的材料上面,所以高功率应用方面对摇摆器间隙的要求是非常重要的。通过改变电子束能量或者磁场强度可以实现输出波长的可调谐。通过调节摇摆器实现波长可调谐是比较容易的,因为电子传输系统比较复杂,调节电子束能量需要对传输系统进行重新布置。可以通过改变摇摆器间隙实现混合摇摆器的调节。

4.3.5 光学谐振腔

FEL 的光学谐振腔在工程上比传统激光器使用的谐振腔要求更高,制作更困难。为了获得较高的光腔增益,FEL 需要电子束和光场很好的交叠。电子束的横向尺寸是非常小的,表明其模式体积也是非常小的,较短的瑞利范围的改变会导致摇摆器中合适的模体积发生改变。当光腔的瑞利长度大约是摇摆器长度的 $1/\pi$ 时,其性能最佳。角准直共线的调节是非常苛刻的,需要达到微弧度的量级。如果电子束直径是数百微米,对一个 10m 光腔长度来说必须保持电子束与光束在数十微米区域内的交叠。另外,腔长必须与线性加速器的操作频率精确匹配。要求 10m 光腔长度必须精确到微米。为了保持激励,光腔长度需要进行调节的长度称为失谐长度。在红外光谱区输出带宽较宽,这是因为亚皮秒(大概 10λ)脉冲的傅里叶变换的限制。光波具有一定的输出带宽是由于电子脉冲与光脉冲之间的滑移导致的,在一个光程内电子束每经过一个摇摆器周期长度,就会向后滑移入,发生作用的电子束脉冲长度比实际脉冲长度要短一些(图 4.6)。

光腔必须在真空条件下工作并进行远距离的控制以防止辐射。光腔较低的输出耦合和小的光学模场会使腔镜承受高峰值和平均功率。较高的能量机制会产生相当大的硬紫外波段的 FEL 谐波,这些会使腔镜损坏[25-27]。功率输出耦合包括透射腔镜(潜在的材料和耐热难题),孔耦合输出(相对低的耦合效率),使用边耦合输出的非稳环形光腔

（额外的腔镜反射）或者光栅耦合（在高流强下难以幸存）。

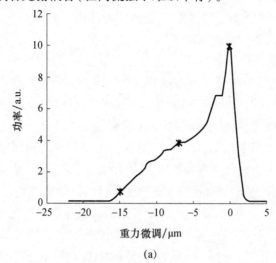

(a)

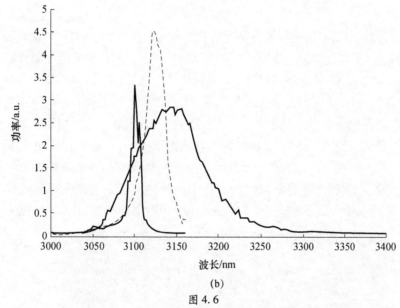

(b)

图 4.6

（a）红外 DEMO FEL 装置的功率随腔长失谐的变化曲线；（b）在失谐曲线三个不同位置处的相干辐射谱曲线（谱宽越窄则功率越低，反之谱线越宽功率越高。输出线宽一直会受傅里叶变换的限制，即微脉冲长度随失谐长度的改变而改变）

早期的模拟研究表明，FEL 振荡器仅仅能容忍大概 $\lambda/5$ 的畸变[6]。这一点已经被实验证实，当热效应引起腔镜更大的畸变后，FEL 的输出功率表现出饱和现象[28]。为了控制腔镜畸变需要对腔镜进行特殊镀膜，以及先进的腔镜设计或者通过其他技术手段去减少热的破坏。

4.3.6　能量回收技术

超导腔较低的损耗促使了另外一项技术——能量回收的发展。正如先前讨论的，

FEL 可以从电子束中抽取大概 1% 的能量给激光,但最终会导致利用后的电子束的能散提高到 6% 或者更多。电子束中仍然保存着 99% 的能量。对较小的低功率的 FEL 装置,电子束一般利用完后直接倾倒于铜的模块中。对连续高功率 FEL 系统来说,这种直接将电子束倾倒掉的做法非常浪费。由于电子束可以被重新注入线性加速器中与射频电场保持 180° 的相位差,这样与电子束被加速相反,电子束被减速将能量传递给注入器加速场,因此电子束的能量提供给了加速 RF 场。因为这个过程可以在近似无损耗的超导腔中发生,所以整个过程的转换效率是相当令人满意的。

能量回收系统具有三个方面的优势:一是提高了电子束的利用效率,因为仅需要 RF 能量弥补激励中的功率损失和废弃掉的电子束能量就可以了;二是电子束废弃处的能量损失大大减少,因而简化了电子束废弃处的工程设计;三是因为电子束的能量减少到光中子辐射阈值 10MeV 以下,所以不会产生中子辐射污染环境。这三个方面的优势是非常大的。能量回收的代价就是需要额外的束线传输电子束,并且需要排除由于电子束内的自反馈所导致的不稳定性。这些问题在低频腔中通过优化设计已经较大程度上解决了[29]。

电子束在传输中需要优化和控制以达到 FEL 激励和能量回收的要求,这是一个相当重要的课题,但超出了本收的讨论范围。对高电荷的电子束流传输相关的课题就是要在加速器中维持电子束的品质,特别是在弯转段的传输中更为重要。这方面涉及的一些物理问题正在被广泛研究,但在精确的定量预测方面还存在一系列的问题没有解决。一般的处理方式是,在 FEL 作用前使电子束保持暂时拉长来减少来自外部和本身的相互作用。

另外,电子束在经过 FEL 的相互作用后其能散度变大,磁铁传输就更为复杂。在传输过程中不容许束流损失,因为即使是很小的甚至是数微安的电流沉积也会在传输的真空管道壁上烧出一个洞。在能量回收的过程中必须使电子束的能散得到压缩。否则能量为 100MeV 的电子束能散 6% 变成 5MeV 的电子束时能散就变为 100%(图 4.7)。

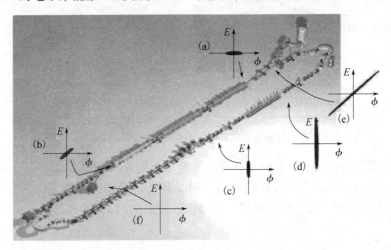

图 4.7　在红外 Demo 能量回收线性加速器的六个不同位置处的相空间(能量与 RF 相位的比值)要求
(a)线性加速器入口处的长脉冲电子束团相空间;(b)线性加速器出口处能量啁啾电子束相空间;
(c)摇摆器入口处高峰值电流(短脉冲)电子束相空间;(d)FEL 作用后的大能散电子束相空间;
(e)能量回收前使用啁啾技术进行能散压缩后电子束相空间;(f)在电子束回收处的小能散电子束相空间。

4.4　现状

目前世界上平均功率大于 10W 的 FEL 装置仅有日本的原子能研究所的 JAERI FEL 装置、Budker 研究所的回收型的 FEL 装置、杰弗逊实验室的红外/紫外升级装置。这三个 FEL 装置都采用了能量回收系统来提高整个装置的效率,减少 RF 功率负载,及更低的背景辐射。JAEA 装置(图 4.8)产生的光脉冲功率是千瓦的范围,脉冲长度是毫秒量级[30]。超导加速器的注入束流为 8mA、能量为 17MeV,产生了电荷量为 0.4nC、12ps 长的电子束流。该装置于 2002 年 8 月在波长为 22μm 的首次激光输出,电子束的抽取效率大于 2.5%。由于使用氦冷却装置的能力问题该装置不能以连续波模式运行。

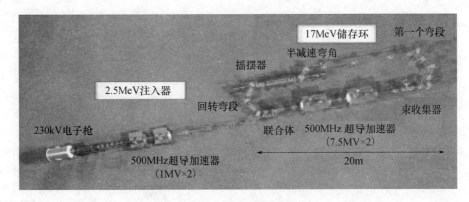

图 4.8　JAEA FEL 装置

注:电子束能量为 17MeV,电荷量为 0.4nc,重复频率为 20.8MHz,
输出波长为 22μm,脉冲长度为 1ms,频率为 10Hz。

Bucker 装置能量回收系统中的电子束平均流强大于 30mA。最近该装置实现了双程循环加速并进一步建造了 5 程循环加速器以产生 80MeV 的电子束流,在这五个能量加速进程(图 4.9)中将引入多个摇摆器系统[31]。Bucker 装置已经产生了平均功率大于 400W、波长为 60μm 的激光。该装置使用了频率为 180MHz 的铜线 RF 腔。整个系统的电子束流为 0.5nC,脉冲长度为 70ps,频率为 22.5Hz。

世界上实现的最高功率的 FEL 装置是杰弗逊实验室的红外升级装置,其在波长为 1.6μm 时产生了 14kW 的平均功率(图 4.10)[33]。该装置是在红外演示装置上进行了进一步的升级,原先的演示装置成功采用能量回收输出了平均功率为 2kW 的激光[32]。升级后的平均电子束流为 9.3mA,脉冲电荷量为 130nC,频率为 75MHz。电子束流的品质相当高,以致能激励出基波的二次[34]、三次和五次[35]谐波。谐波的自发辐射图像如图 4.11 所示。线性加速器磁铁弯转段也产生了较大功率的太赫波段相干辐射[36]。该装置的第二个 FEL 系统(UV 升级)与红外波段的束线平行,最近在紫外波长成功输出了平均功率为 150W 的激光[37]。

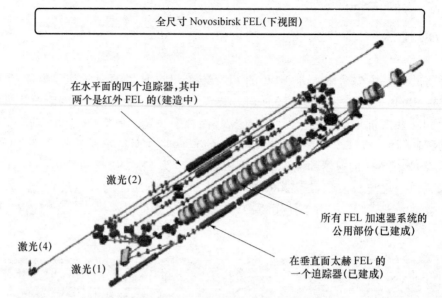

全尺寸 Novosibirsk FEL(下视图)

在水平面的四个追踪器,其中
两个是红外 FEL 的(建造中)

激光(2)

所有 FEL 加速器系统的
公用部份(已建成)

激光(4)

在垂直面太赫 FEL 的
一个追踪器(已建成)

激光(1)

图 4.9 Novosibirsk 能量回收装置

注:电子束能量为 20MeV,电荷量为 1.5nC,重复频率为 22.5MHz,产生了波长为 60μm、
功率为 400W 的激光。

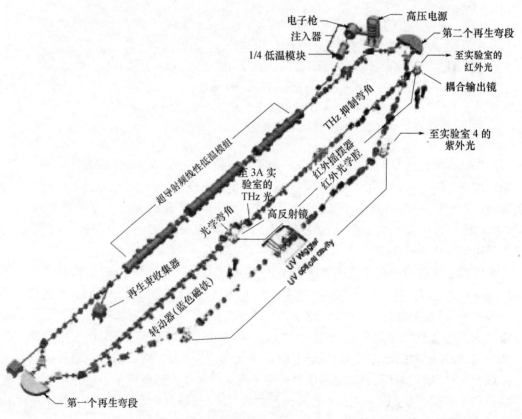

图 4.10 杰弗逊实验室的红外和紫外升级 FEL 装置

注:电子束能量为 150MeV,电荷量为 135pC,重复频率为 75MHz,每个光输出脉冲能量分别为 20μJ、120μJ、
1μJ,分别对应于三个辐射频段,即 250nm 的紫外波段、1~14μm 的红外波段、0.1~5THz 的太赫波段。

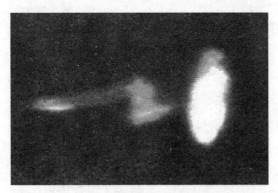

图 4.11 杰弗逊实验室红外升级装置激励波
长为 3μm 时的五次到九次谐波

这些装置已经为高功率能量回收系统 FEL 的发展方面奠定了基础，其主要用于高亮度光子的研究应用。要想使 FEL 的优势充分发挥还需要进一步的研究发展。目前，FEL 的性能可能主要用于工业应用。在近红外和中红外波段，FEL 是唯一可以实现用于科学研究的可调谐高平均功率激光源，为了更好实现这一目标科学家们正进行一系列的努力。

参考文献

［1］Brau，C. A.，Free-Electron Lasers，Academic Press，Boston，1990.

［2］Freund，H. P.，and Neil，G. R.，"Free Electron Generators of Microwave Radiation，"Electron Beam Generators of Microwave Radiation Proc. IEEE，87（5）：782-803，May 1999.

［3］Feldman，D. W.，Warren，R. W.，Carlsten，B. E.，Stein，W. E.，Lumpkin，A. H.，Bender，S. C.，Spalek，G.，et al.，"Recent Results of the Los Alamos Free-Electron Laser，"IEEE J. Quantum Electron.，QE-23：1476-1488，1987.

［4］Christodoulou，A.，Lampiris，D.，Polykandriotis，K.，Colson，W. B.，Crooker，P. P.，Benson，S.，Gubeli，J.，and Neil，G. R.，"Study of an FEL Oscillator with a Linear Taper，"Phys. Rev. E.，66（056502），2002.

［5］Benson，S.，Beard，K.，Biallas，G.，Boyce，J.，Bullard，D.，Coleman，J.，Douglas，D.，et al.，"High Power Operation of the JLab IR FEL Driver Accelerator，"Particle Accelerator Conference（PAC 07），Albuquerque，New Mexico，June 25-29，2007.

［6］McVey，B. D.，"Three-dimensional simulations of free electron laser physics，"Nucl. Inst. and Meth.，A250：449-455，1986.

［7］Shinn，M.，Behre，C.，Benson，S.，Douglas，D.，Dylla，F.，Gould，C.，Gubeli，J.，et al.，"Xtreme Optics—The Behavior of Cavity Optics for the Jefferson Lab Free Electron Laser，" Proceedings of the SPIE Boulder Damage Symposium XXXVIII，SPIE 6403：64030Y-1，2006.

［8］Emma，P.，"Commissioning Status of the LCLS X-Ray FEL，" Working Paper TH3PBI01，Proceedings of the 2009 Particle Accelerator Conference，Vancouver，2009.

［9］Sheffield，R. L，Nguyen，D. C.，Goldstein，J. C.，Ebrahim，N. A.，Fortgang，C. M.，and Kinross-Wright，J. M.，"Compact 1 kW Infrared Regenerative Amplifier FEL，"Free-Electron Laser Challenges，P. G. O'Shea and H. E. Bennett，eds. Proc. SPIE，2988：28-37，1997.

［10］Carlsten，B. E.，"New Photoelectric Injector Design for the Los Alamos National Laboratory XUV FEL Accelerator，"

Nucl. Instrum. Meth., A285: 313-319, 1989.

[11] O'Shea, P. G., Bender, S. C., Byrd, D. A., Early, J. W., Feldman, D. W., Fortgang, C. M., Goldstein, J. C., et al., "Demonstration of Ultraviolet Lasing with a Low Energy Electron Beam," Nucl. Instrum. Meth., A341: 7-11, 1994.

[12] Schmerge, J. F., Reis, D. A., Hernandez, M., Meyerhofer, D. D., Miller, R. H., Palmer, D. T., Weaver, J. N., et al., "SLAC RF Photocathode Gun Test Facility," FEL Challenges, Proceedings of SPIE Conference, SPIE, San Jose, California, February 13-14, 1997 (SPIE 2988: 90-96).

[13] Gavrilov, N. G., Gorniker, E. I., Kayran, D. A., Kulipanov, G. N., Kuptsov, I. V., Kurkin, G. Y., Kolobanov, E. I., et al., "Status of the Novosibirsk High Power Free Electron Laser Project," FEL Challenges, Proceedings of SPIE Conference, San Jose, CA, February 13-14, 1997 (SPIE 2988: 185-187).

[14] Dowell, D. H., Bethel, S. Z., and Friddell, K. D., "Results from the High Average Power Laser Experiment Photocathode Injector Test," Nucl. Instrum. Meth. A356: 167-176, 1995.

[15] Hernandez-Garcia, C., O'Shea, P., and Sutzman, M., "Electron Sources for Accelerators," Physics Today, 61: 44, 2008.

[16] Kong, S. H., Kinross-Wright, J., Nguyen, D. C., and Sheffield, R. L., "Photocathodes for Free Electron Lasers," Nucl. Instrum. Meth., A358: 272-275, 1995.

[17] Michelato, P., "Photocathodes for RF Photoinjectors," Nucl. Instrum. Meth., A393: 455-459, 1997.

[18] Michalke, A., Piel, H., Sinclair, C. K., Michelato, P., Pagani, C., Serafini, L., and Peiniger, M., "Photocathodes Inside Superconducting Cavities," Fifth Workshop on RF Superconductivity, Hamburg, Germany, 1991.

[19] Krafft, G., and Bisognano, J., "On Using a Superconducting Linac to Drive a Short Wavelength FEL" Proc. 1989 Particle Accelerator Conference, 1256, 1989.

[20] Neil, G. R., "Frontier Accelerator Technologies," Eighth International Topical Meeting on Nuclear Applications and Utilization of Accelerators (AccApp'07), Pocatello, Idaho, July 30-August 2, 2007.

[21] Deacon, D. A. G., Elias, L. R., Madey, J. M. J., Ramian, G. J., Schwettman, H. A., and Smith, T. I., "First Operation of a Free-Electron Laser," Phys. Rev. Lett., 38: 892-894, 1977.

[22] Edighoffer, J. A., Neil, G. R., Hess, C. E., Smith, T. I., Fornaca, S. W., and Schwettman, H. A., "Variable-Wiggler Free-Electron-Laser Oscillation," Phys. Rev. Lett., 52: 344-347, 1984.

[23] Edighoffer, J. A., Neil, G. R., Fornaca, S., Thompson, H. R., Smith, T. I., Schwettman, H. A., et al., "Visible free-electron-laser oscillator (constant and tapered wiggler)," Appl. Phys. Lett., 52: 1569-1570, 1988.

[24] Halbach, K., "Design of Permanent Multipole Magnets with Oriented Rare Earth Cobalt Material," Nucl. Instrum. Meth., 169: 1-10, 1980.

[25] Couprie, M. E., Garzella, D., and Billardon, M., "Optical Cavities for UV Free Electron Lasers," Nucl. Instrum. Meth., A358: 382-386, 1995.

[26] Hama, H., Kimura, K., Hosaka, M., Yamazaki, J., and Kinoshita, T., "UV-FEL Oscillation Using a Helical Optical Klystron," FEL Applications in Asia, T. Tomimasu, E. Nishimika, T. Mitsuyu, eds., Ionics Publishing, Tokyo, 1997.

[27] Yamada, K., Yamazaki, T., Sei, N., Suzuki, R., Ohdaira, T., Shimizu, T., Kawai, M., et al., "Saturation of Cavity-Mirror Degradation in the UV FEL," Nucl. Instrum. Meth., A393: 44-49, 1997.

[28] Neil, G. R., Benson, S. V., Shinn, M. D., Davidson, P. C., and Kloeppel, P. K., "Optical Modeling of the Jefferson Laboratory IR Demo FEL," Modeling and Simulation of Higher-Power Laser Systems IV, Proceedings of SPIE Conference, San Jose, CA, February 12-13, 1997, (SPIE 2989: 160-171).

[29] Neil, G. R., and Merminga, L., "Technical Approaches for High Average Power FELs," Rev. Modern Physics, 74: 685, 2002.

[30] Hajima, R., "Current Status and Future Perspectives of Energy Recovery Linacs," Working Paper MO4PBI01, Proceedings of the 2009 Particle Accelerator Conference, Vancouver, 2009.

[31] Vinokurov, N., Dementyev, E. N., Dovzhenko, B. A., Gavrilov, N., Knyazev, B. A., Kolobanov, E. I., Kubarev, V. V., et al., "Commissioning Results with the Multipass ERL," Working Paper MO4PBI02, Proceedings of the 2009 Particle Accelerator Conference, Vancouver, 2009.

[32] Neil, G. R., Bohn, C. L., Benson, S. V., Biallas, G., Douglas, D., Dylla, H. F., Evans, R., et al., "Sustained Kilowatt Lasing in a Free-Electron Laser with Same-Cell Energy Recovery," Phys. Rev. Lett., 84: 662-665, 2000.

[33] Benson, S., Beard, K., Biallas, G., Boyce, J., Bullard, D., Coleman, J., Douglas, D., et al., "High Power Operation of the JLab IR FEL Driver Accelerator," Particle Accelerator Conference (PAC 07), Albuquerque, New Mexico, June 25-29, 2007.

[34] Neil, G. R., Benson, S. V., Biallas, G., Gubeli, J., Jordan, K., Myers, S., and Shinn, M. D., "Second Harmonic FEL Oscillation," Phys. Rev. Lett., 87(084801) 2001.

[35] Benson, S., Shinn, M., Neil, G., and Siggins, T., "First Demonstration of 5th Harmonic Lasing in a FEL," Presented at FEL 1999, Hamburg, Germany, August 23-26, 1999

[36] Carr, G. L., Martin, M. C., McKinney, W. R., Jordan, K., Neil, G. R., and Williams, G. P., "High Power Terahertz Radiation from Relativistic Electrons," Nature, 420: 153-156, 2002.

[37] Benson, S., Biallas, G., Blackburn, K., Boyce, J. Bullard, D., et al., "Demonstration of 3D Effects with High Gain and Efficiency in a UV FEL Oscillator," Proceedings of the 2011 Particle Accelerator Conference (PAC'11), New York, Mar. 28-Apr. 1, 2011.

第 2 篇　二极管激光

第 5 章

半导体激光器
——半导体激光器基础及单管特性

Victor Rossin

JDSU,通讯及商业光学产品部,工程开发高级经理

加利福尼亚州,米尔皮塔斯

Jay Skidmore

JDSU,通讯及商业光学产品部,工程开发高级经理

加利福尼亚州,米尔皮塔斯

Erik Zucker

JDSU,通讯及商业光学产品部,产品开发高级主管

加利福尼亚州,米尔皮塔斯

5.1 前言

半导体激光器因其较宽的波长范围,在材料工程、制造技术等众多领域有着重要的应用。最初高功率半导体激光器主要作为泵浦源,为其他类型的激光器或者光放大器提供能量,如主要用于高功率激光领域中的半导体泵浦的固体激光器和光纤激光器。近年来,随着高亮度半导体激光器器件以及高精密光纤耦合技术的发展,半导体激光器作为直接光源,有替代传统激光器,如氙灯泵浦或者半导体激光泵浦固体激光器和二氧化碳气体激光器的可能。

本章将介绍半导体激光器关键技术的背景及普遍特性。虽然概括地描述了半导体激光器的物理机理,但这并不是我们关注的重点。介绍了用于制造半导体激光器芯片的晶片制造工艺,以及获得高功率激光运转的关键工艺。详细介绍了单横模和多横模的单管激光器性能的发展水平。对于单管技术指标的理解将有益于对一维及二维扩展后的激光器阵列的理解。一维及二维激光器阵列被称为"巴条"及"叠阵",将在第 6 章中介绍。此外,本章还将介绍单管激光器的封装、光纤耦合封装、可靠性分析及方法的基本概念。

5.2　功率提升的历史

现代半导体激光器起源于 1963 年,其双异质激光器结构设计由 Alferov、Kazarinov 以及 Kroemer 分别提出[1]。20 世纪 70 年代,随着分子束外延技术(MBE)和金属有机物化学气相沉积技术(MOCVD)两种重要的外延生长技术的发展,使得膜厚及原子组分得以精确控制,以满足生长量子阱有源层的要求,有利于提高增益并降低阈值电流。随着 1983 年半导体光谱实验室(Spectra Diode Labs)的成立,开始了高功率半导体激光器商业化进程[2]。许多文献资料中对早期的历史有都进行了很好的回顾,这里不再赘述[1-3]。

20 世纪 80 年代和 90 年代,晶体生长技术及原材料提纯技术的持续不断提高驱动了半导体激光器的发展。10 年来半导体激光器设计着重于效率的提升、端面钝化的改善、模具固定的耐用以及热沉技术的发展,这些发展进一步推动了半导体激光器的发展。如图 5.1 所示,商业化的半导体激光器产品可靠的输出功率获得了稳定性增长。多模和单模激光器的输出功率几乎每年提高 15%,提高速率和关键技术投资的增长有较大的关系。20 世纪 90 年代末期,随着互联网公司和通信公司的发展,980nm 单模激光器的输出功率的提升速率达到了历史水平的 2 倍。

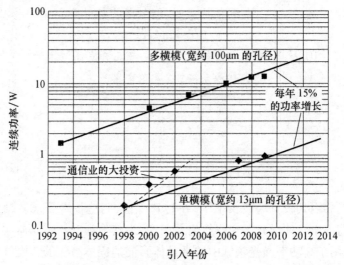

图 5.1　连续 980nm 单模和多模激光器可靠输出功率历史发展

5.3　高功率半导体激光器的特点

高功率半导体激光器与其他半导体激光器在众多方面都有明显的区别,这也决定了两者适用于不同领域。

一是半导体激光器的额定光功率水平需要保证特定的稳定度。这是绝大多数高功率半导体激光器设计时需要采用的折中策略,因为半导体激光器可以在超过额定功率下工作,但是以更低的可靠性为代价的。目前,商用单管输出已经可以实现 10 ~ 20W 连续波输出。半导体激光器最大光功率受限于端面处的光功率线密度(光功率除以单管宽度)。在端面,激光离开半导体波导限制并衍射入空气。若单芯片要获得更高功率的输出,则需要扩宽出光口径或者是由多个发光单元排布成单片阵列(巴条)。虽然这些技术可以提高总功率,但是以牺牲亮度为代价的。光功率需要同光学扩展量,或光在物理和数值孔径空间的二维光斑尺寸,一同进行平衡考虑。激光的亮度定义是光功率除以光学扩展量,是表征多个发光点合成单个高功率光束的能力的物理量。最近更高亮度运转方面的进展,来源于芯片可靠运转功率的提升和光学扩展量的减小,特别是远场发散角的减小。

二是体现在激光输出波长。这里主要关注具有商业重要性的 800～1000nm 波段。808nm 波长的主要用于 Nd:YAG 固体激光器的泵浦。目前作为掺 Er 和 Yb 光纤激光器以及 Yb:YAG 薄片激光器的泵浦源,915nm、940nm 与 976nm 波长的激光器获得了很强的增长。

三是体现在光电转换效率。经过多年的发展,光电转换效率得到了极大提升,最高纪录达到 75% 左右,商用半导体激光器也达到 65% 左右。

5.4　器件结构和晶片制造工艺

图 5.2 给出了高功率半导体激光器芯片基本结构。通过对半导体二极管施加正向偏压,在 p 型半导体材料和 n 型半导体材料间的结区(pn 结)产生光子。通过外延生长技术生长在横向同时产生了 p 型和 n 型掺杂的多层膜和光波导。然后经过晶片处理在侧向形成光波导,沿着晶片的晶面方向解理得到的镜面,形成平行的腔面,这就构成了激光谐振腔。

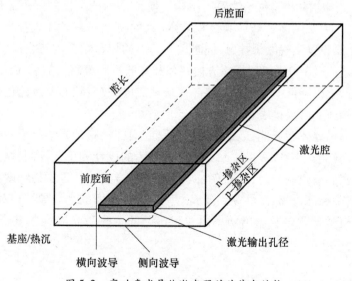

图 5.2　高功率半导体激光器芯片基本结构

半导体激光器的形成需要经过晶片级加工,所采用的半导体工艺步骤与制造硅集成电路工艺步骤的类似。图 5.3 为典型的半导体激光器工艺流程。半导体激光的制造常采用直径为 2 英寸、3 英寸和 4 英寸的 n 型砷化镓晶圆基底。通过 MOCVD 或者 MBE 生长多种半导体层,形成光学包层和波导以及载流子限制。这步生长工艺非常重要,决定了激光器初始性能和可靠性。高精密的分析工具用于确定材料的组分、膜层厚度、掺杂水平以及缺陷密度。

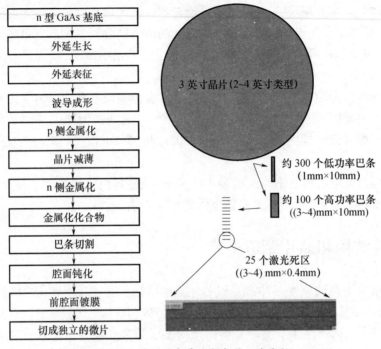

图 5.3　典型的半导体激光器工艺流程

　　接下来形成侧向的电学和光学限制结构。使用光刻技术在晶圆表面形成激光器几何结构的图形,然后采用多种介质膜沉积技术、刻蚀技术和离子注入技术。在晶片的 p 面,沉积多层金属膜以实现欧姆接触,同时也为其后的焊料结合或打线提供稳定的表面。之后将晶圆片减薄至 $100 \sim 150 \mu m$ 以方便解理和降低衬底电阻。然后在减薄晶圆片的 n 面镀金属层并退火以降低电阻。然后将晶片解理成巴条,在腔面上镀钝化膜和介质光学膜形成前输出端面和后反镜端面。

　　对于高功率半导体激光器,最重要的区别是腔面钝化膜和光学薄膜。由于腔面上的光功率密度很高(高达 $100 MW/cm^2$),必须经过精密的设计和工艺控制,这些工艺环节通常作为商业秘密而被限制交易,因此存在多种竞争性方法。外延层的纯度和控制是第二关键的工艺,以确保高可靠、高性能和高成品率。最后侧面的光波导结构对于高亮度、低数值孔径的多模激光器以及输出功率曲线无扭结的单模激光器有着重要的影响(参见5.9 节)。

5.5　垂直腔和边发射半导体结构

　　半导体激光器是通过注入电流,转化为电子和空穴在二极管结区的复合,进而产生光子。为了有效工作,光学模式和注入载流子必须配合并受到空间限制。载流子常被限制在一个或多个量子阱中。量子阱的厚度约 10nm 或者更薄;由于光的波长远远大于量子阱的厚度,量子阱不能对光产生限制。为了限制光,在低折射率的包层间加入垂直导波层,形成类似三明治结构。图 5.4 给出了分别限制异质激光器的膜层结构。

量子阱有着最小的禁带宽度和最高的折射率,处于波导层的中心;其一侧为 p 型掺杂,另一侧为 n 型掺杂。包层相比于波导层有较大的禁带宽度和较低的折射率(图 5.4)。波导层的厚度可在 50nm ~ 1μm 或者更厚的水平上变化。由于激光限制在光波导区域,与产生增益的限制在量子阱内载流子的交叠远远小于 1。该交叠称为横向光学限制因子(Γ),低至 1%。波导层的折射率和能带可以渐变,以提高量子阱捕获载流子的能力,称为分离限制的渐变折射率异质结构[4]。

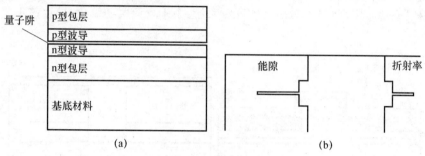

图 5.4　分别限制的异质激光器的膜层结构及能带和折射率
(a)膜层结构;(b)能带和折射率。

为了在侧面对进行光学和电学限制,还需要在外延生长后进行后处理。最简单的方法是在有源区域外阻挡电流注入。有两种方法一种方法就是在半导体上沉积介质层,再在介质层刻出窗口并沉积金属(图 5.5(a))[5];另一种是通过离子注入技术在覆盖层上形成高电阻区域,如此,电流只经过没有离子注入的区域(图 5.5(b))[6]。

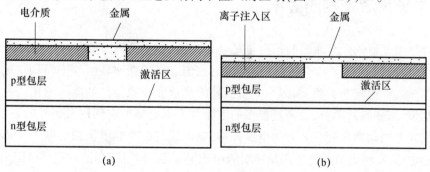

图 5.5　激光器芯片结构
(a)介质电流限制;(b)离子注入电流限制。

电流限制导致了注入载流子的横向分布,具体的横向分布由注入区域和电流阻挡层下面的电流扩散决定。载流子的横向分布引起了增益分布和有效复折射率的调制,从而提供了光学横向约束。这种半导体激光器结构称为增益引导。宽发射面半导体激光器就是基于这种机理,该类型半导体激光器有宽的电注入区域,存在多横模。对于窄注入区、单横模激光器,增益导引结构不再适用,因为电流的扩散会显著扩宽注入载流子分布。此外,载流子的注入会降低了泵浦区域的折射率,引起了反波导效应,进一步降低了有效复折射率的横向反差,减弱横向光学约束效果。

为了改善横向约束效果,引入横向的折射率台阶作为折射率导引结构。简单的弱的折射率引导波导结构(脊波导结构)[7]可以通过刻蚀掉电注入区域(脊)以外的覆盖层得以实现(图 5.6(a))。由于半导体材料被较低折射率的介质所代替,实现了横向有效折射率台阶。横向折射率台阶的大小取决于脊的刻蚀深入,较为典型的值为 10^{-2}。

掩埋异质结激光器结构可以提供较大的横向折射率台阶和约束[8]。这种结构通过深刻蚀至有源层,再二次外延生长宽带隙、低折射率层提供横向模式约束。电流阻挡层的生长也在二次外延的过程进行(图 5.6)。虽然二次外延生长工艺在 InP/InGaAsP 材料系统中得以成功应用,但对于 GaAs/AlGaAs 系统,由于含铝层的氧化,导致该工艺的实施困难很多。

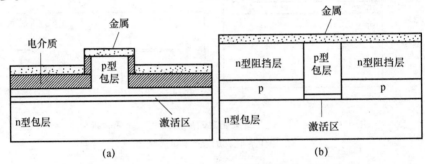

图 5.6 脊波导激光器和掩埋异质结激光器
(a)脊波导激光器;(b)掩埋异质结激光器。

5.6 半导体激光器的效率

半导体激光器的一个重要特征参量是电光转换效率(又称为插头效率),定义为光功率 P 与电功率(或电流 I 和电压 V 的乘积)的比值。高的功率转换效率(PCE)对于高功率半导体激光器而言非常重要,因为大量额外的热量会导致器件性能的退化。为了驱散多余的热量,需要高效散热,会消耗更多的电能并占据更多的空间以及额外的封装成本。半导体激光器的功率损耗主要分为电压耗费、电流耗费以及光学损耗。电压耗费包括激光器启动电压 V_{to} 超出激射光子能量所对应电压 V_λ 的额外差值,以及在串联电阻 R_s(半导体层、金属层、键合金线)上的压降。电流耗费包括达到所需增益的阈值电流和泄漏电流,泄漏电流通常由内量子效率 η_i 描述。光学损耗取决于内部损耗 α_{int} 的分布,通常为自由载流子吸收以及外部损耗,如光从后腔面的逸出。PCE 的简单方程为

$$\mathrm{PCE} = \frac{\eta_i \left(1 - \dfrac{I_{th}}{I}\right)}{\left(1 + \dfrac{\alpha_{int}}{\alpha_m}\right)\left(1 - \dfrac{V_{to} - V_\lambda}{V_\lambda} + \dfrac{IR_s}{V_\lambda}\right)} \tag{5.1}$$

式中

$$\alpha_{\mathrm{m}} = \frac{1}{2L} \ln\left(\frac{1}{R_{\mathrm{f}} R_{\mathrm{r}}}\right) \qquad (5.2)$$

$$V_{\lambda} = \frac{hc}{e\lambda} \qquad (5.3)$$

其中：L 为腔长；R_{f} 和 R_{r} 分别为前、后腔面的反射率；λ 为激光波长；h 为普朗克常量，c 为光速；e 为电子电量。

对于典型的宽 $100\mu\mathrm{m}$ 宽的 $970\mathrm{nm}$ 半导体激光器（参数如表 5.1 所例），工作电流为 $2.65\mathrm{A}$，输出光功率为 $2.5\mathrm{W}$ 时，$PCE = 63\%$，剩余 37% 的功率转换为废热。具体的能量分配如图 5.7 所示。

表 5.1 激光器典型参数值

参数	参数值
L/mm	1.5
R_{f}	0.01
R_{r}	0.99
λ/mm	970
$I_{\mathrm{th}}/\mathrm{mA}$	280
η_i	0.93
$\alpha_{\mathrm{int}}/\mathrm{cm}^{-1}$	2
$V_{\mathrm{to}}/\mathrm{V}$	1.35
R_{s}/Ω	0.05

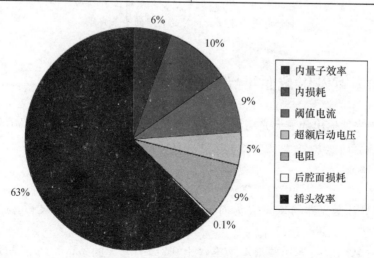

图 5.7 激光器能量分配

式(5.1)仅在光功率与电流呈线性关系时适用。对于更高的功率，自身热量将引起热反转和额外的损耗。总的来讲，半导体激光器的效率随温度的上升而下降。通常用经验参数 T_0、T_1 来分别描述阈值电流和效率与温度的关系：

$$I_{\text{th}} \sim \exp\left(\frac{T}{T_0}\right), \eta_i \sim \exp\left(-\frac{T}{T_1}\right) \tag{5.4}$$

由此可见,温度越高,阈值电流越大,效率越低。

研究人员做了大量的工作以提升高功率激光器的插头效率,设计优化集中在能量耗散的各种因素上,降低内部损耗,提高内量子效率以及降低串联电阻。一种典型的平衡设计是包层的掺杂,较高的掺杂浓度可以有效地降低串联电阻和自身发热,但会因自由载流子吸收而引起内部损耗的增大。图 5.8 给出了经优化设计的 $20\mu\text{m}$ 宽 915nm 的 Al-Ga(In)As/GaAs 半导体激光器,25℃工作时插头效率峰值为 73%[9]。要实现该结果需要将内部损耗降低至 1cm^{-1} 以下,同时获得高的温度 $T_0 = 198\text{K}, T_1 = 962\text{K}$。

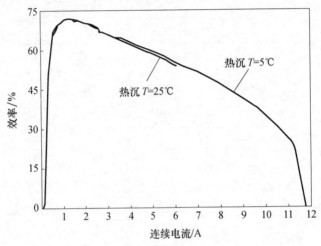

图 5.8 $L = 2\text{mm}, W = 20\mu\text{m}$ 的半导体激光器在 5℃和 25℃时,
驱动电流和连续输出时的效率的关系曲线

5.7 高功率宽发射截面半导体激光器

半导体激光器输出的最大光功率 P_{max} 正比于镜面灾变光学损伤(COMD)功率 P_{COMD} 所对应的内部光功率密度,具体关系如下式表述[10]:

$$P_{\text{max}} = \left(\frac{d}{\Gamma}\right)W\left(\frac{1-R}{1+R}\right)P_{\text{COMD}} \tag{5.5}$$

式中:W 为半导体激光器的条宽;R 为前腔面的反射率;d 为量子阱厚度;Γ 为横向光限制因子,因此 d/Γ 为等效光斑尺寸。

宽区激光器(BAL)能够获得高功率输出,是因为其大的条宽。P_{COMD} 与增益区材料和腔端面钝化技术有关[11-13]。据报道,对于连续运转的 940nm 的 InGaAs/AlGaAs 双异质结 BAL,P_{COMD} 可以达到 24MW/cm^2[14]。通过设计大的光学谐振腔[15]可以增大光波模式的横向尺寸,同时获得较低的光限制因子。光限制因子还可以通过设计不对称的光波导结构[16]和光学陷阱层[17]来进一步减小[17]。另一个获得高功率输出的方法是增加谐振腔长。更大腔长对应着更低的电阻和热阻,进而产生更低的热量,获得更高的光电效率和热反转功率。有效运转的长腔长激光器要求内部损耗低于 $1cm^{-1}$。目前，宽度约 $100\mu m$ 的宽区激光器，其腔长为 $4\sim5mm$，连续工作时输出功率可以超过 $20W^{[18-20]}$，其稳定输出的功率为 $10\sim12W$。图 5.9 展示了宽度 $90\mu m$、腔长 $5mm$、波长 $940nm$ 的 InGaAs/AlGaAs 双异质结宽区半导体激光器，在连续工作状态下获得了 $26.1W$ 的激光输出[14]。

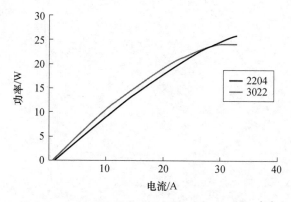

图 5.9　含 AlGaAs 势垒的激光器电流-功率特性[14]

连续工作状态下的输出功率不仅由 COMD 决定，也由热反转（由于自身加热导致效率降低）决定。脉冲工作状态可消除自加热，因而可以获得更高的能量输出。图 5.10 展示了条宽为 $100\mu m$ 的 $940nm$ 激光器，在脉宽 $20\mu s$、重复频率 $1kHz$ 的脉冲工作条件下获得了高达 $32W$ 的激光输出[21]。

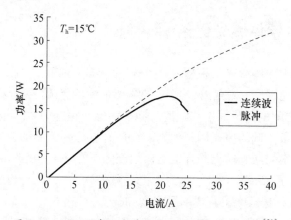

图 5.10　940nm 宽区半导体激光器电流-功率特性[21]

已报道的最高功率和光电效率的半导体激光器的激射波长位于 $900\sim1000nm$，这些半导体激光器的增益为应变 InGaAs 量子阱。对于激射波长 $800\sim870nm$ 的半导体激光器，典型的量子阱材料是 GaAs 或 AlGaAs，并与 GaAs 衬底晶格匹配。由于增益低，这些短波长的半导体激光器阈值电流较高，并且相比于 $9\times\times nm$ 的激光器，光电转换效率更低，且对温度更敏感。较高的光子能量，也对应导致更低的 COMD 功率限制。图 5.11 为中心波长 $808nm$、腔长 $4.5mm$、宽度 $90\mu m$ 的半导体激光器，输出光功率约为 $12.2W^{[20]}$。

波长 808nm、宽度 100μm 的半导体激光器的稳定输出功率为 5 ~ 6W，但大多数还是工作在 2 ~ 3W。

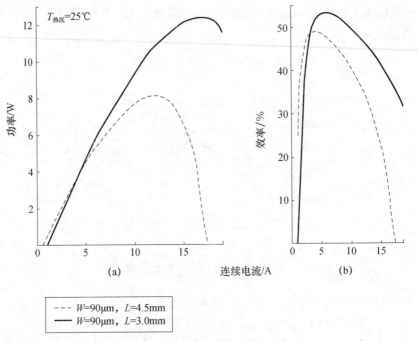

图 5.11 不同腔长 808nm 激光器室温连续工作时的功率 – 电流特性

5.8 高功率半导体激光巴条

巴条是将许多半导体激光二极管在一个芯片上排列成的阵列。对一个巴条来说最重要的参数就是填充因子(填充因子是所有发光单元的条宽之和与整个巴条的宽度之比)以及发光单元之间的间隔周期或距离。标准的巴条宽度为 10mm，虽然有些场合也用到尺寸更窄的微巴条。低的填充因子时，发光单元之间热交叉耦合更低，可以允许单个发光单元有更高功率的激光输出。有报道称填充因子在 9% ~ 15% 的 9 × × nm 巴条的输出功率线密度达到了 85mW/μm[22]。为了提高总的输出功率，可以提高填充因子，但是相应地降低了每一个发光单元的功率线密度:对于一个占空比为 50% 的巴条，线功率密度下降为 45mW/μm。据报道，填充因子为 50%，激射波长为 920nm 的 1cm 巴条，通过合适的冷却方式[23]实现了 325W 的激光输出。如图 5.12 所示，激射波长为 940nm、占空比 83% 的巴条，通过采用双侧冷却方式实现 1000W 激光输出[24]。

在光电转换效率方面已经有了很大的进步[25]，已报道了输出功率 80 ~ 120W、波长 940nm 的巴条，电光转换效率高于 70%[26 - 28]。图 5.13 为输出功率 100W、波长 940nm、电光转换效率 76% 的巴条特性。

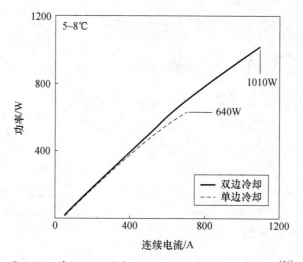

图 5.12 单侧/双侧冷却的 940nm 巴条功率-电流特性[24]

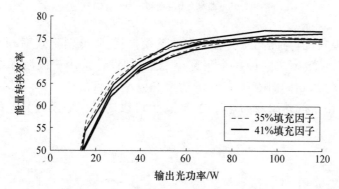

图 5.13 水冷方式下的 100W 输出的 940nm 巴条室温下效率特性

5.9 高功率单模半导体激光器

许多应用场合,需要窄条宽半导体激光器工作在单横模状态。最广泛的应用是作为 980nm 的光源来泵浦掺 Er 的光纤放大器。相比于多模宽区半导体激光器,虽然单横模激光器输出功率的绝对功率低,但是其有着更高的激光亮度。单模半导体激光器的另一个重要特性是,输出光束具有稳定的衍射极限远场,这对耦合进入单模光纤是很有必要的。在输出功率足够高时,单模激光器的衍射极限运转会被破坏,相应的在光功率—电流曲线上出现非线性的弯折。发生弯折所对应的功率是单模激光器的重要参数,它限制了激光器的可用功率。如图 5.14 所示[29],发生弯折时通常伴随着远场在横向上出现几度的光束偏转。

光束偏转是由基模和高阶横模相互耦合造成的[29,30]。文献[31]提出了一种基模和第一高阶横模耦合的模型。该模型解释了随着电流增加出现的多个弯折源于位于阈值之下的一高阶横模的谐振和失谐,该模式在每个发生相干弯折点从基模提取能量。提高发生弯折的功率是单横模激光器重要的设计优化点。典型的措施是压窄条

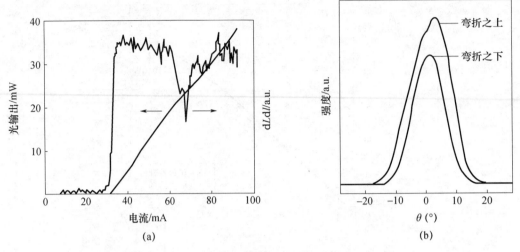

图 5.14 发生弯折功率附近电流—功率曲线及其一阶微分曲线和低于/高于弯折功率时的远场
(a)电流功率曲线及其一阶微分曲线;(b)远场。

宽来滤除高阶模式,但与此同时会有更多的基模损耗,降低斜率效率,所以设计必须在高弯折功率和转换效率之间做一个平衡[32]。一种设计采用三段波导结构,用渐变区连接宽区和窄区,达到同时获得高弯折功率和效率的目的[33]。与宽区半导体激光器类似,长谐振腔由于低热阻和高热反转功率,也可以提高单横模激光器的输出功率,如图 5.15 所示。

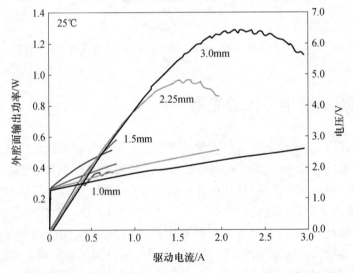

图 5.15 不同腔长的单模 980nm 激光器 $L-I$ 和 $I-V$ 特性曲线

目前,980nm 的单横模激光器很好地实现了 1W 以上的功率输出[34-36]。如图 5.16 所示,为了长腔长时能有效运转,实现了极低的内部损耗(0.5cm^{-1})[37],使得长达 7.5mm 腔长可被采用,该激光器的输出功率达到 2.8W,其中无弯折功率接近 2W[37]。就目前而言,980nm 单横模激光器典型的稳定输出功率为 0.8~1W。

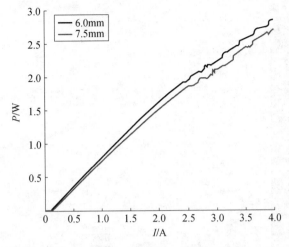

图 5.16　6mm 和 7.5mm 腔长激光器的 $L-I$ 曲线，最大注入电流为 4A[37]

5.10　半导体激光器的老化及可靠性

半导体激光器的可靠性一般由如图 5.17 所示的"浴缸"曲线描述。图中有三个明显区分的区域：早期有一个失效率减少的区域，对应于初期失效的特性；随后失效率达到稳定，失效随时间随机分布；最后随着寿命损耗的出现导致失效率增加。半导体激光器通常要经过长时间老化测试，以筛选掉初期失效。为了高的使用可靠性，老化测试的另外一个目标是估算"浴缸"曲线底部的失效率以选择出最低失效率的芯片。图 5.18 为76000 个在捷迪讯（JDSU）测试的 980nm 泵浦激光器在老化测试中的失效分布。芯片长为 1.5mm，额定输出功率为 400mW，在更高电流和温度条件下进行老化测试，并与正常工作条件进行对比。如图 5.18 所示，大多数失效是在老化测试的前 20h，在老化测试 80h后失效率达到"浴缸"曲线底部的稳定区。

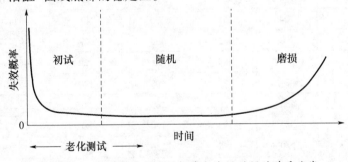

图 5.17　二极管激光器失效概率与失效时间的关系曲线

半导体激光器的失效率是一个很重要的参数，必须被评估以预测实际工作环境下使用时的性能。由于在实际运转条件下进行长时间的测试是不实际的[38-40]，因此一般用多个加速老化池来进行老化。老化池的运转条件基本处于高温、高电流、高输出功率以加速失效率。对比不同老化池的失效率可以得到不同工作条件下的失效模型。表 5.2

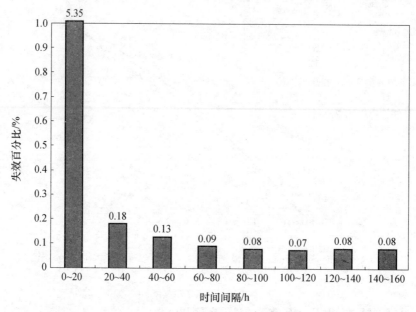

图 5.18 980nm 泵浦激光器产品老化测试所得的失效率分布

总结了在捷迪讯进行的 980nm 泵浦激光器老化测试中,多个老化池的寿命测试条件及结果。

表 5.2 980nm 泵浦激光器多老化池寿命测试总结

池号	热沉温度 /℃	电流 /mA	功率 /mA	结温 /℃	二极管数目	时间 /h	失效数
1	61	350	277	70	40	46,401	1
2	90	350	248	100	40	44,377	0
3	119	350	223	130	40	46,400	11
4	44	700	526	70	40	46,401	3
5	72	700	455	100	40	46,400	22
6	100	700	382	130	40	39,277	40
7	64	500	365	80	120	44,500	5
8	93	250	155	100	120	44,501	10
9	82	500	330	100	80	43,729	23
10	109	350	193	120	80	43,721	16
11	122	250	115	130	40	42,036	13
12	112	500	270	130	40	42,728	37
Total					720		180

这种老化池测试中随时间的随机分布的失效占主导,在这些条件下没有出现第三阶段的寿命损耗失效。表 5.2 可以看出在高 pn 结区温度和高电流条件下,失效明显增加。失效率 λ 依赖于结区温度 T_j、电流 I 和功率 P,具体关系式如下:

$$\lambda = \lambda_0 \exp\left(\frac{E_a}{k_B T_j}\right) I^m P^n \tag{5.6}$$

式中：E_a 为热激活能；m、n 分别为电流和功率增长的幂指数。

利用最大似然概率方法可以获得模型参数 E_a、m 和 n。利用该方法获得测试结果中实际失效个数的似然概率的最大值，得出具体的模型参数。对于按随机指数分布的失效，时间似然概率函数 L 如下：

$$\ln L = \sum_i^{\text{cells}} \{ n_i \ln[\lambda(T_{ji}, I_i, P_i)] - \lambda(T_{ji}, I_i, P_i) t_i \} \tag{5.7}$$

式中：n_i、t_i 分别为第 i 个老化池中的失效个数和总测试时间。

利用这种方法，根据表 5.2 中结果，可以得出模型参数为

$$E_a = 0.78\,\text{eV}, m = 2.7, n = 0 \tag{5.8}$$

利用式(5.6)可以估算得知，在 400mW、25℃ 的运转条件下的失效率为 53FIT(Failure in Time，每小时有 53×10^{-9} 个故障发生)。这种多老化池测试的方法可以用于各种封装结构的半导体激光器，这部分内容将在后续章节介绍，在这之前先介绍多种封装设计和处理的背景知识。

5.11　基座设计与装配

带基座芯片(COS)作为一个整体单元，既可单独使用也可以集成于更高级别的模块。半导体激光芯片通过焊接形式封装到基板上，便于机械操作、老化测试及热冷却。COS 通过夹具、螺栓或者焊接方式连接在一起减小热阻 R_{th}。通过加盖和窗口形式密封的封装可以将芯片与灰尘、水汽隔离。图 5.19 中给出了三种封装形式。

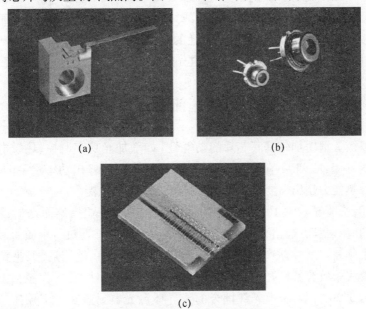

(a)　　　　　　　　(b)

(c)

图 5.19　三种带基座芯片的封装形式

(a)可独立工作的标准封装；(b)带管壳密封的封装；(c)焊接在其他模块上的典型 AlN 基底结构。

10 多年前,当高可靠性的海底光通信组件开始使用时,厂商要求组件使用寿命大于 25 年。抗蠕变、高剪切强度的"硬焊料",如熔点(MP)280℃的 AuSn(80/20,质量比)合金,成为 980nm 的单模激光器中普遍使用的芯片焊接材料。高功率半导体激光器 p 面焊接时,激光出光面距焊料界面仅几微米,这时 AuSn 焊料无助焊剂、无晶须焊接面的特点具有很大的优势。此时,出光面必须放在基座边缘正、负几个微米的位置,以避免遮挡出射激光,同时保证良好的热传导。

芯片焊接必须优化温度、压力和减少气泡,以获得均匀界面,实现高强度、高热扩散以及避免局部的应力导致的电光参量降低。为了改善焊料浸润性,基座的顶层是为避免氧化而镀的金层,其下是扩散阻挡层(如镍或铂),接下是薄的黏附层(如钛),以防止从基座脱落。

由于 AuSn 的高熔点,底座材料必须与 GaAs 的热膨胀系数(5.7×10^{-6}/℃)接近,否则在焊料冷却后产生的永久性应力会降低半导体激光器的寿命。AlN、BeO 和 CuW(5/85,质量比)合金基底在工业中最常用,但 BeO 的前景因环境法规限制存疑。CuW 或 Cu/Mo(20/80,质量比)合金基底导电特性很好,因而同时具有需在基底下添加绝缘层的明显缺点。高性能陶瓷(如化学气相沉积(CVD)法生长的金刚石、氮化硼)可作为散热片或结合其他材料一起与 GaAs 的热膨胀很好的匹配。然而,对于长腔长半导体激光器,由于其本身的热阻更低,导致采用陶瓷材料的兴趣降低,同时陶瓷材料还要面对高的材料和组装制造成本的挑战,而成本问题持续地延后了工业界采用陶瓷材料,虽然其特性上具有优势。

金线焊接到覆金的基底(或封装结构中的引线框)已是非常成熟可靠的工艺。球焊通常用于高功率半导体激光器;而楔焊可减少所需的导线的高度和长度,适用于高速工作的应用场合。标准工艺参数是压力、温度、超声波功率和时间。芯片焊接必须使用小直径(1 ~ 1.5 毫英寸)的金线,因为粗线需要更大的结合力,可能损坏下面的芯片有源区。而当焊接到基底时,则希望采用大直径的金丝(如大于 0.002 英寸)或金带,以减少焊点的数量,同时保证在大驱动电流下的电光效率。

5.12　光纤耦合封装设计和工艺流程

封装可以极大地增加带基底芯片的功能性(如增加光功率监控、热敏电阻或者热电制冷器),但这些组件一般不在工业中应用,对于 10W 左右输出功率水平的芯片而言,热电制冷器的散热能力超出需要。本节主要讨论光纤耦合封装。

如前论述,工业界采纳了从电信和海底光通信制造行业借鉴而来的设计和工艺流程,这些设计和流程具有严格装配协议与可靠性标准。客户通过寻求质量和可靠性保障来使成本最小化是对半导体产业标准化最好的推动[41]。幸运的是,工业界和 980nm 单模电信泵浦模块领域有着良好的合作;绝大多数的材料元件、装配程序和设备都可以进行共享。如图 5.20 所示,多模光纤耦合的半导体激光器封装除了半导体芯片不同以及光纤芯径较大外,其余都和单模光纤通信模块类似。

半导体激光器芯片的 p 面向下焊到基底上,然后将基底连接到模块壳体的底座上。

将凿形透镜或者快轴准直透镜或者光纤棒安装到靠近芯片腔面的地方来进行高效率的耦合;光纤端连接到模块壳体的固定预留位置处并且要释放掉外壁应力。整个封装壳体的外形尺寸为 $15mm \times 13mm \times 8mm$,并且包含 $15mm$ 的应力释放区域来满足光纤完整性需求。在这里,工业用的半导体制造商并没有像电通信行业一样对模块的外形进行标准化。

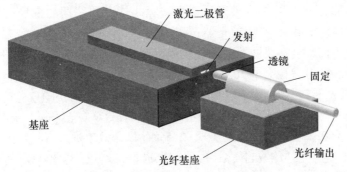

图 5.20　半导体单管光纤耦合的示意图

图中凿形(或者楔形)透镜可以被快轴准直透镜(FAC)所取代,透镜安装在单独基底上。图中白色长条为宽约 $100\mu m$ 的激光窗口,近似与光纤的芯径匹配。

表 5.3 总结了单管光纤耦合需要的基础元件和装配方法,虽不全面,但它大体上反映了目前的水平。

表 5.3　光纤耦合模块封装的关键元件和装配方法

(含基底的芯片可以是单独的,也可以是光纤耦合模块的组件)

基座	光纤耦合封装		
热沉 AlN BeO CuW (15/85) CTE - 匹配 复合	外壳 钢壳,铜基座 可伐合金壳 钨铜基座 (20/80)	线键合 金球 金带	鼻部密封 金属或玻璃 焊料 环氧树脂
硬焊料 AuSn (80/20)	框部 铜芯可伐合金	光纤耦合 浮雕透镜 FAC + 切口光纤	应变释放 环氧树脂(在带状区) 聚氨酯护罩
线键合	组件连接 金属焊料 (< MP AuSn) (如:SAC、SnAg、BiSn)	透镜连接 玻璃或金属焊料 环氧树脂	盖子 钢或可伐合金 吸气剂(可选)

钢结构的壳体焊接到 Cu 基底上,使得 R_{th} 值较低。利用低熔点的玻璃对电导线进行密封。如果需要低的热膨胀系数(如装配到热电偶上需要 $0.7 \times 10^{-6}/℃$ 左右),可采用铁镍钴合金的科瓦壳体配上 Cu/W 基底,再加上铝的电学穿通可以很好地控制成本。COS 和封装中的其他内部元件(如光纤固定头)通过低熔点的焊料固定,固定焊料的熔点要在 $120 \sim 260℃$ 范围内以避免半导体芯片下的 AuSn 焊料发生回流。与壳体热膨胀系数匹配

的盖子通过电阻焊或者激光焊接的方式进行固定。对于波长小于 980nm 的短波长半导体激光器,焊接封装不是一个切实可行的选择,因为有意添加的氧气会防止灾变光学破坏(COD)带来的失效。

为了使半导体激光有效地耦合进入光纤中,需要用凿形透镜或者 FAC 对半导体激光器进行准直。需要在光纤端面镀制增透膜来增加光纤耦合效率,同时防止回光进入半导体激光器,因为回光进入半导体激光器将会破坏线性度和短期功率稳定性。更糟糕的是,半导体激光器将会由于光纤激光器产生的瞬时高峰值脉冲而发生灾难性失效。因此,目前的制造厂商都会在泵浦源内部提供光学隔离(例如对波长小于 975nm 的半导体激光器输出光高透,对波长大于 1050nm 的光纤激光器输出光高反)。双色镀膜可以在不损失任何效率的同时,实现优于 30dB 的光学隔离[42]。目前使用 FAC 透镜取代凿形透镜(FAC 透镜可以有效消除球差),可以实现 95% 的耦合效率(光纤输出端镀增透膜)进入数值孔径(NA)为 0.22 的光纤,以及实现 92.5% 的耦合效率进入 NA 为 0.15 的光纤。

用于快轴准直的光纤棒或者 FAC 透镜可以通过低熔点(约 300℃)的焊接玻璃或者紫外环氧树脂进行直接固定,然而采用 AuSn 焊料则需要对光纤进行金属化。无论选择哪种透镜设计,工作距离都应小于 10μm 来避免光斑横向尺寸超过光纤芯径。透镜固定时都需要进行调整和应力释放,以保证透镜最终固化的位置相对于激光器不发生改变,同时确保在温度变化下(0~75℃)保持低数值孔径。

光纤头需要确保固定在模块壳体的光纤预留位置的中心,并且要在静态和动态应力下保证密封。光纤最常见的固定方法包括环氧有机物封接、玻璃封接、焊料固定或者将光纤金属化后直接采用金属焊料固定。额外的拉力保护措施允许光纤盘曲和进行装配时不会影响光纤性能,同时在光纤头遭遇突然拖拽时起到保护作用,因为超过 5N 的力会破坏光纤,而且应力传到内部的光纤黏结处会造成耦合效率下降。

众所周知,湿气会引起元件和合金发生各种机械失效[43]。对于半导体激光器,最糟糕是腐蚀发生在激光器的腔面,这将会促进光学灾变的发生,即便端面已经采用了介质镀膜的钝化保护。湿气可能会由内部产生(如在壳体加盖密封前烘烤不充分)或者泄漏产生(如通过光纤头接口处或壳体盖子界面的缝隙,或者供电穿孔处)。除湿剂用于在器件寿命期间吸纳内部湿气,具体用量与使用环境的状况和相应的泄漏速度有关[44,45]。采用所有前面提到的封装方法,通过使用带除湿剂的高精度氦泄漏器,能在整个设备寿命过程中使得内部含水量小于 500×10^{-6}。

半导体激光器腔面的光学灾变也有可能是由"封装诱发的失效"(PIF)引起。在有机物存在时,近红外光子会在腔面产生的富碳的碳氢化合物,这些物质会吸热直至将腔面烧毁。因此,有机物(如黏合剂或者环氧树脂)在光电通信行业是不主张使用的。然而,有机物在有氧气的环境下是能够安全使用的(氧气能够和富余的碳发生反应,产生无害的二氧化碳和易挥发的烃,从而达到了清洗腔面和恢复可靠性)。实际上,近透明的环氧有机物减少了包层的光吸收,这对高功率和低数值孔径光纤是有好处的。

5.13 性能特性

一般而言,寻找的是结构紧凑、价格低廉、高电光效率、高耦合和热效率、高功率和高线性度的产品。对于带 $100\mu m$ 芯径尾纤的单管半导体激光器模块(图 5.21),商业产品在输出功率 11W 时可达到 50% 电光效率。

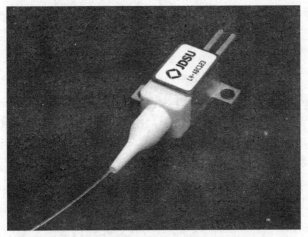

图 5.21　带尾纤的单管半导体激光器模块[18]

目前最好的平均光纤耦合效率接近 95%(镀高反膜),热阻近似为 $7.9K \cdot mm/W$(按腔长归一化),其中和连接基底的交界面的热阻为 $5.9K \cdot mm/W$,封装底部的热阻为 $2.0K \cdot mm/W$[18]。如图 5.22 所示,温度低于 50℃ 时无法明显的功率曲线反转。

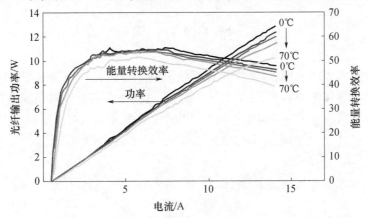

图 5.22　光纤输出端未镀膜情况下,在 0℃、25℃、35℃、50℃、70℃ 的环境温度下,
带尾纤单管半导体激光器输出功率和电光转换效率随着驱动电流的变化

对于光纤激光市场,相比于更高亮度的泵浦源,带尾纤的单管半导体激光器模块提供了最低的价格功率比。如图 5.21 所示的单管泵浦模块,目前一个的价格为 100 美元,或者为 10 美元/W。在过去的 10 年里,随着芯片功率更高、封装成本越来越低和离岸制造,价格功率比以约每年 15% 的速度下降。

5.14　高亮度泵浦源的空间叠加

光纤激光器的高亮度(大于 $3MW/(cm^2 \cdot sr)$)泵浦源的功率可以达到数千瓦。对于光纤激光器,高亮度的泵浦源具有几大优势,如容许更小直径的玻璃包层、更短的光纤长度和更少的合束器。因此,对如何把多个单管半导体激光器的输出合成进入单根光纤进行了大量研究。相比于激光器巴条,这种结构的好处在于可以忽略相邻发光单元的热串扰,避免了发光单元级联发生失效,同时这与前面介绍的带尾纤的单管激光器的设计和工艺是一致的。

所有设计都基于台阶排布半导体激光器输出光的空间叠加。通常每一个单管都有相应的的快轴和慢轴准直透镜进行准直和转折镜进行光束定位。在某些情况下,所有单管的光程保持不变,所有激光器可以共用一个慢轴准直透镜,所有发光单元的准直输出光聚焦到合适的输出光纤。相关文献中各种半导体激光器布局的设计都是为了在每瓦花费、电光转换效率、在达到目标输出功率和亮度时的模块尺寸几个因素间平衡。

半导体激光器的垂直台阶的装夹受限于机械累计误差($\pm 50\mu m$)。为了避免该误差在出光孔径中产生影响,台阶间隔可以增加到 10 倍机械加工精度,达到 $500\mu m$。输出功率取决于单管数量 N 乘以电光耦合效率,总的发射孔径高度 $h = N \cdot t$,其中 t 为台阶高度。光纤的 NA 取决于应用需求,因此聚焦耦合透镜的焦距 $f_{cl} = (h/2)/NA$。在保证光源的数值孔径低于光纤 NA 的前提下,快轴的放大率 M_y 选择小于或等于 40 来避免光束尺寸过于超过光纤的芯径。在慢轴方向,发射口径和远场发散角近似匹配光纤的芯径($105\mu m$)和数值孔径(0.15),因此慢轴的放大率 M_x 近似为 1。所有关键的公式总结如下:

$$f_{cl} = (h/2)/NA, h = N \cdot t \tag{5.9}$$
$$M_y = f_{cl}/f_{FAC} \leqslant 40, M_x = f_{cl}/f_{SAC} \sim 1 \tag{5.10}$$

根据半导体激光的近场、远场特性和其他限制半导体光纤耦合效率的因素,实际限制参与合成的半导体激光器为 5 ~ 7 个。然而,通过偏振合束可以将亮度提升将近 1 倍。IPG Photonics 公司报道了在紧凑得布局下,以 50% 的电光效率获得了超过 100W 的功率耦合入数值孔径为 0. 12 的光纤中(5.23)[47]。

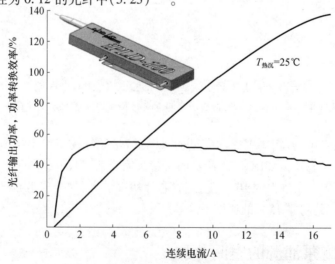

图 5.23 空间复用,高亮度,多模模块的电光特性曲线

注:在 25℃ 时,100W 输出时电光效率达到 50%。

5.15　质量与可靠性

封装壳体和模块内部元件要进行第一轮的元件质量检测,完整的半导体芯片封装必须在产品成型前进行质量检验。在特定的环境和寿命条件下,Telcordia GR－468－CORE是目前公认的检测标准[41]。在所有的耐久测试中,温度循环(－40~85℃)和潮热环境实验(85℃、相对湿度85%)被认为是最重要的可靠性测试,特别是针对不受控的环境条件。

客户认识到可靠性测试提供了产品的基本质量保障,但是客户自己的可靠性测试并不能正确预测产品实际使用中的故障率。封装的可靠性是与芯片的稳定性息息相关的,多单元的寿命测试应该根据运转参数如温度、出光功率从模型中得出。相对于多单元芯片,在相对低的温度(<85℃)下封装内部可能出现新的失效机制。高温度存储(HTS)采用外推法可以通过有效能量来预测耦合的稳定性随着时间和环境的变化。如果激光器芯片腔面出现回光或者污染,这种方法是不能够预测模块在操作过程中的寿命退化的。类似于半导体激光器模型,在多单元的研究中,随机和过度使用失效机制的发生都应被独立的评估。因此,封装模块的寿命测试需要能够证实多单元芯片模型的测试结果。

典型的,对模块功率长时间稳定性具有最大威胁的是透镜的黏结。低 NA 的测试应包括真实稳定性的检测,因为 NA = 0.22 的标准光纤掩盖了透镜微米量级的位置偏差,以至于得出过于乐观的预测。

对于绝大多数的工业应用,源于所有封装失效的失效率应当小于半导体激光器芯片导致的失效。然而,由于多单元封装的加速因子的限制(如最高温度),大尺寸样品需要证实具有小的失效比例。高花费的模块寿命测试(如主要装备)迫使普通平台的设计和过程稳定性数据进行相应明智的改变。不像"突然的"或者"极端的",芯片失效和耦合效率的稳定性是"柔和的",其失效比例随着时间梯度的增加($\beta > 1$)。因此,按照实际失效的统计数据的预测结果通常比标准的真实耦合失效比例(如电流或者功率变化大于10%作为寿命终点)要乐观,因为实际失效并没有注意或者并没有考虑早期的快速失效阶段。

参考文献

[1] Alferov, Z. I. , "Double Heterostructure Lasers: Early Days and Future Perspectives," IEEE J. Sel. Top. Quant. Electron. , 6: 832-840, 2000.

[2] Jacobs, R. R. , and Scifres, D. R. , "Recollections on the Founding of Spectra Diode Labs, Inc. (SDL, Inc.)," IEEE J. Sel. Top. Quant. Electron. , 6: 1228-1230, 2000.

[3] Welch, D. F. , "A Brief History of High-Power Semiconductor Lasers," IEEE J. Sel. Top. Quant. Electron. , 6: 1470-1477, 2000.

[4] Harder, C. , Buchmann, P. , and Meier, H. , "High-Power Ridge-Waveguide AlGaAs GRIN-SCH Laser Diode," Electron. Lett. , 22: 1081-1082, 1986.

[5] Dyment, J. C. , "Hermite-Gaussian Mode Patterns in GaAs Junction Lasers," Appl. Phys. Lett. , 10: 84-86, 1967.

[6] Dyment, J. D. , D'Asaro, L. A. , North, J. C. , Miller, B. I. , and Ripper, J. E. , "Proton- Bombardment Formation of Stripe Geometry Heterostructure Lasers for 300 K CW Operation," Proc. IEEE, 60: 726-728, 1972.

[7] Kaminow, I. P. , Nahozy, R. E. , Pollack, M. A. , Stulz, L. W. , and Dewinter, J. C. , "Single- Mode CW Ridge-Waveguide Laser Emitting at 1. 55 mm," Electron. Lett. , 15: 763-765, 1979.

[8] Tsukuda, T. , "GaAs-Ga1-xAlxAs Buried Heterostructure Injection Lasers," J. Appl. Phys. , 45: 4899-4906, 1974.

[9] Berishev, I. , Komissarow, A. , Mozhegov, N. , Trubenko, P. , Wright, L. , Berezin, A. , Todorov, S. , and Ovtchin-nikov, A. , "AlGaInAs/GaAs Record High-Power Conversion Efficiency and Record High Brightness Coolerless 915-nm Multimode Pumps," Proc. SPIE, 5738: 25-32, 2005.

[10] Botez, D. , "Design Considerations and Analytical Approximations for High Continuous- Wave Power, Broad Waveguide Diode Lasers," Appl. Phys. Lett. , 74: 3102-3104, 1999.

[11] Oosenburg, A. , "Reliability Aspects of 980-nm Pump Lasers in EDFA Applications," Proc. SPIE, 3284: 20-27, 1998.

[12] Ressel, P. , Ebert, G. , Zeimer, U. , Hasler, K. , Beister, G. , Sumpf, B. , Klehr, A. , and Trönkle, G. , "Novel Passivation Process for the Mirror Facets of Al-Free Active-Region High-Power Semiconductor Diode Lasers," IEEE Photonics Technol. Lett. , 17: 962-964, 2005.

[13] Kawazu, Z. , Tashiro, Y. , Shima, A. , Suzuki, D. , Nishiguchi, H. , Yagi, T. , and Omura, E. , "Over 200-mW Operation of Single-Lateral Mode 780-nm Laser Diodes with Window-Mirror Structure," IEEE J. Sel. Top. Quant. Electron. , 7: 184-187, 2001.

[14] Petrescu-Prahova, I. D. , Modak, P. , Goutain, E. , Silan, D. , Bambrick, D. , Riordan, J. , Moritz, T. , McDougall, S. D. , Qiu, B. , and Marsh, J. H. , "High d/gamma Values in Diode Laser Structures for Very High Power," Proc. SPIE, 7198: 71981I-1-71981I-8, 2009.

[15] Garbuzov, D. Z. , Abeles, J. H. , Morris, N. A. , Gardner, P. D. , Triano, A. R. , Harvey, M. G. , Gilbert, D. B. , and Connoly, J. C. , "High-Power Separate-Confinement Heterostructure AlGaAs/GaAs Laser Diodes with Broadened Waveguide," Proc. SPIE, 2682: 20-26, 1996.

[16] Petrescu-Prahova, I. B. , Moritz, T. , and Riordan, J. , "High-Brightness Diode Lasers with High d/G Ratio Obtained in Asymmetric Epitaxial Structures," Proc. SPIE, 4651: 73-79, 2002.

[17] Petrescu-Prahova, I. B. , Moritz, T. , and Riordan, J. , "High Brightness, Long, 940 nm Diode Lasers with Double Waveguide Structure," Proc. SPIE, 4995: 176-183, 2003.

[18] Yalamanchili, P. , Rossin, V. , Skidmore, J. , Tai, K. , Qiu, X. , Duesterberg, R. , Wong, V. , Bajwa, S. , Duncan, K. , Venables, D. , Verbera, R. , Dai, Y. , Feve, J. -P. , and Zucker, E. , "High-Power, High-Efficiency Fiber-Coupled Multimode Laser-Diode Pump Module (9XX nm) with High-Reliability," Proc. SPIE, 6876: 687612-1-687612-9, 2008.

[19] Pawlik, S. , Guarino, A. , Matuschek, N. , Bätig, R. , Arlt, S. , Lu, D. , Zayer, N. , Greatrex, J. , Sverdlov, B. , Valk, B. , and Lichtenstein, N. , "Improved Brightness in Broad-Area Single Emitter (BASE) Modules," Proc. SPIE, 7198: 719817-1-719817-10, 2009.

[20] Gapontsev, V. , Mozhegov, N. , Trubenko, P. , Komissarov, A. , Berishev, I. , Raisky, O. , Strouglov, N. , Chuyanov, V. , Kuang, G. , Maksimov, O. , and Ovtchinnikov, A. , "High- Brightness Fiber Coupled Pumps," Proc. SPIE, 7198: 719800-1-719800-9, 2009.

[21] Rossin, V. , Peters, M. , Zucker, E. , and Acklin, B. , "Highly Reliable High-Power Broad Area Laser Diodes," Proc. SPIE, 6104: 610407-1-610407-10, 2006.

[22] Krejci, M. , Gilbert, Y. , Müller, J. , Todt, R. , Weiss, S. , and Lichtenstein, N. , "Power Scaling of Bars Towards 85mW per 1mm Stripe Width Reliable Output Power," Proc. SPIE, 7198: 719804-1-719804-12, 2009.

[23] Lichtenstein, N. , Manz, Y. , Mauron, P. , Fily, A. , Schmidt, B. , Müller, J. , Arlt, S. , Weiä S. , Thies, A. , Troger, J. , and Harder, C. , "325 Watts from 1-cm Wide 9xxLaser Bars for DPSSL and FL Applications," Proc. SPIE, 5711: 1-11, 2005.

[24] Li, H., Reinhardt, F., Chyr, I., Jin, X., Kuppuswamy, K., Towe, T., Brown, D., Romero, O., Liu, D., Miller, R., Nguyen, T., Crum, T., Truchan, T., Wolak, E., Mott, J., and Harrison, J., "High-Efficiency, High-Power Diode Laser Chips, Bars, and Stacks," Proc. SPIE, 6876: 68760G-1-68760G-6, 2008.

[25] Stickley, C. M., Filipkowski, M. E., Parra, E., and Hach III, E. E., "Overview of Progress in Super High Efficiency Diodes for Pumping High Energy Lasers," Proc. SPIE, 6104: 610405-1-610405-10, 2006.

[26] Kanskar, M., Earles, T., Goodnough, T., Stiers, E., Botez, D., and Mawst, L. J., "High-Power Conversion Efficiency Al-Free Diode Lasers for Pumping High-Power Solid-State Laser Systems," Proc. SPIE, 5738: 47-56, 2005.

[27] Crump, P., Dong, W., Grimshaw, M., Wang, J., Patterson, S., Wise, D., DeFranza, M., Elim, S., Zhang, S., Bougher, M., Patterson, J., Das, S., Bell, J., Farmer, J., DeVito, M., and Martinsen, R., "100-W + Diode Laser 巴 Show > 71% Power Conversion from 790-nm to 1000-nm and Have Clear Route to > 85%," Proc. SPIE, 6456: 64560M-1-64560M-11, 2007.

[28] Peters, M., Rossin, V., Everett, M., and Zucker, E., "High Power, High Efficiency Laser Diodes at JDSU," Proc. SPIE, 6456: 64560G-1-64560G-12, 2007.

[29] Schemmann, M. F. C., van der Poel, C. J., van Bakel, B. A. H., Ambrosius, H. P. M. M. Valster, A., van den Heijkant, J. A. M., and Acket, G. A., "Kink Power in Weakly Index Guided Semiconductor Lasers," Appl. Phys. Lett., 66: 920-922, 1995.

[30] Guthrie, J., Tan, G. L., Ohkubo, M., Fukushima, T., Ikegami, Y., Ijichi, T., Irikawa, M., Mand, R. S., and Xu, J. M., "Beam Instability in 980-nm Power Lasers: Experiment and Analysis," IEEE Photonics Technol. Lett., 6: 1409-1411, 1994.

[31] Achtenhagen, M., Hardy, A. A., and Harder, C. S., "Coherent Kinks in High-Power Ridge Waveguide Laser Diode," J. Lightw. Technol., 24: 2225-2232, 2006.

[32] Achtenhagen, M., Hardy, A., and Harder, C. S., "Lateral Mode Discrimination and Self-Stabilization in Ridge Waveguide Laser Diodes," IEEE Photon. Technol. Lett., 18: 526-528, 2006.

[33] Balsamo, S., Ghislotti, G., Trezzi, F., Bravetti, P., Coli, G., and Morasca, S., "High-Power 980-nm Pump Lasers with Flared Waveguide Design," J. Lightw. Technol., 20: 1512-1516, 2002.

[34] Sverdlov, B., Schmidt, B., Pawlik, S., Mayer, B., and Harder, C., "1 W 980 nm Pump Modules with Very High Efficiency," Proceedings of 28th European Conference on Optical Communications, 5: 1-2, 2002.

[35] Bettiati, M., Starck, C., Laruelle, F., Cargemel, V., Pagnod, P., Garabedian, P., Keller, D., Ughetto, G., Bertreux, J., Raymond, L., Gelly, G., and Capella, R., "Very High Power Operation of 980-nm Single-Mode InGaAs/AlGaAs Pump Lasers," Proc. SPIE, 6104: 61040F-1-61040F-10, 2006.

[36] Yang, G., Wong, V., Rossin, V., Xu, L., Everett, M., Hser, J., Zou, D., Skidmore, J., and Zucker, E., "Grating Stabilized High Power 980 nm Pump Modules," Proceedings of Conference on Optical Fiber Communications, JWA30: 1-3, 2007.

[37] Bettiati, M., Cargemel, V., Pagnod, P., Hervo, C., Garabedian, P., Issert, P., Raymond, L., Ragot, L., Bertreux, J. -C., Reygrobellet, J. -N., Crusson, C., and Laruelle, F., "Reaching 1 W Reliable Output Power on Single-Mode 980 nm Pump Lasers," Proc. SPIE, 7198: 71981D-1-71981D-11, 2009.

[38] Rossin, V. V., Parke, R., Major, J. S., Perinet, J., Chazan, P., Biet, M., Laffitte, D., Sauvage, D., Gulisano, A., Archer, N., and Kendrick, S., "Reliability of 980-nm Pump Laser Module for Submarine Erbium-Doped Fiber Amplifiers," Optical Amplifiers and Their Applications, S. Kinoshita, J. Livas, and G. van den Hoven, eds., Vol. 30 of Trends in Optics and Photonics, Optical Society of America, 216-219, 1999.

[39] Pfeiffer, H. -U., Arlt, S., Jacob, M., Harder, C. S., Jung, I. D., Wilson, F., Oldroyd, T., and Hext, T., "Reliability of 980 nm Pump Lasers for Submarine, Long Haul Terrestrial, and Low Cost Metro Applications," Proceedings of Conference on Optical Fiber Communications, 483-484, 2002.

[40] Van de Casteele, J., Bettiati, M., Laruelle, F., Cargemel, V., Pagnod-Rossiaux, P., Garabedian, P., Raymond, L., Laffitte, D., Fromy, S., Chambonnet, D., and Hirtz, J. P., "High Reliability Level on Single-Mode 980 nm-

1060 nm DiodeLasers for Telecommunication and Industrial Application," Proc. SPIE, 6876: 68760P-1-68760P-8, 2008.

[41] Telcordia, Generic Reliability Assurance Requirements for Optoelectronic Devices Used in Telecommunications Equipment GR-468-CORE, rev 1-2, December 1998, September 2004, respectively.

[42] Wong, V., Rossin, V., Skidmore, J. A., Yalamanchili, P., Qiu, X., Duesterberg, R., Doussiere, P., Venables, D., Raju, R., Guo, J., Au, M., Zavala, L., Peters, M., Yang, G., Dai, Y., and Zucker, E. P., "Recent Progress in Fiber-Coupled Multi-Mode Pump Module and Broad-Area Laser-Diode Performance from 800 to 1500 nm," Proc. SPIE, 7198: 71980S-1-71980S-8, 2009.

[43] Greenhouse, H., Hermeticity of Electronic Packages, Norwich, NY: William Andrew Publishing, 1999.

[44] U. S. Department of Defense, Test Method of Electronic and Electrical Component Parts, MIL-STD-202G, September 12, 1963.

[45] U. S. Department of Defense, Test Method Standard for Microcircuits, MIL-STD-883E, December 31, 1996.

[46] Jakobson, P. A., Sharps, P. J. A., and Hall, D. W., "Requirements to Avert Packaged Induced Failures (PIF) of High Power 980nm Laser Diodes," Proc. LEOS, San Jose, CA, 1993.

[47] Gapontsev, V., Moshegov, N., Trubenko, P., Komissarov, A., Berishev, I., Raisky, O., Strougov, N., Chuyanov, V., Maksimov, O., and Ovtchinnikov, A., "High-Brightness 9XX-nm Pumps with Wavelength Stabilization," Proc. SPIE, 7583: 75830A-1-75830A-9, 2010.

第6章

高功率半导体激光器阵列

Han-sGeorg Treusch

Trumpf 光电子公司主管，Cranbury，新泽西州

Rajiv Pandey

DILAS 半导体激光有限公司高级产品经理，亚利桑那州，图森

6.1　引言

10 多年来，半导体激光器的光电效率有了重大突破——从之前典型的不到 50% 到现在高于 73% 的纪录（第 5 章）——在实验室环境下宽度 10mm 巴条的最大出光功率达到 1kW。随着效率的增长，半导体激光器的热负载和材料内部损耗相应减少。而后者可以让激光器的谐振腔做的更长——从 10 年前典型的 1mm 到现在达到最高功率水平所对应的 4~5mm。通过采用更大的散热面积使得散热能力达到之前的 4 倍，同时热负载一半的减少，造就了创纪录的 1kW 半导体激光器[1]。

除提高近红外半导体激光器阵列的性能外，开发了新的材料，将半导体激光器的波长扩展到了中红外区域。这些新的材料着眼于新的应用领域，如医疗行业，以及泵浦中红外波段的人眼安全的固体激光器。由于这些新材料的效率低于传统的近红外半导体激光器（图 6.1），所以要得到可用的产品，需要高成品率的组装工艺和高效的光学耦合方式。

半导体激光器阵列的早期应用包括泵浦固体棒状激光器和板条激光器，其优点在于窄的发射光谱，同时降低了激光晶体的热负载。在材料加工这种新的应用领域，半导体泵浦的固体激光和闪光灯泵浦的固体激光存在着竞争，而半导体泵浦由于激光亮度的优势以及功率提升到了数千瓦而得以保留。薄片激光器和光纤激光器所需的新泵浦方案也要求更高的泵浦亮度。

下面介绍高功率半导体激光器的技术发展水平和制造流程。多种形式的半导体激光器元件，从短脉冲（准连续（QCW））半导体激光器叠阵到连续工作的千瓦级的高亮度光纤耦合模块都将介绍。

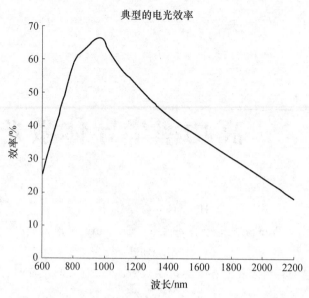

图 6.1　典型半导体材料的光电效率随波长的变化

6.2　半导体激光器巴条的封装

在第 5 章中提到过,半导体激光器的性能(峰值功率、波长、可靠性)很强地依赖于有源区的温度,因此所有的高功率半导体激光器以及单管激光器都需要有源区离热沉或散热区(p 区向下时)很近($<2\mu m$)。焊料和热沉材料需要细致地选择,以避免在外延生长层产生额外的压力,否则会导致波长偏移和偏振态的局部变化。

在过去,有两种不同方法广泛应用于半导体激光器巴条在热沉上的固定:一种较早的方法开发于 20 世纪 80 年代末,其方式是采用软焊料(铟)因而可以采用铜直接作为热沉材料,这称为直接结合。该方法的问题在于铟表面减少以及铟与所必需的金层形成了脆弱的 InAu 合金,这需要很精确过程控制来实现巴条和铜热沉间高可靠的软连接。由于砷化镓材料的热膨胀系数和铜之间有 3 倍的差距,焊料必须是软焊料。尽管针对铟材料封装问题做了实质改进,但是随着半导体激光材料越发的有效以及驱动电流超过 100A,采用铟焊接时产生了新的可靠性问题。在高电流密度和脉冲工作方式下,半导体激光器巴条和焊料要经受很多次温度的循环起伏,由于焊料迁移和铟须的形成,几千小时运转后铟焊接将会失效。

为提高半导体激光器光电效率,倾向于选择热膨胀匹配材料作为于半导体巴条的基板。利用这些基板,硬焊料(AuSn)可应用于巴条的封装中。如 CuW 一类的材料广泛应用于这种封装方法(图 6.2),虽然它的热导率不高。而 AlN 和 BeO 材料可以在实现热膨胀匹配的同时,还可以实现于金属热沉的电隔离。采用新的陶瓷作为基板在减小巴条应力的同时,还可以承载其他组件,如 N 接触和光学组件。尽管 AuSn 焊料增大的热阻会略微降低效率,但是 AuSn 焊料在高电流模式下可靠的连接使得寿命延长到了 20000h 以上。铟焊料在为获得最高效率和封装密度的应用场合,如连续工作(参见 6.4 节)有仍其用武之地。其他的基滴材料,如金刚石或铜和金刚石的混合物,具有比铜更高的热导率,但导电性能很差。

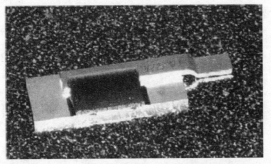

图 6.2 封装在 CuW 基底上的半导体激光器巴条

6.3 散热

随着高功率半导体激光器温度的升高,它的输出功率降低。两种基本方法能使其温度保持尽可能低。第一种是在通过空气或水将热一起带走前,将热扩散到大块高热导率材料(如铜)上。这种热沉的典型尺寸为几毫米到几厘米,对于 10mm × 2mm 的巴条,它的典型热阻为 0.5 ~ 0.7℃/W。图 6.3 描述了不同的被动冷却装置——最常见的是 1 英寸 ×1 英寸但激光发射高度不同的装置。小一点的装置用于半导体激光器水平阵列(参见 6.4 节)。由于热主要集中在热沉的上表面,而芯片也是焊接在热沉上表面的,所以增加热沉表面尺寸能有效降低热阻 20% 以上。

图 6.3 各种不同的被动冷却装置(多个 1 英寸 ×1 英寸,一个 10mm ×25mm)[2]

在实际应用中巴条经常被封装成小体积阵列的方式,且不能影响热沉散热的能力。常用的是使用水冷(主动致冷)微通道冷却器(图 6.4)。这种技术模块化、可堆叠,与单巴传导冷却相比,热阻明显降低(典型值为 0.25 ~ 0.35℃/W,取决于水流量),这要么可以提高巴条功率、要么在同功率水平下提高半导体激光器的寿命。为了充分利用这种改进了的冷却器的优势,水冷冷却器的寿命应该高于半导体激光器材料。高功率激光器用的微通道冷却器通常采用铜,因为其有较高的热导率。微通道通常充当芯片的阳极(无需表面没镀有金层的其他替换热沉材料,如不导电的硅)。通常铜材料的微通道结构的尺寸为300μm(这是硅微通道的10倍多)。主动冷却的铜微通道冷却器工作在15psi压力降和带30μm颗粒滤网的(硅微通道则为45psi的压力和5μm的颗粒通过)

对使用者而言,虽然微通道冷却器有明显的优点,但它的长时间腐蚀效应让早期使用者感到痛苦。通过细致优化微通道通道结构、热沉和芯片组装工艺的进步,微通道冷却器的使用时间有能力超过10000h,因此可以应对多数工业应用的可靠性需求。

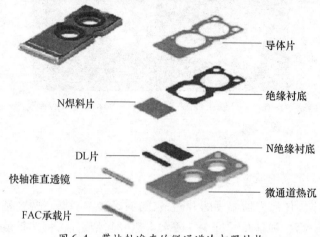

图6.4 带快轴准直的微通道冷却器结构

6.3.1 微通道冷却器用水指引[2]

如之前提过的一样,对于垂直堆叠、水平堆叠或其他泵浦腔内的组装形式,对水的要求都取决于通水的热沉间的实际分离距离 l_s。l_s 被定义为水沿着电介质封装的长度(不包括隔离层和管道)。

一个标准的垂直堆叠(封装间隔1.8mm),其 $l_s = 0.7$mm。最大水的电阻率推荐值为500kΩ·cm(表6.1)。理想的水的pH值大于6,这可以通过混床去离子装置实现的。在加了隔片(水道中插入的塑料)的垂直阵列中,l_s 增加到了 l_{sp},其中包含隔片厚度。因此水的电阻值相应的按照 l_s/l_{sp} 比例减少到100kΩ·cm,这时不需要去离子装置。对于所有水平堆叠,典型间距 l_s 超过10mm。由于 l_s 的增加对水的特性要求相应地降低,同时热沉的使用寿命要求增加。水平堆叠可以通过集成光学元件得到垂直堆叠的光束,而且因为提高了填充因子具有更高的亮度,同时相对于垂直阵列有更高的可靠性(参见第7章)。

表6.1 微通道主动冷却器用水说明

	最小阻抗 /(kΩ·cm)	最大阻抗 /(kΩ·cm)	pH级别	期望寿命/h
垂直叠阵	200(周期<2mm)	500	6～7	>10000
水平或垂直叠阵	50(周期>5mm) 20(周期>10mm)	150	6～7	>20000

6.3.2 热膨胀匹配的微通道冷却器

半导体激光器可以通过 In 焊料直接焊接在 Cu 热沉上,或通过 AuSn 硬焊料焊接在 CuW 基底上。这两种方式在水中都会有电压,需要按照表 6.1 对冷却水的要求。一种新的膨胀系数匹配的小通道热沉,避免在冷却水中产生电压,因此可以使用各种冷却液。这种热沉由 Cu 和 AlN 的"三明治"结构组合而成。

这种结构一共 5 层,上、下两边最外层是 Cu 层连接着电导线,最中间是致冷的铜层,最中间和外层中间之间的两层是绝缘的 AlN 材料。调整最上面的 Cu 层厚度为 $80\mu m$,使得整体热膨胀系数与 GaAs 材料的热膨胀系数$(6.5 \times 10^{-6}/K)$匹配,其中铜的热膨胀系数为 $16 \times 10^{-6}/K$,AlN 的热膨胀系数为 $4.5 \times 10^{-6}/K$。最上面铜层可分别调节成半导体激光器的阳极或阴极(图 6.5)。这种结构的微通道也可以和之前的 Cu 微通道一样方式堆叠成叠阵的形式(参见 6.4 节)。

图 6.5 热膨胀匹配的微通道冷却器

同样的技术也可以应用于冷却多个巴条的多通道大平板结构中,它能在实现这些巴条间的电连接同时提供好的冷却效果,可以实现超过 1kW 的激光输出。图 6.6 显示了 12 个芯片平行排布直接焊接在多通道平板上的结构。它不需要 O 形垫圈,与垂直阵列相比泄漏的可能性更小。

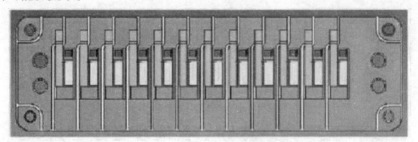

图 6.6 12 个芯片平行排布直接焊接在大通道热沉

6.4 产品类别

根据冷却方式的不同,生产出不同类别的半导体激光器产品:

(1)焊接在开放式热沉上,被动冷却(图 6.3)或主动冷却方式的半导体激光器巴条 50~120W 连续功率用被动冷却方式,大于 200W 用主动冷却方式。

(2)主动冷却方式的半导体激光器垂直阵列(图 6.7)和水平阵列(图 6.8)。单巴条 200W,已封装出可堆叠 70 个巴条的垂直叠阵。

(3)准连续半导体激光器阵列(图 6.8):① 低平均功率,占空比小于 3%,脉宽小于 1ms。

② 单波导结构的巴条峰值功率大于250W;多波导结构的巴条功率大于600W,其在外延层堆叠多个 pn 结。

③ 冷却要求降低,高的封装密度。

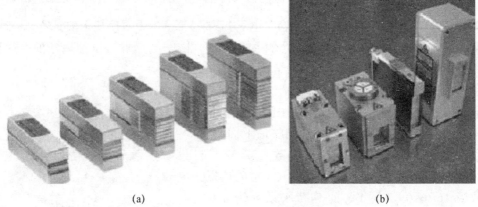

(a)   (b)

图6.7 半导体激光器垂直阵列
(a)开放式的堆栈结构包含1~12个巴条,没有快轴准直;
(b)封装在密封的堆栈里包含70个巴条,快慢轴准直。

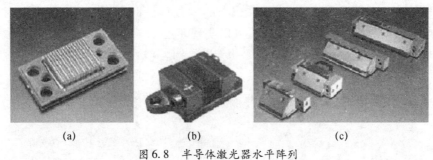

(a)   (b)   (c)

图6.8 半导体激光器水平阵列
(a)和(b)包含各种占空比的准连续堆栈;
(c)3~8个巴条的水平堆栈侧面泵浦棒状激光器,包括部分谐振腔。

主动冷却的高功率半导体激光器叠阵巴条间的堆叠间距通常大于1.5mm,单个微通道水流量大于0.3L/min。基于微通道的内部结构,水压应该控制在9~16psi。如果随着巴条的数量在快轴方向增加,通水就应该从单侧向两侧供水变换,这是因为微通道冷却器进水口的尺寸只有5mm。大于或等于1.5mm 的间距允许把快轴准直透镜通过一个玻璃片直接安装在微通道热沉上,这种方法可以使单巴条的光束获得最好的指向性,实现整个叠阵快轴方向的指向性优于0.2mrad。

6.5 器件性能

6.5.1 波长、功率、效率与工作模式

目前,商用半导体激光器输出波段的已经拓展到400~2200nm。其中拥有最高输出

功率的波段为 880～980nm,在这个波段上半导体激光器有着最高的电光转换效率,如图 6.1 所示。例如,在连续工作模式下,采用 AnSn 焊料与微通道冷却器封装的 980nm 波段半导体激光器的最高输出功率已经达到了 200W/巴条。然而,在 1800～2200nm 波段上,半导体激光器的最高输出功率不到 10W/巴条。半导体激光器的器件性能受其实际封装热管理能力的限制。在连续工作模式下,为了使器件的效率与寿命最佳化,标准 10mm 巴条上的各个发光单元均按照一定的间距隔开,这样可以最大限度地减少发光单元间的热串扰,并使半导体激光器的阈值电流尽可能低,即使斜率效率最大化。例如,输出功率 60W、输出波长 808nm 的半导体激光器巴条最常见的结构为填充因子 30%(19 个条宽 150μm 的发光单元、中心间距为 500μm)、腔长 2mm。采用普通商用微透镜就可以对拥有这类结构的巴条的输出激光的快慢轴进行有效的准直。

然而在加载电流占空比小于 3%、脉宽小于 500μs、峰值功率超过 400W/巴条,即准连续工作模式下,情况又有所不同。因为这种工作模式下平均功率很低,器件工作时产生的热功率仅相当于连续工作模式下的几分之一。因此,在准连续工作模式下,器件的峰值功率仅受到半导体激光器腔面光学损伤阈值的限制。由于在准连续工作模式下的限制因素不再是热管理能力,而是腔面的光学损伤阈值,因此准连续工作的半导体激光器巴条通常有着更多的发光单元(更高的填充因子);填充因子高达 80% 的结构设计并不少见。发光单元数量越多(填充因子越高),各个发光单元包含的激光功率就越低,即可降低每个发光单元腔面的功率密度。

6.5.2　光束质量与亮度

尽管半导体激光器有着电光转换效率高、体积小、功率高等优点,但其光束质量相对较差。虽然快轴方向的光束质量(假定没有 smile 效应)为近衍射极限($M^2 < 1.2$),但慢轴方向的光束质量很差。例如,一个标准的 808nm 波长、包含 19 个 150μm 条宽的发光单元,发光单元中心间距 500μm 的半导体激光器巴条,如果其慢轴发散角为 6°(包含 90% 能量),那么慢轴方向上的 $M^2 \approx 800$。造成慢轴光束质量劣化有三个原因:一是为了提升单一发光单元光功率而采用大的发光单元宽度;二是慢轴方向上包含了多个发光单元;三是发光单元按照一定的间距隔开(如之前提到的填充因子 30%)。考虑高功率应用方面需要单个发光单元的功率最大化,因此发光单元的条宽无法减小太多。那么要提升慢轴方向的光束质量,就只能通过改变发光单元数量与填充因子实现。半导体激光器巴条如具有更少的发光单元数量与更低的填充因子,其慢轴方向上的光束质量就更好。更低的填充因子意味着更大的发光单元中心间距,即可得到更好的慢轴准直效果,降低巴条的慢轴发散角从而改善光束质量。另外,增加半导体激光器的腔长从而降低慢轴发散角的方式也常用于提升慢轴方向的光束质量——增加腔长可以降低慢轴发散角,同时提升发光单元的输出功率。

含有 5～10 个发光单元、单个发光单元具有 10W 连续输出能力、填充因子约 10% 的半导体激光器巴条在高亮度的应用中已展现出越来越大的优势。这种低填充因子巴条的设计思路为单个发光单元高光束质量、巴条高功率。例如,一个波长 808nm,含有 10 个

$100\mu m$ 条宽发光单元,慢轴发散角 6°(包含 90% 能量),10% 填充因子的巴条,其慢轴方向的 $M^2 \approx 800$。但是在经过慢轴准直(慢轴准直后光束填充满所有非发光单元区域)后 $M^2 = 80$,而之前提到的标准巴条在慢轴准直后 $M^2 = 240$。即在同样的输出功率下,低填充因子巴条的亮度是标准巴条的 3 倍。

其他提升半导体激光光束质量与亮度的技术将在 6.6 节详细讨论。

6.5.3 波长锁定

高功率半导体激光为多模激光,因此半导体激光的光谱亮度较低。尽管在任意给定温度下中心波长都可以被精确地调节,但光谱的半高全宽(FWHM)约为 3nm,$1/e^2$ 全宽(峰值的 $1/e^2$)约为 5nm。此外,波长随温度漂移系数约为 0.3nm/℃。这种宽增益带宽与波长相对温度的敏感特性增加了半导体激光器在很多应用中的难度。例如,用 980nm 半导体激光泵浦掺镱光纤激光器时需要半导体激光具有较窄的光谱宽度,因为掺镱光纤激光器的吸收带宽较窄。在某些特殊的应用中则更是如此,如泵浦碱金属激光器(铷或铯),需要 10GHz 左右的光谱宽度,自由运转的半导体激光完全无法使用[3]。波长锁定则是解决以上问题的有效途径。波长锁定有两种实现方法。

(1)腔内锁定:在半导体激光器的激活区中刻入一个光栅来选择半导体激光激射波长[4]。这种方式可以将波长随温度漂移系数降低至 0.08nm/K,光谱带宽不超过 1nm。

(2)外腔锁定:将体布拉格光栅(VBG)或者体全息光栅(VHG)等光学元件装配在半导体激光器上,位于快轴准直镜后,实现输出波长的锁定,如图 6.9 所示。

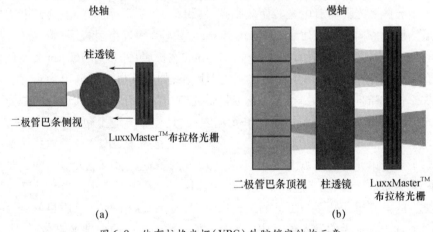

图 6.9 体布拉格光栅(VBG)外腔锁定结构示意

商用化的波长锁定元件可以将温度随波长漂移系数降低至 0.01nm/K。图 6.10 展示了一个波长锁定的高功率半导体激光器在 75A 电流下的输出特性。图中右方轻微的鼓起表明半导体激光锁定波长在高工作温度下有失锁现象发生,输出功率部分转移到更长的波段上。图中的波长锁定光谱曲线表明在 20 ~ 35℃ 温度范围内锁定波长的 FWHM < 0.5nm、$1/e^2$ 全宽小于 1nm。

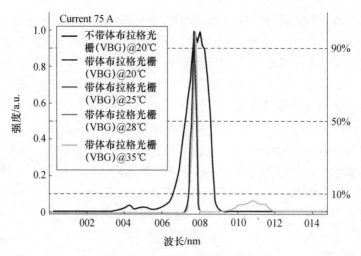

图 6.10　加载电流 75A、工作温度 20~35℃ 条件下波长在 808nm 的锁定情况

加载电流变化时锁定波长的光谱稳定性如图 6.11 所示。波长锁定后,半导体激光器输出激光的波长在加载电流提升 20A 的情况下仅漂移了 0.3nm,相当于波长随电流漂移量为 0.015nm/A。这个参数在半导体激光器自由运转条件下通常可达到 0.1nm/A。

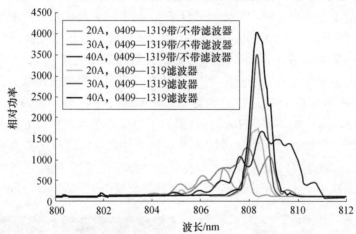

图 6.11　加载电流变化时锁定波长的光谱稳定性

6.5.4　寿命与稳定性

采用被动冷却热沉封装的连续输出功率 50W,808nm 的半导体激光巴条的平均失效时间(MTTF)大概为 20000h。而 10 年前具有同样参数的巴条的 MTTF 仅能持续几千小时。半导体激光器寿命 10 倍的增长源于过去 10 年间半导体激光芯片制造与封装水平的不断提升。外延设计、晶片加工、腔面镀膜、腔面钝化、芯片金属化、芯片焊接、热沉设计等诸多方面工艺与技术的逐步改进均是半导体激光器可靠性提升的原因。

输出功率大于 200W 的准连续半导体激光器的寿命通常超过 10 亿次脉冲。半导体激光器寿命主要由工作温度、输出功率和工作电流密度三个因素控制。例如,采用被动冷却热沉封装的连续输出功率50W,808nm的半导体激光巴条在工作温度为25℃条件下的寿命至少是35℃工作温度下的2倍。同样的巴条如果输出功率保持在60W(工作温度与热沉一致),它在焊接界面处的结区温度相对于输出功率50W时会升高5～7℃,这就会造成器件寿命的降低。此外,输出功率60W时,电流密度较50W时更高,这会加速半导体材料的老化从而降低器件寿命。

但是,无Al半导体激光器制备技术研究方面的进步与特性温度T_0与T_1的提升使得半导体激光器可以在更高的结区温度下稳定工作而不会造成效率的降低[5]。腔面高透射膜系制备与腔面钝化技术的发展则提高了半导体激光器腔面光学灾变的阈值,允许发光单元平均输出功率与峰值功率的进一步提升。AnSn等硬焊料与低热阻、热膨胀系数匹配热沉的使用则使半导体激光器可以在更高输出功率时稳定工作。

6.6 产品性能

如果不对半导体激光沿垂直于pn结平面的方向(快轴方向)进行准直,那么快轴方向上较大的发散角(>40°)会限制半导体激光的实际应用。只有在类似固体激光晶体侧泵浦的应用中,由于半导体激光器需要非常靠近晶体,因此半导体激光快轴方向上较大的发散角反而能够保证泵浦的均匀性。平行于pn结平面方向的发散角由驱动电流或者电流密度决定,因为在高功率输出条件下由于温度升高,半导体激光器的增益引导还会受到温度曲线的影响。平行于pn结平面方向的发散角通常为4°～10°。由于两个方向上发散角大小与发光单元尺寸的差异,使半导体激光成为一个像散光束。其快轴方向上的光束参量积(发散全角×束腰直径)约为2mm·mrad($M^2 \approx 1.3$),慢轴方向上的光束参量积则高达1700mm·mrad($M^2 \approx 1000$),这限制了半导体激光在很多方面的应用。慢轴方向上的光束质量可以通过采用柱透镜阵列对每个发光单元进行单独准直的方式得到改善(图6.12),也就是将慢轴方向的光填充因子从20%或30%提高到90%以上。这样可将慢轴发散角减小至3°以下(50mrad),光束参量积减小至约500mm·mrad。

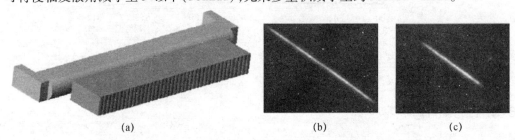

(a)   (b)   (c)

图6.12

(a)快慢轴准直组合透镜;(b)仅经过快轴准直的半导体激光远场强度分布;
(c)经过快慢轴准直的半导体激光远场强度分布

在大部分应用中,均需要将半导体激光耦合进传输光纤以保持半导体激光的亮度不变。为了将半导体激光耦合进入光纤中,需要对半导体激光器巴条或者叠阵的输出激光进行整形,匀化快慢轴光束质量。

6.6.1　单个半导体激光器巴条的光纤耦合

20 世纪 90 年代,发展出了四种原理相似的可匀化半导体激光快慢轴光束质量并保持亮度基本不变的技术途径。除开三种将在后面详细讨论的方法外,有一种方式虽然因为成本低被广泛使用,却无法保持亮度不变。这种方法是将每个发光单元的光束耦合进一根传输光纤,再将传输光纤排列为光纤束使用。比如,对于标准半导体激光器巴条,19 个发光单元的耦合光纤刚好可以排列为一个圆形。

1. 南安普顿光束整形器[6]

最初的光束整形设计非常简单(图 6.13(a)、(b)),它由两片近平行放置的高反射平面镜组成,两块平面镜有很小的间距 d。两块平面反射镜沿平行的两个方向相互错开一部分,错开的部分就是整形光束的输入、输出区域。在随后的改进设计中,使用了平行平板并且在两面镀上了高反射膜。平行平板的厚度也增加至 5mm,以将最小入射角范围降低为几度。

通过整形器的水平视图与侧视图(图 6.13)描述了这种光束整形法的工作原理。在两个视图中,平板镜面都垂直于纸面。入射光可以看作数个相邻近光束的组合。为了说明这种整形法的原理,将入射光分割为 5 个平行子光束 1～5。光束 1 并不入射至任意平面镜上,它从平面镜 A 的上方(图 6.13(b))与平面镜 B 的侧方(图 6.13(a))直接通过;因此光束 1 的传播方向并未发生改变(假定平面镜 B 边缘的衍射可以忽略不计)。光束 2 同样从平面镜 A 的上方通过却入射至平面镜 B 上,并被反射至光束 1 的正下方。随后光束 2 被平面镜 A 再次反射,在光束 1 的正下方以与光束 1 相同的传播方向出射。光束 3 经平面镜 B 反射,入射至平面镜 A 位于光束 2 的侧方的位置;随后被反射回平面镜 B 再反射至平面镜 A 处位于光束 2 正下方的位置,并与光束 1、2 以同样的方向出射。光束 4、5 经过类似的多次反射后同样在光束 3 的正下方以相同的方向出射。如图 6.13(b)所示,实现了所有 5 个光束的分割重排。

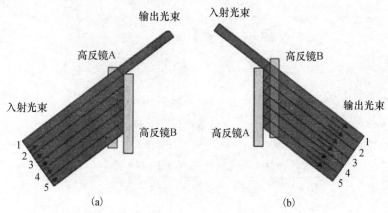

图 6.13　双平面反射镜光束整形器

(a)水平视图;(b)侧视图。

　　总而言之,这个光束整形器的工作原理是将入射光束分割为数个子光束,再将这些子光束沿另一个方向堆叠起来。如果入射光沿 x 方向的光束质量为数倍衍射极限(如 $M^2 \gg 1$),光束整形器就是在不影响 x 方向发散角的情况下减小入射光束在 x 方向上的束腰。那么经过整形的输出光束就有着更小的光束质量 M_x^2。在 y 方向上,光束束腰增加但是发散角保持不变(假定平面镜 A 与 B 完全平行),因此,经过整形的输出光束的 M_y^2 增大了。M_y^2 增大的倍数则与 x 方向上分割后子光束的个数有关。

　　这种方法的缺点是子光束间的光程差与多次反射后的功率损失,因为高反射率膜系的反射率并非 100%。

2. 夫郎禾费激光技术实验室的台阶镜整形法[7]

　　第二种光束整形器同样由多个反射面组成。第一个台阶镜(图 6.14)将半导体激光器巴条的输出光束分割为数个子光束,第二个台阶镜将这些子光束沿着光束质量较好的方向堆叠起来(效果类似于南安普敦光束整形器的两个平面反射镜),每个子光束的光程一致且光束仅经过两次反射。台阶镜的典型尺寸为 1mm,这与经过快轴准直后的半导体激光的束腰尺寸相匹配;这样,一个标准的 10mm 巴条可分割为 10 个子光束。这可将一个填充因子 30% 巴条的慢轴方向的光束质量从 500mm·mrad 减小至 50mm·mrad,快轴方向的光束质量增大为 20mm·mrad。为了达到最大的光纤耦合效率,半导体激光的光束质量必须等于或者小于光纤芯径与光纤 NA 的乘积。如果半导体激光的光束质量为 70mm·mrad,光纤的 NA = 0.2,那么耦合光纤的芯径最小可达 200μm。如果是有着更少发光单元数量与更低填充因子的巴条,采用台阶镜法甚至可以将整形后的光束耦合进 100μm、NA = 0.12 的光纤中。这样慢轴方向的光束质量可提高至 10mm·mrad(与单个发光单元相当),将 8~10 个发光单元沿快轴方向堆叠起来。可以实现 100μm、NA = 0.12 光纤高达 50W 的单偏振半导体激光输出或者 100W 的偏振合成输出。

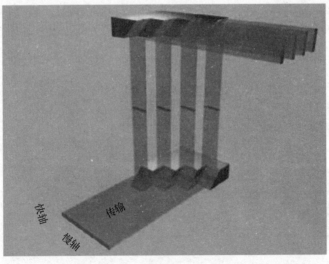

$$M_f^2 \approx N \cdot M_{f0}^2$$
$$M_s^2 \approx \frac{M_{s0}^2}{N}$$
$$N^2 = \frac{M_{s0}^2}{M_{f0}^2}$$

快轴　传输　慢轴

图 6.14　台阶镜整形法旋转线形光束的原理示意

3. 折射光学整形法

　　图 6.15 展示了一种用于有着更高填充因子巴条的光束整形法。经过快轴准直后,

每个发光单元的输出光束的传播方向经微棱镜组折射后发生偏折。发光单元间的间距则用于放置二维透镜阵列实现每个子光束的慢轴准直。如图 6.15 所示的整形后的光束可以被单个球面透镜直接耦合进 $200\mu m$、$NA = 0.2$ 的光纤中。

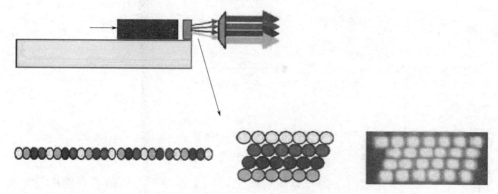

图 6.15　折射光学整形法(棱镜与慢轴准直)

这类折射整形方式与的优势是整形光学元件可以全部沿直线排列,可使光学元件装配与封装更加简易。

一种最常见的光束整形法是采用由斜 $45°$ 柱面镜阵列组成的 $M = 1$ 的望远镜系统。这种柱透镜阵列可将半导体激光以其传播方向为轴旋转 $90°$,从而达到半导体激光快慢轴方向相互交换的目的,使得慢轴准直仅通过单一柱透镜即可完成,如图 6.16 所示。这种方式常用于 19 个发光单元的巴条的整形中,整形后的光束可直接耦合进 $200\mu m$ 的光纤中。甚至可以直接耦合进 $100\mu m$、$NA = 0.2$ 的光纤中,因为其中 9 个发光单元的光束可以通过偏振合成的方式与另外 10 个发光单元的光束进行合成。

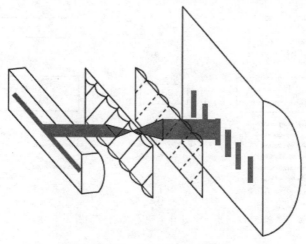

图 6.16　斜 $45°$ 柱透镜阵列整形法

偏振合成(图 6.17)是提升半导体激光亮度的方法之一。半导体激光的偏振度通常为 $92\%\sim98\%$,且在 $980\sim800nm$ 的范围内随着波长变短而提升。因此,在使用偏振合成提升亮度之前需要考虑偏振合成会造成的 $5\%\sim10\%$ 的功率损失量。

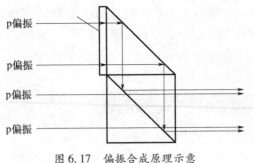

图 6.17 偏振合成原理示意

6.6.2 功率放大

将多个半导体激光器巴条的光束组合起来可以实现数千瓦级的功率输出。如 6.4 节所述,微通道冷却器封装的半导体激光器可以沿快轴方向逐个堆叠起来组成叠阵。微通道冷却器的厚度与快轴准直后的光束束腰尺寸共同决定了叠阵沿快轴方向上的填充因子最高不超过 50%。将两列叠阵的光束交错排列进行空间合束是提高填充因子的有效方式,如图 6.18 所示。常用的高效空间合束法有两种:通过玻璃片堆栈(折射法;光谱物理公司)或者条纹镜(反射法)(夫郎禾费激光技术实验室)将两列叠阵的光束交错排列提高填充因子。两种方法都可将叠阵输出功率与亮度提高 1 倍。还可以将空间合束后的激光通过偏振合成进一步提升输出功率,如图 6.17 所示。

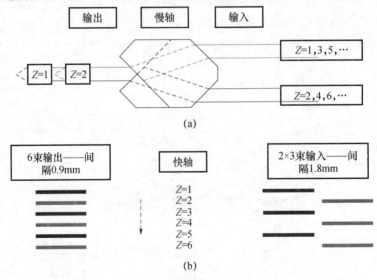

图 6.18 用于半导体激光叠阵的空间合束方法

如果对于半导体激光光谱特性没有特殊要求,也可以采用多波长合束的方式进一步提升功率与亮度。目前在 800~1030nm 波长范围内有 7 种输出波长的半导体激光器可以使用,其电光效率均大于 55%、输出功率大于 100W/巴条。不同输出波长的半导体激光可以通过介质镜进行共轴合束。假设一列 12 巴条的叠阵,巴条间隔为 1.8mm,平均每个巴条输出 120W 功率,这样叠阵输出光束的尺寸约为 21mm × 10mm,假定合成效率为 95%,经过两列叠阵空间合束后功率为 2880W,偏振合束后功率为 5742W。再基于上述提到的 7 个波段的半导体激光进行波长合束,可实现 2cm² 孔径大于 35kW 的连续半导体激光输出。合成光束两个方向的光束参量积分别为 80mm · mrad 与 250mm · mrad,总的光束参量积为 330mm · mrad。与 800μm、NA = 0.22 光纤的 352mm · mrad 相匹配。

6.6.3　高功率半导体激光光纤耦合器件

以上述高功率光纤耦合半导体激光器件为标准,光纤耦合输出半导体激光器的市场定位即为取代灯泵浦固体激光器。考虑到灯泵浦固体激光的光束质量大约与 400μm 或 600μm、NA = 0.12 的光纤相当,半导体激光器叠阵的光束质量必须保持在 120mm · mrad (发散全角)以下。如图 6.19 所示的结构,用两个平行平板玻璃堆栈,将巴条上的每个发光单元的光束沿快轴方向堆叠起来。通过选择有着特定数量发光单元的巴条,两个方向上的光束质量在经过整形后可变得几乎一致,可以使得光纤耦合效率最大化。随后可以通过偏振与波长合束的方式将功率提升至数千瓦水平。目前已经实现了 600μm 光纤的半导体激光光纤耦合器件输出大于 4kW(表 6.2)。

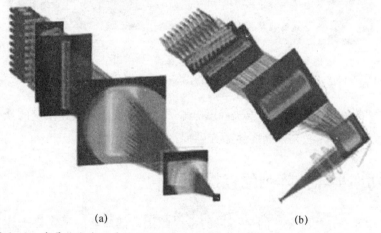

(a)　　　　　　　　　　　　(b)

图 6.19　半导体激光器叠阵的光纤耦合方案(来自 LaserLine 公司的技术方案)

表 6.2　光纤耦合半导体激光系统的性能参数

最大输出功率/W	1000	2000	3000	4000
光束质量/mm · mrad		20	30	
光纤参数		400μm,NA = 0.1	300μm,NA = 0.2 或 600μm,NA = 0.1	
f = 100mm 透镜后的焦斑尺寸/mm		0.2	0.3	

由于 100μm、NA = 0.12 光纤耦合模块的输出光已经从单波长 10W 提升至单波长 100W 以上,就产生了另一种可以替代微通道冷却器叠阵的技术路线。采用 19 个上述的光纤耦合模块,它们的光纤输出端可以被紧密排列为直径小于 600μm 的圆,组合后的输

出光可以被耦合进同样尺寸的光纤中且保持原本的 NA = 0.12 不变,输出功率约为
1.5kW。再将多个不同输出波段的这种模块通过波长合束进行合成,则可得到数倍于
1.5kW 的光功率输出。图 6.20 为 3kW 灯泵浦固体激光器与同样输出功率下光纤耦合半
导体激光系统的体积比较。

图6.20　灯泵浦3kW固体激光器(位于图中靠后方)
与3kW半导体激光系统(位于图中靠前方)。图中左下方为100W半导体激光模块

　　由于半导体激光器的电光效率为 60% ~65%,因此半导体激光系统的插头效率通常
在40%以上,比半导体激光泵浦固体激光器要高很多。

6.7　高功率半导体阵列的直接应用

　　开发高功率半导体激光器的最初目的是以此代替低效能的弧光灯来作为固体激光
器的泵浦源。半导体激光器的窄线宽和高光电转换效率促使固体激光技术得到了重大
发展和提高。若没有半导体激光器的泵浦,当前固体激光器的光束质量以及光纤激光器
技术都不会获得现有成就。表 6.3 总结了高功率半导体激光器的主要用途,表中还包括
半导体激光器在医学和工业领域的直接应用。

表6.3　按波长分类的半导体激光器应用

波长/nm	应用	市场
630 ~635,652,668	光动力学疗法	医学
670	$Cr^{3+}:LiSAF-fs-$激光器	半导体泵浦固体 激光器(DPSSL)
689,730	老年性黄斑变性,光动力学疗法	医学
780,$\Delta\lambda<1$	半导体泵浦气体激光器(铷蒸气)	国防(高功率激光)

（续）

波长/nm	应用	市场
785,792,797	Tm^{3+}:YAG≥2μm	DPSSL
795	Nd^{3+}:YLF	DPSSL
Δλ<1	Rb^{3+}/Xe^{139}/—泵浦	医学,仪器仪表
805,808	Nd^{3+}:YAG,心血管科,脱毛,眼科	DPSSL,医学
810±10	美容,脱毛,牙科,生物,外科	材料加工,医学
830	预压,计算机-光盘,直压	图形艺术
852,868~885	半导体泵浦气体激光器(铯蒸气)	DPSSL
	Nd^{3+}:XXX(多种基质晶体)	国防
901	Yb^{3+}:SFAB	DPSSL
905	激光测距	仪器仪表
915	Yb:玻璃,光纤激光器	DPSSL,医学
940	Yb^{3+}:YAG,光盘,静脉曲张移除,外科应用	DPSSL,医学
		材料加工
968,973~976	Yb^{3+}:YAG,光盘	DPSSL
	Yb^{3+}:玻璃,光纤激光器,牙科,外科,眼科	医学
980±10	牙科,前列腺治疗	医学
		材料加工
1064	脱毛,去除纹身	医学
1330~1380	医学	医学
1450~1470	痤疮治疗,紊流探测,Er^{3+}泵浦	医学
1530,1700	医学	医学
	测距,导弹截击	国防
1850~2200	外科,Ho^{3+}:泵浦,紊流探测,塑料焊接/模具成型	航空电子学
		DPLLS,医学
		材料加工

6.7.1　工业应用

　　泵浦工业上用于焊接、切割等方面的数千瓦固体激光器仍是半导体激光器最主要且不断增长的市场。早先的侧泵浦 Nd:YAG 激光棒方法没能成功,原因在于其光束质量没有达到与之相竞争 CO_2 激光器的水平,并且整体效率一般低于 20%。然而,高亮度半导体泵浦源的发展使得更新、更高效的技术得以成为可能,如图 6.21(参见第 10 章)所示的薄片激光器和光纤激光器(参见第 15~18 章)。

　　由于半导体激光器插头效率相对灯泵浦固体激光提高了 10 倍以上,随着其能量和光束质量也发展到了早期灯泵浦固体激光器的水平,高亮度半导体激光器的发展开拓了

图 6.21　数千瓦半导体泵浦盘形激光器

注:左侧为均匀分布的泵浦源;右侧为激光谐振腔。

半导体激光直接工业应用的新市场。

1. 激光焊接

激光焊接具有高焊接速度、高稳定性和低漂移等优点(图 6.22)。同时,激光焊接可得到非常完美的焊接结合表面。几乎免维护、寿命长达 30000h、所有激光器中最高的效率等优点使得半导体激光器在薄金属焊接领域具有明显优势。与此相对,灯泵浦 Nd:YAG 激光器要求约每 1000h 更换一次泵浦灯,这直接导致了灯泵浦成本的大幅提高。

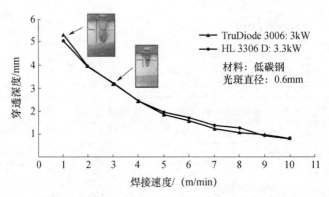

图 6.22　3kW 半导体激光和 3.3kW 灯泵固体激光在
低碳钢上的焊接深度与焊接速度的函数关系对比

当功率高达 2.3kW 时,半导体激光系统与传统焊接系统,如钨极惰性气体(TIG)或熔化极惰性气体(MIG)焊接机的尺寸相当。半导体激光器灵活紧凑的特点使其成为各种各样金属焊接应用的首选,这种优势尤其体现在需要灵活工具的生产中。

2. 塑料焊接

塑料焊将无毛刺和过度熔化的非接触焊接的优点与可测环境路径结合起来。激光焊接还奇特在它允许非接触焊接在低热和负载中进行,这在内部嵌有电子器件的塑料制品的焊接中体现了非常特突出的优势。这些塑料制品在如震动焊接和超声波焊接等转换过程中极易遭到破坏。图 6.23 是塑料焊接远程汽车钥匙的例子,这是半导体激光焊接在工业中的最初应用。

图 6.23 远程汽车钥匙激光焊接(优美的激光焊接线)

与传统固体激光器相比,半导体激光器的优点在于其波长短且光束具有平顶无强点强度分布,这些特点避免了局部过热对焊接器件造成损伤。

3. 局部和选择性热处理

半导体激光硬化方法与常规热处理方法相比,其难得的优势是可以根据需要的硬化轮廓调整光点位置,以此获得非常高的工作效率。半导体激光器简易的操作方式使其理所当然地应用于生产过程中,将来人们有望使用工业机器人操作半导体激光硬化作业(图6.24)。

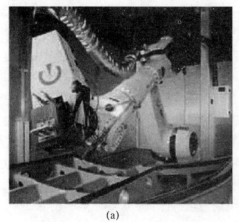

(a)

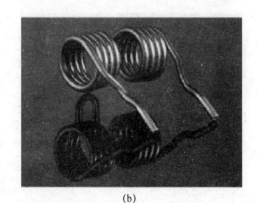

(b)

图 6.24 工具和簧片组的激光硬化

半导体激光器与其他用于硬化的激光器相比,具有发射波长更短的额外优点,这使其很容易被金属吸收,同时具有优质的加工稳定性。另外,半导体激光器不需要特殊的吸收层,该吸收层会妨碍高温计的温度控制功能的发挥,并因此导致表面污染。

4. 激光钎焊

为进一步达到高强度和低热影响区域的要求,人们对焊接表面的可见焊接痕迹外观提出了更高的要求。对此,激光钎焊是一种理想的途径。例如,在汽车制造工业领域,激光钎焊用来连接汽车外部的可见部分,如后备箱、顶缝、车门或支柱(图6.25)。半导体激光技术因其可为很多需要多级切换的生产程序,如汽车工业提供高水平的可靠性和加工稳定性而被视为当前的重要推动技术。

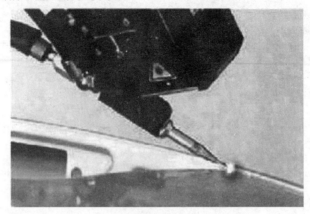

图6.25　使用激光钎焊焊接汽车部件

6.7.2　医学应用

半导体激光器也广泛应用在很多医学中,如脱毛、去除纹身、静脉激光治疗(EVLT)、光动力学治疗、牙外科手术以及整容手术。在脱毛应用中,一个工作在脉冲模式下输出波长为810nm的激光器通过手持设备将激光传输到皮肤表面。这种波长很容易被毛囊的黑色区域(黑色素)吸收,在不伤害皮肤其他组织的情况下将毛发脱除。去除纹身与脱毛的方法非常相似,嵌入颜色的皮肤组织选择吸收了激光后会碎裂,这些碎裂的组织将会被身体吸收分解并最终除去。脱毛和去除纹身两者的主要不同之处在于,去除纹身使用的是多波长以去除纹身所使用的多色油墨,波长 670 ~ 890nm 的激光用于去除绿色和蓝色油墨,波长 500 ~ 700nm 的激光用于去除红、橙和紫色油墨,黑色油墨吸收所有波长。

在牙科手术中,如牙周(牙龈)手术,980nm 波长的光纤耦合半导体激光器用来精确切除牙龈的软组织。相对于其他技术,激光牙科手术术后康复快,创口较小。

使用半导体激光治疗静脉曲张是目前治疗静脉曲张的一种新方法。在静脉曲张治疗中,一束功率 15 ~ 30W、波长 808nm 的激光通过静脉中的微细光纤传输进而实现治疗。激光从内部破坏静脉曲张,这些被破坏的静脉组织最后被机体作为废物吸收并清除。

6.7.3　国防应用

半导体激光器由于其效率高、体积小、结构紧凑、牢固可靠和操作成本低等优点而被广泛开发国防应用。安装在陆地和机载军用车辆上的半导体激光器的作用是提供照明。一个照明系统一般包括几个模块,每个模块又包括工作在 QCW 模式的准直半导体激光巴条,以此保证激光器可以被传导冷却。这些模块可以向给定目标传输数千瓦峰值功率[8]。随着增空间亮度的增加,半导体激光器也可以直接应用在长距离目标指示中。例如,由于飞行器与目标之间的距离很长,空中目标指示系统需要更高的功率(>5W)。爆炸装置中的激光点火是半导体激光器的另一种应用,它代替了化学爆炸中的引线,因此减少了意外爆炸的风险。激光束传输直接爆炸所需要的热密度,这避免了过去使用其他化学物进行触发的必要。这项技术同时也避免了有毒废物的产生。

参考文献

[1] Li, H. , Chyr, I. , Brown, D. , Reinhardt, F. , Romero, O. , Chen, C. -H. , Miller, R. ,Kuppuswamy, K. , Jin, X. , Ngugen, T. , Towe, T. , Crum, T. , Mitchell, C. , Truchan, T. ,Bullock, R. , Wolak, E. , Mott, J. , and Harrison, J. , "Next-Generation High-Power, High-Efficiency Diode Lasers at Spectra-Physics,"SPIE Proceedings, 6824: 2008.

[2] Treusch, G. , Srinivasan, R. , Brown, D. , Miller. R. , and Harrison, J. , "Reliability of Water-Cooled High-Power Diode Laser Modules,"SPIE Proceedings, 5711:132-141, 2005.

[3] Kohler, B. , Brand, T. , Haag, M. , and Biesenbach, J. , "Wavelength Stabilized High-Power Diode Laser Modules," SPIE Photonics West, San Jose, California, 2009.

[4] Osowski, M. L. , Hu, W. , Lambert, R. M. , Liu, T. , Ma, Y. , Oh, S. W. , Panja, C. , Rudy,P. T. , Stakelon, T. , and Ungar, J. , "High Brightness Semiconductor Lasers,"SPIE Photonics West, San Jose, California, 2007.

[5] Crump, P. A. , Crum, T. R. , DeVito, M. , Farmer, J. , Grimshaw, M. , Huang, Z. , Igl, S. A. , Macomber, S. , Thiagarajan, P. , and Wise, D. , "High Efficiency, High Power, 808nm Laser Array and Stacked Arrays Optimized for Elevated Temperature Operation," SPIE Photonics West, San Jose, California, 2005.

[6] Clarkson, W. A. , and Hanna, D. C. , "Two-Mirror Beam-Shaping Technique for High-Power Diode Bars,"Optics Lett. , 21(6): 375-377, 1996. http://www. orc. soton. ac. uk/ viewpublication. html? pid=518P.

[7] Treusch, H. -G. , Du, K. , Baumann, M. , Sturm, V. , Ehlers, B. , and Loosen, P. , "Fiber-Coupling Technique for High-Power Diode Laser Arrays,"SPIEProceedings 3267: 98-106, 1998.

[8] Rudy, P. , "The Best Defense Is a Bright Diode Laser,"Photonics Spectra, December 2005.

第3篇　固体激光器

第7章

高功率固体激光器

Gregory D. Goodno

诺思罗普·格鲁曼宇航航空航天公司资深科学家,加利福尼亚州,洛杉矶南湾

Hagop Injeyan

诺思罗普·格鲁曼宇航航空航天公司技术委员,加利福尼亚州,洛杉矶南湾

7.1 概述

近年固体激光器(SSL)在平均功率和峰值功率方面都获得了极快的增长。连续输出的固体激光器已经达到了 100kW 量级,并且拥有很好的光束质量[1]。固体激光器的脉冲能量和峰值功率分别已经超过 1MJ 和 1PW[2,3]。这些进步是与多年以来材料、加工的进步以及二极管泵浦、热可定标激光器结构和波前矫正技术的革命性进步密不可分的。

固体激光在很多重要方面不同于气体或化学激光。首先,顾名思义,激光介质是固态,因此在激光过程中介质不会流动。大量聚集的废热必须从表面散出,通常这在高平均功率运转过程中会导致很大的温度梯度。其次,所有的固体激光都必须用光泵浦。因此,要特别考虑泵浦源的选择以及泵浦光耦合到增益介质的光学方式。由于光泵浦的特性,高平均功率固体激光器实质上是一个亮度增强器,它们把低亮度泵浦光束转换成高光束质量(BQ)的输出,并由于非理想效率伴随着总功率降低。高平均功率固体激光器的设计主要需要考虑减小输出光束的热光畸变,从而使亮度尽可能提高(亮度定义为功率/光束质量平方)。最后,与其他激光器相比,很多固体激光材料有较长上能级寿命或者宽增益带宽,这使得固体激光器可以作为能量存储装置。在长光泵浦周期的过程中积累的能量可以很快释放出来,从而形成短的、高峰值功率脉冲。

本章讨论激光增益材料、泵浦源、泵浦系统的选择。本章试图作为第 8～14 章的引言。第 8～14 章详细讲述了最成功的高功率固体激光器现状。更基础的固体激光器的设计和工程背景可以在 Koechner 的经典教科书中找到[4]。

7.2 激光增益材料

所有的固体激光材料都由掺杂激活离子的透明介质构成。激活离子可以吸收泵浦

光并发出激光。自激光发明以来,大量的研究集中在为了各种特性优化的激光工作材料,即基质材料的各种组合上[5]。本章只讨论与峰值功率、平均功率定标相关的特种激光材料,以及固体激光中激光发射的基本概念。

7.2.1 发射截面和能级寿命

激活离子吸收或释放光子的概率正比于它的发射截面 σ。发射截面定义为每单位长度每反转粒子数密度 ΔN 的增益。所以,激光的小信号增益 $g_0 = \sigma \Delta N$。大散射截面对固体激光器来讲通常是有益的,因为在这种情况下无论是泵浦或是受激发射,为了达到某一跃迁的饱和需要入射光子数更少。低泵浦光强同时也降低了材料遭受光学损伤的可能性。另外,高激光增益使得固体激光对于光学损耗的容差更高(在不牺牲效率的前提下),因此使提取光束的系统设计更灵活。

另一个重要的光谱学参数是上能级自发衰变的荧光寿命 τ。许多固体激光材料有较长的上能级寿命,通常在 $\tau \approx 1 \mathrm{ms}$ 的量级。这使得它们可以作为"光子容器"存储泵浦能量,并且以短脉冲的形式很快释放出来。即使对于连续泵浦,较长的上能级寿命也是有利的,因为这可以减少为了达到粒子数反转所需的泵浦功率。因此,由于泵浦功率密度 R(R 等于单位时间单位体积内的光子数)而获得的(粒子数)反转密度 $\Delta N = \tau R$。

固体激光材料的一个重要的品质因数(FOM)是 $\sigma \tau$。因为 $\sigma \tau = g_0 / R$,这个品质因数表示了在某一泵浦速率下能获得多少激光增益。高 $\sigma \tau$ 的材料更容易发出激光,就是说,为了获得一定增益 g_0,这种材料需要更少的泵浦功率密度 R。图 7.1 表示了一些常用固体激光材料的 σ 和 τ。

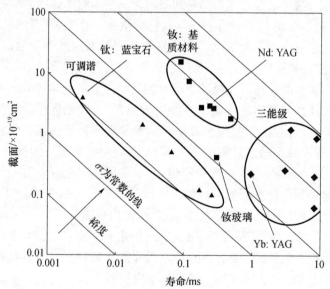

图 7.1 大多数固体激光材料的品质因数 σ、τ

对于高脉冲能量激光,材料的储存能力是最重要的。显然,高 τ 值意味着在给定泵浦速率条件下材料可以储存更多能量,毫无疑问这对脉冲激光而言是很有帮助的。然而,高 σ 值对储能是不利的。对于不同几何形状的增益材料,自发辐射放大(ASE)会过早地使上能级跃迁,这损耗了反转粒子数密度和小信号增益。因此,ASE 极大地限制了脉冲激光材料的储能能力。这也是大尺寸连续激光的一个问题。在大尺寸连续激光中,高激光增益会造成寄生激光或效率损失。然而,对于高功率激光,σ 又必须足够高从而提供足够的增益,而且要防止饱和通量($F_{sat} = h\nu/\sigma$)超过材料的破坏阈值。

7.2.2　基质材料

基质材料的选择对固体激光器来讲是非常重要的。高纯度光学材料的重要性在于防止高功率激光的激光损伤以及减小传输损耗——特别是减小吸收损耗,吸收损耗会带来过多的热在材料中沉积。基质材料还必须能够在合理的加工条件下被切割、抛光到光学级别(通常表面起伏不超过 1/10 个波长和 10/5 划痕),并且有可观的产量。基质材料的力学特性也是高功率激光的重要因素。激光产生过程中的体热负载会导致温度升高,高热导率材料可以降低这一温升。材料断裂强度——材料可以承受的峰值表面张力强度——决定了给定几何尺寸的材料能够承受的最大功率密度。最后,对于给定的温升,基质材料的热光效应(如折射率随温度的变化 dn/dT 以及热膨胀系数 CTE 或 α)导致激光波前畸变和退偏振。这些特性的共同作用,决定了某一特殊构型(激光器)的性能。

不仅考虑激光增益介质材料,而且考虑高功率激光入射到的所有光学材料以及镀膜。然而,与其他的被动光学材料相比,激光增益材料在工程选择上尤其困难。首要且最重要的一点,是因为基质材料的选择只能局限于能够提供与激活离子足够匹配的材料,这样才能提高掺杂浓度;其次,基质材料必须能够承受激光过程中产生的废热负载,这通常比被动光学元件从激光中吸收的热高几个量级。

在高平均功率固体激光中最成功的且最常见的基质材料是钇铝石榴石($Y_3Al_5O_{12}$,YAG),它恰巧有高热导率、高机械强度以及卓越的光学性质[5]。大多数激光稀土元素可以替代 YAG 晶格中的 Y 离子从而允许有高的掺杂浓度。而且 YAG 晶体易于加工,可以被切割并抛光到光学级别。

高功率激光基质材料最主要的限制来自晶体的结晶过程,这限制了晶体能够生长的尺寸。例如,YAG 晶胚受到生长过程中的压力,其最大直径只能到达 10cm 左右(图7.2)。晶体长度也受到掺杂梯度的限制,掺杂梯度主要是在晶体生长过程中杂质浓度增加导致的[6]。因为要避开使用晶体生长过程中产生的条纹部分,从这样一个晶体中能切割获得的最大口径通常只有它自身直径的 1/3[7]。

过去 10 年中高光学质量多晶陶瓷得到了快速发展,这种陶瓷替代了固体激光中的很多块状晶体基质[8]。这些陶瓷材料由高纯度的晶体纳米粉末压制烧结而成。因为独立微晶域中缝隙远小于光波长,这种烧结出来的材料显示出极佳的透明度和均匀度。烧结过程消除了晶体生长的尺寸限制,而且可以制备出超过 10mm × 10cm 通光孔径的YAG,并且可以由不同掺杂、不同材料共同烧制而成(参见第 11 章)。制成的陶瓷材料的光谱学、热学、力学特性显得几乎与 YAG 晶体一样,甚至优于 YAG 晶体。而且,YAG 陶

图 7.2 从 Nd:YAG 晶体中切割出来的固体激光板条

瓷比 YAG 晶体更不容易由于热应力而碎裂[9]，这是因为陶瓷中没有共同的断裂边界，在晶域中传递一个裂缝比在单晶中需要更多的能量。

7.2.3 高平均功率固体激光材料

事实上，所有的高平均功率固体激光器都是基于掺 Nd^{3+} 和 Yb^{3+} 的 YAG 材料，可以产生 1064nm 或 1030nm 的输出。决定两种材料在高平均功率固体激光中的比例有两个因素：一是如上面所说，YAG 材料的优越性表现在它的掺杂能力上——能够掺杂超过 1% 的 Nd^{3+} 以及超过 100%（按化学计量）的 Yb^{3+} [10]；二是 Nd 和 Yb 都有适合二极管泵浦的光谱特性，从而可以提高泵浦光到激光的转换效率。

1. Nd:YAG 激光材料

Nd:YAG 是最常使用的固体激光增益材料，并且在灯泵棒状激光中有广泛应用。这个四能级激光材料可以使用灯泵浦或者二极管泵浦，通常使用较宽的 808nm 吸收带（图 7.3）。长达 230μs 的上激光能级寿命为脉冲运行提供了足够的储能。当运行在可获得最大激光增益的 1064nm 跃迁时，泵浦功率被转化为废热的比例为 1 - (808/1064) = 24%。此外，还尝试了使用 885nm 泵浦直接泵浦到激光上能级从而减少量子亏损[11]。

在晶体基质中，相比于其他的稀土离子，Nd^{3+} 有非常大的发射截面。例如 1064nm 的 Nd:YAG，$\sigma = 2.8 \times 10^{-19} cm^2$，而且如果在其他基质材料如 YVO_4 中（图 7.1），这个发射截面可以成倍增加。对连续激光而言，大发射截面使得高增益提取成为可能，而且降低了对光损耗的敏感性，也减小了饱和光强（$I_{sat} = h\nu/\sigma\tau = 2.8 (kW/cm^2)$），这可以提高提取效率。Nd:YAG 的低饱和光强在中等能量的脉冲激光中也非常有吸引力。在这种激光器中，效率与破坏阈值是都很重要。但是，Nd:YAG 由于大发射截面的原因，不适宜用在高脉冲能量激光器（>10J）中，因为会产生寄生振荡和 ASE。

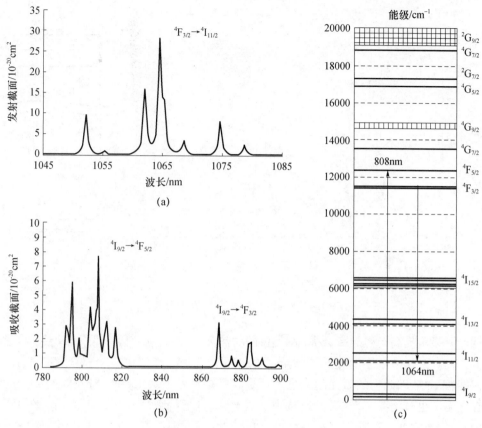

图 7.3　Nd:YAG 光谱参数

(a)发射截面;(b)吸收截面;(c)能级。

2. Yb:YAG 激光材料

受益于最近的二极管泵浦,Yb:YAG 作为 Nd:YAG 的替代品出现在高平均功率固体激光器设计中[12]。Yb:YAG 的重要的光谱特性是其简单的能级结构——只有两个能级(图7.4)。这些能级由于 Stark 分裂成为热布居结构,这使得可以使用能量相近的泵浦跃迁(940nm)和激光跃迁(1030nm)。这个过程大约有 9% 的量子亏损,比 Nd:YAG 少 $1/3 \sim 1/2$。因此,Yb:YAG 本身具有高效率、产热低的特点。Yb:YAG 是准三能级系统,在室温下玻耳兹曼分布的终态能级大约有 5% 的粒子。因此,Yb:YAG 有很高的激光阈值,因为这个材料必须首先被泵浦到透明状态,然后才能获得净增益。但是,当工作在远高于阈值的条件下时,Yb:YAG 激光效率变得非常高(参见第 10 章)。

由于 Yb:YAG 的发射截面小($\sigma = 2.2 \times 10^{-20} \text{cm}^2$),在 CW 激光中增益较小,因此就必须严格控制光学损耗,并且使用多程设计来提取激光。Yb:YAG 长达 1ms 的上能级寿命非常适合用于脉冲能量激光。小发射截面使得饱和通量 $F_{sat} = h\nu/\sigma = 8.8 (\text{J/cm}^2)$,使得可以在超净实验室外也获取高效能量提取而且不会带来晶体损坏。

另一个在室温下使用 Yb:YAG 获得大功率输出的方法是对其进行低温冷却。把这个材料冷却至 77K 液氮温度下,这可以获得三个好处:一是 YAG 基质的热光特性和热力

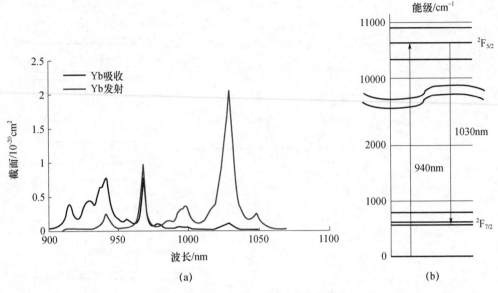

图 7.4　Yb:YAG 能级、吸收和发射截面

学性能有显著提高。热导率会提高 4 倍,同时热光系数 dn/dT 会降低 7 倍,热膨胀系数降低 3 倍。二是由于温度降低,末端能级的布居数几乎减小到 0,这个材料就变成了真正的四能级系统,因此它的激光阈值也降低了。三是室温下会出现的 Yb 增益谱线的热展宽在低温下也被消除了,这极大地减小了线宽,而且把峰值增益提高了 7 倍。在工程实践中,必须要权衡低温冷却带来的好处,以及繁冗的低温冷却设备对整机效率带来的影响(这包括一个液氮储藏罐,或者一个笨重且噪音巨大的闭环制冷机)。

7.2.4　高脉冲能量和峰值功率固体激光材料

Nd:YAG 和 Yb:YAG 材料通常是输出波长在 $1\mu m$ 附近的高平均功率固体激光器的选择。很多其他材料可以用来提高脉冲激光的性能。对于要高脉冲能量和高脉冲功率的激光,平均功率(脉冲重复频率)的重要性通常排在第二位。这使得我们可以考虑使用热性能不如 YAG 晶体的一些材料。脉冲激光材料的一个重要选择依据是它们的能量存储和提取能力。能够获得更大的无缺陷材料的能力(很小缺陷都会导致大脉冲能量激光器的损坏)以及能够支持短脉冲输出的发射带宽。

1. Nd:glass 激光材料

长期以来,Nd 掺杂玻璃都是超高功率脉冲激光器的一个选择,如国家点火装置(NIF)激光(参见第 14 章)。Nd 玻璃可以加工成米量级的大小的通光面,这比可制造出的陶瓷材料都大。这么大的通光面可以把激光能量分散开来,从而避免损坏;同时也提供了巨大的掺 Nd 的增益体积,为激光提供了足够储能。Nd 玻璃的宽吸收谱即使在灯泵也是可行的,而且其非均匀展宽到几纳米的发射谱可以支持亚皮秒脉冲的产生[14]。玻璃基质的非均匀展宽同时使峰值发射截面降低 1 个数量级(与 Nd:YAG 相比,图 7.1),因此可以没有 ASE 损耗来实现更高的储能。但是 Nd:glass 的热导率比 YAG 低 1 个数量级,尽管这不会影响脉冲能量,但会把脉冲重复频率限制在毫赫或更低。

2. 钛蓝宝石激光材料

如果是为了提高脉冲能量,另一种激光输出方案就是缩短脉冲时间。通常这个代价不大,因为它不需要提高泵浦功率,而且超短脉冲在很多高功率应用方面有其独特性(参见第 12 章)。固体材料的增益带宽限定了它产生超短脉冲的能力。由于钛蓝宝石的带宽覆盖了 $650 \sim 1100nm$ 的范围[15],它几乎是最常用的超短脉冲激光材料。然而,尽管钛蓝宝石的热学特性要比 YAG 好,但是它的上能级寿命很短,只有 $3\mu s$,使得它不适合用来储能。这意味着,通常需要短脉冲、调 Q 且倍频(515nm 或 532nm)的 YAG 激光作为脉冲放大器泵浦源。由于泵浦波长和发射波长间巨大的量子亏损,以及缺乏蓝光—绿光段的高效泵浦源,这导致钛蓝宝石激光的平均输出功率通常小于 100W。

3. 其他激光材料

尽管前面提到的材料在高脉冲能量、高峰值功率激光领域占据了主导地位,其他一些不常用的材料由于脉冲激光特性也会用到。研究发现,Yb:SFAP[$Yb^{3+}:Sr_5(PO_4)_3F$]由于其大尺寸、长上能级寿命、适当的饱和通量[16,17],平衡了储能和损伤极限,使得它适用于二极管泵浦高功率存储。近来发展了使用 Yb 掺杂的钨磷酸盐和倍半氧化合物作为二极管泵浦的短脉冲激光材料。这些材料的微观无序结构增加了增益带宽,使得它适合用于超短脉冲激光。尤其是 Yb 掺杂的倍半氧化合物如 $Yb:Sc_2O_3$ 和 $Yb:Lu_2O_3$ 的热导率比 YAG 高一些,具有应用于高平均功率薄片功率定标的潜力。

7.3　泵浦、冷却和热效应

在任何成功的高平均功率固体激光设计方案中,工程上的一个主要的问题就是如何仔细地管理增益材料的热效应。温度在固体激光中的重要性体现在两个方面:第一,温度梯度不能够大到损坏激光材料。在任何一种泵浦和冷却设计中,最终限制功率密度的是热应力损伤极限。通常在到达热应力损伤极限之前,热光效应导致的波前畸变已经极大地限制了提取的光束质量。这一节主要讨论在减小热畸变的需求驱动下,如何选择泵浦、冷却和激光提取的结构。

7.3.1　泵浦源

由于泵浦光子和激光光子的能量差,激光产生过程中不可避免地会产生热。这部分热沉积在整个激光材料中,且与局部吸收的泵浦光成正比。任何不均匀分布的泵浦光在通过激光材料通光孔径被吸收时,都会产生不均匀分布的热沉积,进而产生的热梯度会使输出的激光产生相差。因此,在高功率固体激光的设计中,有两个重要的考虑因素:一是确保在材料内的且在通光孔径内的泵浦分布尽可能均匀;二是最小化每个光子发出时的产热,也就是说要尽量选择和发射波长相近的泵浦光子。这一节讨论如何从这些因素出发选择泵浦光源和光学元件。

1. 灯泵浦

在 20 世纪 60 年代,Maiman 在惠更斯实验室演示了第一台使用照相用闪光灯泵浦的红宝石激光器[19]。尽管红宝石很快被 Nd 掺杂的其他材料所替代,连续弧光灯和使用惰性气体的脉冲闪光灯作为固体激光器的泵浦源一直在使用,直到 90 年代二极管激光泵浦出现以后。由于灯泵极大地限制了高功率固体激光器性能,目前其使用局限于低端多模激光器,且功率小于 100W,或者在低重复频率高脉冲能量激光中,如果二极管泵浦成本太高(包括花费几十亿美元建造的国家点火装置,参见第 14 章)。

灯泵浦最主要的不利因素是宽发射谱,通常覆盖了紫外到近红外波段(图 7.5)。Nd:YAG 的吸收谱作为对比也放在图 7.5 中。只有 Xe 灯与 Nd 离子吸收谱重叠的那部分能量能够被吸收并转化为激光输出,大部分泵浦能量都被浪费了。无论使用何种激光材料,这种浪费极大地限制了激光效率。即使这个光子恰巧是在吸收带上的,它也很有可能跃迁到远超过激光上能级,导致极大地量子亏损,并且每发射一个光子就会在增益介质中产热。从性能考虑,相比于二极管泵浦,这些多余的热是灯泵消的最大缺点。

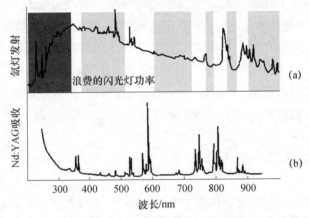

图 7.5　Xe 气闪光灯的发射谱,阴影区域是无法被 Nd:YAG 吸收的区域

灯泵消的另一个困难是灯的辐射是在各个方向的,意味着空间亮度低,这也极大地限制了泵浦源到增益介质的光学耦合系统的选择。常见的处理方法是直接把灯靠近增益介质放置,且带一个反射镜把其他方向的光反射回来;或者把灯和增益材料放在椭圆反射腔的焦点上,使得灯光全部聚焦在焦点处的激光棒上。这些方案对于高功率定标都是不利的,因为这些都限制了激光提取的几何形状以及散热。

2. 二极管泵浦

在过去的 15 年中,高功率激光二极管泵浦的固体激光器获得了革命性的发展。由于二极管激光在泵浦领域和激光领域的重要性,在第 5 章和第 6 章有详细讨论。

二极管可以作为固体激光器的理想泵浦源。通过选择材料和结构,二极管的发射谱可以被设计成适合近红外区域的任何吸收谱。使用靠近输出波长的泵浦二极管,可以减少量子亏损,从而降低废热产生。对于 Nd:YAG,二极管泵浦常使用 808nm 附近的吸收带,这附近有很高的吸收截面以及相当宽的吸收带宽。

窄线宽且有工程可控的发射光谱的激光二极管用在无法使用灯泵的固体激光增益

材料中。最突出的是在泵浦 Yb:YAG 中的使用。由于 Yb:YAG 的简单能级结构,这种材料在 900~1100nm 之外的频谱几乎都是透明的(图 7.4)。然而这使得 Yb:YAG 作为二极管泵浦的理想候选项而存在,通常在 940nm 附近宽达 10nm 的吸收带上。Yb 掺杂的材料也可以在更窄的 980nm 附近被泵浦,这对应于零声子线过程,可以使量子亏损达到最小。

二极管泵浦的另一个优点是它发射时高度的方向性(或者说亮度)。尽管高功率二极管发射单元是多模激光,它的光束质量还是足够用传统光学元件或透镜来整形的。因此,固体激光增益介质中的泵浦光强分布可以被仔细设计,从而产生平滑的激发态分布,进而减小激光通光区内的热不均匀性。高亮度二极管的另一优点是泵浦光可以被聚焦到很高的光强,很容易超过准三能级 Yb 离子所需的数十千瓦每平方米的泵浦功率。二极管泵浦可以被聚焦到很高光强,这也降低了固体激光增益材料接收泵浦光的面积需求。使用聚焦的激光二极管泵浦光可以通过一个很小的边缘或者尖端区域耦合在增益介质上,从而使得大接触面可以用来散热或者进行激光提取,这是二极管泵浦的热管理优势。

二极管泵浦作为固体激光泵浦源还有其他大量的优势。通过非相干的堆叠发光单元和发光巴条,它们的功率可以任意定标(虽然不是亮度),一个模块可以达到数千瓦。受益于多年的不懈努力研究,这些激光二极管泵浦的工程可靠性已经达到数万小时。最后,二极管结构紧凑,可以被封装适用于各种环境下的各种平台,这些地方通常不适合使用灯泵系统。特别的,光纤输出的激光二极管提供了前所未有的设计灵活性和封装方便性。

7.3.2　激光提取和散热

通过激光材料表面散热会产生温度梯度,从而使提取光束产生畸变,限制输出光束的 BQ,甚至会由于应力产生极其严重的损坏。所有的高平均功率固体激光器都需要一些方法来控制热梯度对输出光波前的影响。这里有两个需要考虑的几何因素。

第一种方法是选择一种冷却形状从而降低温度梯度本身。使用有大散热面的增益介质,这样可以让表面热流最小化。更进一步,减小增益材料冷却面法线方向的厚度,可以降低材料温升。因此,降低固体激光器中温度梯度的需求自然导致了高纵横比的激光材料结构。

第二种方法是选择一种受温度梯度影响很小的激光提取的方法,如激光的传播方向的某一方向分量与温度梯度方向重合。如图 7.6 所示几何形状的板条,板条从顶部和底部散热,这样就会在垂直方向上形成温度梯度(图 7.6(a))。提取的激光束从左向右传播。如果输出激光径直通过板条(图 7.6(a)),光束中心通过温度更高的部分。由板条热膨胀系数 α 和折射率变化 dn/dT 导致的光程差(OPD)为

$$OPD = [\,dn/dT + (n-1)\alpha\,]L\Delta T \tag{7.1}$$

如果一个板条长 10cm,中心到边缘温度差为 40℃(这是 4kW 板条激光器的常见参数),这个光程差约为 50μm 或大约 50λ[20]。这么大的热透镜效应甚至会使激光光束无法穿过板条,或会导致光束质量变得很差。

图7.6(b)的"之字"板条光路中,激光束在板条顶部和底部的表面不断反射传播,因此光束的每一个部分都会通过温度高的板条中心和温度低的板条顶部、底部部分,因此光束每部分经过相同的光程。使用这种结构,提取光束的波前在一阶近似的条件下,不会受到温度梯度的影响。因此,这种结构可以定标到高功率情况下(参见第8章和第9章。)同样的原理也适用于薄片激光器(图7.7,或参见第10章)。

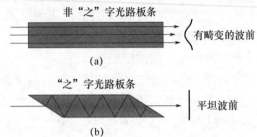

图7.6 直接通过和"之"字形板条的冷却与激光提取方法对比

在实际操作中,像图7.6和图7.7所示的结构中,影响光束波前质量的主要是边缘效应、安装应力和不可控的非均匀热梯度。如同在泵浦过程中要尽可能地减小热沉积的不均匀性一样,保证空间散热的均匀性,保证冷却面到热沉的低热阻这两个条件一样很重要。能够直接想到的是直接使用气体或液体冷却介质。然而,当表面使用传导散热时,工程上必须解决安装时的机械应力、增益材料与基底的热胀系数的匹配、焊剂或其他界面材料的均匀浸润,以及防止提取的激光耦合到冷却基底上等技术问题。关于这些问题的一些解决方案将在第8~10章讨论。

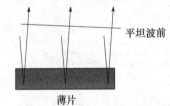

图7.7 薄片激光冷却和激光提取示意

最后必须提一下,有一个例外就是热容激光器,将在第11章讨论。这种设备在运转过程中不需要冷却,而且会存储热量。在没有表面冷却时,增益材料没有温度梯度,它均匀膨胀且不会造成波前畸变。因此,波前畸变实际上是由于泵浦和激光提取过程中产生热量的不均匀性造成的。

7.4 激光光束的产生

低畸变高功率激光增益模块包含合理的泵浦、冷却系统,与激光提取的几何设计单元构成了高亮度固体激光系统。要得到高功率激光输出,增益模块需要放入谐振腔(稳腔或非稳腔)或放大器。结构上的最优方案是在最低损耗时有效提取储存能量和降低积累的OPD,从而产生高亮度输出光束。本节讨论谐振腔与放大器在高功率激光中的关系。

7.4.1 稳定腔

稳定腔是指能够将一束锥状光线限制在两个曲面腔镜之间来回反射的稳定几何结

构。这使得在谐振腔内可以出现近平面波前,并提供了一种简单有效地产生高光束质量方法。稳腔通常能通过选择性的增益竞争实现对高阶模的抑制,进而实现 TEM_{00} 单模(高斯型)输出。TEM_{00} 模可通过增加泵浦增益体积与基模体积的重叠率以及降低腔内孔径光阑引起的损耗来提高其往返增益[21]。

稳腔光束限制通常导致腔内紧聚焦光斑,其光斑尺寸由衍射确定,当波长 1μm、腔长 1m 时,$(L\lambda)^{1/2} = 1 (\text{mm})$。光斑如此之小,使得高光功率密度处很容易出现饱和有效的增益能量提取。这种简洁性和坚固性使得稳定腔成为大多数低损耗高输出功率固体激光器的奠基石。然而,在高功率输出固体激光器具有大增益孔径时,很难实现好的光束质量。因为除采用不实用的长腔结构或者非常敏感的调节系统外,稳腔的基模尺寸很难扩大至几个毫米以上。然而,在一些应用中多模输出也是可以被接受的,在高 Q 值稳腔内的高循环功率能有效提取低增益介质(如 Yb:YAG)或低增益几何结构(如薄片)中的能量。

7.4.2 非稳定腔

当从固体激光器中输出的功率增长至毫米级尺寸的光斑无法容忍热效应或光损伤时,必须被采用另一种实现激光提取的几何结构。非稳定腔常被用在高功率固体激光器中,因为它能产生大的模体积和非常好的光束质量[21]。与被衍射限制的腔模不同,非稳定腔的腔模不受几何限制。激光谐振腔最初具有直径 $(L\lambda)^{1/2}$ 的菲涅尔衍射核,这里衍射光束弥散程度由腔镜曲率决定(图 7.8)。腔镜组曲率需要按照光束单程往返放大因子 M 进行选择,这样,光束尺寸就仅受到主镜光阑和腔内增益光阑的限制。最终的光束将经前腔镜光阑出射或采用可变反射率的、大一些的前腔镜,它的反射率在边缘逐渐到 0。后一种方法广泛应用于非稳腔以避免硬边光阑引起的衍射。对于非空间渐变反射率,输出衍射大约为 $1 - 1/M^2$。

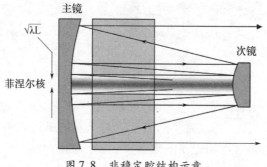

图 7.8 非稳定腔结构示意

在非稳定腔提供了大腔模体积的同时,用它从增益介质中提取激光也存在一些挑战。要获得好的波前控制和单模输出,增益材料造成的 OPD 变化必须小到能够被腔镜曲率所掩盖。此外,增益材料的 OPD 在小通光孔径上构成了一个透镜,使得整个腔形成一个局域的稳腔。这又造成了非稳腔的"丝状"腔模,这是由于多个不关联的波前从增益介质的不同地方的小光阑中透过时造成的。

为了避免出现此现象,并且对热致 OPD 更不敏感,固体激光器的非稳定腔通常使用高曲率反射镜,这样腔长更短,放大率更高。然而,高 M 会造成大的耦合输出率,因此需要更大的增益来补偿每个循环造成的损耗,从而维持激光振荡。所以,非稳腔在高增益介质中(如 Nd)或者输出光束有长的增益长度的结构如"之"字形板条中的应用更成功。要进一步提高增益,模块通常工作在脉冲或准连续模式下,即使这个激光器的设计目标是为了获得高平均功率,而不是峰值功率[22]。

这并不是说非稳定腔不能用于像 Yb:YAG 薄片这样低增益材料和模块设计。即使是低增益固体激光材料,使用多个增益模块或者多次通过增益,非稳腔的激光提取也是非常成功的。这通常会用到成像光学元件,可以在不改变振荡器光学长度的情况下提供长的物理光学路径[23]。然而,多次通过增益介质会造成光束在离开振荡器前多次通过有光学畸变的增益材料,使 OPD 变大,也限制了输出光束质量。

7.4.3 主振荡器加功率放大器

主振荡器加功率放大器(MOPA)放大结构在付出了一定复杂性的代价之上,提供了一种多功能的激光结构(图7.9)。一束空间、时间特性都被良好控制的低功率激光束由主振荡器(MO)生成。这束光由一个独立的一级或多级功率放大器(PA)放大。把振荡器和放大器独立分开这种设计可以方便地独立优化各种输出参数,这种输出光是无法用一个独立振荡器完成的。例如,快速脉冲可以由一个小型的,低功率调 Q 或锁模振荡器实现,由于是低功率,不会损坏任何元件。放大器内光束覆盖的区域大小可以在无须担心腔模变化的条件下被优化,以达到良好的饱和提取。由于没有反馈影响,可以直接在放大器内应用先进的波前或偏振校正方法。

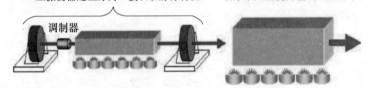

图7.9 主振荡器加功率放大器结构

虽然 MOPA 概念很简单,但要应用此方案可能是非常繁琐的,因为 MO 的功率经过 PA 之后增加了几个数量级,所以需要高增益。高增益通常可以通过多级放大器或多次通过放大器来实现,这都会增加光路的复杂性。MO 和增益级之间需要使用法拉第隔离器来防止反馈,此外热透镜和退偏振也会严重限制输出功率[24]。最后,很多 MOPA 结构使用反向传播的设计,以获得 PA 的完全饱和,这也需要通过空间或偏振等选通方法来输出高功率激光。

7.5 波前校正

即使使用了非常先进的泵浦、冷却以及激光提取设计,增益材料在工作过程中的温度偏差是仍然存在的。由于这个温差的存在,大通光孔径高平均功率固体激光器要产生近衍射极限的激光输出是非常困难的。即使这个温度梯度被减小到整个热致光程变化的很小一部分,所造成的波前畸变也足以降低光束质量。简单的法则是一个应用到聚焦后峰值光强的装置,它能容忍的 OPD 的均方根(RMS)在 $\lambda/10$ 的量级。使用 Marechal 近似[25],与平面波前相比,远场峰值光强在这个 OPD 作用下减小约 $1 - \exp\left[-(2\pi\Delta\phi)^2\right] = 33\%$。

原理上,使用均匀的泵浦、一维散热以及让激光提取方向在温度梯度方向有很大分量这些方法能够完全消除 OPD。然而,在实际操作中,完全消除 OPD 几乎是不可能的。边缘效应破坏了一维散热的对称性,从而产生一些 OPD。在垂直于光束传播方向的泵浦与散热的影响不会被平均掉。几千瓦的增益模块的温度升高通常会让光程增加十几个波长,要获得小于约 $\lambda/10$ 的 OPD,必须使得热产生和热扩散在通光孔径内的均匀性达到1%。由于各种无法控制的变化因素,如泵浦二极管的发射、不均匀的老化过程、光学表面的容差、表面浸润、热接触等,要达到这个均匀性是不可能的。

最差的情况是,源自各增益模块的光学畸变存在高度相关性,那么获得近平面的均匀波前的难度随着增益模块的数目和增益光程的增长而增长。而最好的情况下光学畸变是非相干的,这难度随着增益模块中光程的平方根而增长。很多高 BQ 和高功率 CW 固体激光器加入了一些附加的波前校正方法,来补偿不可控元件和调节过程中产生的过大的 OPD。

7.5.1　空间相屏

矫正残留波前畸变的最简单的方法就是使用空间相屏(SPP)。SPP 带来共轭的波前分布,从而使得净激光波前为近似平面波。在最简单的情况下,SPP 可以是一个用以矫正热透镜效应的补偿透镜。计算机控制的加工方法,如磁流变抛光(MRF)方法能够在硅或其他基底材料表面上做出定制的浮雕分布的 SPP,空间频率约为毫米分之一,刻痕深度(波前振幅)约为几个波长[26,27]。实验证明 SPP 可以用来提高稳腔和非稳腔的亮度[23,28]。

尽管 SPP 提供了简单的矫正波前畸变的方法,要在一个高度精密的系统里使用这个方法还是非常麻烦的。尽管使用数值方法可以严格计算增益模块的 OPD,但在一个高功率固体激光器中,残余 OPD 通常是由不可控的元件误差导致的,因此 SPP 必须根据不同的激光器而特别定制。这就要求在完成制作 SPP 前,首先完成这台激光设备,在满功率情况下测量它的波前。而且,激光功率变化导致的温度分布的变化,或者 SPP 本身对输出光的影响,都会使得以前测得的波前形状改变,从而需要加入新的 SPP 来矫正[23]。最后,由于存在波前测量的累积误差、SPP 加工误差和最后的安装、调整误差等,要获得 $\lambda/10$ 的平滑波前时非常困难的,因此,即使应用了 SPP,也很难直接获得大通光孔径的近衍射极限输出光束。

要进一步矫正激光波前,经常用到根据激光畸变实时响应的动态方法。

7.5.2 相位共轭

相位共轭镜(PCM)代表了高功率激光中有吸引力的动态波前矫正方法。PCM不同于普通的镜子,它反射的是入射波前的共轭。例如,入射的发散光被普通镜子反射后,仍然是发散的,但是经过一个PCM之后就开始汇聚了。这种相位共轭法提供了一种不需要主动电路控制,却可以自动矫正激光波前畸变以及光束抖动的方法。

基于液态氟利昂的受激布里渊散射(SBS)过程的PCM曾经成功应用于高平均功率固体激光[29]。基于SBS的相位共轭镜结构如图7.10所示。低功率的平面波前入射光从左侧进入放大器。在第一次通过放大器时,光束被放大且发生畸变。畸变的光束聚焦进入一个含有布里渊效应材料的容器中。这个材料在光束焦点附近的电致伸缩效应会产生纵向分布的声学光栅,这个光栅的横向相位分布与入射光的波前一致。经过这个移动光栅的布拉格反射,返回的光束已经拥有了前向传播光束的共轭波前。因此,当返回光经过有畸变的放大器时,在输出端口可以获得恢复了初始平面波前的输出光。

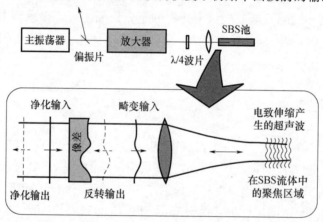

图 7.10　基于 SBS 的相位共轭镜结构

PCM可以使用各种线性或非线性材料。尽管SBS更多的应用于高峰值功率脉冲激光,低阈值的PCM也可以使用多模光纤中的SBS效应[30]和自由空间的光折射或热光栅效应[31]。

尽管PCM的简单结构非常吸引人,它们却不是总能应用于高功率固体激光中的。每一个PCM机制,无论是SBS、热或者是光折射效应,都限制了入射激光的工作区间。例如,氟利昂的SBS效应阈值就很高,而且需要很长的作用长度来使声学光栅产生足够强度的反射,因此,它无法用于除了单频脉冲激光之外的其他激光。因为单频激光有很长相干距离,绝大多数热PCM装置的功率动态范围也是有限的。典型的,PCM的反射通常是远小于1的,这需要一个高增益结构来避免效率损失。最后,任何PCM的共轭范围也是有限制的。从根本上讲,入射波前的畸变的幅度和空间频率必须足够低,这样光束才不会在焦点处分裂成多个光斑。这些分裂的光斑反射的共轭光拥有彼此无关的相位,再次通过放大器时不会产生平面波输出。

7.5.3　主动光学

主动光学(AO)提供了一种比相位共轭镜更灵活的且工程上可行的波前控制方法[32],这项功能的代价是增加了复杂的主动控制回路和驱动器。AO 系统由主动或被动的、可调形状或方向的光学元件构成,用以减小或消除高能输出光的 OPD。通常,驱动光学元件集成在可主动探测输出光束波前的连续反馈回路内。然而,AO 系统也可以设置成基于激光运行参数(如泵浦功率)的前向反馈设备。

图 7.11 为波前矫正的闭环 AO 系统[33]。一束有畸变的高功率光束入射到一个变形镜(DM)上。变形镜的光学表面由薄的抛光小面元组成,且表面镀了高反膜。在独立可调的压电驱动单元作用下,小面元会改变形状(图 7.12)。从变形镜反射出的光中取样,使用 Shack-Hartmann 传感器探测波前[32]。波前信息用于求解出系列控制信号以改变 DM 的面形、使其共轭于光束波前。新产生的、减小了畸变的波前再次被探测,形成一个闭合反馈回路。

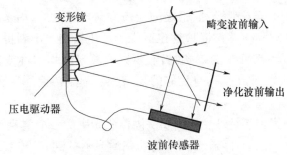

图 7.11　波前矫正的闭环 AO 系统

图 7.12　用以矫正高功率固体激光束的变形镜(Xinetics,Inc.)

注:透过 1064 高反膜,可以看到独立的传动器。

在高功率固体激光中集成 AO 系统可能是很复杂的。重要的一点就是要确保反馈环路速率和控制信号带宽要足以跟上激光动态变化的速度。这些变化可能是由于增益模块温升引起的,或者是光学元件在重复工作中引起的,也可能是热的光学元件导致的湍流或光路附近的机械形变引起的。另一点是要确保驱动器的数量和行程能够补偿入射OPD 的空间频率和幅度。最后,一些高能固体激光的设计集成了腔内 AO——通常在一个非稳腔内[34]。这会使 AO 系统和腔模以及激光动力学耦合,这常常需要复杂的控制算法以产生稳定的激光输出。

7.6　结论和展望

本章介绍了高功率固体激光器的基础概念以及一些最常用的用以获得高功率固体激光的方法。激光材料、泵浦源、散热方法和激光提取方式,以及整个系统架构的选择在设计和定标高功率激光中至关重要。下面章节会详细讲述目前最成功的固体激光器的一些设计细节。

为了获得更高的功率,关于固体激光器还有很多工作正在进行中。二极管激光泵浦源正变得越来越便宜,亮度更高,而且运行更稳定,可以使得光束形状和热分布更加可控。高功率二极管也正朝着窄线宽、稳定的光谱方向发展,可以用来泵浦低量子亏损的谱线(如 Nd:YAG 的 885nm 吸收带),这也减少了产生废热。不断提高的陶瓷加工方法也可以生产渐变的或间断分布的掺杂结构,可以提高泵浦均匀性或减小 ASE 产生[35]。陶瓷加工方法也使得生产新的、具有更好的光谱特性和热特性的基底材料成为可能,以用于高平均功率超快激光[36]。

光学元件的抗激光损伤特性也是高功率固体激光中的一个重要问题,它决定了激光器的可靠性和可用性。然而,随着千瓦平均功率激光器的到来,连续运转模式下的损伤作为工程上和操作中的问题也开始出现[37]。最后,在第 19 章要讲到的,高功率固体激光的光束合成(也可以是其他高功率激光,如光纤激光和半导体激光)是非常有吸引力的一个领域,因为使用这种方法更有可能超越目前激光设计结构的输出极限。

参考文献

[1] McNaught, S. J., Asman, D. P., Injeyan, H., et al., "100kW Coherently Combined Nd:YAG MOPA Laser Array," Frontiers in Optics, paper FThD2, 2009.

[2] Moses, E. I., Boyd, R. N., Remington, B. A., Keane, C. J., and Al-Ayat, R., "The National Ignition Facility: Ushering in a New Age for High Energy Density Science," Phys. Plasmas, 16: 041006, 2009.

[3] Perry, M. D., Pennington, D., Stuart, B. C., et al., "Petawatt Laser Pulses," Opt. Lett., 24: 160-162, 1999.

[4] Koechner, W., SolidState Laser Engineering, 6th ed. Springer, Berlin, 2006.

[5] Kaminskii, K., Laser Crystals: Their Physics and Properties, 2nd ed. Springer, Berlin, 1990.

[6] "Nd:YAG", http://www.as.northropgrumman.com/products/synoptics_nd_yag/index.html, accessed November 18, 2010.

[7] Ostermeyer, M., Mudge, D., Veitch, P. J., and Munch, J., "Thermally Induced Birefringence in Nd:YAG Slab Lasers," Appl. Opt., 45: 5368, 2006.

[8] Ikesue, A., and Aung, Y. L., "Ceramic Laser Materials," Nature Photonics, 2: 721, 2008.

[9] Ueda, K., Bisson, J. F., Yagi, H., Takaichi, K., Shirakawa, A., Yanagitani, T., and Kaminskii, A. A., "Scala-

ble Ceramic Lasers," Laser Physics, 15, 927: 2005.

[10] Patel, F. D., Honea, E. C., Speth, J., Payne, S. A., Hutcheson, R., and Equall, R., "Laser Demonstration of $Yb_3Al_5O_{12}$ (YbAG) and Materials Properties of Highly Doped Yb:YAG," IEEE J. Quant. Electron., 37: 135, 2001.

[11] Lavi, R., and Jackel, S., "Thermally Boosted Pumping of Neodymium Lasers," Appl. Opt., 39: 3093, 2000.

[12] Lacovara, P., Choi, H. K., Wang, C. A., Aggarwal, R. L., and Fan, T. Y., "RoomTemperature Diode-Pumped Yb:YAG Laser," Opt. Lett., 16: 1089, 1991.

[13] Fan, T. Y., Ripin, D. J., Aggarwal, R. L., Ochoa, J. R., Chann, B., Tilleman, M., and Spitzberg, J., "Cryogenic Yb^{3+}-Doped Solid-State Lasers," IEEE J. Sel. Topics in Quant. Electron., 13: 448, 2007.

[14] Weber, M. J., "Science and Technology of Laser Glass," J. Non-Crystalline Solids, 123: 208, 1990.

[15] Moulton, P. F., "Spectroscopic and Laser Characteristics of $Ti:Al_2O_3$," J. Opt. Soc. Am., B3: 125, 1986.

[16] Bibeau, C., Bayramian, A., Armstrong, P., et al., "The Mercury Laser System—An Average Power, Gas-Cooled, Yb:S-FAP Based System with Frequency Conversion and Wavefront Correction," J. Phys. IV France, 133: 797, 2006.

[17] Schaffers, K. I., Tassano, J. B., Bayramian, A. J., and Morris, R. C., "Growth of Yb:S-FAP [$Yb^{3+}:Sr_5(PO_4)_3$ F] Crystals for the Mercury Laser," J. Crys. Growth, 253: 297, 2003.

[18] Südmeyer, T., Kränkel, C., Baer, C. R. E., et al., "High-Power Ultrafast Thin Disk Laser Oscillators and Their Potential for Sub-100-femtosecond Pulse Generation," Appl. Phys., B97: 281, 2009.

[19] Maiman, T. H., "Stimulated Optical Radiation in Ruby," Nature, 187:493, 1960.

[20] McNaught, S. J., Komine, H., Weiss, S. B., et al., "Joint High Power Solid State Laser Demonstration at Northrop Grumman," 12th Annual Directed Energy Professional Society Conference, November 2009.

[21] Siegman, A. E., Lasers, University Science Books, Sausalito, CA., 1986.

[22] Machan, J., Zamel, J., and Marabella, L., "New Materials Processing Capabilities Using a High Brightness, 3 kW Diode-Pumped, YAG Laser," IEEE Aerospace Conf., 3: 107, 2000.

[23] Avizonis, P. V., Bossert, D. J., Curtin, M. S., and Killi, A., "Physics of High Performance Yb:YAG Thin Disk Lasers," Conference on Lasers and Electro-optics, paper CThA2, 2009.

[24] Khazanov, E. A., Kulagin, O. V., Yoshida, S., Tanner, D. B., and Reitze, D. H., "Investigation of Self-Induced Depolarization of Laser Radiation in Terbium Gallium Garnet," IEEE J. Quantum Electron., 35: 1116, 1999.

[25] Born, M., and Wolf, E., Principles of Optics, 6th ed., 464, Pergamon Press, London, 1980.

[26] Golini, D., Jacobs, S., Kordonski, W., and Dumas, P., "Precision Optics Fabrication Using Magnetorheological Finishing," Advanced Materials for Optics and Precision Structures, SPIE Proc., CR67: 251, 1997.

[27] Bayramian, A., Armstrong, J., Beer, G., et al., "High-Average-Power Femtopetawatt Laser Pumped by the Mercury Laser Facility," J. Opt. Soc. Am., B25: B57, 2008.

[28] Bagnoud, V., Guardalben, M. J., Puth, J., Zuegel, J. D., Mooney, T., and Dumas, P., "High-Energy, High-Average-Power Laser with Nd:YLF Rods Corrected by Magnetorheological Finishing," Appl. Opt., 44: 282, 2005.

[29] St. Pierre, R., Mordaunt, D., Injeyan, H., et al., "Diode Array Pumped Kilowatt Laser," IEEE J. Sel. Topics Quantum Electron., 3: 53, 1997.

[30] Riesbeck, T., Risse, E., and Eichler, H. J., "Pulsed Solid-State Laser System with Fiber Phase Conjugation and 315 W Average Output Power," Appl. Phys., B73: 847, 2001.

[31] Zakharenkov, Y. A., Clatterbuck, T. O., Shkunov, V. V., et al., "2kW Average Power CW Phase-Conjugate Solid-State Laser," IEEE J. Sel. Top. Quant. Electron., 13: 473, 2007.

[32] Tyson, R. K., Principles of Adaptive Optics, 2nd ed., Academic Press, San Diego, 1997.

[33] Goodno, G. D., Komine, H., McNaught, S. J., et al., "Coherent Combination of High-Power, Zigzag Slab Lasers," Opt. Lett., 31: 1247, 2006.

[34] LaFortune, K. N., Hurd, R. L., Fochs, S. N., Rotter, M. D., Pax, P. H., Combs, R. L., Olivier, S. S., Brase, J. M., and Yamamoto, R. M., "Technical Challenges for the Future of High Energy Lasers," SPIE Proc.,

6454: 645400, 2007.

[35] Soules, T. , "Ceramic Laser Materials for the Solid-State Heat Capacity Laser," in Frontiers in Optics, OSA Annual Meeting, paper FWW2, 2006.

[36] Schmidt, A. , Petrov, V. , Griebner, U. , et al. , "Diode-Pumped Mode-Locked Yb:LuScO$_3$ Single Crystal Laser with 74 fs Pulse Duration," Opt. Lett. , 35: 511, 2010.

[37] Shah, R. S. , Rey, J. J. , and Stewart, A. F. , "Limits of Performance-CW Laser Damage," SPIE Proc. , 6403: 640305, 2007.

第8章

"之"字形板条激光器

Hagop Injeyan

诺思罗普·格鲁曼宇航航空航天公司技术委员,加利福尼亚州,洛杉矶南湾

Gregory D. Goodno

诺思罗普·格鲁曼宇航航空航天公司资深科学家,加利福尼亚州,洛杉矶南湾

8.1 引言

20 世纪 70 年代初期,由 Bill Martin 和 Joe Chernock 发明的"之"字形板条[1]开启了固体激光(SSL)发展史上一个新的模式。利用激光在增益介质内的传输来匀化一个方向上的温度梯度的思想是固体激光器功率定标放大的基石,它的形式有薄片、"之"字形板条或布儒斯特片放大器。尽管在过去的 15 年,"之"字形板条是固体激光器功率放大方面常见的结构,但许多团队在实现"之"字形板条方面还是取得了重要的进展。本章介绍"之"字形板条的设计原则,包括它的传输、功率放大规律以及为了优化性能而对产生的各种改进方法。

8.2 "之"字形板条的原理和优势

8.2.1 "之"字形板条几何结构

"之"字形板条结构示意如图 8.1 所示。典型情况下,一个矩形的截面板条被切成带有角度的端面和抛光面的结构。通常情况下,板条从抛光面进行冷却。激光光束注入板条后,随着光束沿板条传输,会在抛光面之间产生多次内全反射(TIP)。"之"字形传播的主要目的是为了平均板条在薄的维度上的温度梯度。

图 8.2 显示了折射率为 1.82 的 YAG(钇铝石榴石)板条的两种注入方案:一是把端面切成倾向线性 P 偏振光的近布儒斯特角,通常用在振荡器中,板条的切角为 30.9°(布儒斯特角为 28.8°)时,P 偏光的损耗最小,而且折射光线从全反射面反射后的光束平行

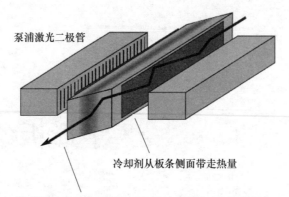

泵浦激光二极管

冷却剂从板条侧面带走热量

"之"字光路光束平均化了通过板条高温中心的光程差

图8.1 传统面泵浦"之"字形板条示意

于端面,优化充满板条;二是采用接近法线入射的光束,并且偏振态随机,这种方法非常合适双程放大器的设计,如果第一程是 P 偏振态,则第二程就是 S 偏振态,这种方法会存在一个激光不能提取的小区域(称为死区),会轻微降低提取效率(本章后面讨论),不过提供了装配和密封板条的区域。

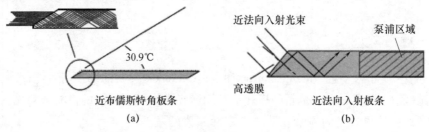

30.9℃

近布儒斯特角板条

(a)

近法向入射光束

泵浦区域

高透膜

近法向入射板条

(b)

图8.2 "之"字形板条的传播

(a)倾向于 P 偏振光的近布儒斯特切角;(b)接近法线入射偏振态随机的传播。

8.2.2 定标率

在稳态下,增益介质是体泵浦的,同时由表面冷却。增益介质的温度梯度成为功率定标的最终限制。图8.3 分别显示了板条和厚度为 t、直径为 d 的圆柱形棒的冷却几何结构。均匀热沉积的板条与 ΔT 的函数关系式为

$$\Delta T = Qt^2/8\kappa \tag{8.1}$$

式中:Q 为单位体积热密度;κ 为热导率。

而对于棒来说,有

$$\Delta T = Qd^2/16\kappa \tag{8.2}$$

对于沿着长度为 L 的增益介质的轴向传播的光,中心到边缘的温度差引起了光程差(OPD)为

$$\Delta z = L\Delta T \frac{\mathrm{d}n}{\mathrm{d}T} \tag{8.3}$$

式中:$\mathrm{d}n/\mathrm{d}T$ 为热光系数,描述了折射率随温度的变化。

对于一阶像差来说,由 OPD 引起的抛物线波前曲率可近似为热透镜的焦距,即

$$f = d^2/(8\Delta z) \tag{8.4}$$

由式(8.2)~式(8.4)发现,在稳定热负载下棒的热透镜的焦距与棒的直径无关,即

$$f = 2\kappa / \left(LQ\frac{\mathrm{d}n}{\mathrm{d}T} \right) \tag{8.5}$$

其结果便是,在基于棒的装置中热透镜效应是限制功率定标的主要原因。

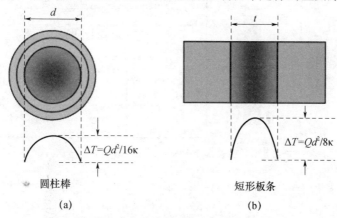

图 8.3 均匀受热的圆柱形棒和板条的温度梯度
(a)圆柱形棒;(b)板条。

对于板条来说,在两个冷却面之间传播的"之"字形光路平均了温度梯度,几乎没有一阶热透镜效应。因此,对于早期侧面泵浦的板条来说主要缺陷是热致应力,它会造成板条的断裂。图 8.4 显示了棒和板条的应力以及在均匀热沉积下与应力有关的函数。注意到表面是处于拉应力下(它们正在被拉伸),可能导致断裂。

板条的断裂强度不仅取决于激光材料,而且与板条表面的特性有关,因此不同的供应商抛光的板条具有不同的断裂强度。这是可意想到的,断裂往往是从板条表面的微裂纹开始的。这些微裂纹的数量和深度取决于板条的抛光质量与方法。具有高光学抛光质量的 YAG 板条的断裂极限为 300MPa 数量级,然而由于处理和安装板条对表面特性带来的不确定性,在设计一个高功率板条时建议预留 3~4 倍的断裂安全余量。

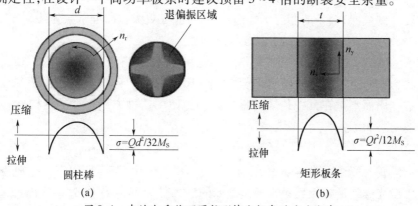

图 8.4 在均匀受热下圆柱形棒和板条的应力分布
注:$M_s = (1-\nu)k/\alpha E$,式中 ν 为泊松比,α 为 CTE,E 为弹性模量。

板条在功率定标方面的能力远远超过棒获得的范围。因为与圆柱形棒不同,当涉及到板条的尺寸时,板条的几何形状提供了两个自由度。通过制作一个狭长形板条,可以减小中心到边缘的温度差 ΔT 和应力,从而使板条具有较高的功率。图 8.5 显示了两块具有相同面积的板条和总输出功率的比较。第一块横截面的长宽比为 2∶1,第二块是第一块的 1/2 厚度和 2 倍长,因此长宽比为 8∶1。根据图 8.3 和图 8.4 中的公式,第二块板条的 ΔT 和应力减小 1/4,功率得到了 4 倍的扩展。

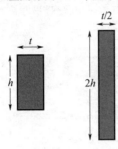

参数	因子变化	
厚度,t	1	1/2
高度,h	1	2
热密度,Q	1	1
ΔT	1	1/4
折射率变化,Δn	1	1/4
焦距	1	1
应力,σ	1	1/4
增益,g_0	1	1

图 8.5　图表强调了长宽比缩放板条的优势

长宽比的缩放也有它的局限,对于传统侧面泵浦的板条,随着板条变得瘦长,泵浦吸收效率开始受到影响。此外,板条内的衍射损耗也成为限制板条长度的一个因素,维持全反射面上的制造公差也变得越来越困难,最后,对于晶体材料的板条还有高度的生长限制。下面将对每个限制条件做简要讨论。

1. 泵浦吸收

传统侧面泵浦的板条的吸收效率是一个问题,特别是对于 Nd∶YAG 激光来说,这是由于 Nd 的掺杂浓度被限制在约 1%。在 YAG 中,较高浓度的 Nd 会导致低光学质量的晶体和荧光寿命的快速退化。对于谱中心在 807nm 吸收带的二极管阵列,使吸收带宽约为 4nm 的 Nd∶YAG 达到超过 80% 的吸收效率要求板条的厚度约为 6mm。对于较薄的板条来说这种效率遵循 Beer 吸收定律。为了克服这个问题,发展出了替代的边泵浦和端面泵浦技术(稍后讨论),可以提供较长的吸收距离。

2. 衍射

在大部分的应用中,当传播光线进入和出去时,板条相当于一个分布式的孔径。为了衍射损耗降到最低,板条的菲涅尔数必须为 10 或者更大。菲涅尔数为

$$N = a^2/\lambda L_{eff} \qquad (8.6)$$

式中:a 为板条的半厚度;L_{eff} 为"之"字形传播光路中板条的有效长度。当波长为 1μm、板条的厚度约为 2mm 时,板条的长度要限制在约 10cm。为了克服这个局限,发展了光线穿过薄的增益介质而不是在其中传播的板条结构。使用这种方法开发的结构称为 Thinza-g™结构(参见第 9 章)。

3. 板条加工

当光束沿着"之"字形板条向传播时,会在 TIR 面发生反射,所以表面平整度和平行度对于板条激光最终的光束质量来说是重要的。"之"字形传播中,这些表面的抛光要求是 λ/10。对于大的长宽比或者薄的板条来说,达到这样的要求十分困难。抛光的过程会

使板条的应力增加,当从抛光装置中取下时,YAG 板条会改变自身的形状,这是众所周知的"Springing"现象。为了保持板条形状,高度和厚度的合理比例需要取 20 左右。

4. 板条尺寸

在陶瓷激光基质材料(参见第 7 章)的发展之前,晶体基质材料的尺寸受限于晶体的生长过程。对于 Nd:YAG,市售板条最大高度约为 3cm。陶瓷 Nd:YAG 能够将其尺寸增加到原来的 5 倍,并在不久的将来有望进一步增加。克服晶体基质材料尺寸限制的另一种方法是扩散键合,在 20 世纪 90 年代的中期就已经用于二极管阵列泵浦的千瓦激光器(DAPKL)中,这本章后面有介绍。

8.3 传统侧面泵浦的板条

8.3.1 结构及技术的问题

图 8.1 为传统的侧面泵浦板条的结构示意,这种类型的板条通常用紧密耦合的二极管阵列来泵浦,泵浦光穿过流经全反射面的冷却剂,冷却剂通常被限制在封住板条全反射面的一对窗口中。这种板条结构有几个设计方面的问题,近年来通过多种技术手段已经得到解决。

1. 非"之"字形光路的温度不均匀性

板条的冷却剂通常用 O 形环或垫圈密封于位于板条边缘的位置。这种技术通常给板条边缘的底部和顶部不能泵浦的冷区带来 OPD 和波前畸变。为了解决这个问题,20 世纪 80 年代初,劳伦斯·利弗莫尔国家实验室(LLNL)的科学家引进了"边缘条"的概念。边缘条是固定在板条边缘的一种金属条,根据不同的需要,这些金属条能够通过冷却剂冷却板条边缘或者通过嵌入电阻加热元件加热板条边缘,可以控制板条边缘的温度,减少或消除板条边缘附近的 OPD(图 8.6(a))

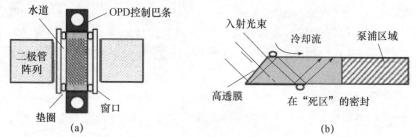

图 8.6 面泵浦板条冷却方法示意

(a)边缘条的端面图;(b)密封位置和冷却剂流向的俯视图。

另一种减小在非"之"字形(垂直方向)轴向中 OPD 的设计特点是冷却液的流向。尽管可以设计冷却液沿着板条垂直维度,这也会带来 OPD,因为在板条前缘的水温要比后缘的要低些。不过可以通过冷却流沿着水平(光线传播方向)方向来改善,如图 8.6(b)所示。尽管在这种几何结构中冷却液温度上升会比较高,但冷却剂温度的变化并不会引起 OPD,因为在非"之"字形方向上没有温度梯度。

2. 板条输入和输出面附近密封区域处的光学损伤

在板条内"之"字形传播的光线可以在垂直方向上开孔来避开板条顶部和底部边缘的密封。但是,如果板条有接近 1 的填充因子,光束覆盖区可能会与板条出口和入口处的密封重叠,因为倏逝波渗入板条外介质的距离可与光波长比拟,所以容易造成损坏。如果 O 形环材料稍微吸收,它就会烧焦和损坏板条。这个问题能够通过板条和光线的注入几何形状来缓和:通过 TIR 面得到较小的死区,在这些死区上固定密封剂而不会带来损害的风险,如图 8.6(b)所示。死区是沿着 TIR 面光线不能够触及的板面范围。反过来会导致板条中存在小的不能提取体积。如果定义填充因子 F 为光线在 TIR 面上光束覆盖区与整个"之"字形覆盖区的比率,则体积提取分数表示为[2]

$$\eta = F(2 - F) \tag{8.7}$$

式(8.7)表明,如果死区增大到光束覆盖区的 20%,提取效率的减少与未体积提取分数成比例,其中在该例子中仅有 4%。

另外一种创建死区的方法是使用倏逝波涂层。涂层技术的最新进展使得用低折射率的材料沉积厚涂层(2 ~ 3μm)成为可能,如熔石英或 MgF_2。如果板条全反射设计在板条涂层的界面,这种涂层可以使光线与其他任何可能在 TIR 面外的物质隔离。

3. 定标限制

如前所述,传统侧面泵浦的板条依赖其厚度吸收 808nm 的二极管激光。为了使掺杂为 1.1% 的 Nd:YAG 有效吸收(>70%),板条的厚度必须约 4mm 或者更厚。对于高大约 3cm(如最大能用的单晶板条)、厚 4mm 的板条,在应力水平达到应力断裂极限前限制板条的提取功率约为 1kW。因此,要进一步提高侧面泵浦几何结构的功率,使用者要么接受较低的效率,要么设计一种方法来利用未吸收的二极管激光。后者可以通过两个或者更多薄板条边对边重叠来实现。这会造成板条在薄维度方向上的泵浦不均匀,使得板条弯曲。陶瓷材料的最新进展消除了高度 3cm 的限制,并可通过获得较长的板条来提供进一步的扩展。

对于 Yb:YAG,掺杂水平可以更高,达到 100%(按化学计量)[3]。原则上可以得到更薄的板条。然而,目前在薄片激光器和板条的研究工作显示:掺杂浓度超过 7% ~ 8% 时,高泵浦板条中会有异常的损耗机制[4]。这使使用者要么对效率妥协,要么如第 10 章描述的方法那样用低掺杂的材料多程吸收。

8.3.2 性能

传统侧泵浦板条激光器的一个例子是由(美国国防部)先进防御技术局(DARPA)组织研制的 DP25 精密激光加工激光器,该激光器能够定标到平均功率超过 5kW,光束质量 2.4 倍衍射极限[5]。该激光器采用振荡器 – 功率放大器结构,有五个相同的增益模块(图 8.7)。其中:两个增益模块用于振荡器,采用非稳腔,产生大约 2kW 的功率;其余三个增益模块用作单通放大,每个模块产生 1kW 级的功率。如图 8.8 所示,板条尺寸为 5mm × 33mm × 170mm,每个侧边采用 15 个二极管阵列泵浦,每个阵列由 16 个准连续 LD

巴条组成,每个巴条峰值功率为 50W,占空比为 20%。用准连续模式可以提高增益从而可以采用更大倍率的非稳腔($M=1.5$),使得尽管板条有几个波长的光程差也能产生稳定的模式。

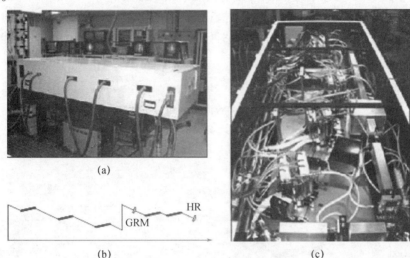

(a)

(b)   (c)

图 8.7   五个相同的增益模块

(a)在一个 $45\text{cm} \times 105\text{cm} \times 265\text{cm}$ 装置中的 DP25 激光;(b)装置中的光路示意图;(c)去掉盖子后激光。

GRM—梯度反射率镜;HR—高反镜。

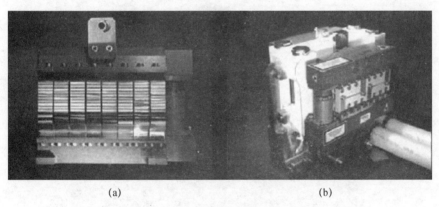

(a)   (b)

图 8.8   5 个 DP25 增益模块中 1 个

(a)二极管阵列外观;(b)装配。

图 8.9 是 5.4kW 时光束的远场强度分布。测得的基于中心瓣功率的光束质量是 2.4 倍衍射极限,是 2000 年最高亮度的固体激光器。

另一台令人感兴趣的激光器是 DARPA 的二极管阵列泵浦千瓦级激光器(DAPKL)。这台激光器的最主要特色是同时获得了高的单脉冲能量和高的平均功率,输出单脉冲能量为 10J,脉宽为 7ns,平均功率为 1kW(重复频率为 100Hz),光束质量为 2 倍衍射极限[6]。高单脉冲能量和高亮度的结合,在 1997 年甚至现在都是重大挑战。该激光器采用了主振荡器——功率放大器(MOPA)结构,通过受激

图 8.9   DP25 远场光强分布

布里渊散射(SBS)进行相位共轭得到好的光束质量。图8.10是激光器布局,采用三个不同尺寸的放大器获得所要求的激光输出。最大的放大器口径基于光学损伤的考虑,横截面尺寸为4cm×1.4cm。由于无法直接生长这么大尺寸的 Nd:YAG 晶体,因此采用了三块较小的1.5cm×1.5cm×18cm 的板条进行键合(图8.11)。尽管当时玻璃的键合比较普遍,但 YAG 的键合还是比较少。从那时候起,YAG 的键合就成为激光器设计和功率定标放大的重要工具[7]。

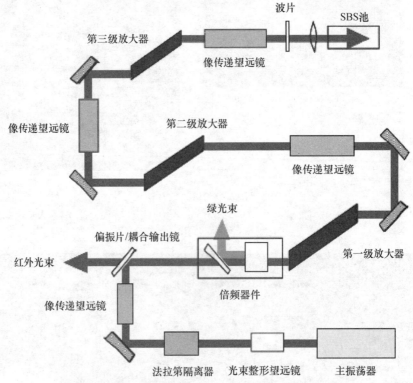

图 8.10 二极管激光阵列泵浦的千瓦激光器光学示意

图 8.11 DAPKL 最大的放大器复合板条
(三个板条扩散键合而成 4.5cm×1.5cm×18cm 的板条)

DAPKL 项目也推进了用于高功率脉冲固体激光器波前控制的受激布里渊散射相位共轭技术的发展。用具有高保真度和不会有光学破坏的液态氟利昂 113 作为 SBS 介质,采用简单的几何聚焦就获得了超过 1.5J 的能量和超过 150W 的平均功率。

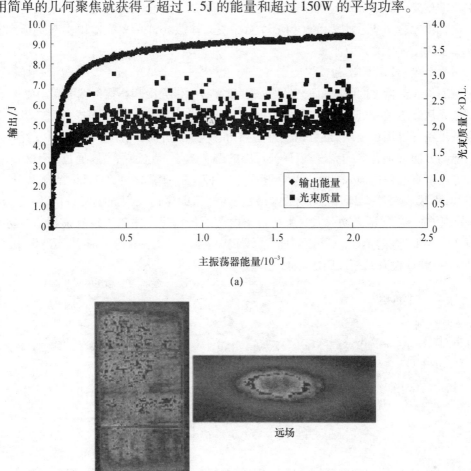

(a)

(b)

图 8.12　DAPKL 性能
（a）提取的功率和光束质量；（b）近场和远场的光强分布。

8.12（a）是 DAPKL 提取功率和光束质量作为振荡器输出功率的函数的关系图，这也是当时亮度最高的固体激光器。图 8.12（b）是输出激光近场和远场的强度分布，近场分布显示出最大那块板条的键合线。

8.4　端泵浦板条

8.4.1　结构和技术结果

端泵浦板条将板条的吸收长度从传统的板条冷却几何结构中分离出来，因此可以采用薄的板条实现定标放大。另外，端泵浦提供了更高的泵浦强度，这一点在三能级激光器中非常重要,如 Yb:YAG。然而这个优点同时增加了耦合泵浦光进入板条端面的复杂性。这种传导冷却端泵浦板条(CCEPS)能够使固体激光器单口径输出功率定标到超过15kW,并且具有好的光束质量。

图 8.13 是 CCEPS 增益模块的主要结构示意[8],一个薄的板条像三明治一样被夹在两个微通道冷却器之间,接触面有低的热阻和足够的传导冷却。板条端面切割成45°,二极管激光从侧边耦合进板条,在板条入射面全反射并沿轴向传播进入板条。二极管激光耦合进板条可以用透镜组,也可以用透镜波导。与侧泵浦几何结构不同,二极管阵列沿板条薄的方向必须有高的亮度,以保证足够的耦合效率。这种高亮度通过采用对二极管快轴方向准直的微透镜来获得。由于板条端面伸出冷却器之外,它们是键合上去的,没有掺杂,不吸收泵浦光,因此是冷的。最后,在板条的全内反射面上镀一层 $2\sim3\ \mu m$ 的 SiO_2 倏逝波膜,以保证高功率激光束在板条内部的传输过程中基本没有损耗。高功率激光以 $20°\sim30°$ 入射角(相对于入射面法线)从板条45°切割的输入面注入进板条,这就保证了在 YAG 镀有倏逝波膜的界面上产生全内反射。

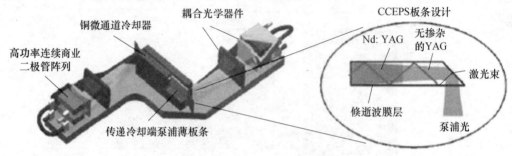

图 8.13 传导冷却端泵浦板条激光概念

尽管 CCEPS 结构克服了侧泵浦板条一些定标上的限制(这对所有的板条都一样),但这种结构要解决一个最主要的问题是非"之"字形方向的温度均匀性。非"之"字形方向的温度均匀性不仅要求在这个方向上泵浦均匀,而且要求冷却均匀。对泵浦均匀性,可能要用到光束匀化器,如透镜波导,或者用透镜阵列将巴条成像到板条上以达到足够的均匀性。对于冷却均匀性,板条冷却器要把内部温度梯度设计到最小,板条和冷却器之间的热界面薄而均匀,并且热阻小。

另一个与 CCEPS 结构类似的把板条厚度和泵浦吸收长度分离的是边泵浦板条[9]。在这种结构中,泵浦光通过板条边缘耦合进板条,沿着非"之"字形方向传输而被吸收。这种结构为泵浦注入提供了更大的表面区域,减小了泵浦亮度的要求。但对边缘泵浦板条有一个重要挑战,就是沿非"之"字形方向的光程差,泵浦光遵循指数吸收规律,这种情况对于端泵浦板条就没有。

8.4.2　性能

CCEPS 结构最早用于一台 250W 级的 Yb:YAG 激光器[10]。这台激光器采用 3mm×2mm×60mm(高×厚×长)的板条,中心 36mm 区域是掺杂浓度 1% 的 Yb:YAG,两端键合 12mm 的无掺杂的 YAG。每个端面由带有微透镜阵列的 15 个巴条、总功率 700W 的 940nm 二极管泵浦,发光面积 25mm × 100mm。固体熔石英透镜波导将板条上的泵浦光会聚到约为 20kW/cm² 的强度,泵浦耦合效率为 93%,吸收效率约为 80%。激光器多模输出功率超过 415W,光学效率约为 30%。图 8.14 是 TEM_{00} 模的输出功率和光束质量,250W 时的平均 M^2 因子为 1.45。

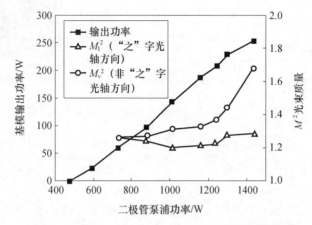

图 8.14 采用 CCEPS 概念下 Yb∶YAG 激光器得性能

不久以后,CCEPS 结构用于一台光学效率更高的 Nd∶YAG 板条激光器[11]。复合板条尺寸为 5.6mm × 1.7mm × 67mm,中心 49mm 区域是掺杂浓度 0.2% 的 Nd∶YAG,多模输出功率超过 430W,光学效率为 34%。从稳腔-非稳腔混合腔(1.7mm 方向是稳腔,5.6mm 方向是非稳腔)输出 380W 线偏振光时的 M^2 因子为 1.8。图 8.15 是增益模块及其主要部件。图 8.16 是输出功率和二极管功率的关系曲线以及输出光束的远场强度分布。

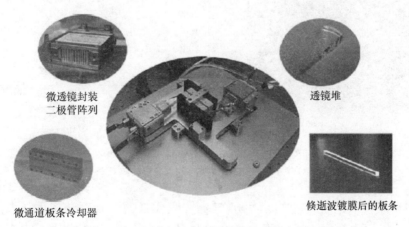

图 8.15 400W Nd∶YAG CCEPS 增益模块和关键组成部分

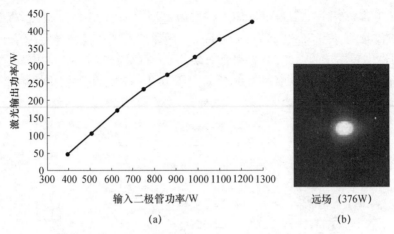

图 8.16 稳腔和非稳腔混合的 Nd:YAG CCEPS 激光性能

8.4.3 功率定标

最初的结果是,用单个 CCEPS 结构的模块比用侧泵浦结构的模块输出功率高 4 倍。图 8.17 是可定标的 CCEPS 模块和典型的多模稳腔提取的功率曲线。增益模块的定标放大可以通过采用更高的板条和叠加更多地从板条每个端面泵浦的二极管阵列来实现。在多模稳腔结构下这些增益模块典型的提取功率为 3.5 ~ 4kW。在满功率加载和提取下的波前起伏在 $(2 ~ 3)\lambda$ 之间。

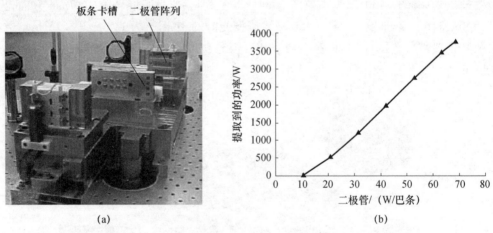

图 8.17 (a)定标的 CCEPS 增益模块,用于联合的高功率固体激光
(JHPSSL)程序;(b)在多模振荡器装置中的典型提取功率

这些增益模块的性能为演示 100kW 高光束质量的联合高功率固体激光器项目(JHPSSL)打下了基础[12]。高光束质量通过 MOPA 结构中 4 个 CCEPS 模块的放大器链获得。7 路激光束(共28 个板条)再进行相干合成进一步实现功率定标,这项技术从锁相光纤放大器[13]发展而来。

JHPSSL 系统结构如图 8.18[14]所示。一台低功率的单频主振荡器(MO)输出激光通过 1W 的 Yb 掺杂的光纤放大器(YDFA)网络进一步放大,并且分成多路低功率种子源。一路通过声光调制器移频作为外差法相干合成的参考光,其余作为 MOPA 链路的注入种子光。

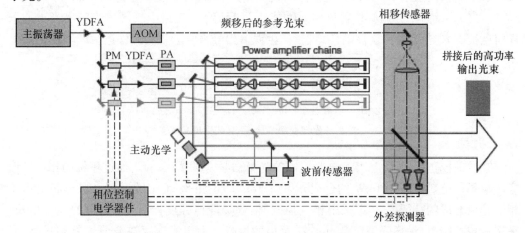

图 8.18 JHPSSL 激光系统示意

注:没有变灰的部分表示两个放大链路的复制。

YDFA—Yb 掺杂的光纤放大器;PM—相位调制器;AOM—声光调制器;PA—预放大器。

每个链路上的第一级放大器由多级光纤放大器放大到 200W,每一级光纤放大器之间都有法拉第隔离器,防止输入和输出之间的反馈。最后一级光纤放大器输出的激光经准直后注入由 4 个相同的 4kW 的 CCEPS 模块组成的功率放大器(图 8.19)。板条和板条之间通过成像传输,以减小几何耦合损耗。每一个板条通过角度选通实现双通,以达到饱和提取并且获得 30% 的光学提取效率。板条的角度选通可以通过选择每一通必需的不同的"之"字形反射次数来实现[15]。经过 8 程放大,输出激光最终被放大到 15kW 的水平。

图 8.19 JHPSSL MOPA 链路中的一个

由于板条上存在无法由"之"字形传输消除的、由热加载和冷却的不均匀性造成的热光效应,每一路光束都有几个波长的光程差。图 8.20 是在满功率下一个板条单通时的光程差,这表明在板条横向口径内有4%的热起伏。这个光程差可以通过合适的透镜组校正,以产生好的光束质量。将每一路有畸变的高功率光束扩束到充满连续面形变形镜(DM)的有效作用区域。倾斜像差被倾斜镜(SM)校正以保护变形镜的校正能力。DM和SM镀上的高反射率介质膜使得这些元件能用在15kW的光路中。每一路输出光束的采样信息被送入夏克-哈特曼波前传感器,产生误差信号来驱动主动元件进行闭环校正。

图8.20 使用在658nm工作波长下的Mach-Zehnder
干涉仪测量典型4kW板条增益模块光程差

在波前校正后,7路MOPA链路输出的光束被紧密拼接在一起,通过相位的相干性形成一束3倍衍射极限、100kW的合成光束(图8.21)。图8.21中的远场光斑分布显示了相干光束合成的特征[14]。不采用相位控制时,远场峰值强度只有 $N=7$ 倍的线性增长,采用相位控制时,远场强度还会有另外 N 倍的增长。由于光束存在波前残差和抖动,光束间的相干合成是非理想的,因此观察到的远场亮度只增加4倍。尽管如此,这已经是到目前为止亮度最高的固体激光器。

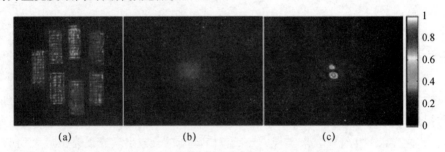

图8.21 100kW板条激光系统近场和远场光强分布
(a)近场;(b)未锁相的远场;(c)锁相后的远场。

最后,该激光器结构为定标到超过100kW提供了技术手段。由于单链路的相位相对于同一个参考光来进行控制,因此随着链路的增加,没有累积误差。另外,最主要的是这种结构亮度的定标是没有限制的,只需要增加链路数量。针对一般性光束合成将在第19章进行深入探讨。

参考文献

[1] Martin, W. S., and Chernoch, J. P., "Multiple Internal Reflection Face-Pumped Laser," U. S. Patent 3,633, 126; 1972.

[2] Eggleston, J. M., Frantz, L. M., and Injeyan, H., "Derivation of the Frantz-Nodvik Equation for Zig-zag Optical Path, Slab Geometry Laser Amplifiers," IEEE J. Quantum Electron., 25: 1855, 1989.

[3] Patel, F. D., Honea, E. C., Speth, J., Payne, S. A., Hutcheson, R., and Equall, R., "Laser Demonstration of $Yb_3Al_5O_{12}$ (YbAG) and Materials Properties of Highly Doped Yb:YAG," IEEE J. Quantum Electron., 37: 135, 2001.

[4] Larionov, M. , Schumann, K. , Speiser, J. , Stolzenburg, C. , and Giesen, A. , "Nonlinear Decay of the Exited State in Yb:YAG,"Proc. Advanced Solid State Photonics Conf. 18-20, 2005.

[5] Machan, J. P. , Long, W. H. , Zamel, J. , and Marabella, L. , "5. 4 kW Diode-Pumped, 2. 4x Diffraction-Limited Nd:YAG Laser for Material Processing,"Proc. Advanced Solid State Laser Conf. , 549, 2002.

[6] St. Pierre, R. , Mordaunt, D. , Injeyan, H. , Berg, J. G. , Hilyard, R. C. , Weber, M. E. , Wickham, M. G. , Harpole, G. M. , and Senn, R. , "Diode Array Pumped Kilowatt Laser,"IEEE J. Selected Top. Quantum Electron. , 3:53, 1997.

[7] Meissner, H. , "Composites Made from Single Crystal Substances, " U. S. Patent 5,441,803; July 29, 1992.

[8] Injeyan, H. , and Hoefer, C. S. , "End Pumped Zigzag Slab Laser Gain Medium, " U. S. patent 6,094,297; July 5, 2000.

[9] Rutherford, T. S. , Tulloch, W. M. , Gustafson, E. K. , and Byer, R. L. , "Edge-Pumped Quasi-Three-Level Slab Lasers: Design and Power Scaling,"IEEE J. Quantum Electron. , 36:205, 2000.

[10] Goodno, G. D. , Palese, S. , Harkenrider, J. , and Injeyan, H. , "YbYAG Power Oscillator with High Brightness and Linear Polarization,"Opt. Lett. , 26:1672, 2001.

[11] Palese, S. , Harkenrider, J. , Long, W. , Chui, F. , Hoffmaster, D. , Burt, W. , Injeyan, H. , Conway, G. , and Tapos, F. ,Proc. Advanced Solid State Lasers Conf. , 41-46, 2001.

[12] McNaught, S. J. , et al. , "100kW Coherently Combined Nd:YAG MOPA Laser Array,"Frontiers in Optics, paper FThD2, 2009.

[13] Anderegg, J. , Brosnan, S. , Weber, M. , Komine, H. , and Wickham, M. , "8-W coherently phased 4-element fiber array, " Proc. SPIE, 4974:1, 2003.

[14] Goodno, G. D. , Komine, H. , McNaught, S. J. , Weiss, S. B. , Redmond, S. , Long, W. , Simpson, R. , Cheung, E. C. , Howland, D. , Epp, P. , Weber, M. , McClellan, M. , Sollee, J. , and Injeyan, H. , "Coherent Combination of High-Power, Zigzag Slab Lasers,"Opt. Lett. , 31:1247, 2006.

[15] Kane, T. J. , Kozlovsky, W. J. , and Byer, R. L. , "62-dB-Gain Multiple-Pass Slab Geometry Nd:YAG Amplifier, " Opt. Lett. , 11:216, 1986.

第9章
Nd:YAG 陶瓷 ThinZag 高功率激光进展

Daniel E. Klimek

达信防御系统公司首席科学家,马萨诸塞州,威尔明顿

Alexander Mandl

达信防御系统公司首席科学家,马萨诸塞州,威尔明顿

9.1 简介及 ThinZag 概念发展

过去 10 年,固体激光器的功率定标取得了长足的发展。固体激光器在高功率激光领域逐渐具有竞争力,这在很大程度上得益于高效率(约 60%)、高功率(大于 100W)和低成本(低于 10 美元/W)的激光二极管巴条的技术发展。

由于具有很好的综合性能,Nd:YAG 是目前高功率固体激光领域最常见的激光材料。YAG 是鲁棒性、抗断裂性和导热性均非常好的基质材料。此外,Nd:YAG 还具有较窄的荧光线宽,易于实现高增益。目前激光增益材料取得了革命性的发展。立方晶体材料(如 YAG)可以做成陶瓷,它具有比晶体还好的光学一致性(包括掺杂均匀性和折射率一致性),而散射损耗系数与 YAG 晶体相当(小于 0.15%/cm)。而且陶瓷材料可以达到 YAG 晶体难以实现的尺寸(如 400mm × 400mm 的板条)[1-3]。

Nd:YAG 陶瓷特有的性质结合 ThinZag 激光构型(由达信防御系统公司的科学家和工程师所开发)使得此类激光器能够实现单激光模块平均功率 16kW 的激光输出。一定数量的此类激光模块串接构成的单孔径功率振荡结构可以实现很高功率的激光输出。

图 9.1 为 ThinZag 激光器结构。该方案对高功率二极管泵浦固体板条激光器的热管理进行了改进。在这一独特的设计中,薄板条固体激光介质浸泡在冷却流场中,并与一对熔融石英窗构成"三明治"结构。激光以一种非同寻常的"之"字形光路穿过增益介质——在两个熔融石英窗之间而不是在激光材料表面反射。ThinZag 设计可以充分利用薄板条的热管理优势,且激光近场光斑纵横比近似为 1,而不是像通常的板条一样依赖于板条厚度。

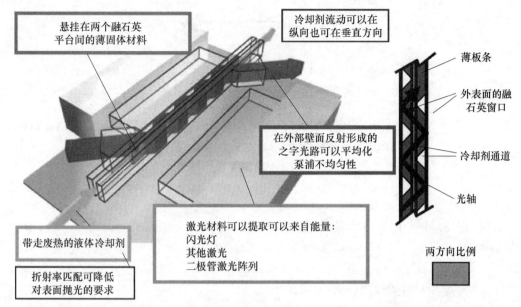

悬挂在两个融石英平台间的薄固体材料

冷却剂流动可以在纵向也可在垂直方向

薄板条

外表面的融石英窗口

冷却剂通道

光轴

在外部壁面反射形成的之字光路可以平均化泵浦不均匀性

带走废热的液体冷却剂

折射率匹配可降低对表面抛光的要求

激光材料可以提取可以来自能量:
闪光灯
其他激光
二极管激光阵列

两方向比例

图 9.1　ThinZag 结构示意(包括激光器特征关键和激光束在模块中的光路)

ThinZag 设计允许通过独立的改变关键参数来改进激光器性能。这种设计的独立性特征使得可以独立改变一些参数、如板条厚度、二极管泵浦强度、二极管泵浦分布、冷却率和板条数目等。

除在 Nd:YAG 陶瓷器件方面的进展外,达信公司的激光实验室对很多材料进行了 ThinZag 设计测试。这些测试包括闪光灯和激光泵浦的液体染料[4,5]、染料浸泡的塑料[6]、Yb/Er 共掺玻璃、Nd:YLF 和 Cr:LiSAF 晶体[7-9]。

本节将介绍 ThinZag 激光设计的三个不同发展阶段,从 1kW 级单板条装置(TZ-1)、到 5kW 级双板条装置(TZ-2)和 15kW 级大尺寸双板条装置(TZ-3)。TZ-3 模块是实现更高功率输出(100kW)的基础。初步测试系统为包含 3 个 TZ-3 模块的单孔径功率振荡器。联合高功率固体激光器计划(JHPSSL)的 100kW 装置将是包含 6 个模块的单孔径功率振荡器。

9.1.1　TZ-1 模块发展

第一个二极管泵浦 Nd:YAGThinZag 激光器(TZ-1)是单板条出光 1kW。当时的 ThinZag 激光器通常使用短脉冲激光或短脉冲闪光灯(约 1μs)作为泵浦源。最高功率输出由 Cr:LiSAF 激光器产生,达到 80W,重复频率为 10Hz,单脉冲能量 8J[4,10,11]。二极管泵浦高功率激光装置的热加载提高至少 2 个量级,因此对激光器部组件的热管理要求更高。

TZ-1 由 Nd:YAG 单板条(陶瓷或晶体)构成,采用高功率 808nm 的连续波(CW)激光二极管阵列从板条两面同时泵浦。TZ-1 实现了长时间的高功率输出,如图 9.2 所示。

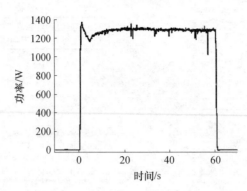

图 9.2 使用陶瓷板条的 TZ-1 模块稳态运转性能演示

Nd:YAG 晶体与陶瓷对比表明,陶瓷的光学性能超过了晶体,而且其 Nd 离子的掺杂均匀性也优于晶体。图 9.3 为双通干涉仪给出的 Nd:YAG 晶体和陶瓷对比。陶瓷的折射率一致性明显优于晶体。虽然部分晶体板条的品质与陶瓷接近,但是不同晶体板条之间的折射率差异非常明显,且具有不可预测性。

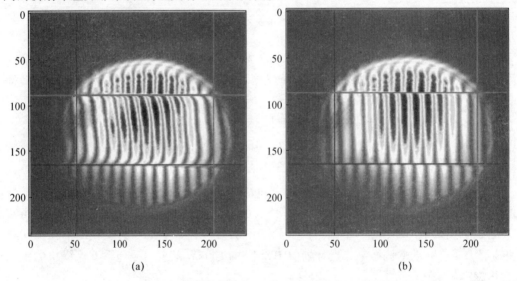

图 9.3 双通干涉测量表明本质上 Nd:YAG 陶瓷板条比单晶板条更均匀
(a)单晶板条;(b)陶瓷板条。

使用光学稳定腔对采用晶体和陶瓷作为增益介质引起的激光输出功率进行了对比测试。结果表明,在实验的误差范围内(约 1.2kW),陶瓷增益材料适合于用于高功率激光器。典型输出功率测试结果如图 9.4 所示。

9.1.2 TZ-2 模块发展

进一步提高平均功率的途径是在 ThinZag

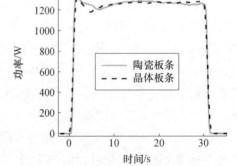

图 9.4 陶瓷板条和单晶板条的激光性能对比

基础设计中增加一个增益板条。板条长度增加 1.5 倍,板条数目增加到 2 个,所以总的增益体积增加了 3 倍。泵浦功率密度也增加 1.5 倍使得总的泵浦功率沉积增加 4.5 倍 (1.5×2×1.5),因此,输出功率增加到 5kW(1.2kW×4.5=5.4W)。

双板条 ThinZag 激光器(TZ-2)同样由 Nuvonyx 二极管泵浦源双面泵浦。每一面包含一组输出功率 80W 二极管巴条,在水平面内沿快轴方向排列。为了保证泵浦均匀性,泵浦光在进入激光模块前需经过光学"匀化器"进行混合。这些匀化器由一个熔融石英方块制备而成,通过全反射(TIR)实现了对 808nm 泵浦光的导波作用。可以利用 ThinZag 的一个窗口监测泵浦分布。CCD 成像用来捕获穿过光学匀化器—窗口组合后、照射在朗伯散射表面上的泵浦光。测得的泵浦分布非常均匀。

在图 9.5 的中心给出了 TZ-2 模块实物,可以看到双板条 ThinZag 激光头包括镀金的部分。图中可以看到用于测量光提取的光学组件,用于诊断测量和记录平均功率。图 9.6 给出了大于 5kW 激光功率随时间变化。

图 9.5 TZ-2 激光,展示了二极管泵浦源和光学匀化器,
用以从晶体的两个侧面进行泵浦

TZ-2 使用了光学稳定腔,包含曲率为 4m 的主镜和反射率 70% 的平面耦合输出镜。图 9.6 给出了两个不同的测量结果:一个使用了有数秒响应延迟的 Ophir 功率计以及一个只有 1s 响应时间的 Labsphere 积分球功率计。两个装置均进行了标定,给出了相同的测量结果。测得的输出功率为 5.6kW,与基于 TZ-1 模块测量结果结合系统设计改进给出的预测结果一致。结果显示 8s 后系统达到稳态。TZ-2 使用稳腔在不同工况和运行时间下做了测试。30s 的运行结果如图 9.7 所示。这里没有对热致光学畸变进行实时地校正,如长时间运行中产生的倾斜和离焦像差,这导致输出功率随着运行时间增长而逐渐降低。

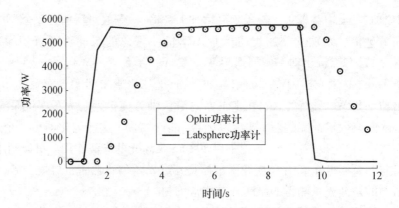

图9.6 使用稳定腔 TZ-2 激光输出功率测量结果

注:采用了校准后的 Ophir 功率计(约3s 响应时间)和 Labsphere 功率计(约 1s 响应时间)进行独立测量。板条每个泵浦面的二极管泵浦通量约 405W/cm^2。计算得到光转换效率(激光输出功率/二极管输出功率)约 30%。

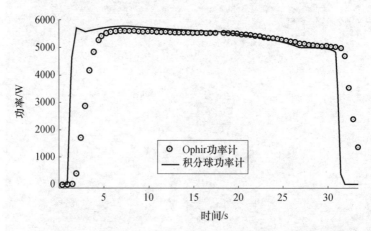

图9.7 使用稳定腔 TZ-2 激光 30s 的输出功率曲线(未使用动态校正)

大多数应用都要求激光具有好的光束质量。为了研究 ThinZag 激光器在光束质量方面的潜力,将激光器放置在干涉仪的一路上,如图 9.8 所示。这些测量可以提供改进激光器性能的信息。通过这些测试,可以看到激光介质热致光学畸变的低阶量(如离焦、像散和倾斜等),并且运行过程中在随时间缓慢变化(秒量级)。

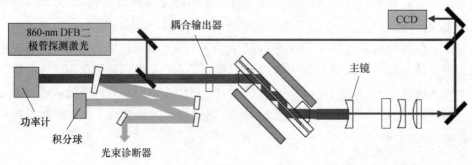

图9.8 使用干涉仪测量满泵浦负载情况下的激光增益介质光学畸变示意

探测激光可以用来检测稳腔工作时的激光介质,或者去掉谐振腔的耦合输出镜后只有泵浦加载而无激光的情况。探测光的波长应该在 Nd：YAG 的低吸收区。图 9.8 中还有 3 个透镜,用来消除光路上元件自身的低阶静态相差。包括 2 个正交柱透镜和 1 个球面透镜。

图 9.9 给出了有腔镜和无腔镜时的干涉图样。图 9.9（a）为无泵浦加载但包含静态校正。结果显示未泵浦时介质仅有简单的柱面畸变,这很容易通过平 - 柱元件校正。图 9.9（b）给出了由于二极管泵浦加载所导致的大约 8λ 的、在竖直方向的柱面畸变。图 9.9（c）为有激光提取时的干涉图样,结果显示竖直方向的柱面畸变减少到 5λ。图 9.9 给出的图样是在激光器工作 1s 时,之后倾斜以 0.1λ 缓慢增长。

图 9.9（b）和图 9.9（c）显示除了纯柱面和倾斜外还有其他畸变。图 9.10 给出了水平和垂直方向都减去柱面畸变后的残余相差。可以看到残差变化范围在（+1 ~ -1）λ,且大部分在靠近顶部和底部。与柱面相差类似,1s 之后变化很小。

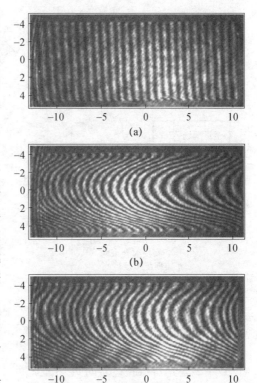

图 9.9　测量到的增益介质相位畸变

（a）泵浦前（进行了静态校正）;

（b）满泵浦负载,无激光提取;

（c）满泵浦负载,有激光提取。

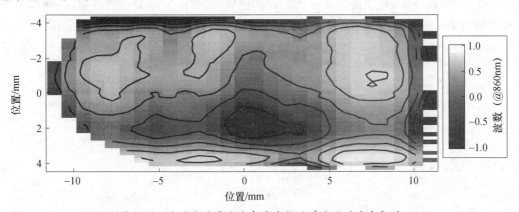

图 9.10　水平和垂直方向都减去柱面畸变后的残余相差

TZ - 2 激光的非稳腔实验用于测量激光光束质量。在非稳腔设计中,激光光路折叠两次通过激光介质以便获得较高增益。图 9.11 是 TZ - 2 折叠腔设计示意。腔内使用了变形镜用于校正图 9.10 所示的残余相位畸变。

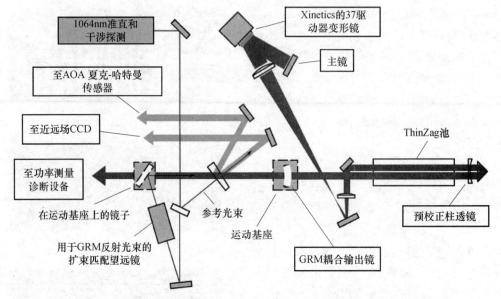

图 9.11 由于增加增益长度的折叠腔结构,其非稳腔结构用以光束质量测量

AOA—主动光学系统;GRM—梯度反射率镜子。

TZ-2 激光器稳腔运转时近场光斑尺寸约为 1cm×2cm。对于折叠(非稳定)腔,近场光斑尺寸为 1cm×1cm。其中使用了(加拿大魁北克国家光学研究所)INO 设计的二次超高斯渐变反射率腔镜(GRM)。在激光实验中 GRM 作为耦合输出镜使用。测量到的折叠腔输出功率降为 3kW,明显低于稳腔结果,这主要源于耦合输出率未做优化设计。

图 9.11 中装置的光束质量测量使用了 CCD 相机,结果如图 9.12 所示。结果由测量中心 1 倍衍射极限(DL)尺寸内(由 1cm×1cm 近场光斑决定)的激光功率给出。激光器使用了腔内"预校正"柱透镜。光束质量最初比较差,这部分源于介质自身,部分源于预校正器带来的相位畸变。一套自适应光学联合(AOA)波前仪器用于测量介质相位,一个 Xinetics 公司的 37 单元变形镜用于校正介质相差。数据显示可以得到较好的光束质量

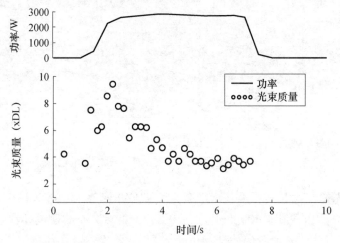

图 9.12 TZ-2 模块运转在 3kW 输出时的光束质量

(按 1 倍衍射尺寸的功率定义)随时间的变化

(3~4 倍 DL)。在低功率时,能够得到 2 倍 DL 光束质量。前面提到,主要相差在前 1s 内形成,然而如图 9.12 所示,光束质量达到稳定值需要花费更长的时间。这主要取决于自适应光学(AO)系统的软件局限和硬件带宽。在下一步计划中,预期 AO 系统的带宽可以提高约 1 个量级。

9.1.3　TZ-3 模块发展

如前所述,TZ-3 和 TZ-2 具有相同的构型和流道结构。两者的主要不同是 Nd:YAG 板条的高度。TZ-2 高为 1cm,而 TZ-3 高为 3cm。由于泵浦强度相同,因此可以预计 TZ-3 的输出是 TZ-2 的 3 倍。TZ-2 输出 5.6kW,所以 TZ-3 应输出 16.8kW。图 9.13 给出了 TZ-1、TZ-2 和 TZ-3 的对比。可以看到三者主要区别就是尺寸,但是从 TZ-1 到 TZ-3 输出功率提高了 1 个量级。如图 9.14 所示,TZ-3 在短脉冲泵浦稳腔时实现了 16.8kW 的输出。

图 9.13　三种 TZ 模块(从左至右为 TZ-1、TZ-2、TZ-3)
注:尽管激光输出功率从 1kW(TZ-1)增加到 15kW(TZ-2),模块尺寸却没有太大改变。

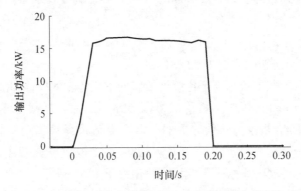

图 9.14　TZ-3 模块的端脉冲测量,在 200ms 脉冲内输出功率达到 16.8kW。
计算的光光转换效率(激光输出功率/二极管输出功率)为 25%

与之前的 ThinZag 激光器类似,TZ－3 工作时主要的介质畸变也是低阶(如柱面)和慢变(秒量级)的。激光模块的改进也改善了系统的热管理,因此也影响了全功率提取时介质的质量。

9.1.4 3 个 TZ－3 模块的耦合

在单孔径激光振荡器中放置 3 个 TZ－3 模块(3 个模块是非稳腔运转的最低要求,这里非稳腔用来实现高光束质量)。理论模型计算结果如图 9.15 所示,3 个模块实现最佳提取的耦合输出镜反射率为 40%。对于梯度反射率耦合输出镜,可实现的最高反射率为 40%。因此,低于 3 个模块时无法达到最佳提取性能。如果激光器未工作在最佳提取状态,则其他损耗机制(如 ASE 和寄生振荡)会进一步降低光光转换效率。

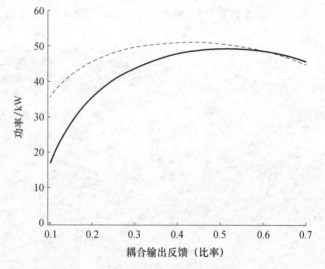

图 9.15 3 个 TZ－3 模块预期提取功率理论计算
注:实线为预期的连续波输出,虚线为低占空比运转。

6 个 TZ－3 组成的单孔径激光振荡器可以实现 100kW 输出。每一个 TZ－3 均为低增益,以降低全功率运转时板条长度方向的 ASE 影响。为了增加模块增益以提高运行效率,可以采用低占空比(LDC)工作模式。LDC 模式工作时,泵浦光每次持续 30ms 后暂停 30ms。工作和暂停时间的选择是任意的,只要脉冲时间比 Nd∶YAG 的动力学寿命(0.25ms)长,比板条的热平衡时间(约 1s)短即可。

在工作时间内,加载电流远高于连续波运转时的满电流 80A,因此瞬时增益很高。此时,激光器工作在 Osram 二极管能提供的最高电流下。在高加载电流下,激光器工作在高增益,提取效率更高,板条内热效应更弱。LDC 电流选择输出功率是连续波 CW 工作时的 2 倍。对于 LDC 模式,平均功率与 CW 相同,但提取效率更高,因此系统产热更少,热致光学畸变更小。图 9.15 给出了低耦合输出率下 LDC 模式对提取的改善。

针对 LDC 模式进行了一系列的测量,如图 9.16 所示。与预想一致,稳定腔(S)和非稳定腔(U)给出了相同的平均输出功率。快速响应的 Labsphere 测量方法表明 30ms 脉冲内的功率是平均功率的两倍,与预测一致;也与动力学模型计算的输出功率一致。稳腔测得平均输出功率 44kW,理论计算结果为 42kW。而脉冲瞬态功率与计算一致为 88kW。

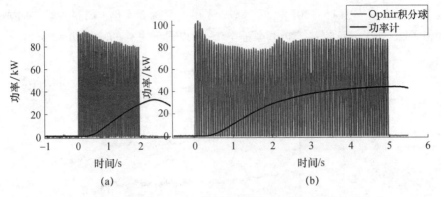

图 9.16　3 个串联 TZ – 3 模块在非稳定腔和稳定腔内的运转结果

(a)非稳定腔;(b)稳定腔。

注:瞬态功率基本是平均功率的两倍。非稳定腔和稳定腔的输出是可比拟的。

使用 LDC 模式时需注意:二极管电流的上升沿与数毫秒的脉宽相比应足够快。Sorenson SFA – 150 电源的电流上升时间小于 0.25ms,明显小于脉宽。二极管波长测量表明在脉冲上升阶段二极管温度已经达到了稳态。脉冲工作模式得到高光束质量的关键是对变形镜的最佳控制,因为 CW 模式时对变形镜的控制比 LDC 模式时更直接。CW 模式中板条产热更多,所以介质自身引起的畸变更大。

图 9.17 给出了 3 个 TZ – 3 组成的单孔径激光振荡器。设计中光腔中的每个模块都有对应的变形镜用于校正介质相差。相差监测使用了另一个波长的探测激光,波前探测器夏克-哈特曼用于测量相差并控制变形镜对每个模块进行校正。初始测量是在腔内没有变形镜的条件下进行的。此外,腔外还使用了 MZA 公司的变形镜用于光束质量校正。

图 9.17　3 个串联 TZ – 3 模块形成的一个单孔径振荡器

在泵浦电流 50、60 和 70A 时进行了各种测量。使用 GRM 耦合输出镜后的名义放大率为 1.4。对应的反射率仍然小于 3 模块所需的最佳反射率。

激光器工作时间持续了 5s 以保证达到了稳态工作状态。图 9.18 给出了 5s 的输出功率变化。激光功率为 15～30kW，低功率时光束质量为 2.4 倍 DL，最高功率时光束质量为 3.3 倍 DL。如果继续提高二极管泵浦电流，可以得到更高的输出功率。

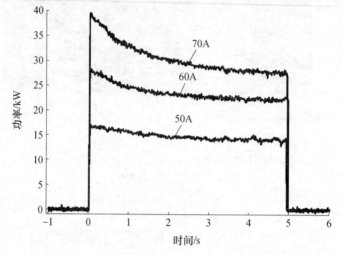

图 9.18　3 个模块 ThinZag 结构的输出特征

进一步的功率定标是使用 6 个 TZ-3 模块实现单孔径 100kW 输出。在两个 5 英尺 × 10 英尺光学平台上的 6 个 TZ-3 模块布局设计如图 9.19 所示。这一装置最近在 JHPSSLL 项目的最终测试中实现了 100kW 输出。

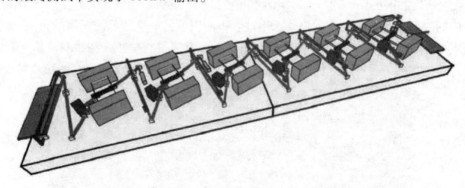

图 9.19　6 个 TZ-3 模块布局设计
（预期它可以在两个耦合的 5 英尺 × 10 英尺的平台上实现 100kW 输出）

9.2　小结

本章给出了 Nd:YAG 陶瓷 ThinZag 单孔径激光振荡器在实现高功率输出方面的技术途径、历史和目前的状态。这些激光器结构紧凑、可以定标到 100kW 甚至更高的功率。最近，在 JHPSSLL 项目的最终测试中实现了平均功率 100kW 的输出。值得说明的是，在最高功率输出的同时实现了很好的光束质量。

致谢

本工作得到了位于阿拉巴马州亨兹维尔市的美国军方空间与导弹防御中心（SMDC – RDTC – TDD）的资助，合同号 W9113M – 05 – C – 0217，它来自美国国防部（DoD）高功率激光联合技术办公室（新墨西哥州阿尔伯克基市）的基金支持，以及来自负载采购、科技和后勤的次长（ASA – ALT）基金的支持。

感谢 R. Hayes 在 ThinZag 创新性设计中的技术支持；感谢 R. Budny 和 M. Trainor 在研究过程的无偿支持；感谢 M. Foote 在相位控制方面的灵感；感谢 W. Russell 和 S. Flintoff 在 ThinZag 装配方面的支持；感谢 I. Sadovnik、J. Moran 和 C. vonRosenberg 在激光模块热管理分析方面的帮助。

参考文献

［1］Lu, J. , Prabhu, M. , Song, J. , Li, C. , Xu, J. , Ueda, K. , Kaminskii, A. A. , Yagi, H. , and Yanagitani, T. , "Optical Properties and Highly Efficient Laser Oscillationof Nd：YAG Ceramics," Appl. Phys. B, 71：469-473, 2000.

［2］Lu, J. , Song, J. , Prabhu, M. , Xu, J. , Ueda, K. , Yagi, H. , Yanagitani, T. , and Kudryashov, A. , "High Power Nd：$Y_3Al_5O_{12}$ Ceramic Laser," Jpn. J. Appl. Phys. ,39：L1048-L1050, 2000.

［3］Lu, J. , Murai, T. , Takaichi, K. , Umeatsu, T. , Misawa, K. , Ueda, K. , Yagi, H. , Yanagitani, T. , and Kaminskii, A. A. , "Highly Efficient Polycrystalline Nd：YAG Ceramic Laser," Solid State Lasers X, Proc. SPIE, 4267：2001.

［4］Mandl, A. , and Klimek, D. E. , "Multipulse Operation of a High AveragePower, Good Beam Quality Zig-Zag Dye Laser," IEEE J. Quantum Electron. ,32：378-382, 1996.

［5］Mandl, A. , and Klimek, D. E. , "Single Mode Operation of a Zig-Zag Dye Laser," IEEE J. Quantum Electron. , 31：916-922, 1995.

［6］Mandl, A. , Zavriyev, A. , and Klimek, D. E. , "Energy Scaling and Beam Quality Improvement of a Zig-Zag Solid-State Plastic Dye Laser," IEEE J. QuantumElectron. , 32：1723-1726, 1996.

［7］Mandl, A. , Zavriyev, A. , Klimek, D. E. , and Ewing, J. J. , "Cr：LiSAF Thin Slab Zigzag Laser," IEEE J. Quantum Electron. , 33：1864-1868, 1997.

［8］Mandl, A. , Zavriyev, A. , and Klimek, D. E. , "Flashlamp Pumped Cr：LiSAF Thin-Slab Zig-Zag Laser," IEEE J. Quantum Electron. , 34：1992-1995, 1998.

［9］Klimek, D. E. , and Mandl, A. , "Power Scaling of Flashlamp-Pumped Cr：LiSAF Thin-Slab Zig-Zag Laser," IEEE J. Quantum Electron. , 38：1607-1613, 2002.

［10］Lu, J. , Murai, T. , Takaichi, K. , Umeatsu, T. , Misawa, K. , Ueda, K. , Yagi, H. , and Yanagitani, T. , "72 W Nd：YAG Ceramic Laser," Appl. Phys. Lett. , 78：3586-3588,2001.

［11］Heller, A. "Transparent Ceramics Spark Laser Advances," Livermore National Research Laboratory Science and Technology Review, S&TR, Apr. 2006.

第 10 章

薄片激光器

Adolf Giesen

德国航天航空中心(DLR)技术物理研究所所长,斯图加特,德国

Jochen Speiser

德国航天航空中心(DLR)技术物理研究所固体激光与非线性光学研究部主任,

斯图加特,德国

10.1 引言

薄片激光器是二极管泵浦的固体激光器,它能够定标到非常高的输出功率和能量,同时具有很高的插头效率和光束质量。在过去的 10 年里,这些设计上的优势已经逐渐展现出来,因此,很多公司推出了自己的薄片激光器产品,应用领域从激光眼部手术等医疗应用到金属切割和焊接,其输出功率最高达 16kW。本章介绍了连续运转模式下(CW)和脉冲运转模式下脉宽从 100fs 到数微秒的薄片激光器。此外,对薄片激光器的定标能力分析表明,CW 和脉冲薄片激光的物理极限远超过了目前的激光器水平。

10.2 历史

从 20 世纪 80 年代后期开始,在固体激光领域很多研究组开始使用二极管泵浦代替传统的灯泵浦。其主要目的是提高插头效率和光束质量。大部分研究仍采用棒或板条设计。然而,已有研究组开始尝试一些不能使用传统灯泵浦的激光材料[1,2]。

1991 年 11 月,在激光与电光学学会(LEOS)的会议上,Adolf Giesen 听到了 MIT 的 T. Y. Fan 关于 LD 泵浦的 Yb:YAG 激光器的介绍。Fan 解释了 LD 泵浦 Yb:YAG 激光器的优势,但是强调由于 Yb:YAG 为准三能级结构,因此采用传统设计很难输出高功率。当时激光功率在数瓦水平。

之后,Giesen 做了简单的计算,结果显示如果选取很薄的介质并采用单面或双面冷却,以致冷却装置的热流长度很小时,则 Yb:YAG 可以定标到高功率。在德国的斯图加特大学,Giesen 的观点得到了同事的支持。1992 年 1 月,德国航天航空中心(DLR)的

Uwe Brauch 和斯图加特大学射线工具研究所(IFSW)的 Adolf Giesen、Klaus Wittig、Andreas Voss 组成的研究小组使用非常薄的介质开始了此类构型激光器的研究。1992 年 3 月,完成了薄片激光的主要设计;1993 年春,薄片激光器首次演示成功,开始输出功率 2W,后来达到了 4W[3,4]。同样在 1993 年,研究组为此设计申请了第一个专利,很快被 20 多家公司采用。接下来,Giesen 的研究组不断提高薄片激光的功率,工作在亚皮秒的脉冲激光,以及薄片构型在其他激光介质方面的应用。

幸运的是,20 世纪 80 年代德联邦研究与技术部(BMFT)认为激光技术是材料加工的关键技术,所以数年内研究所和公司的很多激光项目持续得到资金支持,这客观上促进了薄片激光的发展。很快,Trumpf Laser、Rofin-Sinar 和 Jenoptik 等公司也相继开始了薄片激光的研究工作。因此,德国公司仅在 10 年内就成为材料加工领域激光加工技术的领先者,并且保持多年。

10.3　薄片激光器基本原理

薄片激光器设计的核心思想是使用一个薄片构型的激光介质,采用单面冷却;同时该冷却面作为反射镜或谐振腔腔镜使用。面冷却将横向温度梯度降到了最小,从避免了垂直于光轴平面内的相位畸变,使得薄片激光可以达到很高的光束质量,这是薄片激光的一大优势。

图 10.1 给出了薄片激光器原理示意[3-8]。激光晶体口径数毫米(由输出功率和能量决定),厚度为 100～200μm(由激光介质材料物性、掺杂浓度和泵浦设计决定)。薄片背面镀有激光和泵浦光的高反射膜(HR),前表面镀有这两个波长的高透射膜(AR)。薄片焊接在背面水冷的热沉上,通常使用铟或金锡焊料以保证薄片在焊接后不会有明显的形变。为了减少焊接前后的应力,热沉通常采用热膨胀系数匹配的材料(如 CuW 合金)。热沉背面采用喷管冲击水冷方式进行冷却。

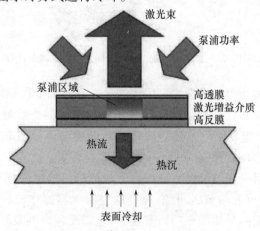

图 10.1　薄片激光器原理示意

如前所述,装配和冷却技术确保了激光晶体内的温度梯度主要在平行于薄片轴和光轴方向上。均匀泵浦条件下薄片中心的泵浦区域内径向温度分布基本均匀。因此,温度梯度仅对介质内激光传输产生微弱影响。热透镜效应和折射率分布的非球面部分均比棒状介质至少小1个量级。对于实际激光系统,应力双折射也很小可以忽略。此外,薄片的面积体积比很大,使得从薄片到热沉的热量转移非常高效,因此薄片可以承受很高的体加载功率密度(吸收的泵浦功率密度可达 $1MW/cm^3$)。

激光晶体采用准端泵浦方式,即泵浦光以一定倾斜角度从晶体表面入射。受限于晶体厚度和掺杂浓度,只有很少的泵浦光被晶体吸收,大部分泵浦光经过晶体背面反射后从前表面出射。通过将出射的泵浦光进行反复地再定向和再成像到薄片上可以提高吸收效率。

一种提高泵浦光吸收非常有效的方法是增加其穿过薄片的通数,如图 10.2 所示。首先,将用于薄片泵浦加载的激光二极管辐射出的泵浦光通过光纤耦合或者石英棒聚焦,之后通过准直元件和抛物面镜将其投射到薄片上,这样可以使得泵浦尽量均匀以保证输出激光具有较好的光束质量。未被吸收的部分泵浦光被准直到对面的抛物面镜上。之后经过两个反射镜和抛物面镜的另一部分,这部分泵浦光被从另一个方向重新聚焦到薄片上。这个再成像过程可以反复操作直到整个抛物面镜都被利用起来。最终,泵浦光被重新导入光源,因此其共偶数次穿过薄片。通过这种复杂的泵浦耦合系统可以使得泵浦光达到 32 通泵浦吸收,吸收效率达 90% 以上。

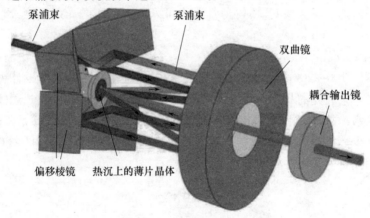

泵浦束 泵浦束 双曲镜 耦合输出镜 偏移棱镜 热沉上的薄片晶体

图 10.2　薄片激光 24 通泵浦吸收的泵浦耦合设计

多通泵浦耦合结构使得激光系统采用薄的激光介质和低掺杂浓度成为可能,这就有效地减小了热透镜效应和热应力。这种激光系统的另外一个好处是提高了有效泵浦加载功率密度(16 通设计提高 4 倍),这就降低了对泵浦二极管功率密度(光束质量)的要求,使得准三能级激光材料(掺 Yb 材料)的应用成为可能。

准三能级材料使得激光器可以实现高效率地运行。但是,由于激光下能级与基态之间能量差很小,存在严重的热布居问题,所以这类激光器操作比较困难。仅仅实现激光波段的透射就需要一定的泵浦加载功率密度,因此需要较高的泵浦功率密度以达到粒子数反转阈值同时有效控制晶体的温升。由此看来,由于多通泵浦吸收设计同时降低了晶体厚度和掺杂浓度,所以它成为实现低阈值和高效率的关键。激光提取与泵浦吸收过程的解耦对于准三能级系统是至关重要的。泵浦吸收通数的限制来自于激光二极管的光束质量,这决定了抛物面镜上可以利用的位置。激光二极管泵浦光的光束质量越好,就允许越多的泵浦通数,并可以获得更高的总效率。

　　在这种薄片激光器设计中,功率定标可以简单地增加泵浦区域的面积而保持泵浦加载功率密度不变,这就意味着定标过程中无须增加泵浦亮度。

10.4　可使用的激光材料

　　几乎所有经典的激光材料都可用于薄片构型,特别是泵浦吸收较强和激发态寿命较长的材料。最先应用于薄片的是 Yb:YAG,大部分高功率和高功率的结果都是在此材料上实现的。Yb^{3+} 离子主要有两个优点:一是量子亏损小;二是无上转换、交叉弛豫和激发态吸收等伴生效应。很多基质材料上实现了掺 Yb^{3+} 离子的薄片激光,同时有很多其他激活离子实现利用薄片构型的激光出光。表 10.1 列出了薄片激光中基质材料和的激活粒子成功结合的例子。

表 10.1　薄片激光中基质材料和激活离子成功结合的例子

基质材料	掺杂离子
YAG	Yb^{3+},$Nd^{(3+)[9-11]}$,$Tm^{(3+)[12,13]}$,$Ho^{(3+)[14]}$
YVO_4	$Yb^{(3+)[15-17]}$,$Nd^{(3+)[18-21]}$
Sc_2O_3	$Yb^{(3+)[22]}$
Lu_2O_3	$Yb^{(3+)[22,23]}$
$KY(WO_4)_2$	$Yb^{(3+)[22]}$
$KGd(WO_4)_2$	$Yb^{(3+)[22]}$
$NaGd(WO_4)_2$	$Yb^{(3+)[15-17]}$
$LaSc_3(BO_3)_4$	$Yb^{(3+)[24]}$
$CaYO(BO_3)_3$	$Yb^{(3+)[25]}$
$GdVO_4$	$Nd^{(3+)[21]}$
ZnSe	$Cr^{(2+)[26]}$

　　对于掺钕材料,不仅能实现四能级跃迁,同样也可以实现三能级跃迁,如 Nd:YVO[20] 在 914nm 实现了 5.8W 的激光输出,Nd:YAG[11] 在 938nm 和 946nm 实现了 25W 输出。

10.5　数值模型和定标率

10.5.1　平均温度

　　由于薄片非常薄且泵浦区域较大,所以可近似为沿轴向的一维热传导问题。设泵浦功率 P_{pump} 作用在半径为 r_p 的泵浦区域上,泵浦吸收效率和产热率分别为 η_{abs} 和 η_{heat},薄片厚度 h,材料的热导率为 λ_{th},则可以得到面热加载功率密度:

$$I_{heat} = \frac{P_{pump}\eta_{abs}\eta_{heat}}{\pi r_p^2} \tag{10.1}$$

这样的热加载将导致薄片内部温度沿轴向的抛物线分布：

$$T(z) = T_0 + I_{heat}R_{th,disk}\left(\frac{z}{h} - \frac{1}{2}\frac{z^2}{h^2}\right) \tag{10.2}$$

式中：为薄片的热阻 $R_{th,disk} = h/\lambda_{th}R_{th,disk}$；$T_0$ 为薄片冷却面的温度。

最大温度为

$$T_{max} = T_0 + \frac{1}{2}I_{heat}R_{th,disk} \tag{10.3}$$

平均温度为

$$T_{av} = T_0 + \frac{1}{3}I_{heat}R_{th,disk} \tag{10.3}$$

对于大多数薄片介质基质材料，热导率由掺杂浓度和材料温度共同决定。对于 YAG 基质，100℃时低掺杂（约 7%）的热导率约为 6W/(m·K)。对于厚 180μm 的薄片，这将导致热阻 $R_{th,disk} = 30$K·mm²/W。通常薄片并非直接冷却，而是在冷却面上镀有高反膜，再焊接在热沉上。热沉由温度为 T_{cool} 的冷却液直接冷却。高反膜的热阻不仅由膜系决定，还由镀膜质量和工艺共同决定。从实验结果和数值计算可知高反膜系热阻取 $R_{th,disk} = 10$K·mm²/W 较合理。热沉通常由多种材料构成，包括钨化铜 CuW 金属基质材料（$\lambda_{th} = 180$W/(m·K)），或者化学气相沉积（CVD）钻石（$\lambda_{th} = 1000$W/(m·K)），厚度通常为 1mm。"装配"导致的热阻或者可以忽略（如厚度为 10~50μm 的焊料的热阻小于 1K·mm²/W）；或者对导热性能产生严重影响，比如采用胶黏合的薄片，由于黏合层的热导率很差，将产生约 10K·mm²/W 的热阻。热沉与冷却液之间的热交换也与冷却方式密切相关，冷却液的湍流流动有利于达到最好的换热效果。一种称为喷射冷却的设计的等效热阻近似为 3K·mm²/W。因此，在平均温度下总的等效热阻为 30~35K·mm²/W。

对于高纯度的 Yb:YAG 材料，薄片内产热率仅由量子亏损决定：

$$\eta_{heat} = 1 - \frac{\lambda_p}{\lambda_1} \approx 8.7\% \tag{10.5}$$

如果吸收的泵浦功率密度为 60W/mm²，冷却温度为 15℃，则平均温度约为 200℃。此外，为防止冷却液沸腾，可以估算出最大允许吸收的泵浦功率加载密度。当吸收的泵浦功率密度为 300W/mm² 时热沉背面温度将达到 96℃。

上述计算表明，如果保持吸收泵浦加载功率密度和介质厚度不变，则薄片内的最大温差 ΔT 也保持不变。图 10.3 表明了这种关系。

引入热加载系数 C，由最大允许的薄片厚度和吸收泵浦加载功率密度的乘积来保证薄片内最大温升小于给定值 ΔT：

$$C = \frac{2\Delta T\eta_{heat}}{\lambda_{th}} \tag{10.6}$$

类似定义的"热冲击系数"常用于无额外支撑结构的板条激光器或主动镜激光器。它由最大热致拉应力给出的极限来决定。

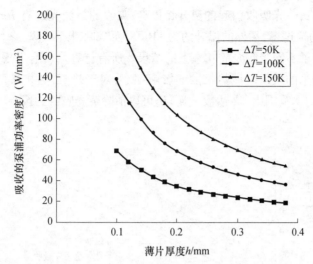

图 10.3　最高温升达到 50K、100K 和 150K 时 Yb:YAG 薄片吸收的
泵浦功率密度和薄片厚度间的关系(产热比率 $\eta_{heat} = 8.7\%$,热导率为 6W/(m·K))。

10.5.2　荧光的影响

上述分析中仅考虑了量子亏损产热引起的温升,然而,考虑到系统的"能量守恒",至少有9%的泵浦功率转化为热,而且对于效率很高的薄片激光,也仅有60%的泵浦转化为激光输出。仍然有31%的能量以荧光形式辐射到薄片内。可以认为所有以小于介质全反射角的荧光都可以透过镀了增透膜的上表面直接出射,或者经过高反膜的一次反射后出射。对于 YAG,折射率为 1.83,全反射角为 33°,因此有 16%的荧光穿过增透膜离开薄片。综上所述,吸收的泵浦功率中约有 26%以荧光的形式被"俘获"在薄片介质内。

如果忽略荧光与薄片介质进一步的相互作用,则高反膜系的设计决定了荧光会从介质表面透射出去还是转化为热。一个对于各个角度和各个波长均具有高反射率的膜系会将荧光反射到薄片的侧边,进而荧光会被反射、散射、"排出"或者转化为热。由于放大自发辐射(ASE)的存在,后向反射和后向散射都会带来问题,这将在后面的章节进行讨论。此外,从薄片侧边将数千瓦功率完全导出在技术上也是非常具有挑战的。与之相反,一个高透过率的膜系可以将所有波长和所有大于全反射角(考虑到用于装配膜系与黏合剂或焊料之间的具有高吸收的薄层后)的荧光导出。使用该膜系时,所有被"俘获"的荧光都将转化为热,并通过热沉导出。热沉、焊料/黏合剂和冷却耦合效应对应的热沉的等效热阻约为 10K·mm²/W,之前讨论的 60W/mm² 的泵浦加载吸收功率密度会引起额外的 150℃ 的温升。

在减少到达侧边荧光和产热之间的折中办法是采用半透明的膜系,而这种膜系的设计必须是在技术上可实现的。简便起见,假设对于角度大于全反射角的光线具有 25% 的透射率,则吸收的荧光仅会引起 40℃ 的额外温升。这使得避免冷却液沸腾所允许的最大泵浦功率密度降为 175W/mm²。

无激光提取时,荧光吸收引起的温升将更高;吸收的泵浦光约有 76% 被"俘获"在薄片内,对于 25% 的透过率,额外的温升约为 110℃,而"沸腾极限"降为 95 W/mm²。

图 10.4 给出了不同吸收泵浦功率下的结果。所有计算均没有考虑热扩散。在薄片内,对于仅有数毫米的泵浦区域热扩散的影响很小;对于热沉,热扩散足够强,以至于在实际薄片激光的功率范围内(高达数千瓦)仍可以消除荧光吸收的影响。

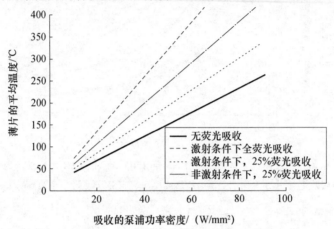

图 10.4 对于理想膜系设计,薄片内平均温升随吸收的泵浦功率密度的变化

10.5.3 热致应力

泵浦加载区域的温升会引起薄片介质的热膨胀。由于薄片上未泵浦区域为冷却温度,所以热膨胀会在薄片内引起热应力。更重要是拉应力的最大值出现在泵浦边界处的角向。理想情况下,泵浦区域温度为平均温度 T_{av}、非泵浦区域为 T_{cool}、薄片未焊接、热沉也没有发生弯曲。这时可以使用弹性力学理论中的解析结果,泵浦边缘处的角向应力为

$$\sigma_{\phi,\max} = \frac{1}{2} \frac{\alpha_{th} E_{elast}}{1 - \nu} (T_{av} - T_{cool}) \left(1 + \frac{r_p^2}{r_{disc}^2}\right) \tag{10.7}$$

式中:r_{disc} 为薄片半径;α_{th} 为 YAG 介质的热膨胀系数,$\alpha_{th} = 7 \times 10^{-6} \text{K}^{-1}$;Eelast 为弹性模量,$E_{elast} = 284 \text{GPa}$;$\nu$ 为泊松比,$\nu = 0.25$。

可以看到,当泵浦区域充满整个薄片时热应力最大,因此可以使用下式:

$$\sigma_{\phi,\max} \leqslant \frac{\alpha_{th} E_{elast}}{1 - \nu} (T_{av} - T_{cool}) \tag{10.8}$$

YAG 的拉应力极限为 130MPa[26],而薄片上的温差可以由前述等效热阻计算得到,这里先忽略热沉。等效热阻取 23K·mm²/W,单位面积最大热功率密度 2.1W/mm²(仅考虑量子亏损产热时取吸收的泵浦加载功率密度 24W/mm²)。

通过将薄片以足够的刚性焊接在热沉上可以显著降低角向应力。关于薄片内部应力的详细分析必须考虑弯曲,这将在 10.5.4 节中使用有限元分析进行讨论。

10.5.4　形变、应力和热透镜

利用轴对称性,可以通过有限元软件 COMSOL 建立一个径向的薄片和热沉(或其他支撑结构)模型。在泵浦区域内,存在多物理过程,这里假设泵浦加载引起的热源均匀分布。图 10.5 给出了前一节讨论的工况下所计算出的温度分布,这里选取了更大的泵浦口径。其中,吸收的泵浦加载功率密度取为 $60W/mm^2$,泵浦半径为 7.5mm,对应于 10kW 的吸收泵浦功率,这足以满足输出功率 6kW 的薄片激光器的需求。

图 10.5　计算得到的 Yb:YAG 温度分布

注:薄片厚度为 $180\mu m$,装配在 1mm 后的 CuW 热沉上,泵浦光斑尺寸为 7.5mm,热流密度为 $5.4W/mm^2$,对应于吸收的泵浦功率密度为 $60W/mm^2$。

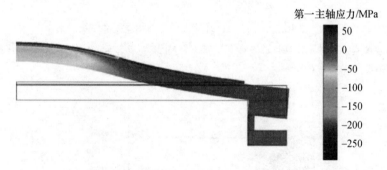

图 10.6　计算得到的主轴应力和形变(除以 100)

注:Yb:YAG 薄片厚度为 $150\mu m$,装配在 1mm 后的 CuW 热沉上,泵浦光斑尺寸为 7.5mm,热流密度为 $5.4W/mm^2$,对应于吸收的泵浦功率密度为 $60W/mm^2$。

有限元分析(FEA)关心的主要问题是薄片中的拉应力。即使对于很高的泵浦加载,也可以通过选择合适的装配方式来控制应力。图 10.6 给出了装配在 CuW 热沉上时的应力分布。

利用有限元软件的计算结果可以进一步计算出光学相位畸变(Optical Phase Distortion,OPD)。OPD 由两部分组成:一是热膨胀和热致折射率改变(在棒状激光器中为热透镜效应)引起的光程改变;二是整个系统的形变,形变由 HR 面的位移来描述。图 10.7 给出了这两部分对 OPD 的贡献以及二者之和。

OPD 的主要部分为抛物线,由系统内的温度梯度引起的弯曲造成。抛物线部分等效于曲率或球面的贡献,可以用折射功率来表示。剩余的非球面部分则导致衍射损耗。为了确定曲率或折射功率,可以将 OPD 分为球面和非球面两部分:

$$\Phi(r) = -2\pi r^2/(\lambda R_L) + \Delta\Phi(r) \tag{10.9}$$

R_L 的最佳值由不同 R_L 时剩余部分 $\Delta\Phi$ 引起的衍射损耗决定。衍射损耗通过相对平面波(基模占了泵浦半径的 70%)的相位畸变 $\Delta\Phi$ 来计算,然后决定哪些畸变模式仍是基模。图 10.7 中的数据给出当基模半径 5.25mm 时曲率半径为 2.98m。图 10.8 给出了对剩余相位畸变 $\Delta\Phi$ 的分析。可以区分出两个非抛物线贡献:一部分为温度分布引起的泵浦边缘处的阶跃(约 500nm);另一部分为装夹引起形变导致的非抛物线贡献。

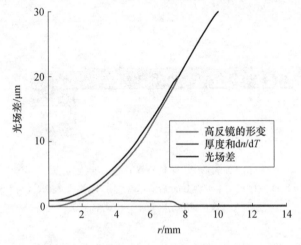

图 10.7 Yb:YAG 薄片光学相位畸变的来源

注:薄片厚度 150μm,装配在 1mm 后的 CuW 热沉上,泵浦光斑尺寸为 7.5mm,热流密度为 5.4W/mm²,对应于吸收的泵浦功率密度为 60W/mm²。

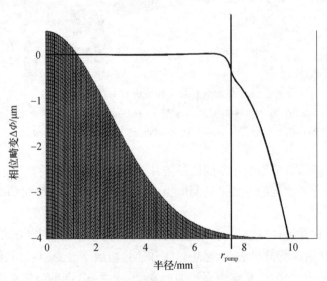

图 10.8 Yb:YAG 薄片光学相位畸变的非球迷部分

注:薄片厚度为 150μm,装配在 1mm 后的 CuW 热沉上,泵浦光斑尺寸为 7.5mm,热流密度为 5.4W/mm²,对应于吸收的泵浦功率密度为 60W/mm²。

10.5.5　高功率薄片激光器的设计

在高功率薄片激光器的设计中,主要有两种支撑结构方案:"经典"方案是将薄片焊接在热沉上;另一方案是在薄片上表面使用透明支撑结构(如无掺杂 YAG)并在薄片背面采用直接冷却方式。这两个设计的示意如图 10.9 所示。本节将比较这两种设计的力学性能和热透镜效应。两种构型均采用厚度 $180\mu m$、直径 60mm 的 Yb:YAG 薄片。其中一个焊接在 1.5mm 厚的 CuW 上,另一个键合了非掺杂 YAG 并直接冷却。泵浦半径为 11mm,泵浦功率为 $6.4 \sim 25.6kW$,由准静态模型(参见 10.5.8 节和图 10.12)知泵浦加载可以实现单片介质输出 14kW 的激光功率。

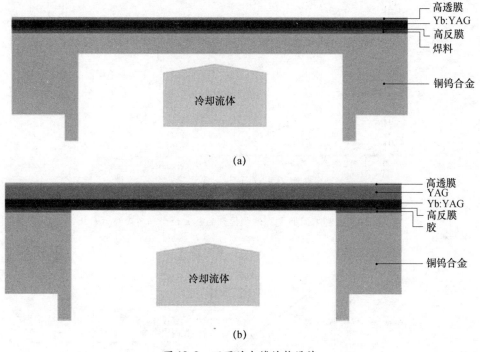

图 10.9　不同的支撑结构设计
(a)Yb:YAG 焊在 CuW 上("经典"薄片设计);(b)复合薄片,直接冷却。

图 10.10 给出了有限元的计算结果。可以看到,两种构型的力学性能差异很大。由于没有热沉的约束,直接冷却设计产生了沿径向的拉应力。经典设计对于角向应力的补偿很好。然而,由于没有热沉和焊料引起的热阻,直接冷却设计的温度更低一些。因此,其引起的热应力也小于阈值 130MPa。

热沉虽然提高了系统的刚度(或劲度),但会由于温度梯度而产生热变形。薄片上表面的透明盖子几乎没有轴向温度梯度,因此直接冷却设计的热变形量很小。这就减小了折射功率,如图 10.11 所示。所以 OPD 中非球面的贡献很大,如同谐振腔内还有更热的材料似的。

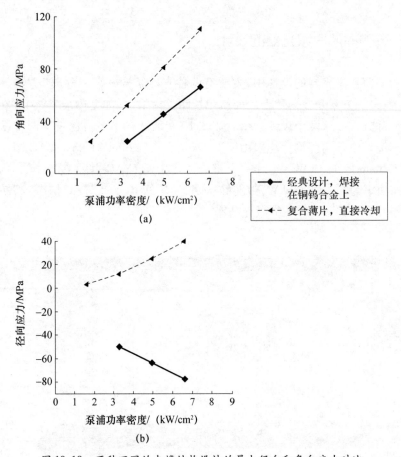

(a)

(b)

图 10.10 两种不同的支撑结构设计的最大径向和角向应力对比

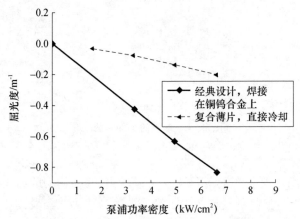

图 10.11 两种不同的支撑结构设计下计算得到的热透镜的球面部分

注:泵浦口径 22mm,最大泵浦功率 25kW

10.5.6 增益和提取的数学模型

Yb:YAG 对激光的再吸收严重依赖于温度。薄片激光器工作在相对较高的反转水平,泵浦吸收减少明显。因此,泵浦吸收、激光放大、粒子数反转和温度的耦合效应在微分方程中不能忽略。在过去的 10 年中发展了描述这一耦合过程的数值模型[27-31]。这一模型给出薄片激光设计中的一个重要特征:增加泵浦通数对于改善系统性能有重要作用。理论和实验均已证明泵浦通数从 8 增加到 16(在最佳厚度和掺杂浓度下)对与效率的提升作用相当于将冷却液温度从 15℃ 降到 −25℃[29]。

10.5.7　运动方程

激发态离子的数密度的基本运动方程:

$$\dot{N}_2 = Q - \frac{N_2}{\tau} - \gamma_{\text{laser}} \varPhi_{\text{r}} \qquad (10.10)$$

式中:Q 为某些源项(如单位时间、单位体积吸收的泵浦光子数);τ 为荧光寿命;γ_{laser} 为单位长度的激光增益(增益系数);$\varPhi_{\text{r}}$ 为单位时间单位面积的激光光子数(光子通量密度)。

薄片激光器常用材料 Yb:YAG 在常温下为准三能级结构,即下激光能级被热激发粒子占据。对于给定的激发态离子数密度 N_2、激活离子数密度 N_0 以及波长 λ 处的发射截面 $\sigma_{\text{em}}(\lambda, T)$,增益系数由下式给出:

$$\gamma_\lambda = \sigma_{\text{em}}(\lambda, T)(1 + f_{\text{abs}}(\lambda, T))N_2 - \sigma_{\text{em}}(\lambda, T)f_{\text{abs}}(\lambda, T)N_0 \qquad (10.11)$$

式中

$$f_{\text{abs}}(\lambda, T) = \frac{Z_2(T)}{Z_1(T)} \exp\left(\frac{2\pi c_{\text{vac}}}{\lambda k_{\text{B}} T}\right) \qquad (10.12)$$

式中:Z_1、Z_2 分别为激光下能级和上能级的配分函数。

类似地,利用泵浦光波长 λ_{p} 处的吸收截面 $\sigma_{\text{abs}}(T)$ 可以计算出吸收系数:

$$\alpha = \sigma_{\text{abs}}(T)N_0 - \sigma_{\text{abs}}(T)(1 + f_{\text{em}}(T))N_2 \qquad (10.13)$$

式中

$$f_{\text{em}}(T) = \frac{Z_1(T)}{Z_2(T)} \exp\left(-\frac{2\pi c_{\text{vac}}}{\lambda_{\text{p}} k_{\text{B}} T}\right) \qquad (10.14)$$

利用这一吸收系数,对于厚度 h 的薄片、泵浦功率密度 E_{p} 时,单位时间单位体积吸收的泵浦光子数为

$$Q = \frac{E_{\text{p}} \lambda_{\text{p}} [1 - \exp(-\alpha h M_{\text{p}})]}{2\pi c_{\text{vac}}} \frac{}{h} \qquad (10.15)$$

式中:M_{p} 为泵浦通数。

单次通过薄片的增益为

$$g = h[\sigma_{\text{em,laser}}(1 + f_{\text{abs}}(T))N_2 - \sigma_{\text{em,laser}} f_{\text{abs}}(T)N_0] \qquad (10.16)$$

由于只有当 $g > 0$ 时才有激光提取,所以单位面积最大可提取能量为

$$H_{\text{extractable}} = \frac{2\pi c_{\text{vac}}}{\lambda_{\text{laser}}} h[(1 + f_{\text{abs}}(T))N_2 - f_{\text{abs}}(T)N_0] \qquad (10.17)$$

这些公式包含了热激发、漂白效应和饱和效应。

10.5.8 耦合的准静态数值模型

在耦合模型中,薄片在径向、角向和轴向划分为有限个单元。由式(10.10),可以得到准静态极限下各个体元中关于 Yb^{3+} 的粒子数密度 N_2 的方程:

$$\frac{\lambda_p P_V}{2\pi hc_{vac}} + \frac{\lambda_1 M_r E_r}{2\pi hc_{vac}} \sigma_{em,laser} \left[N_0 f_{abs} - N_2(1 + f_{abs}) \right] - \frac{N_2}{\tau} - \Delta N_{ASE} = 0 \qquad (10.18)$$

式中: P_V 为体元吸收的泵浦功率; E_r 为薄片内的激光功率密度; N_0 为 Yb^{3+} 粒子数密度; $\sigma_{em,laser}$ 为激光波长对应的发射截面; τ 为辐射寿命, N_{ASE} 为体元发射和吸收的 ASE 光子数之差。

通过蒙特卡洛光线追迹方法描述整个系统中来自泵浦源的每个光子,可以计算得到每个体元吸收的泵浦功率。

将 Stocks 亏损和通过 HR 膜系转化为热的功率作为源项,可通过求解稳态热传导方程,得到薄片内的温度分布。偏微分方程组可以用有限体积法求解。初始条件 N_2 和 E_r 由解析给出(参照晶体平均温度和吸收的泵浦加载功率密度)。通过迭代运算给出激光功率密度和激发态粒子数密度。

ΔN_{ASE} 的计算需要采用蒙特卡洛光线追迹。在晶体内追迹具有固定波长、起始坐标和发射方向分布的大量光子。同时计算吸收和放大,以及在晶体边界的反射和透射。

数值模拟显示[30-32],单片介质的功率定标仅仅受限于泵浦半径增大引起的 ASE 效应增强。幸运的是,低掺杂 Yb:YAG 的增益很小,所以 ASE 仅在高泵浦功率时才有明显影响。数字模型表明给出的单片介质输出功率超过 40kW 也是有可能的。

图 10.12 给出了不同泵浦口径下超过 10kW 的部分功率定标结果,这表明可以通过增加泵浦口径来进行功率定标。

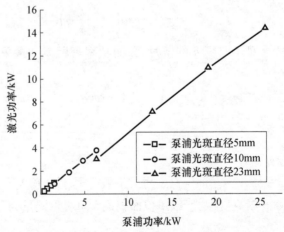

图 10.12 计算给出的 Yb:YAG 薄片激光输出功率

注:厚度 180μm,掺杂浓度 9%。

10.5.9　ASE 的影响

如前所述,温度和热应力的限制可以通过薄片设计来克服。剩余可能的限制是放大的自发辐射(ASE)。通过增大泵浦面积来提高输出功率会导致薄片横向增益的增加。这会引起受激激发、小信号增益和提取效率的降低。对此的细致研究需要考虑受激激发、增益、泵浦吸收和 ASE 的相互作用。

准静态模型原则上适用于分析 ASE 对薄片激光性能的影响。通过蒙特卡洛光线追迹计算 ASE 非常灵活,同时可以考虑体增益和温度的变化,甚至包括不同位置界面反射率的变化。然而,式(10.18)所示的准静态迭代方法只适用于 ASE 的影响是微扰的情况。通常认为 ASE 引起的粒子数变化 $\Delta N_{ASE} \approx N_2^{2}$[33]。因此,对于具有大体积、高掺杂浓度和横向增益的系统(如高功率激光脉冲提取时)这一微扰近似并不满足。准静态迭代模型的收敛性问题已比较清楚[31],该模型仅仅适用于预期的连续波输出功率 50kW,脉冲能量 2.5J 以下。其他情况需要使用非稳态模型替代准静态模型来求解 ASE 问题。

10.5.10　ASE 与受激激发的相互作用

由式(10.10)给出无谐振腔时,泵浦激活介质内的激发态粒子数密度 N_2 所满足的基本运动方法,这里包含了 ASE 但不包含其他效应、如上转换过程:

$$\dot{N_2} = Q - \frac{N_2}{\tau} - \int \gamma_\lambda \Phi_{\lambda,\Omega} \mathrm{d}\lambda \, \mathrm{d}\Omega \tag{10.19}$$

式中:Q 为某种源项(如单位体积单位时间内吸收的泵浦光子数);τ 为荧光寿命;γ_λ 为单位长度的激光增益(增益系数);$\Phi_{\lambda,\Omega}$ 为单位时间单位面积从立体角 Ω 内发射的荧光光子数(光子通量密度)。

首先计算光子通量密度。取激发态粒子数密度 $N_2(s)$,增益系数 $\gamma_\lambda(s)$,则从体元 $\mathrm{d}V$ 发出,距离 $s = |s|$,沿方向 $\hat{s} = s/s$,到达点 $s = 0$ 处的光子通量密度为

$$\mathrm{d}\Phi_\lambda(s) = \beta_\lambda \frac{N_2(s)}{\tau} \frac{1}{4\pi s^2} g_\lambda(s) \mathrm{d}V \tag{10.20}$$

式中:β_λ 为荧光谱分布,满足 $\int \beta_\lambda \mathrm{d}\lambda = 1$;光子通量密度放大率为

$$g_\lambda(s) = \exp\left[\int_0^s \gamma_\lambda(w\hat{s}) \mathrm{d}w\right] \tag{10.21}$$

那么波长为 λ,沿方向 $\hat{s}$ 发射的总的光子通量密度为

$$\mathrm{d}\Phi_\lambda(\vec{s}) = \mathrm{d}V\Omega \frac{\beta_\lambda}{4\pi\tau} \int_0^{w_{max}} N_2(w\hat{s}) g_\lambda(w\hat{s}) \mathrm{d}w \tag{10.22}$$

这里使用了 $\mathrm{d}V = s^2 \mathrm{d}\Omega$。

最大的积分距离 w_{max} 由几何构型决定。薄片是一个高(厚)h、半径 R 的圆柱体,上、下表面与水平面平行(图 10.13)。这里不考虑侧边的反射,因为如果考虑侧边反射,则无法定义最大积分距离。圆柱体上、下表面的反射率由函数 $AR(\lambda,\theta)$(高透)和 $HR(\lambda,\theta)$

（高反）决定。AR 和 HR 分别为上、下表面。

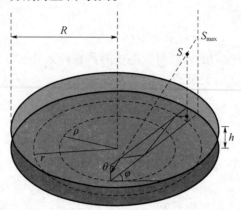

图 10.13　半径 R、厚度 h 的薄片几何

（用以说明最大积分距离 w_{max} 与极坐标 r 和 ρ 的关系）

　　AR 面通常为激光晶体与空气（或真空）界面，对于以一般角度入射的激光和泵浦光它是高透的。因此，可以假设小于全反射角的光线在 AR 面是全透射的，而大于全反射角的光线则被理想反射；全反射角 $\theta_{tr} = \arcsin(1/n)$，$n$ 为激活介质折射率。此外，由于镀膜工艺的局限，可以认为对于所有 θ 角都有 $HR(\lambda, \theta) \neq 0$。

　　在球坐标系中，式(10.22)变为

$$\mathrm{d}\, \Phi_\lambda(\phi, \theta) = \sin\theta \mathrm{d}\theta \mathrm{d}\phi \frac{\beta_\lambda}{4\pi\tau} \int_0^{w_{max}} N_2(w, \phi, \theta) g_\lambda(w, \phi, \theta) \mathrm{d}w \tag{10.23}$$

考虑圆柱表面的多次反射，w_{max} 可表示为

$$w_{max} = \frac{\sqrt{R^2 - \rho \sin^2\phi} - \rho\cos\phi}{\sin\theta} \tag{10.24}$$

这里假设 $AR(\lambda, \theta) HR(\lambda, \theta) \neq 0$。

　　考虑到 AR 和 HR 面的损耗，增益系数表达式修正为

$$\overline{\gamma}_{\lambda, \theta} = \gamma_\lambda + \frac{\ln[AR(\lambda, \theta) HR(\lambda, \theta)]}{2h} \cos\theta \tag{10.25}$$

仍然假设 $AR(\lambda, \theta) HR(\lambda, \theta) \neq 0$。

10.5.11　非稳态数值模型

　　基于上述考虑，可以发展一个包含放大自发辐射和受激激发相互作用的数值模型，详细论述参见文献[34]。为此 ρ、θ、ϕ 和 λ 坐标系下离散化此问题。这里忽略激发态粒子数和增益沿轴向的变化，并假设系统满足轴对称性，仅考虑 $N_2(r)$ 和 $\gamma_\lambda(r)$ 沿径向的分布。

　　激发态粒子非稳态方程的求解可以简单地通过采用隐式方法对微分方程式(10.19)积分实现。在每个时间步，源项 Q 和光子通量密度 $\mathrm{d}\Phi_\lambda(s)$ 由上一时间步的激发态粒子分布给出。由于激发态的特征时间为荧光寿命级（数百微秒），所以时间步长取数微秒即可。

　　一个有益的问题是准连续泵浦薄片的可提取能量。占空比的减小降低了对薄片厚

度的优化要求,无激光时微分方程的数值处理也变得更容易。

"模型系统"是一个掺杂浓度 4.5%、厚度 600μm 的 Yb:YAG,泵浦功率 16kW(功率密度 5 ~6kW/cm²),占空比 10%(用于计算介质在增益区的平均温度)。图 10.14 表明,ASE 极大地降低了系统的可提取增益,1ms 后即达到了增益饱和。

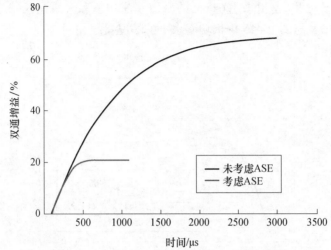

图 10.14　准连续泵浦(占空比 10%)下薄片的增益随
时间的变化(包括考虑和不考虑 ASE 两种情形)
注:薄片掺杂浓度 4.5%、厚度 600μm,泵浦功率 16kW,泵浦斑半径 9.8mm。

当系统开始提取能量时,我们还关心系统可提取的能量。对于不同厚度的薄片这由图 10.15 中出。为了便于比较,这里假设掺杂浓度与介质厚度的乘积为常数。由于占空比较低,所以厚度对温度的影响很小。显然,在这个能量水平下要求薄片尽量薄的设计思路已经不再适合,介质越厚,获得的增益越大,可提取的能量也越多。

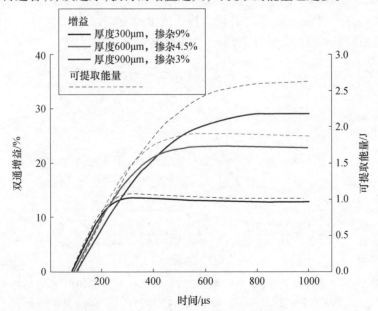

图 10.15　不同厚度和掺杂浓度下,薄片增益(实线)和可提取能量(虚线)随时间的变化
注:泵浦功率 16kW,泵浦斑半径 9.2mm。

到目前为止,所有计算都假设 HR 膜系对于所有波长和角度的光线都全反射。除了技术上做到这种膜系较困难外,允许部分 ASE 在膜系损耗掉也是有利的。一种"理想"的膜系可以使得大于全反射角的光线仅仅具有 75% 的反射率(虽然技术上实现起来同样困难,但是可以通过对反射谱的设计使得平均反射率达到要求),图 10.16 给出了计算结果。为了突出对比效果,这里采用 64kW 的峰值泵浦功率和大泵浦区域。可提取能量从 4J 增加到 7J,而增益与图 10.15 中低功率水平的情况量级相同。

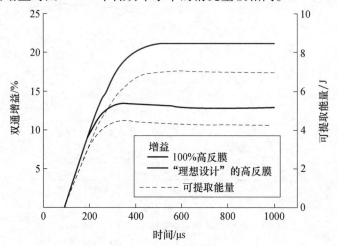

图 10.16 考虑 ASE 和 HR 膜上的部分透射后,薄片增益(实线)和可提取能量(虚线)随时间的变化
注:薄片掺杂浓度 4.5%、厚度 600μm,泵浦功率 16kW,泵浦斑半径 18.4mm。

但是,这种设计也有缺陷。在 HR 膜系"损耗"的 25% 的能量最终被膜系吸收或透射(取决于装配和冷却设计),最终转化成了焊接层的热。如图 10.17 所示,这将导致 35kW 的额外热负载。在 10.5.2 节中,假设吸收的泵浦能量中有 76% 会被"俘获"在薄片内,而其中超过一半会在"理想"的膜系处转化为热。这里比 10.5.2 节中估算的更加严重。因此,这里需要采取不同装配设计,用直接冷却来代替热沉。

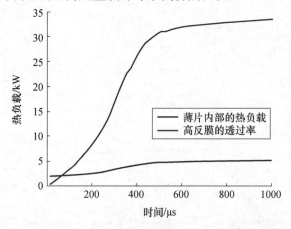

图 10.17 薄片内部的热负载和部分透射和吸收的 ASE 在 HR 膜层上的产热
注:薄片掺杂浓度 4.5%、厚度 600μm,泵浦功率 16kW,泵浦斑半径 9.8mm。

10.5.12　ASE 极限

上述方法可以用来作为评估 ASE 对薄片激光性能影响的数值模型。为了不使用过多的数值计算就得到定标律,一些简化是必需的。首先假设激发态粒子数 N_2 和温度 T 在整个介质中为常数。此外,假设所有荧光发射均在激光波长。则 γ_λ 为常数,有

$$\mathrm{d}\Phi_\lambda(\varphi,\vartheta) = \sin\vartheta \mathrm{d}\vartheta \mathrm{d}\phi \frac{N_2}{4\pi\tau} \frac{\exp(\gamma w_{\max}) - 1}{\gamma} \tag{10.26}$$

如果仅考虑介质中心的情况,则不依赖于方位角 ϕ,有

$$\Phi = \frac{N_2}{2\tau\gamma} \int_0^\pi [\exp(\gamma w_{\max}) - 1] \sin\vartheta \mathrm{d}\vartheta \tag{10.27}$$

积分结果是非解析的,但若假设 $w_{\max}$ 为常数,则有

$$\Phi = \frac{N_2}{\tau\gamma} [\exp(\gamma w_{\max}) - 1] \tag{10.28}$$

以及

$$\dot{N}_2 = Q - \frac{N_2}{\tau} - \gamma \frac{N_2}{\tau\gamma} [\exp(\gamma w_{\max}) - 1] = Q = \frac{N_2}{\tau} \exp(\gamma w_{\max}) \tag{10.29}$$

ASE 效应就可以由等效的 ASE 寿命来表示:

$$\tau_{\mathrm{ASE}} = \tau \exp(-\gamma w_{\max}) \tag{10.30}$$

假设介质内最大积分距离为增益区的直径,即 $w_{\max} = 2r_{\mathrm{p}}$,则这个方法可以给出最大激光输出功率 $P_{\max}$ 的定标极限。等效 ASE 寿命为[35]

$$\tau_{\mathrm{ASE}} = \tau \exp\left(-\frac{2r_{\mathrm{p}}}{h}g\right) \tag{10.31}$$

式中: r_{p} 为泵浦半径, g 为单通增益。

基于以上假设,最大输出功率为

$$P_{\max} = \frac{\lambda_{\mathrm{p}}^2}{\lambda_1} \frac{27}{64\exp(2)} \frac{\sigma_{\mathrm{em}}(\lambda_1, T)(1 - f_{\mathrm{abs}}(\lambda_1, T)f_{\mathrm{em}}(\lambda_{\mathrm{p}}, T))}{2\pi c} \frac{C^2}{\beta^3} \tag{10.32}$$

除了文献[35]中给出的最高功率和效率外,式(10.32)还有一个重要的特征,即热加载系数 C(见 10.5.1 节)和腔内损耗 β 的强烈影响。在效率计算中也有类似关系。

基于与 10.5.10 节和图 10.13 中类似的考虑,一个略有不同的等效寿命的表达式:

$$\tau_{\mathrm{ASE}} = \frac{\tau}{\exp(2g) + 2g\mathrm{Ei}(2gr_{\mathrm{p}}/h) + 2g\mathrm{Ei}(2g)} \tag{10.33}$$

这可以近似表示为

$$\tau_{ASE} \approx \tau \frac{r_p}{h} \exp\left(-\frac{2r_p}{h}g \right) \tag{10.34}$$

利用式(10.33)中 ASE 寿命,可得到类似于式(10.32)的最大输出功率与腔内损耗和热加载系数的关系。定标律给出了超过实际可能或可能的薄片设计的结论:腔内损耗 0.25% 时单片介质输出功率极限超过 20MW,但是需要约 5.5m 的泵浦半径。

虽然可达得的效率很低(小于 10%),但是文献[35,36]都表明经过不同的优化可以实现高效率。对于 0.25% 的腔内损耗,1MW 激光功率可以实现 50% 的光光转换效率。而此时泵浦半径仅需 20cm。

10.6　连续波薄片激光器

10.6.1　高平均功率

保持泵浦功率密度不变,通过增大泵浦区域单薄片就可以实现很高的激光输出[37,38]。目前单片介质最高输出 6.5kW[39]。

图 10.18 给出了高效率单薄片就激光器的示例(Trumpf 激光)。最大光光转换效率 65% 时实现了 5.3kW 的激光输出。而整个系统达到了很高的电光效率——其 8kW 输出功率的工业激光器超过 25% 的电光效率,光束传输因子 M^2 小于 24。

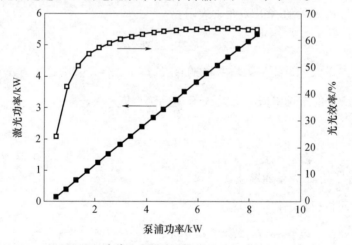

图 10.18　单薄片激光的输出功率和光光转换效率

输出功率进一步定标的方法是在光腔中放入多片介质。图 10.19 给出了含有 4 片介质的高光束质量输出的薄片激光器的结构。图 10.20 给出了输出功率和光光转换效率随泵浦功率的变化曲线。高光束质量的实现得益于中性增益模块的使用。这个设计概念是将薄片与具有最小光学长度和折射功率的模块相结合[40]。图 10.21 给出了不同介质片数的功率定标结果对比,最终给出了光束质量略差,但输出功率大 20kW 的多片介质谐振腔结果。

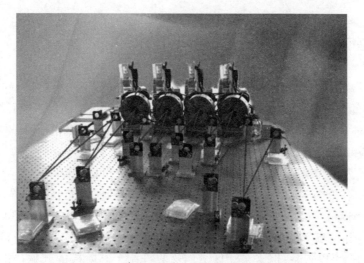

图 10.19　四薄片激光在一个振荡器中组合的示意

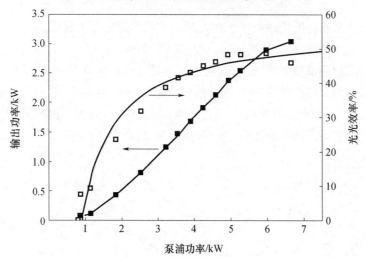

图 10.20　四薄片激光的输出功率和光光转换效率，光束质量($M^2 \approx 6$)

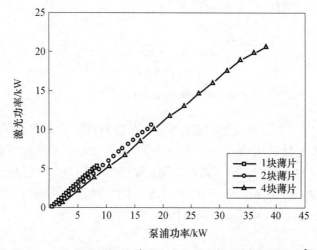

图 10.21　1 块、2 块和 4 块薄片激光的输出功率(光束质量 $M^2 \approx 24$)

10.6.2　基模、单频和二次谐波产生

千瓦级的高功率薄片激光器通常工作在光束传输因子(光束质量)$M^2 = 20$ 的状态(这表明光束的聚焦性比 $M^2 = 1$ 的理论极限差 20 倍)。这足以满足一般对焊接和切割的需要。此外,薄片激光也可以给出工作在基模($M^2 = 1$)的高功率输出[31,41-43],这源于薄片激光热效应和热致光学畸变均较弱。

基模口径为泵浦口径的 70% ~ 80% 的稳定谐振腔可以同时实现高功率和高效率。基模口径与泵浦口径的这个比例关系是考虑相位畸变和模式交叠后的最优结果。在图 10.8 中,基模强度分布为泵浦半径的 70% 的结果已经粗略给出。泵浦区域内仍然存在小于400nm 的相位畸变,但是在基模口径内仅有小于30nm 的畸变。同时,未泵浦区域的基模的吸收损耗可以忽略,但未泵浦区域的吸收抑制了高阶模的起振(相当于"增益光阑")。

图 10.22 给出了输出功率大于500W、$M^2 < 1.6$ 的薄片激光器输出特性。光光转换效率大于35%。更高功率的准基模输出在未来也会实现。

由于具有高功率基模输出的潜力,薄片激光器也可以实现单频输出[43,44]。实现单频输出需要在基模谐振腔内放置一个双折射滤波器和一个可两个未镀膜的标准具。这类谐振腔已经实现了 98W 的单频输出[43]。此外,通过调节双折射滤波器可以将激光波长转换到一个很宽的谱段内(对于 Yb:YAG,波长为 1000 ~ 1060nm)[5,43-46]。

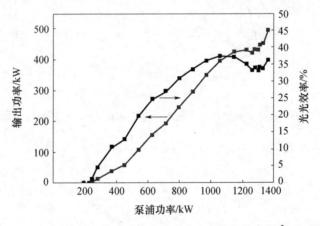

图 10.22　近基模运转时的输出功率和光光转换效率($M^2 \approx 1.6$)

另一个有趣的应用是在谐振腔内进行倍频,以得到可见光光谱范围的高效率输出。这可以使用不同激光材料实现。对于 Yb:YAG,波长 500 ~ 530nm 可调,最高功率在515nm 处;50W 绿光激光器也实现了商业应用。对于 Nd:YVO₄[18,19],在532nm 波长实现了 12W 激光输出,远高于在 457nm 处的 3W(准三能级跃迁 914nm)。对于 Nd:YAG,高于 1W 的 660nm 激光通过 1320nm 的倍频技术。

10.7　薄片脉冲激光

　　薄片激光除连续波工作方面的出色性质外,还可以以脉冲方式工作,特别是需要高平均功率时。到目前为止,薄片脉冲激光已经研制和验证了纳秒、皮秒和飞秒量级脉宽工作的能力。所有系统都具有高光束质量和高效率。

　　在 ETH Zurich 的 Ursula Keller 小组发展了高平均功率飞秒激光(详见第 13 章)[47-51]。需要指出的是,薄片激光可以在 220fs 实现高功率输出,特别是使用 Yb:Lu$_2$O$_3$[52]和 Yb:LuScO$_3$[53]。文献[54]全面回顾了可能用于实现薄片激光锁模输出的激光材料。使用半导体饱和吸收体(SESAM)实现锁模薄片激光是对这两个概念的定标能力的很好地开发,因为 SESAM 概念也适合于通过增大增益区面积来进行定标。这一优点已经体现在工业产品中,"Time-Bandwidth products"实现了锁模薄片激光 800fs 脉宽、50W 激光输出。

　　在后续章节中将详细讨论调 Q 激光、腔倒空激光以及脉冲激光放大器。

10.7.1　薄片式调 Q 激光器

　　薄片激光实现高脉冲能量的一个简单方法即主动调 Q 工作方式[55,56]。图 10.23 给出了调 Q 薄片激光器设计示例。谐振腔采用折叠腔以便在较短腔长下实现薄片激光的大模场基模运行。调 Q 通过石英声光调制器(AOM)实现。图 10.24 给出了采用 Yb:YAG 作为增益材料时脉冲能量随重复

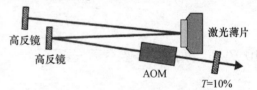

图 10.23　调 Q 激光的谐振器设计

频率的变化,直到重复频率 13kHz 都可以实现稳定工作。对于更高重复频率,则会出现脉冲能量分岔。频率 1kHz 时脉冲能量最高达到 18mJ,13kHz 时平均功率则达到最高 64W,对应于 34% 的光光转换效率。所有情况下 $M^2 < 2$[56]。

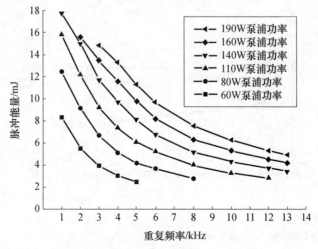

图 10.24　不同泵浦功率水平下调 Q 薄片激光的脉冲能量随重复频率的变化

图 10.25 给出了不同泵浦功率下,脉冲长度随重复频率的变化。低重频时脉宽约为 250ns,而高重频时脉宽开始增加,在 13kHz 时达到 570ns。长脉冲的原因在于谐振腔的腔长(基模输出时为 840mm)和薄片相对较低的往返增益,以及耦合输出镜较高的反射率。在重复频率和脉宽方面的限制(限制了脉宽大于 200ns)可以通过使用薄片放大器来克服(参见 10.7.3 节)。此外,10.7.2 节的腔倒空激光器也会在脉宽和重频方面有改善。

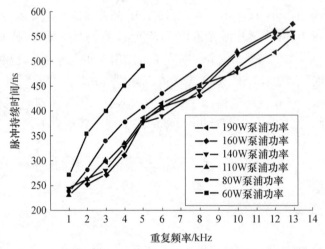

图 10.25 不同泵浦功率水平下调 Q 薄片激光的脉宽随重复频率的变化

10.7.2 薄片式腔倒空激光器

存在一些可能性将存储在光腔内的能量提取出来。在图 10.26 所示的装置中,薄膜起偏器作为耦合输出镜,或者产生于二次谐波晶体的二次谐波(SHG)均可以将光腔内能量提取出来[57,58]。

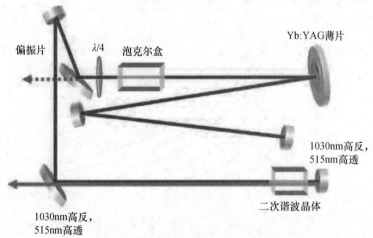

图 10.26 515nm 脉冲薄片激光的二阶谐波产生(SHG)的概念

将全 $\lambda/4$ 电压加到泡克耳斯盒上,耦合输出率调到 100%,可以产生数十纳秒的脉冲。如果只加很小的电压,可以通过一种"腔泄漏"代替腔倒空实现长脉冲。在这种情况下,脉宽和脉冲能量可以控制的非常精确。此外,腔内功率可以使用 HR 镜后面的光电探测器来监测以控制放大时间。这种耦合输出控制和放大控制的结合可以实现脉冲宽度、重复频率和效率的全面优化。脉宽可以从略大于腔内往返时间(约 10ns)到数微秒。此外,还可能抑制高重频下的不稳定性。

这个系统可以对 SHG 或基波上进行优化。对于 SHG 优化,重频 100kHz 时可实现最高 700W 的激光输出,脉宽为 300ns(图 10.27)。此时 SHG 的脉宽通过倒空腔内的红外能量来控制。

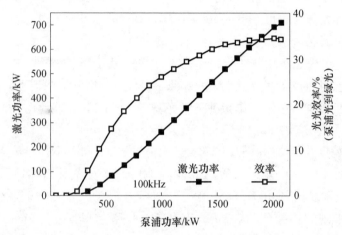

图 10.27　带有内部 515nm 频率转换的腔倒空系统的输出功率,工作在多模状态

同样可以优化倾腔倒空激光器的红外输出能量。类似的,舍弃 SHG 晶体,使用准连续泵浦[58],重频 100Hz 时可以实现 280mJ 的输出能量,脉宽 25ns,$M^2 < 1.3$。

10.7.3　纳秒、皮秒和飞秒脉冲放大

为了得到高功率短脉冲,可以使用含有种子振荡器的再生放大器[58-61],结构示意如图 10.28 所示。振荡器产生指定要求(脉宽和波长)的脉冲种子,然后由薄片放大器放大到需要能量。薄片放大器与种子激光器独立工作,可以放大任意输入的脉冲,只要波长合适,且脉宽比放大器的往返时间短。为了放大皮秒或飞秒脉冲,需选择能够产生合适的脉冲长度的种子振荡器(略短于放大后所需的脉冲宽度)。

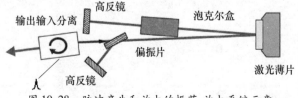

图 10.28　脉冲产生和放大的振荡-放大系统示意

再生放大器的主要部件是用于能量放大的薄片介质,以及与泡克耳斯盒结合的起偏

器,后者作为了种子脉冲和放大脉冲的光开关。此外,为了放大飞秒脉冲,Gires – Tournois 干涉仪(GTI)镜用来抑制脉冲在腔内往返时,泡克耳斯盒和其他光学元件引起的正群速度色散(GVD)。

由于薄片放大器的小增益(单次往返 10 ~ 40% ,取决于操作条件)特征,脉冲需要在放大器内往返 50 ~ 200 次才能达到所需能量。因此,谐振腔设计时必须保证腔内损耗足够小。否则效率将非常低。

当使用一个皮秒振荡器(脉宽 1.8ps)作为皮秒脉冲种子时,可以在重频 1kHz 得到近 5mJ 的激光输出或在重频 20kHz 得到 1mJ 输出[62-64]。由于放大器增益窄化(在光谱上——译者注)作用,放大后的脉宽被扩展到 4ps。对于这些脉冲,光束质量接近衍射极限。使用更高的重复频率可以在重频 200kHz 实现 0.3mJ 输出[65]。在高重频时,平均激光功率与重频近似无关。

Yb:K(WO$_4$)$_2$也用于薄片脉冲放大器。这种材料相对于 Yb:YAG 的一大优势是增益带宽很宽,因此,可以产生和放大更短的脉冲。在一个实验中[66],使用 GTI 镜使得放大过程中脉冲长度仍旧维持很短。作为种子激光器,使用掺 Yb 玻璃的振荡器输出了脉宽 500fs 能量 1nJ 的脉冲,它被放大到 100μJ,而脉宽仍小于 900fs。

不使用 GTI 镜也是可能的。使用 270fs 的短脉冲种子,同时不补偿放大器内脉宽展宽,而是使用光栅压缩器压缩放大后的脉冲,使用 Yb:KY(WO$_4$)$_2$ 晶体可以得到脉宽 250fs、能量 116uJ、重复频率 40kHz 的输出[67]。值得注意的是,这一结果是在没有啁啾脉冲放大(CPA)下实现的。由于放大器内光束直径较大(泡克耳斯盒内 2mm),非线性效应引起的脉冲拉长可以控制在 1ps 脉宽以下。

这些结果在 Yb:KLu(WO$_4$)$_2$薄片上得到进一步定标。图 10.29 给出了重频 50kHz 时不同泵浦功率对应的脉冲能量,最高功率能够达到 395μJ。图 10.30 给出了不同脉冲能量的自相关检测信号。脉冲能量 315μJ 时,放大并压缩后的脉冲宽度明显小于种子脉冲。这是由于在泡克耳斯盒内 BBO 晶体存在对脉冲的谱展宽效应。

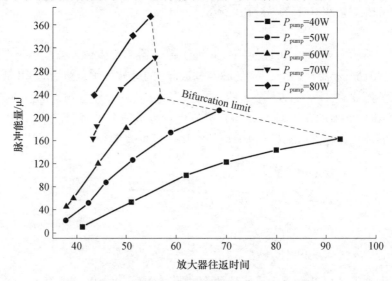

图 10.29 50kHZ 重频下放大脉冲的脉冲能量

10.7.4　高脉冲能量薄片激光器

薄片放大器也可以产生更高脉冲能量。如之前提到的,腔倒空激光器实现了 280mJ 激光输出、重频 100Hz、脉宽 25ns。使用再生放大器,也实现 240mJ 激光输出、重频 100Hz、脉宽 8ns[58]。

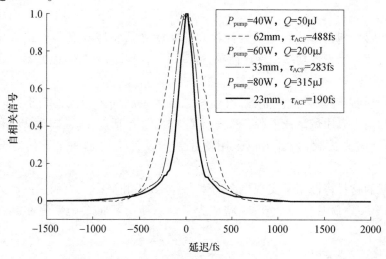

图 10.30　50kHZ 重频下、优化调整压缩光栅后放大脉冲的自相关检测信号

脉冲能量的进一步定标放大可以将再生放大器与几何多通放大器相结合。这类多通概念的提出是为了实现在非常短反应时间内脉冲"按要求"输送。使用特殊设计的调 Q 薄片激光器,在薄片内 12 次双通,脉冲能量可以达到 4～6 倍的放大。这类系统实现了 48mJ 脉冲的输送,相对于电开关信号最大延迟为 400ns[68]。

一个类似的几何多通放大器在高能 CPA 薄片激光上得到了发展。目标是产生重频 100Hz、脉宽 5ps、能量约 1J 的脉冲。实际上,一个 2ns 的脉冲被再生放大器和多通放大器的组合已经放大到了 320mJ;约 2ps 脉冲的可压缩性也在约 180mJ 的能量输出时得到验证[69]。

从这些结果可以看到,薄片放大器可以用来产生和放大各种脉宽的脉冲达到高功率,从飞秒直到纳秒。

10.8　工业实现

到目前为止,薄片激光设计的 20 个许可证被卖到世界各地的公司。其中一些公司已经推出了激光器产品。

Rofin-Sinar 激光公司使用 750W～4kW 的激光器进行材料加工。这些激光器与纤芯 200μm 的光纤(NA=0.2)耦相合。Trumpf 激光+Co KG 提供 250W～16kW 输出功率的薄片激光,同样也是与 200μm 的光纤耦合。由于此类激光器的光束质量较好(与相同功率的 CO_2 激光相比),因此在高功率材料加工领域很有市场。

　　Jenoptik Laser、Optik，Systeme GmbH 在出售绿光、红光和蓝光谱段的高功率薄片激光(绿光8W,蓝光0.8W,红光2W)。同时正在出售40W的调Q激光用于打标和钻孔。

　　这些例子表明,薄片激光器成功实现了从实验室到工业应用的推广。未来几年更多的公司将进入这个市场。

10.9　小结

　　本章的结果表明,薄片激光器设计在高功率激光器领域具有易于建造和操作的潜力。特别的,薄片激光器功率定标律简单,且适用于各种激光晶体,因此易于在工业激光系统中应用。

　　薄片激光是一种新兴的激光概念,使得二极管泵浦固体激光器易于同时实现高功率、高效率和高光束质量。几乎所有激光器工作模式,包括连续波、脉宽从飞秒到纳秒的脉冲激光以及激光放大器,都可以采用薄片激光设计来达到相比于其他设计更好的性能。

　　未来,新的材料将被用于实现更高功率、更高效率和更高光束质量的激光输出。激光功率大于10kW,脉冲能量大于1J将成为可能。新材料将会为新激光波长开启新的市场。

致谢

　　非常感谢本章提到的从1992年以来致力于薄片激光器研究的20位科学家、技术人员和众多学生,没有他们的努力就不可能有这些成果。

参考文献

[1] Lacovara,P.,Choi, H. K., Wang, C. A., Aggarwal, R. L., and Fan, T. Y., "Room temperature diode-pumped Yb: YAG laser," Opt. Lett., 16: 1089-1091, 1991.

[2] DeLoach, L. D., Payne, S. A., Krupke, W. F., Smith, L. K., Kway, W. L., Tassano, J. B, and Chai, B. H. T., "Laser and Spectroscopic Properties of Yb-Doped Apatite Crystals" Advanced Solid State Lasers, Washington, DC, OSA, 1993.

[3] Giesen, A., Hügel, H., Voss, A., Wittig, K., Brauch, U., and Opower, H., "Scalable Concept for Diode-Pumped High-Power Solid-State Lasers," Appl. Physics B, 58: 365, 1994.

[4] Giesen, A., Hügel, H., Voss, A., Wittig, K., Brauch, U., and Opower, H., "Diode-Pumped High-Power Solid-State Laser: Concept and First Results with Yb:YAG," Advanced Solid State Lasers, Washington, DC, OSA, 1994T.

[5] Brauch, U., Giesen, A., Karszewski, M., Stewen, C., and Voss, A., "Multi Watt Diode-Pumped Yb:YAG Thin Disc Laser Continuously Tunable Between 1018 nm and 1053 nm," Opt. Lett., 20 (7): 713, 1995.

[6] Erhard, S., Giesen, A., Karszewski, M., Rupp, T., Stewen, C., Johannsen, I., and Contag, K., "Novel Pump Design of Yb:YAG Thin-Disc Laser for Operation at Room Temperature with Improved Efficiency," OSA Trends in Optics and Photonics (Advanced Solid-State Laser, vol. 34), eds. M. M. Fejer, H. Injeyan, and U. Keller, Washington, DC, OSA, 2000.

[7] Erhard, S. , Karszewski, M. , Stewen, C. , Contag, K. , Voss, A. , and Giesen, A. , "Pumping Schemes for Multi-kW Thin Disc Lasers,"OSA Trends in Optics and Photonics (Advanced Solid-State Laser, vol. 34), eds. M. M. Fejer, H. Injeyan, and U. Keller, Washington, DC, OSA, 2000.

[8] Tünnermann, A. , Zellmer, H. , Schöne, W. , Giesen, A. , and Contag, K. , "New Concepts for Diode-Pumped Solid-State Lasers,"High Power Diode Lasers: Fundamentals, Technology, Applications (Topics in Applied Physics, vol. 78), ed. R. Diehl, Springer Verlag, Berlin, Heidelberg, 2000.

[9] Giesen, A. , Hollemann, G. , Johannsen, I. "Diode-pumped Nd:YAG thin-disc laser,"Conference on Lasers and Electro-Optics (CLEO '99), Washington, DC, OSA, 1999.

[10] Johannsen, I. , Erhard, S. , Müller, D. , Stewen, C. , Giesen, A. , and Contag, K. , "Nd:YAG Thin Disc Laser," OSA Trends in Optics and Photonics (Advanced Solid-State Laser, vol. 34), eds. M. M. Fejer, H. Injeyan, and U. Keller, Washington, DC, OSA, 2000.

[11] Gao, J. , Speiser, J. , and Giesen, A. , "25-W Diode-Pumped Continuous-Wave Quasi-Three-Level Nd:YAG Thin Disc Laser," Advanced Solid-State Photonics Technical Digest, Washington, DC, OSA, 2005.

[12] A. Diening, B. -M. Dicks, E. Heumann, G. Huber, A. Voβ, M. Karszewski, A. Giesen, "High Power Tm:YAG Thin-Disc Laser,"OSA Technical Digest Series, Conference on Lasers and Electro Optics (CLEO '98). Washington, DC, OSA, 1998.

[13] N. Berner, A. Diening, E. Heumann, G. Huber, A. Voss, M. Karzewski, A. Giesen, "Tm:YAG: A Comparison between endpumped Laser-rods and the 'Thin- Disc'-Setup,"OSA Trends in Optics and Photonics (Advanced Solid-State Laser, vol. 26), eds. M. M. Fejer, H. Injeyan, and U. Keller, Washington, DC, OSA, 1999.

[14] Schellhorn, M. , "Performance of a Ho:YAG Thin-Disc Laser Pumped by a Diode-Pumped 1. 9 m Thulium Laser,"Applied Physics B, 85 (4): 549-552, 2006.

[15] Kränkel, C. , Peters, R. , Petermann, K. , and Huber, G. , "High Power Operation of Yb:LuVO4 and Yb:YVO4 Crystals in the Thin Disc Laser Setup,"Advanced Solid-State Photonics 2007 Technical Digest, Washington, DC, OSA, 2006.

[16] Peters, R. , Kränkel, C. , Petermann, K. , Huber, G. , "Power Scaling Potential of Yb:NGW in Thin-Disc Laser Configuration,"Applied Physics B, 91 (1): 25-28, 2008.

[17] Peters, R. , Kränkel, C. , Petermann, K. , and Huber, G. , "Thin Disc Laser Operation of Yb^{3+} Doped NaGd (WO4)$_2$," Advanced Solid-State Photonics 2007 Technical Digest, Washington, DC: OSA, 2006.

[18] Koch, R. , Hollemann, G. , Clemens, R. , Voelckel, H. , Giesen, A. , Voss, A. , Karszewski, M. , and Stewen, C. , "Effective Near Diffraction Limited Diode Pumped Thin Disc Nd:YVO$_4$ Laser," OSA Technical Digest Series, Conference on Lasers and Electro Optics (CLEO '97), Washington, DC, OSA, 1997.

[19] R. Koch, G. Hollemann, R. Clemens, H. Voelckel, A. Giesen, "Near Diffraction Limited Diode Pumped Thin Disc Nd:YVO$_4$ Laser," LASER '97 (SPIE Proc. Vol. 3097), Bellingham, WA, SPIE, 1997.

[20] Gao, J. , Larionov, M. , Speiser, J. , Giesen, A. , Douillet, A. , Keupp, J. , Rasel, E. M. , and Ertmer, W. , "Nd: YVO$_4$ Thin Disc Laser with 5. 8 Watts Output Power at 914 nm," OSA Trends in Optics and Photonics (TOPS), vol. 73, Conference on Lasers and Electro-Optics (CLEO 2002) Technical Digest, Postconference Edition, Washington, DC, OSA, 2002.

[21] Pavel, N. , Kränkel, C. , Peters, R. , Petermann, K. , Huber, G. , "In-band pumping of Nd-vanadate thin-disc lasers,"Applied Physics B, 91 (3): 415-419, 2008.

[22] Larionov, M. , Gao, J. , Erhard, S. , Giesen, A. , Contag, K. , Peters, V. , Mix, E. , Fornasiero, L. , Petermann, K. , Huber, G. , Aus der Au, J. , Spühler, G. J. , Brunner, F. , Pascotta, R. , Keller, U. , Lagatsky, A. A. , Abdolvand, A. , and Kuleshov, N. V. , "Thin Disc Laser Operation and Spectroscopic Characterization of Yb-Doped Sesquioxides,"Advanced Solid-State Lasers (Trends in Optics and Photonics, vol. 50), ed. C. Marshall, Washington, DC, OSA, 2001.

[23] Peters, R. , Kränkel, C. , Petermann, K. , Huber, G. , "Broadly Tunable High-Power Yb:Lu$_2$O$_3$ Thin-Disc Laser with

80% Slope Efficiency," OPTICS EXPRESS, 15 (11): 7075-7082, 2007.

[24] Kränkel, C., Johannsen, J., Peters, R., Petermann, K., Huber, G., "Continuouswave High Power Laser Operation and Tunability of Yb:LaSc$_3$(BO$_3$)$_4$ in Thin-Disc Configuration," Applied Physics B, 87 (2): 217-220, 2007.

[25] Kränkel, C., Peters, R., Petermann, K., Loiseau, P., Aka, G., Huber, G., "Efficient Continuous-wave Thin-Disc Laser Operation of Yb:Ca$_4$YO(BO$_3$)$_3$ in E parallel to Z and E parallel to X Orientations with 26 W Output Power," J. Opt. Soc. Am. B, 26 (7): 1310-1314, 2009.

[26] Schepler, K. L., Peterson, R. D., Berry, P. A., and McKay, J. B., "Thermal Effects in Cr^{2+}:ZnSe Thin-Disc lasers," IEEE J. Sel. Top. Quant. Elec., 11 (3): 713-720, 2005.

[27] Marion, J., "Strengthened Solid-State Laser Materials," Appl. Phys. Lett., 47 (7): 694, 1985.

[28] Contag, K., Brauch, U., Erhard, S., Giesen, A., Johannsen, I., Karszewski, M., Stewen, C., and Voss, A., "Simulations of the Lasing Properties of a Thin Disc Laser Combining High Output Powers with Good Beam Quality," Modeling and Simulation of Higher-Power Laser Systems IV (SPIE Proc., vol. 2989), eds. U. O. Farrukh and S. Basu, Bellingham, WA, SPIE, 1997.

[29] Contag, K., Karszewski, M., Stewen, C., Giesen, A., and Hügel, H., "Theoretical Modeling and Experimental Investigations of the Diode-Pumped Thin-Disc Yb:YAG Laser," Quant. Electron., 29 (8): 697, 1999.

[30] Contag, K., Erhard, S., and Giesen, A., "Calculations of Optimum Design Parameters for Yb:YAG Thin Disc Lasers," OSA Trends in Optics and Photonics (Advanced Solid-State Laser, vol. 34), eds. M. M. Fejer, H. Injeyan, and U. Keller, Washington, DC, OSA, 2000.

[31] Contag, K., Modellierung und numerische Auslegung des Yb:YAG-Scheibenlasers, Herbert Utz Verlag, München, 2002.

[32] Speiser, J., and Giesen, A., "Numerical Modeling of High Power Continuous Wave Yb:YAG Thin Disc Lasers, Scaling to 14 kW," Advanced Solid-State Photonics 2007 Technical Digest, Washington, DC, OSA, 2006.

[33] Barnes, N. P., and Walsh, B. M., "Amplified spontaneous emission - application to Nd:YAG lasers," IEEE J. Quantum Electron., 35: 101-110, 1999.

[34] Speiser, J., "Thin-Disc Laser—Energy Scaling," LASER PHYSICS, 19 (2), 2009.

[35] Kouznetsov, D., Bisson, J. F., Dong, J., Ueda, K. I., "Surface loss limit of the power scaling of a thin-disc laser," J. Opt. Soc. Am. B, 23: 1074, 2006.

[36] Speiser, J., "Scaling of Thin-Disc Lasers—Influence of Amplified Spontaneous Emission," J. Opt. Soc. Am. B, 26 (1): 26-35, 2009.

[37] Contag, K., Brauch, U., Giesen, A., Johannsen, I., Karszewski, M., Schiegg, U., Stewen, C., and Voss, A., "Multi-Hundred Watt CW Diode Pumped Yb:YAG Thin-Disc Laser," Solid State Lasers VI (SPIE Proc., vol. 2986), ed. R. Scheps, Bellingham, WA, SPIE, 1997.

[38] Stewen, C., Contag, K., Larionov, M., Giesen, A., and Hügel, H., "A 1-kW CW Thin-Disc Laser," IEEE J. Sel. Top. Quant. Electron., 6 (4): S650, 2000.

[39] Lobad, A., Newell, T., and Latham, W., "6.5 kW, Yb:YAG Ceramic Thin-Disc Laser," presented at the Solid State Lasers XIX: Technology and Devices, San Francisco, CA, USA, 24 January 2010.

[40] Mende, J., Spindler, G., Speiser, J., and Giesen, A., "Concept of Neutral Gain Modules for Power Scaling of Thin-Disc Lasers" Applied Physics B, 97 (2): 307-315, 2009.

[41] Karszewski, M., Brauch, U., Contag, K., Erhard, S., Giesen, A,. Johannsen, I., Stewen, C., and Voss, A., "100 W TEM$_{00}$ Operation of Yb:YAG Thin-Disc Laser with High Efficiency," OSA Trends in Optics and Photonics (Advanced Solid-State Laser, vol. 19), eds. W. R. Bosenberg and M. M. Fejer, Washington, DC, OSA, 1998.

[42] Karszewski, M., Erhard, S., Rupp, T., and Giesen, A., "Efficient High-Power TEM$_{00}$ Mode Operation of Diode-Pumped Yb:YAG Thin Disc Lasers," OSA Trends in Optics and Photonics (Advanced Solid-State Laser, vol. 34), eds. M. M. Fejer, H. Injeyan, and U. Keller, Washington, DC, OSA, 2000.

[43] Stolzenburg, C., Larionov, M., Giesen, A., and Butze, F., "Power Scalable Single-Frequency Thin Disc Oscilla-

tor,"Advanced Solid-State Photonics 2005 Technical Digest, Washington, DC, OSA, 2005.

[44] Giesen, A., Brauch, U., Karszewski, M., Stewen, C., and Voss, A., "High Power Near-Diffraction-Limited and Single Frequency Operation of Yb:YAG Thin-Disc Laser,"OSA Trends in Optics and Photonics (Advanced Solid-State Laser, vol. 1), eds. S. A. Payne and C. R. Pollock, Washington, DC, OSA, 1996.

[45] Giesen, A., Brauch, U., Johannsen, I., Karszewski, M., Schiegg, U., Stewen, C., and Voss, A., "Advanced Tunability and High-Power TEM00-Operation of the Yb:YAG Thin-Disc Laser," OSA Trends in Optics and Photonics (Advanced Solid-State Laser, vol. 10), eds. C. R. Pollock and W. R. Bosenberg, Washington, DC, OSA, 1997.

[46] Karszewski, M., Brauch, U., Contag, K., Giesen, A., Johannsen, I., Stewen, C., and Voss, A., "Multiwatt Diode-Pumped Yb:YAG Thin Disc Laser Tunable Between 1016 nm and 1062 nm,"Proc. 2nd International Conference on Tunable Solid State Lasers, Wroclaw, Poland, 1996 (SPIE Proc., vol. 3176), eds. W. Strek, E. Tukowiak, and B. Nissen-Sobocinska, Bellingham, WA, SPIE, 1996.

[47] Hönninger, C., Zhang, G., Keller, U., and Giesen, A., "Femtosecond Yb:YAG Laser Using Semiconductor Saturable Absorbers,"Opt. Lett., 20 (23): 2402, 1995.

[48] Paschotta, R., Aus der Au, J., Spühler, G. J., Morier-Genoud, F., Hövel, R., Moser, M., Erhard, S., Karszewski, M., Giesen, A., and Keller, U., "Diode-Pumped Passively Mode-Locked Lasers with High Average Power," Appl. Phys. B., 70: S25, 2000.

[49] Spühler, G. J., Aus der Au, J., Paschotta, R., Keller, U., Moser, M., Erhard, S., Karszewski, M., and Giesen, A., "High-Power Femtosecond Yb:YAG Laser Based on a Power-Scalable Concept,"OSA Trends in Optics and Photonics (Advanced Solid-State Laser, vol. 34), eds. M. M. Fejer, H. Injeyan, and U. Keller, Washington, DC, OSA, 2000.

[50] Ausder Au, J., Spühler, G., J., Südmeyer, T., Paschotta, R., Hövel, R., Moser, M., Erhard, S., Karszewski, M., Giesen, A., and Keller, U., "16.2 W Average Power from a Diode-Pumped Femtosecond Yb:YAG Thin Disc Laser,"Opt, Lett., 25: 859, 2000.

[51] Brunner, F., Südmeyer, T., Innhofer, E., Paschotta, R., Morier-Genoud, F., Keller, U., Gao, J., Contag, K., Giesen, A., Kisel, V. E., Shcherbitsky, V. G., and Kuleshov, N. G., "240-fs Pulses with 22-W Average Power from a Passively Mode-Locked Thin-Disc Yb:KY(WO4)2 Laser," OSA Trends in Optics and Photonics (TOPS), vol. 73, Conference on Lasers and Electro-Optics (CLEO 2002), Technical Digest, Postconference Edition, Washington, DC, OSA, 2002.

[52] Baer, C. R. E., Kränkel, C., Saraceno, C. J., Heckl, O. H., Golling, M., Sudmeyer, T., Peters, R., Petermann, K., Huber, G., and Keller, U., "Femtosecond Yb:Lu2O3 Thin-Disc Laser with 63 W of Average Power,"OPTICS LETTERS, 34 (18): 2823-2825, 2009.

[53] Baer, C. R. E., Kränkel, C., Heckl, O. H., Golling, M., Sudmeyer, T., Peters, R., Petermann, K., Huber, G., and Keller, U., "227-fs Pulses from a Mode-locked Yb:LuScO3 Thin-Disc Laser,"OPTICS EXPRESS, 17 (13): 10725-10730, 2009.

[54] Südmeyer, T., Kränkel, C., Baer, C. R. E., Heckl, O. H., Saraceno, C. J., Golling, M., Peters, R., Petermann, K., Huber, G., and Keller, U., "High-power ultrafast thin-disc laser oscillators and their potential for sub-100-femtosecond pulse generation,"Applied Physics B, 97 (2): 281-295, 2009.

[55] Johannsen, I., Erhard, S., Giesen, A., "Q-switched Yb:YAG thin-disc laser,"OSA Trends in Optics and Photonics (TOPS), vol. 50, Advanced Solid-State Lasers, Washington, DC, OSA, 2001.

[56] Butze, F., Larionov, M., Schuhmann, K., Stolzenburg, C., and Giesen, A., "Nanosecond Pulsed Thin Disc Yb: YAG Lasers,"Advanced Solid-State Photonics 2004, Technical Digest, Washington, DC, OSA, 2004.

[57] Stolzenburg, C., Giesen, A., Butze, F., Heist, P., and Hollemann, G., "Cavity Dumped Intracavity Frequency Doubled Yb:YAG Thin Disc Laser at 100 kHz Repetition Rate,"Advanced Solid-State Photonics 2007 Technical Digest, Washington, DC, OSA, 2006.

[58] Stolzenburg, C., Voss, A., Graf, T., Larionov, M., and Giesen, A., "Advanced Pulsed Thin-Disc Laser Sources,"

Proc. SPIE 6871, 2008.

[59] Hönninger, C. , Johannsen, I. , Moser, M. , Zhang, G. , Giesen, A. , and Keller, U. , "Diode Pumped Thin Disc Yb:YAG Regenerative Amplifier,"Appl. Phys. B, 65: 423, 1997.

[60] Hönninger, C. , Zhang, G. , Moser, M. , Keller, U. , Johannsen, I. , and Giesen, A. , "Diode Pumped Thin Disc Yb:YAG Regenerative Amplifier"OSA Trends in Optics and Photonics (Advanced Solid-State Laser, vol. 19), eds. W. R. Bosenberg and M. M. Fejer, Washington, DC, OSA, 1998.

[61] Hönninger, C. , Paschotta, R. , Graf, M. , Morier-Genoud, F. , Zhang, G. , Moser, M. , Biswal, S. , Nees, J. , Mourou, G. A. , Johannsen, I. , Giesen, A. , Seeber, W. , and Keller, U. , "Ultrafast Ytterbium-Doped Bulk Lasers and Laser Amplifiers,"Appl. Phys. B, 69 (1): 3, 1999.

[62] Müller, D. , Erhard, S. , and Giesen, A. , "High Power Thin Disc Yb:YAG Regenerative Amplifier,"OSA Trends in Optics and Photonics (Advanced Solid-State Lasers, vol. 50), ed. C. Marshall, Washington, DC, OSA, 2001.

[63] Müller, D. , Erhard, S. , and Giesen, A. , "Nd:YVO$_4$ and Yb:YAG Thin Disc Regenerative Amplifier," OSA Trends in Optics and Photonics (TOPS), vol. 56, Conference on Lasers and Electro-Optics (CLEO 2001), Technical Digest, Postconference Edition, Washington, DC, OSA, 2001.

[64] Müller, D. , Giesen, A. , and Hügel, H. , "Picosecond Thin Disc Regenerative Amplifier," XIV International Symposium on Gas Flow, Chemical Lasers, and High-Power Lasers,Proc. SPIE, 5120: 281-286, 2003.

[65] Stolzenburg, C. , and Giesen, A. , "Picosecond Regenerative Yb:YAG Thin Disc Amplifier at 200 kHz Repetition Rate and 62 W Output Power,"Advanced Solid-State Photonics 2007 Technical Digest, Washington, DC, OSA, 2006.

[66] Beyertt, A. , Müller, D. , Nickel, D. , and Giesen, A. , "CPA-Free Femtosecond Thin Disc Yb:KYW Regenerative Amplifier with High Repetition Rate,"Advanced Solid-State Photonics 2004 Technical Digest, Washington, DC, OSA, 2004.

[67] Larionov, M. , Butze, F. , Nickel, D. , and Giesen, A. , "Femtosecond Thin Disc Yb:KYW Regenerative Amplifier with Astigmatism Compensation," Advanced Solid-State Photonics 2007 Technical Digest, Washington, DC, OSA, 2006.

[68] Antognini, A. , Schuhmann, K. , Amaro, FD. , Biraben, F. , Dax, A. , Giesen, A. , Graf, T. ,Hansch, T. W. , et al. "Thin-Disc Yb:YAG Oscillator-Amplifier Laser, ASE, and Effective Yb:YAG Lifetime," IEEE J. Quant. Electron. , 45 (8): 983-995, 2009.

[69] Tümmler, J. , Jung, R. , Stiel, H. , Nickles, PV. , and Sandner, W. , "High-repetitionrate chirped-pulse-amplification thin-disc laser system with joule-level pulse energy," OPTICS LETTERS, 34 (9): 1378-1380, 2009.

第11章

热容激光器

Robert M. Yamamoto

劳伦斯·利弗莫尔国家实验室首席研究员,加利福尼亚州,利弗莫尔

Mark D. Rotter

劳伦斯·利弗莫尔国家实验室技术组成员,加利福尼亚州,利弗莫尔

11.1 介绍

在过去的 10 年中,科学家和工程师们积极参与研发了挖掘热容激光器(HCL)潜力所需的关键技术。世界各地的几个科研机构,曾经积极参与了热容激光器研究。其中最引人注目的有是位于北京[1]、上海[2]的中国科学院相关研究所和位于加利福尼亚州的劳伦斯·利弗莫尔国家实验室[3](LLNL)。与其他固体激光器相区别,热容激光器的根本特点是其将激光运转过程和激光增益介质的冷却过程分离。在激光运作过程中,热被储存在激光增益介质内,然后将激光介质从光路中移开以进行离线冷却。由于冷却过程和激光过程相对独立,这就使一些更有效的冷却方式应用到激光介质的散热中。

11.2 系统结构

HCL 中的一个重要属性是它容许激光谐振腔采用一个极其简单的设计,可采用由高功率二极管巴条构成的阵列泵浦的大尺寸激光增益介质(板条)构成的单孔径结构。图 11.1 显示了在劳伦斯·利弗莫尔国家实验室[4]的热容激光器的最终结构。

HCL 中的基本集成结构是激光增益模块,它包括由四个高功率二极管阵列泵浦的一块板条,每个板条的两侧有两个二极管阵列,每个二极管阵列以一定的角度泵浦板条的侧面,在板条泵浦面上有着均匀的泵浦光强度。在此具体的例子中,该激光增益介质是一种透明陶瓷的 Nd:YAG 板条,边缘包覆了掺钴的钆镓石榴石(GGG),来抑制放大的自发辐射。图 11.1 显示由 5 个增益模块相互串接的方式构成了一个紧凑的腔,这样就可以将其当作一个自由运转的谐振腔来提取能量。HCL 采用了由波前传感器、可变形反射

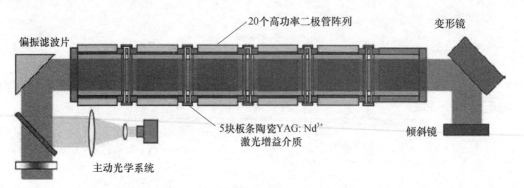

图 11.1 劳伦斯·利弗莫尔国家实验室的热容激光器结构

镜、倾斜镜以及控制器构成的内腔自适应光学(AO)系统,用以保持波前相位的均匀性。这个 HCL 结构的输出激光束的波长为 1064nm,二极管泵浦光波长为 808nm。

两个关键硬件组件组成了 HCL 的增益模块。第一个是高功率二极管阵列,其用于泵浦激光增益介质。每个二极管阵列由数百个尺寸相对较小,但功率非常高的二极管巴条构成,这些巴条经过仔细排列和精密装调以形成一个强度均匀的二极管阵列。图 11.2

图 11.2 由 Simmtec 公司制造的 84kW,560 个巴条的二极管阵列

显示了由 Simmtec 公司[5]制造的高功率二极管阵列,这个二极管阵列包括 560 个单独的二极管巴条(共 7 排,由每排 8 列、每列 10 个巴条构成的阵列),能够产生 84kW 的峰值功率(保守估计值)。二极管阵列的电光效率为 40% ~ 50%,使得其需要庞大的冷却系统来驱散废热(每个巴条需要大约 10gal/min(1gal = 3.79L)的流量)。此外,冷却水的温度必须维持在一定的范围内以保证二极管出射光的波长与激光增益介质的最佳吸收波长相匹配。作为参考,每个高功率二极管阵列尺寸与一条小面包相当,其质量约为标准保龄球的 2 倍。

一个每列由 10 个巴条组成二极管阵列的具体的结构如图 11.3 所示,它显示了二极管激光各主要封装结构之间的相对关系和设计的复杂性。很多工艺步骤,从玻璃模块的冷却系统到实际二极管巴条的准确定位和焊接,硅散热基板的刻蚀,在这个复杂的器件中都是必要的。

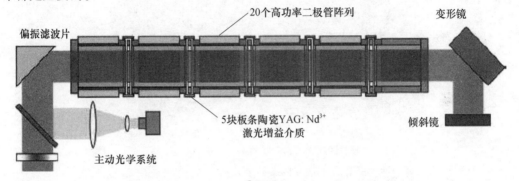

图 11.3

图 11.4 显示了二极管巴条在 QCW 模式运转下的输出功率和电流的关系图表。在驱动电流为 140A 时,得到了大约 2kW 的峰值输出功率,电光效率约为 55%。这些 10 个巴条的阵列在 165A 驱动电流和 20% 占空比下,通过了 12h 的老化测试,老化参数超过了实际的设计参数,这样可以保证在额定工作条件下有足够的可靠性。

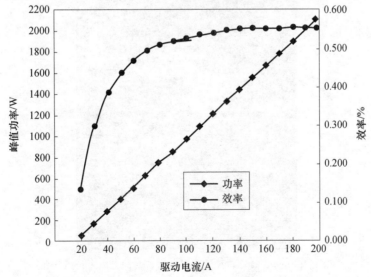

图 11.4　Simmetc 制造的 10 个巴条二极管阵列斜率性能[5]

HCL 的第二个关键硬件构成是激光增益介质。大口径、透明陶瓷作为激光增益介质的出现,是热容激光器一个关键性技术进步,这主要是因为 HCL 的功率定标能力随增益介质的尺寸线性增加。也就是说,更大的板条截面尺寸意味着更高的激光输出功率。透明陶瓷可以做得很大,可达数十厘米这一特点对 HCL 的结构走向实用化和它的定标潜力有非常显著的贡献(透明陶瓷的特点和其他优点见第7章)。

图 11.5(a)是 LLNL 设计的 HCL 中,一块 10cm × 10cm × 2cm 的钕掺杂钇铝石榴石(Nd:YAG)透明陶瓷激光增益介质(板条)。图 11.5(b)是一块带 Sm:YAG 包边的 Nd:YAG 透明陶瓷板条,它用于抑制放大的自发辐射。所有透明陶瓷都由神岛化学公司[6]和日本 Baikowshi 公司生产[7]。

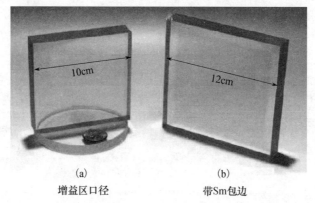

（a）　　　　　　　　　　　　（b）

　增益区口径　　　　　　　　　带Sm包边

图 11.5　由 Konoshima Chemical 公司研制的透明陶瓷增益介质

(a) Active aperture; (b) With samarium edge cladding。

图 11.6 给出了 LLNL 热容激光器的前视图,可以看到一块 10cm × 10cm 口径的透明陶瓷激光增益介质,它由一组高平均功率二极管阵列泵浦。

图 11.6　电激励的二极管阵列泵浦透明陶瓷激光增益介质

在前面介绍的结构中,一个典型的 HCL 在运行中可以达到 25kW 的输出功率,200Hz 的重复频率,二极管阵列保持 10% 的占空比,透明陶瓷激光增益介质运行在热容模式(出光过程中介质不主动冷却),其温度 10s 左右从室温达到了 130℃。尽管理论上透明陶瓷在 200℃ 左右不会有断裂,没有物理损伤,但是工程考虑,10s 之后要将板条替换掉。这种替换的方式确保板条温升带来的材料应力始终处于使系统安全运行的合理范围。

10s 出光之后,透明陶瓷在原位或被移走的同时也充分冷却。一些板条冷却方法已被证实是有效的。比如,将冷板移至距激光板条千分之几英寸的距离,以提供一个传导冷却的板条热传导路径;或将冷却气体通过每个板条表面;或采用喷雾来吸收板条的热量。使热板条从被加热的温度到室温的必要冷却时间大概是几十秒到几分钟,这取决于使用的冷却结构。实际的激光应用和运行中需要什么条件,会决定使用什么样的冷却系统。HCL 方便的冷却方式是这种结构激光器的另一个关键技术,特别是在实际应用中。

11.3　激光性能建模

11.3.1　泵浦吸收、增益和提取

HCL 模型中几何构型如图 11.7 中。一维激光介质由 m 个板条构成,每个厚度为 l,两边的反射面反射率为 R_1 和 R_2。腔长为 L_{cav},增益介质的总长度 $L_{slab} = ml$。每个板条表面被强度为 $i_p(\lambda,t)(\mathrm{W}/(\mathrm{cm}^2 \cdot \mathrm{nm}))$ 的泵浦光来泵浦。为了方便,假设激光的输出是一条直线。介质内激光的循环强度为 $I_L^{\pm}(\mathrm{W}/\mathrm{cm}^2)$,介质体损耗为 $\alpha(\mathrm{cm}^{-1})$。

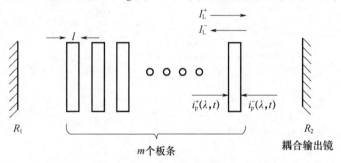

图 11.7　HCL 模型中的几何构型

在 808nm 的泵浦带附近,Nd:YAG 的吸收截面如图 11.8 所示,包括时间积分的泵浦光谱。可以看出,光谱有很多的峰和谷。此外,泵浦二极管的中心波长和线宽与时间有关。因此,需要普适性表达式来描述激光泵浦到上能级的过程:

$$R_p(z,t) \propto \int \lambda \sigma_a(\lambda) i_p(\lambda,t) \left[\mathrm{e}^{-N_0 \sigma_a(\lambda) z} + \mathrm{e}^{-N_0 \sigma_a(\lambda)(l-z)} \right] \mathrm{d}\lambda \tag{11.1}$$

式中:$\sigma_a \lambda)$ 为吸收截面;N_0 为 Nd 的基态粒子数,并且积分遍历了整个泵浦带。

式(11.1)隐含条件为板条两侧面的泵浦强度相同。

瞬时的泵浦光强度可以进一步写成

$$i_p(\lambda,t) = f_p(t)\exp\left[-4\ln 2(\lambda - \lambda_c(t))^2/\Delta\lambda^2(t)\right] \tag{11.2}$$

式中:$f_p(\lambda,t)$描述了综合的泵浦强度分布;其中

$$\lambda_c(t) = A\left[1 - e^{Bt}\mathrm{erfc}(\sqrt{Bt})\right] \tag{11.3}$$

是中心波长,A 和 B 是拟合系数;$\Delta\lambda(t) = 2.7 + t/235(\mathrm{nm})$ 是以 μs 为时间单位来表征的光谱半高全宽(FWHM)。

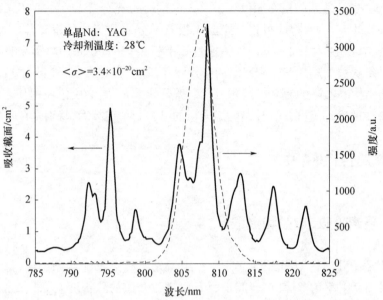

图 11.8 Nd:YAG 在 808nm 处的吸收带

注:虚线是时间积分的二极管激光器泵浦光光谱。

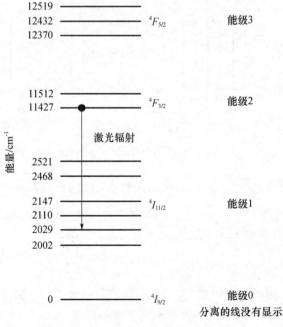

图 11.9 Nd:YAG 的能级图

　　因为在激光介质上会有大量的热积累,所以要考虑低激光能级粒子数的热布居和高激光能级粒子数的热布居不足。Nd:YAG 的能级图如图 11.9 所示。因为要处理的是四能级系统,在关心的时间尺度内从能级 3 到能级 2 的跃迁速度极快(从能级 1 到能级 0 与之相似)。能级 3 与能级 2(以及能级 1 和能级 0)遵守热力学平衡。因此,如果 ΔE_{10} 和 ΔE_{32} 是能级 1、0 之间和 3、2 之间各自的能量差,可以将温度为 T 时在能级 1 的粒子数目表示为

$$N_1(T) = N_0 \mathrm{e}^{-\Delta E_{10}/kT} \tag{11.4}$$

式中:$\Delta E_{10} = 0.26\mathrm{eV}$;$k$ 为玻耳兹曼常数。

　　类似地,当温度为 T 时,能级 2 的粒子数为

$$N_2^0(T) = \frac{Z_{32}(T)}{Z_{32}(T_0)} N_2^0(T_0) \tag{11.5}$$

式中:T_0 为参考温度;并且

$$Z_{32}(T) = \frac{Z_2(T)}{Z_2(T) + Z_3(T)} \tag{11.6}$$

是处于能级 2 的粒子数比例。布局数 $N_2^0(T)$ 是指在温度 T 时,由于泵浦过程而给出能级 2 的粒子数目。应将它与单纯的热粒子数 $N_2(T)$ 相区分,后者由于相对基态能量差很多,实际上几乎为 0。式(11.6)中的配分函数 Z_2 和 Z_3 定义为

$$Z_i(T) = \sum_\alpha \mathrm{e}^{-E_{i\alpha}/kT} \tag{11.7}$$

式中:α 为能级 i 的子能级。

　　可以发现,Z_{32} 可很好地估算为

$$Z_{32}(T) = 1/\left[1 + 4\exp(-\Delta E_{32}/kT)\right] \tag{11.8}$$

式中:$\Delta E_{32} = 0.13\mathrm{eV}$。

　　那么描述谐振腔的方程为

$$\frac{\partial N_2^0(T)}{\partial t} = \frac{N_0}{hc} R_\mathrm{p}(z,t) - k_T N_2^0(T) - \frac{(\sigma_{21}(T) N_2^0(T) - \sigma_{12}(T) N_1(T))(I_\mathrm{L}^+ + I_\mathrm{L}^-)}{h\nu_\mathrm{L}}$$

$$\pm \frac{\partial I_\mathrm{L}^\pm}{\partial t} + \frac{n}{c} \frac{\partial I_\mathrm{L}^\pm}{\partial t} = \left[(\sigma_{21}(T) N_2^0(T) - \sigma_{12}(T) N_1(T))(I_\mathrm{L}^\pm + I_n^\pm) - \alpha I_\mathrm{L}^\pm\right] L_\mathrm{slab}/L_\mathrm{cav}$$

$$\tag{11.9}$$

式中:k_T 为上能级的全衰减速率,$k_\mathrm{T} = k_\mathrm{f} + k_\mathrm{ASE}$,$k_\mathrm{f}$ 为荧光衰减速率,k_ASE 为 ASE 相关的衰减率(参见 11.3.2 节);引发激光过程的噪声项由 $I_n^\pm$ 表示;系统所有的分布损耗由参数 α 表征。

　　以上所有表达式需要满足 $N_0 + N_2 = N$。其中,N 为 Nd 粒子的浓度。初始/边界条件为

$$\begin{cases} N_2^0(t=0) = I_L^{\pm}(t=0) = 0 \\ I_L^+(z=0,t) = R_1 I_L^-(z=0,t) \\ I_L^+(z=L_{cav},t) = R_2 I_L^-(z=L_{cav},t) \end{cases} \tag{11.10}$$

式中：R_1 为高反射镜的反射率；R_2 为输出耦合镜的反射率。

由这些公式计算得到的结果如图 11.10 所示，是一个 4 板条 Nd:YAG 系统中空间平均的增益系数、输出强度以及与时间有关的输出通量。

弛豫振荡的存在由图 11.10 可看出非常明显，围绕在系统达到稳态后的阈值增益上下。对于这种情形，输出功率密度大约 $1J/cm^2$。在大约 $100cm^2$ 的增益区域内，这表示输出能量在 100J 左右，或者在 200Hz 重复频率下，平均输出功率达到 20kW 左右。

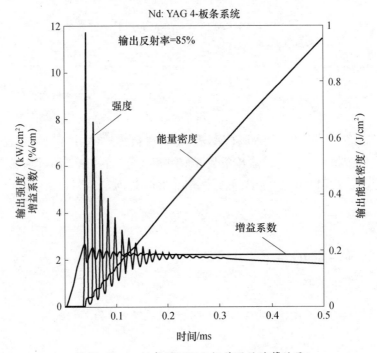

图 11.10 四板条 Nd:YAG 振荡器的计算结果

作为一个例子，一类参数研究可以利用以上模型进行，图 11.11 展示了输出功率随板条数目和耦合输出镜的变化关系。非稳腔的等效放大率（$M=1/\sqrt{R_{bc}}$）的影响，包括在 $M=1.5$ 时实测的板输出功率也如图 11.11 所示。与预想的相同，由于传输方向上增益的增加，板条数目越多，经过优化的系统的放大率值越大。

图 11.12 展示了输出功率与板条表面温度的关系。如前面提到的，由于低能级热粒子数增加和高能级热粒子数减少，输出功率会随着温度的升高而降低。计算结果表明对于一个 7 板条系统，在初始温度约为 300K 时，产生大约 75kW 的输出功率。对于相对温升限制为 100K 时，在输出脉冲末端的功率大约为初始值的 80%。可发现一个典型的温升与脉冲数目之间的关系约为 0.05K/脉冲。因此，在 200Hz 重复频率下，提取 10s 后的温升大约为 100K。

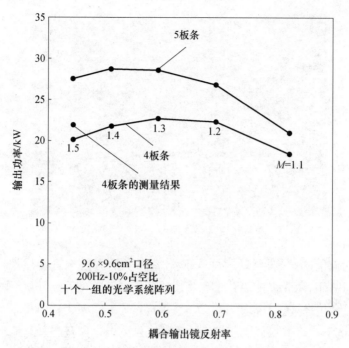

图 11.11 输出功率随耦合输出镜反射率和板条数目的变化

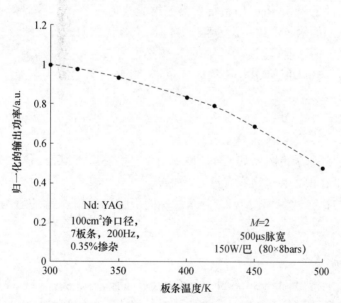

图 11.12 输出功率随板条温度的变化(300K 对应的输出功率为 75kW)

11.3.2 放大的自发辐射效应

在固体激光介质中,由于介质内部的反射,相当大比例的自发辐射被捕捉。为了吸收这些辐射,以及为避免内部寄生振荡的形成,在增益介质的周边添加了包边图 11.13。

图 11.13 掺钴包边、环氧树脂黏合的陶瓷 Nd:YAG 板条

ASE 效应对储能的影响,可以通过 ASE 倍率因子的方法来进行模拟,也就是 M_{ASE}。如果板条内没有 ASE,激光上能级粒子数将按照荧光衰减速率 $k_F = 1/t_f$ 衰减,其中 t_f 是荧光寿命。由于 ASE 的存在,上能级将会以 $k_{ASE} = k_F(M_{ASE} - 1)$ 的速率跃迁,此时 $M_{ASE} > 1$。如果 $M_{ASE} = 1$,不会产生 ASE 效应。ASE 倍率因子可以通过增益与宽度乘积来参数化,也就是增益系数(cm^{-1})与板条净孔径宽度(cm)的乘积。

对于给定尺寸的板条,可以用蒙特卡洛三维光线追迹程序[8]来计算 ASE 倍率因子与增益和宽度乘积的函数形式。这种程序在随机位置和方向放置光线,跟踪计算板条内沿光线传输路径上的增益(或损耗)。寄生振荡标记为 $M_{ASE} \rightarrow \infty$[1]。

如前面所述,能够用变量 $\beta = gL$ 描述 ASE 倍率因子,其中 L 为泵浦区域的宽度。特别的,有

$$M_{ASE} - 1 = \beta \exp(m_1 + m_2\beta + m_3\beta^2 + m_4\beta^3) \tag{11.11}$$

式中:$m_i(i = 1,2,3,4)$ 为曲线拟合系数。

采用这种方法计算的例子如图 11.14 所示,这里一个 YAG 板条的尺寸为 $10cm \times 10cm \times 2cm$,假设在板条和包边没有折射率失配。

由于 ASE 的存在,增益系数 g(或等价的储能密度)对应的速率方程为

$$\frac{dg}{dt} = P(t) - gM_{ASE}k_F \tag{11.12}$$

式中:$P(t)$ 为泵浦速率。

由此可清晰地指出,ASE 倍率因子是增益系数的函数。从式(11.12)可看到,大的 ASE 倍率因子会导致增益系数在时间上的快速减小从而导致储能的减小。物理上来讲,增益系数在一定的泵浦功率处会有一个极限值存在;在这个点,增加泵浦能量不会使增益系数增加,反而产生了更严重的 ASE 效应。

理想状态下,在板条和包边上没有折射率的失配。这些理想的状态可以通过扩散键合边缘包边到板条上,或者在使用陶瓷介质时,通过相互烧结的方式来键合板条和包边。但是,这两种方式都被证明花费时间很长,在制作中没有好的可重复性。另一个方式是通过在板条和包边之间使用键合剂(如环氧树脂)。不幸地,绝大多数环氧树脂的折射率都明显低于 YAG。因此,自发辐射在板条/环氧树脂界面的菲涅尔反射将会降低板条寄

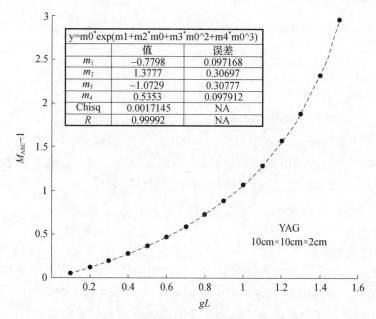

图 11.14　ASE 倍率因子随 gL 的变化和分析拟合

生振荡的阈值。然而,如果板条边缘在黏合之前被打毛了,漫反射将会提高阈值并抑制寄生振荡的产生。

　　ASE 模型中的粗糙表面处理:该表面通过 $\xi(x,y)$ 来表征,它可以代表任一点 (x,y) 相对于表面的平均 z 值的高度差。假设 ξ 是一个正态分布的随机变量,其平均值为 0、方差为 σ^2。随机分布用相关长度函数来进一步描述。

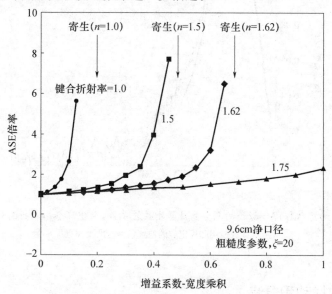

图 11.15　黏合剂折射率对 ASE 倍率的影响

　　考虑表面非常粗糙的极限情况,这对应于 $\sigma/\lambda \gg 1$,其中 λ 为光的波长,正入射光束被散射进角度 θ 内的概率密度为[9]:

$$p(\theta,\xi) = \frac{c\xi}{1 + \cos\theta}\exp\left[-\frac{\xi^2 \sin^2\theta}{8(1 + \cos\theta)^2}\right] \tag{11.13}$$

式中

$$c = \left[\sqrt{2\pi}\,\mathrm{erf}\left(\frac{\xi}{2\sqrt{2}}\right)\right]^{-1}$$

$\xi = T/\sigma$ 描述了表面特征。一个粗糙面有 $\xi \to 0$，一个光滑面有 $\xi \to \infty$。每次光线触碰到板条边缘，它的随机散射方向由式(11.13)给出的概率分布给出。如果 U 代表(0,1)中一个均匀分布的随机数，那么由式(11.13)给出的散射角度为[10]

$$\theta(U,\xi) = 2\arctan^{-1}\left\{\frac{2\sqrt{2}}{\xi}\,\mathrm{erf}^{-1}\left[U\mathrm{erf}\left(\frac{\xi}{2\sqrt{2}}\right)\right]\right\} \tag{11.14}$$

式中：erf^{-1} 为逆误差函数。

图 11.15 给出了环氧树脂反射率对 ASE 倍率因子的影响，该倍率因子是增益系数与宽度乘积的函数。如期望的，环氧树脂的折射率与 YAG 板条的折射率(约 1.82)越相近，环氧树脂对于倍率因子的影响越小。箭头指出在哪个增益与宽度乘积取何值时会产生寄生振荡。图 11.16 中给出了环氧树脂黏合包边的测量和计算结果，其中环氧树脂的反射率为 1.62。最终板条产生了寄生振荡，增益系数在 0.11 cm^{-1} 处达到极致。但热容激光器在正常运行时是远小于此的，如图中的虚线表示。

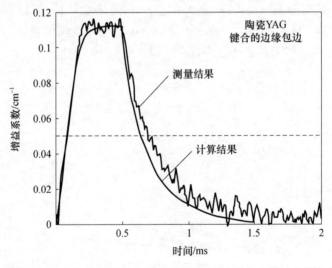

图 11.16 陶瓷 Nd:YAG 板条的测量和计算增益的系数(其中环氧树脂折射率为 1.62)
注：虚线为使用非稳定腔的四板条系统的工作点。

11.3.3 波前扰动和退偏

热容激光器用来最小化温度梯度，因此可将温度梯度引发的波前畸变降至最低，但由于泵浦的非均匀性，在垂直于激光传输的方向上温度梯度始终存在。这一节提供了计算这些热效应的方法,说明了这些效应是怎样限制了系统的性能的。

建立的有限元几何模型如图 11.17 所示。图的中心区域处代表 Nd:YAG 陶瓷板条,边缘区域以 Co:GGG 来包边。在这两种材料中间有厚 $125\mu m$ 的环氧树脂键合剂。由于键合剂非常薄,这个区域在图中看不到。再者模型中介于两片相邻的包边间有一层非常薄的空气层,这个区域在图中不可见。

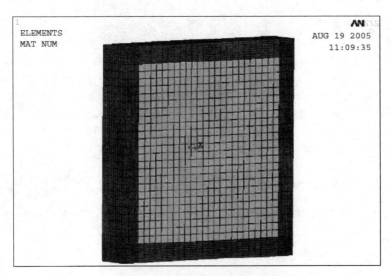

图 11.17　建模板条的几何模型

注:中心区域是陶瓷 Nd:YAG,而包围它们的是 Co:GGG 包边。

两区域之间是厚 $125\mu m$ 的环氧树脂包层,因为太薄在图中看不到。

1. 温度和应力计算

热弹性计算开始首先需要知道详细的热源函数分布。为此,对于 YAG 区域,采用了在板条平面实际测得的激光二极管阵列的强度分布。对于边缘包层区,假定未提取的能量均匀地沉积并环绕在有源区域的周围。这一计算对于每个激光板条都是相互独立的,因为对于每个板条而言二极管阵列泵浦强度分布是不一样的。无论是对于 YAG 还是对于 GGG,考虑到了热导率及比热容等性能参数将随温度的变化关系,温度及应力随时间的变化关系也进行了充分考虑。

板条 4 在 5s 之后的温度分布如图 11.18 所示。图中初始温度为 20℃。板条的温升很好地近似于 11 ~ 12℃/s 的速率。在该图中二极管泵浦光的不均匀性是显而易见的。

使用热像仪测量板条表面的温度以此来对比模型的预测结果。图 11.19 对 $t = 1s$ 和 $t = 5s$ 进行了比较。板条 YAG 位于图中的 − 5 ~ + 5cm 之间。尽管一些精细的结构有所缺失,但是模型与整体温度上升的结果吻合得还是相当好的。

如图 11.20 所示,产生退偏的主要因素之一是 $x - y$ 平面的剪切应力,产生于如图 11.18 所示的温度分布。正如预期的那样,最大的剪切应力发生在板条的边角。因此,这是产生最大退偏振的位置。

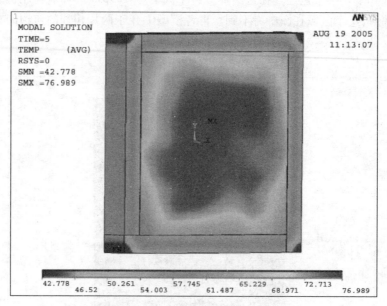

图 11.18 5 秒后温度等高线分布(单位为℃)

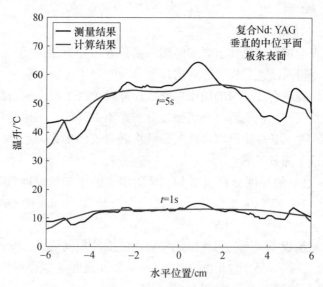

图 11.19 板条 4 测量和计算的温度增长曲线

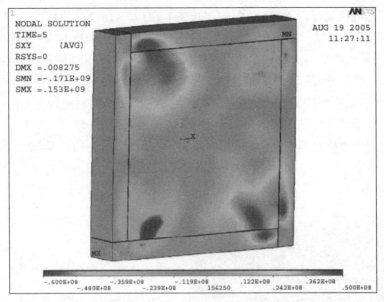

图 11.20 由图 11.18 温度分布引起的 $x-y$ 剪切应力等高线图
（单位为 dyn/cm², dyn = 10^{-5}N 除以 10^7）

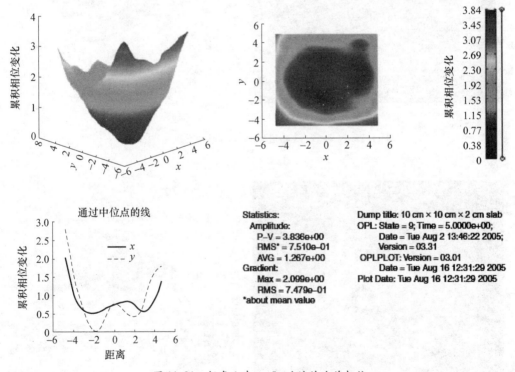

图 11.21 板条 1 在 $t=5$s 时的总波前相位

2. 波前计算

根据板条内的温度和应力分布, 可以计算波前畸变。在一般情况下, 波前畸变有三个来源: 折射率随温度的变化; 机械变形; 应力诱导双折射。应力引起的双折射也导致了初始线偏振光的退偏振。图 11.21 显示了板条 1 在 $t = 5s$ 时由于位移,dn/dT 和应力共同作用导致的波前相位差。值得注意的是,波前畸变主要是由于 dn/dT 和位移变形导致的;而应力对波前畸变的影响只发挥次要作用。图中是以 $1\mu m$ 的波长为单位的。波前畸变的峰-谷(P-V)值在 5s 内是非线性增长的;更确切地说,P-V 值在前 1s 内是线性增长的,但是接着就非线性了,在 1s 时 P-V 值是 1λ,然而在 5s 时则为 3.8λ。

由 4 块板条产生的总的波前是数个板条的相干叠加。图 11.22 为 5s 时 4 块板条总的波前。值得注意的是有相当大的曲率(离焦)成分的波前。通过其他光学器件矫正球面波前($x^2 + y^2$)(类似于目前消除倾斜的方法),变形镜(DM)的行程就能够用来以矫正其他高阶相差。图 11.23 显示了去除离焦后的 P-V 值,比去除前少了 1/2。

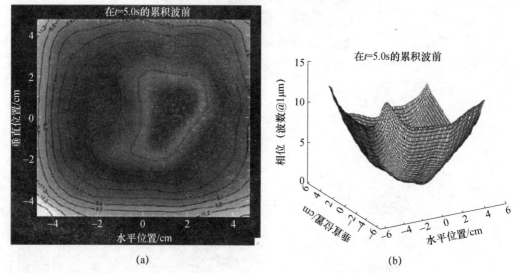

(a)   (b)

图 11.22 4 块板条(单通)在 $t = 5s$ 时的总波前相位分布

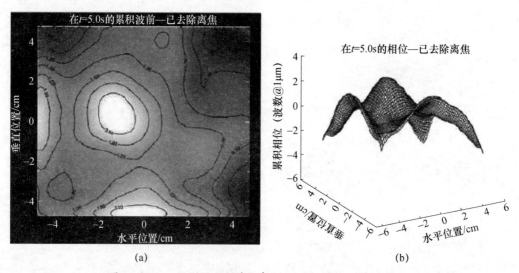

(a)   (b)

图 11.23 $t = 5s$ 时 4 块板条(单通)的总的波前,离焦已去除

　　表 11.1 总结了通过计算获得的 4 块板条得总波前 P-V 值。由于两次通过板条,在变形镜上的相位畸变(和梯度)是上述值的 2 倍。值得指出的是,波前相差可以很好地被变形镜补偿,因为其有着 16λ 的补偿能力。然而,相位梯度限制了变形镜的运行速度。变形镜最多允许两个驱动器之间 $\pm 2\mu m$ 的相对移动。因为每个促动器之间的距离约为 1cm,2 倍波长每厘米的梯度将达到其极限。从表 11.1 可以看到这一极限值大约发生在 1s 时,此时没有减去离焦相差,或出现在 2s 时,此时离焦相差通过其他光学器件被补偿。

表 11.1　4 个板条计算的总的波前误差和梯度值

时间/s	总相位 P－V (四板条单通)/μm	去离焦后总相位 P－V (四板条单通)/μm	最大相位梯度 /(μm/cm)	去离焦后最大相位梯度/(μm/cm)
0.25	1.0	0.5	0.5	0.3
0.50	2.0	1.0	1.0	0.6
1.00	3.7	1.8	1.8	1.1
5.00	14.0	8.0	5.3	4.6

3. 退偏振

　　对于给定方向的线偏振光,退偏振度给出了偏振方向转动到垂直于原来方向的光的百分比。例如,80% 的退偏度表示在孔径内给定的一点,线性 p 偏振光通过板条后变成椭圆偏振光,其中 80% 的强度为 s 偏振,剩余的 20% 为 p 偏振光。

　　如前所述,$x-y$ 剪切应力导致了退偏振。因此退偏振的空间分布趋近于应力的分布。图 11.24 显示了板条在 $t=5s$ 时的退偏振情况。正如预期的那样,大部分的退偏振发生在板条的尖角处。退偏振的值从 $t=0.25s$ 时不到 1% 增加到在 $t=5s$ 的 80%。

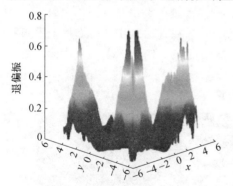
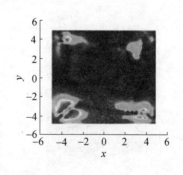
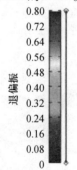

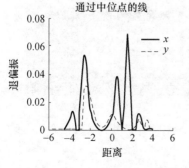

Statistics:
Amplitude:
　P-V = 7.980e-01
　RMS* = 1.599e-01
　AVG = 1.165e-01
Gradient:
　Max = 4.203e+00
　RMS = 4.787e-01
*about mean value

Dump title: 10 cm × 10 cm × 2 cm slab
OPL: State = 9; Time = 5.0000e+00;
　　Date = Tue Aug 2 13:46:22 2005;
　　Version = 03.31
OPLPLOT: Version = 03.01
　　Date = Tue Aug 16 12:31:29 2005
Plot Date: Tue Aug 16 12:31:29 2005

图 11.24　在 $t=5s$ 时板条 1 的退偏

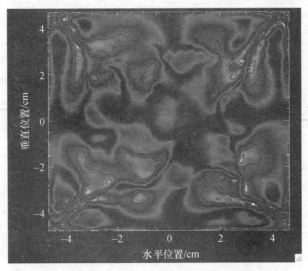

图 11.25 在 $t=5s$ 时 4 块板条(单通)的退偏

4 块板条的总退偏振不能由各板条退偏振的简单叠加来得到。其原因是,当退偏强度给定时,所有的"相位"信息丢失了。为了计算 4 块板条的退偏,必须给出每块板条的实际琼斯矩阵。通过这些矩阵的相乘,可以得到任意多板条的结果。图 11.25 给出了用这种方法获得的四个板条的在 $t=5s$(单通)时的计算结果。当存在大口径退偏振时,峰值退偏值范围从在 $t=0.25s$ 时大约 10% 可以直到 $t=5s$ 时的 100%。

4. 光束的抖动

图 11.26 为水平方向和垂直方向的光束在 $t=5.0s$ 时抖动的等高线图。抖动角以微弧度(μrad)给出,用正值表示该光束朝向正横轴或纵轴(轴的原点位于孔径中心)。图 11.27 给出了沿垂直方向的中平面(对于水平抖动)和水平方向的中平面(对于垂直抖动)的截面图。经过 1s 后,最大偏转角在水平和垂直方向都大约为 $200\mu rad$(4 块板条单通)。当双通通过板条时,将导致最大为 $400\mu rad$ 的偏转。这个值可以用于确定光束在变形镜上的实际线性偏移量,并确定了腔内的光程长度。

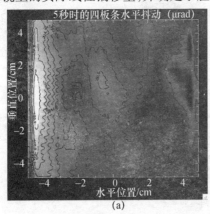
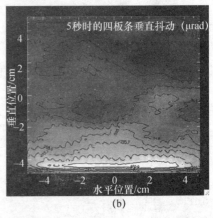

(a) (b)

图 11.26 在 $t=5s$ 时 4 块板条(单通)形成的倾斜(mrad)

(a)水平方向;(b)垂直方向。

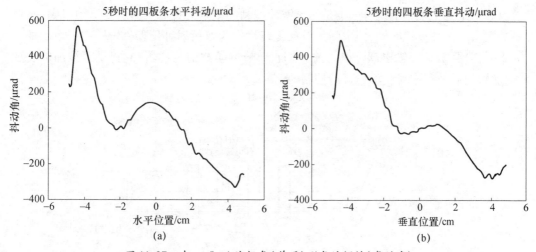

图 11.27　在 $t = 5s$,4 块板条(单通)形成的倾斜(毫弧度)

(a)垂直中间平面上的水平倾斜;(b)水平中间面上垂直方向上的倾斜。

11.4　最新研究进展

11.4.1　功率提取

2006 年 1 月,LLNL 的热容激光器在短暂的运行中实现了 67kW 的平均功率输出,其单脉冲能量为 335J,以 200Hz 的脉冲重复率工作,创下了二极管泵浦脉冲固态激光器的世界纪录[4]。HCL 脉宽 500μs,并且使用了占空比可达 20% 的高功率二极管阵列。这一功率水平通过泵浦 5 个连续的 Nd:YAG 透明陶瓷获得,每个板条增益区的尺寸为 10cm×10cm×2cm。图 11.28 给出了 HCL 系统的端视图和侧视图。

图 11.28　目前在劳伦斯·利弗莫尔国家实验室的热容激光器

(a)端视图;(b)侧视图。

11.4.2　波前控制

在 HCL 中,许多技术应用于波前畸变的控制。图 11.29 显示了 HCL 的光学布局示意。其中是一个可调节镜——也是用于波前控制的主要元件——内腔变形镜(DM)。倾斜校正由一个高反镜实施,而中间的石英旋转片作为双折射补偿器件。图中未示出的是光束采样器(放置在输出耦合镜之前)和夏克-哈特曼波前传感器,它提供了波前畸变的测量结果,以及用来对变形镜进行控制的信号。

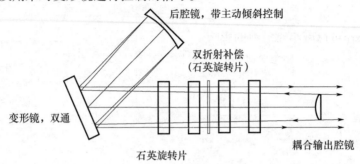

图 11.29　热容激光器布局

注:光束采集光学系统(在耦合输出镜的前端)和夏克-哈特曼波前传感器在图中未画出。

如前所述,输出光束质量强烈依赖腔内的相位畸变。其中一些畸变的来源包括:①增益介质上泵浦光引起的温度梯度分布;②谐振腔内光学器件吸收激光产生的热效应;③环境的热(如支撑结构以及大气)。为了避免光束质量的退化,波前畸变的 RMS 值必须控制在 35nm(约 $\lambda/30$)以下。

在 HCL 中,DM 是控制波前相差的主要手段。图 11.30 显示了变形镜的表面。变形镜前的光学器件不仅保护了变形镜同时也提供了空气的通道,该通道用于防止灰尘落在变形镜表面。变形镜由 Xinetics 提供,共有按伪六边形排布的 206 个间距约 1cm 的驱动器。单驱动器极限行程是 ±4μm,相邻驱动器最大有效行程差为 ±2μm。该 DM 使用推拉式驱动,适合于区域法或模式法 AO 校正方案,而且易"复印",这是矫正后的残留像差。DM 用在双通结构中,校正总量可高达 16λ(约 16μm)(低空间频率时)。

图 11.30　内腔变形镜的前表面

注:通过前表面面板,可以看到促动器。

相位畸变的主要来源是晶体中泵浦光诱导的温度梯度(见图 11.18 中计算得到在板条内温度分布)。这些温度梯度的主要源自板条表面沉积的不均匀的泵浦光。这些不均匀性直接表现在了波前畸变上。

尽管泵浦光的不均匀性对波前产生的影响最大,其他如光学器件受热或热致气流等也起一定作用。例如,变形镜镜面最初是 BK7 玻璃,然而它对激光的吸收大到难以接受,会导致很大的波前畸变。这些畸变在近场的强度图样上足以显见。还通过 AO 控制回路探测到对流池的存在。这些对流池导致大的倾斜,必须在后镜处予以解决。在氦气环境中进行激光操作可以减小对流池的影响。

由于泵浦的不均匀和变形镜窗口对激光的吸收,在像差大到 DM 无法校正之前激光器的运行时间约为 1s。值得注意的是,这个运行时间与前面介绍的计算吻合良好。通过更换 DM 窗口,再使用全息相屏匀化泵浦光分布,光束质量保持在 2 倍衍射极限的运行时间延长至 5s,如图 11.31 所示。"Early fall 2005"图表示激光的初始状态。在 2005 年,在 DM 前面的 BK7 窗口替换为熔融石英。2006 年,全息相屏被添加到泵浦结构中。最终的结果是运行 5s 内获得了优于 2 倍衍射极限的光束质量。

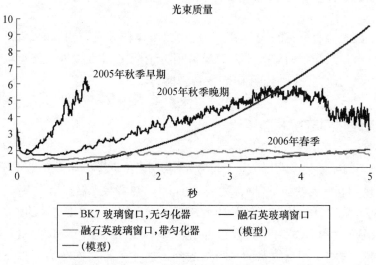

图 11.31 通过激光器的各种改变,获得了光束质量的提高(衍射极限倍数)

11.5 定标方法

本章所描述的 HCL 的架构已通过实验验证,引人注目的激光输出功率(67kW 的平均输出功率)可以在一个非常小的体积内通过一个极其简单而又直接的激光腔设计来实现。5 块激光增益模块的 HCL 如图 11.28 所示,它可以容纳在一个典型的餐厅桌面上。可以通过以下三种独立的方法对 HCL 进行线性功率定标:

(1)添加更多的内部激光增益介质(板条);

(2)增加激光增益介质的横截面面积(二极管泵浦光的相应增加);

(3)提高高功率二极管阵列的占空比。

简单地增加这三个参数中的一个或数个都会对 HCL 功率的输出都会起到直接、有用的效果。

展望下一阶段的进展,一台兆瓦级 HCL 的概念设计如下:

(1)串联 16 个透明陶瓷 Nd:YAG 激光增益介质;

(2)每个增益介质为 20cm × 20cm × 4cm 的厚板条;

(3)64 个大功率二极管阵列,每个阵列平均输出 84kW、占空比 20%。

对于热容激光器来说,这些参数遵循上述的一般性功率计算公式:提高激光增益介质的数量、增加激光增益介质的尺寸和提高大功率激光二极管阵列的占空比。虽然整个激光系统架构的许多细节问题还有待解决,但是用与目前类似的 HCL 结构实现兆瓦级输出没有本质的难题。此外,迄今唯一还没有得到物理证实的技术是尺寸 20cm 的透明陶瓷激光增益介质。因此,实现更高的激光输出功率水平是一个渐进的工程过程,而不是一个关键技术突破就可突然实现的。

11.6 应用和相关的实验结果

因为热容激光器所具备的大功率输出能力以及操作方便结构紧凑,所以通常用来进行各种激光材料相互作用的实验。人们经常用劳伦斯·利弗莫尔国家实验室的热容激光器进行一些相关研究[11]来说明 HCL 的各种能力。

11.6.1 快速材料去除(钻/熔)

在初始静态的配置下,已经有人进行过激光作用于钢的实验。收集的数据通常是由参数 Q^* 或者去除 1g 材料所需的能量表示。在这个实验中,热容激光器产生一束尺寸为 2.5cm × 2.5cm、脉冲频率为 200Hz、功率为 25kW 的激光光束,照射到一块厚 1 英寸的碳钢上,经过 10s 照射后的结果显示在图 11.32 中。可以看到,经过 6s 辐照后就产生了初始的孔。在这个激光和靶相互作用的过程中相当数量的材料被去除。这种实验数据在确定激光切割工具的加工速率方面是有用的,也可以用于估算针对军用目标的烧穿时间。

(a)   (b)

图 11.32 25kW 在厚 1 英寸的碳钢靶上作用 10s 后

11.6.2　气流的相互作用导致的空气动力不平衡

图 11.33 所示的序列显示了激光束和飞机使用薄铝板相互作用的实验模拟结果。激光束在材料表面加热(光斑尺寸 13cm × 13cm),软化了该材料产生初始裂纹和最终破裂的地方。在材料表面上高速旋转的气流是用来模拟飞机穿越大气层的情况。这个实验表明,由于流动的空气所形成的低气压,薄铝片在熔化之前开始软化并且向外凸出。由流动空气所产生的压力足以撕裂掉铝片。这种空气动力的不平衡会导致摧毁目标结构的完整性或者将目标吹离飞行路径。

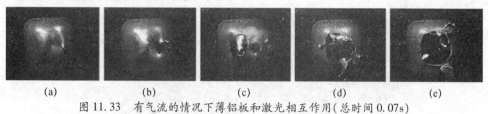

|(a)|(b)|(c)|(d)|(e)|

图 11.33　有气流的情况下薄铝板和激光相互作用(总时间 0.07s)

11.6.3　激光用于人道主义扫雷

2004 年,劳伦斯·利弗莫尔国家实验室开展了一项热容激光器用于人道主义扫雷的研究[12]。实验表明,由于激光系统的脉冲形式,激光束可以在土壤中以非常快的速度打孔并且在几秒内加热埋在地下的地雷,将地雷内的炸药加热到可以爆炸的温度。

打孔现象的物理机理:由于 HCL 激光器输出的是脉冲形式,光束的峰值功率是激光平均功率的很多倍。每个高峰值功率的脉冲打在土壤中会导致一个高的峰值温度。土壤都会有一些含水量,由 HCL 产生的高峰值功率激光非常集中地打在土壤上会导致区域中的水分蒸发。通过不断的脉冲打击,水分汽化产生了一系列的微爆。这些微爆产生了翻开土壤所需要的力。每个激光脉冲蒸发更多的水分从而创造更多的微爆,使得激光穿透到更深的土壤中。一旦激光达到地雷的外壳就迅速加热该材料,在几秒内就可以使地雷内的炸药温度快速升高(几百摄氏度)从而引发爆燃。

图 11.34 是用于人道主义扫雷的 HCL 系统概念图。该系统可以同时用于地下和地表,并且可以在距离显著偏离的情况下操作,以减少人在爆炸区域的出现。此外,HCL 的功率可以非常简单地调整,如调整到地雷内的材料不是爆炸而是"嗞嗞"响,从而进一步减小了人在暴露于爆炸产生的碎片中的风险。

图 11.34　用于人道主义扫雷的 HCL 系统概念图

11.6.4　车载自维护400kW热容激光器

很明显,HCL的众多特点会使得其在军事上有很多用途。如上所述,热容激光器还可以定标到更高的功率,同时仍然保持轻型紧凑的结构。此外,由于其简单的结构,所以非常符合军事的可靠、易维护的需求。图11.35是一个带有400kW热容激光器的抗雷、抗伏击军用车的设想图。该系统被设计成为完全自给自足的,包括激光、电源管理系统、热管理系统、光束定向器和计算机控制系统。针对目标可能包括火箭弹、炮弹、迫击炮弹和简易爆炸装置。

图11.35　带有400kW热容激光器的抗雷、抗伏击军用车的设想图

11.7　总结

由于热容激光器的结构简单,包括激光输出和激光增益介质冷却的相分离的热管理方式,已经证明它可以用于实际应用。诸如高功率二极管阵列和透明陶瓷激光增益介质等关键部件已可通过工业化生产得到,从而为激光设计的成熟度和实用性提供了支持。HCL的实验结果不仅确切地表明了其功率是可定标的,而且表现出更多种的用途。在不久的将来会看到HCL从实验室设备转变为一个面向于各种现实应用的产品,为各种实际问题提供解决方案。

参考文献

[1] Yang, X. ,et al. ,"2277-W Continuous-Wave Diode-Pumped Heat Capacity Laser," Chinese Optics Letters, 5(4), April 2007.

[2] Guo, M. -X. , et al. , "A Kilowatt Diode-Pumped Solid-State Heat-Capacity Double-Slab Laser," Chinese Physics Letters, 23(9), May 2006.

[3] Yamamoto, R. , et al. , "Evolution of a Solid State Laser," SPIE Defense & Security Symposium, UCRL-ABS-229142,

April 2007.

[4] Yamamoto, R. M. , et al. , "The Use of Large Transparent Ceramics in a HighPowered, Diode Pumped Solid State Laser," Advanced Solid State Photonics Conference, UCRL-CONF-235413, January 2008.

[5] Simmtec, Allison Park, Pennsylvania: http://www. simm-tec. com.

[6] Konoshima Chemical Company, Takuma-cho, Mitoyo-gun, Kagawa, Japan:http://www. konoshima. co. jp.

[7] Baikowski Japan Company, Ltd. , Chiba-ken, Japan: http://www. baikowski. com.

[8] Jancaitis, K. S. ,Laser Program Annual Report, UCRL 50021-87 (p. 5-3), Livermore, CA: Lawrence Livermore National Lab, 1987.

[9] Beckmann, P. , and Spizzichino, A. ,The Scattering of Electromagnetic Waves from Rough Surfaces, New York: Pergamon Press, 1963.

[10] Devroye, L. ,Non-Uniform Random Variate Generation (Chap. 2), New York: Springer- Verlag, 1986.

[11] Yamamoto, R. , et al. , "Laser-Material Interaction Studies Utilizing the Solid-State Heat Capacity Laser," 20th Annual Solid State and Diode LaserTechnology Review, UCRL-CONF-230816, June 2007.

[12] "Laser Burrows into the Earth to Destroy Land Mines,"Science & Technology, October 2004 (https://www. llnl. gov/str/October04/Rotter. html).

第 12 章

超快固体激光器

Sterling Backus

Kapteyn-Murnane 实验室研发部副部长,科罗拉多州,响石坝

12.1 引言

　　自 20 世纪 90 年代初,固态超快激光器材料的广泛应用以来,超快激光器技术及其应用在过去 15 年得到了飞速发展[1]。1990 年,利用采用染料激光介质的最先进的飞秒(fs)激光器,能产生了几十毫瓦(mW)的功率输出,脉冲宽度约为 100fs。钛蓝宝石在超快激光器中的成功应用,迅速将超快固体激光器的平均输出功率提升了 1 个量级(达到 1W),且能够很容易可靠地产生小于 10fs 的脉冲[2]。这样的技术进步极大地拓宽了超快科学的研究领域,新一代激光器具有更多的应用前景。例如,从 20 世纪 80 年代中期开始,就已经利用超快激光器进行加工和材料切割。与皮秒或者纳秒时间尺度相比,飞秒时间尺度上高强度激光与物质作用有本质的不同,在该时间尺度可进行更加精确和良好控制的烧蚀[3]。迄今为止,已经通过超快脉冲,获得了峰值功率达拍瓦(PW)量级的功率输出[4-6]。这样的峰值功率输出能力使超快固体激光器在物理、化学以及生物等领域具有广泛的应用前景。然而,只有进一步发展高功率固体(主要是掺钛蓝宝石)激光器,飞秒激光器在现实生活中的实际应用才能变为现实。当前,飞秒激光器已经应用于一些工业和医疗装置,如在不会引发爆炸的情况下对炸药进行精细加工[7],在屈光矫正手术中切除角膜瓣等[8]。

　　掺钛蓝宝石自身也有其局限性。例如,到现在为止还不能直接通过二极管进行泵浦。虽然在振荡器中可通过 4××nm 的二极管激光器进行泵浦[9],但由于泵浦的功率很低,激光器的输出功率会受到限制,而且非线性吸收效应问题非常严重。当前,直接二极管泵浦的新材料已经非常普遍。掺镱、铬、铒元素的材料具有宽发射带宽和低量子亏损(可以减小热问题),并且可以直接由高功率激光二极管泵浦。在 21 世纪前 10 年,随着可降低热效应的热电和低温冷却技术在超快激光放大器中的广泛应用,高平均功率超快激光器发展取得了持续快速进步。热效应是广泛困扰激光系统(不仅仅是飞秒激光器)的问题,但其对短脉冲产生的影响尤其巨大。

本章节主要对超快源、放大方法、热效应缓解以及人类历史上尚未有记载的最快事件进行测量的方法等进行详细介绍。

12.2　超快激光源和振荡器

现代的超快源主要由固体被动锁模产生。目前使用两种典型的锁模，即 Kerr 透镜锁模和可饱和吸收体锁模，特别是半导体饱和吸收镜（SESAM）[10]。

12.2.1　Kerr 效应

1990 年，St. Andrews 大学的 Wilson Sibbett 开发出了现代化的固体超快激光器[11]。该激光器采用一种新的、被动锁模机制和三阶非线性效应（Kerr 效应），该效应可以用掺钛蓝宝石的折射率的变化给出：

$$n(\omega) = n(\omega_0) + \frac{3\chi^{(3)}}{8n(\omega_0)}I(\omega) , n_2(\omega_0) = \frac{3\chi^{(3)}}{8n(\omega_0)} \tag{12.1}$$

式中：$n(\omega)$ 为折射率；$\chi^{(3)}$ 为第三阶磁化率张量分量数值；$I(\omega)$ 为光强。非线性折射率 $n_2(\omega_0)$ 在高强度分布时导致透镜效应，对于掺钛蓝宝石，其值约为 $2 \times 10^{-16} \mathrm{cm}^2/\mathrm{W}$。如果设计光学腔考虑了式（12.2）所示的透镜效应，那么就会发生被动锁模：

$$f_{\mathrm{Kerr}}^{-1} = \frac{4n_2(\omega)_0 L_{\mathrm{m}}}{\pi w^4}P \tag{12.2}$$

式中：L_{m} 为材料长度；w 为光束半径；P 为光功率。

根据式（12.2），典型的掺钛蓝宝石振荡器的焦距约为 1m。

12.2.2　超快振荡器

典型超快振荡器具有一些明显的特性：首先，它需要一个泵浦源（可以是二极管，也可以是其他激光器）；其次，需要一些形式的色散补偿——棱镜、啁啾镜或者二者同时使用，取决于希望的结果[12]；最后，需要某种的启动机制，如冲击（典型的如敲击棱镜）引起强度调制，进而启动 Kerr 效应，或者 SESAM，对于特定的强度，其损耗较低。图 12.1 是标准的掺钛蓝宝石激光器。值得注意的是，如果光学腔设计合适，就能够产生自锁模。

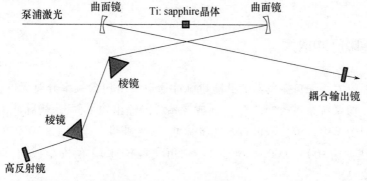

图 12.1　采用棱镜相位补偿的标准掺钛蓝宝石振荡器示意

目前,已经开发了多种类型的飞秒激光器,并被广泛应用。表12.1列出了部分可用的飞秒激光器。这些飞秒激光器的脉宽为10fs~1ps。一些超快激光源的优点是直接用激光二极管泵浦,该泵浦方式能够降低成本和复杂性。尽管掺钛蓝宝石激光器具有产生最短脉冲的潜力,但其必须由复杂的腔内倍频Nd:YVO激光器泵浦。虽然新型的$4\times\times$ nm(可能到$5\times\times$nm范围)激光二极管可以解决这一问题,但要在波长为532nm达到1~5W的可用功率[13],这一技术尚需长时间的研发。新型的光泵浦半导体激光器(OPSL)已经用作掺钛蓝宝石激光器泵浦源[14]。此外,除Nd:YVO系统,倍频光纤激光器是一种具有吸引力的、低成本可选方案[15]。

表 12.1 飞秒激光器源(部分)

激光器材料	波长/nm	脉冲持续时间/fs	泵浦激光器	典型的平均功率/mW
Ti:sapphire	800	<10	Nd:YVO,532nm	100~2000
Yb:KGW/KYW	1050	<200	二极管,980nm	1000~3000
Yb:YAG	1030	<200	二极管,940nm	1000~1000
Cr:LiSAF	840	<50	二极管,670nm	100
Cr:Forsterite	1235	<100	Nd:YAG,1064nm	100
Cr:ZnSe	2500	<100	Tm:Fiber,1900nm	50~100
Er:Fiber	1550	<50	二极管,940nm	50
Yb:Fiber	1030	<200	二极管,980nm	100~1000

12.3 超快放大技术

由于高峰值功率特性,超快激光系统非常复杂。为了将较低能量的纳焦(nJ)脉冲提升到毫焦(mJ)或者更高的能量,必须加宽被放大脉冲的宽度,以避免放大器链中的高峰值功率(功率=能量/持续时间)造成的损伤。1985年,啁啾脉冲放大(CPA)思想被用于将低能量超快脉冲放大到能量小于1J[16]。超快脉冲宽带特性也是一个挑战。因为带宽相当宽(振荡器需要跨越多于一个频程),对所有频率的控制将会很困难。超快激光器部件(如波片、偏光器、布鲁斯特窗以及其他频率有关的部件)的选择必须要相当谨慎。特别地,强色散部件,如光栅和棱镜,通常会通过与光束的空域或者频域耦合而导致畸变。

12.3.1 啁啾脉冲放大

啁啾脉冲放大将来自振荡器的低能量脉冲通过一个包含频率分离元件(如光栅或棱镜)的1:1成像系统来进行"展宽"。在成像系统的输出像平面,超快脉冲中的不同频率光束通过不同的光程。该技术可有效地将脉冲"线性啁啾",实现1×10^5倍的展宽,例如,将10fs脉冲展宽到100~1000ps。经过展宽,可实现超过10^9的安全放大,即可从1nJ放大到1J(图12.2)。

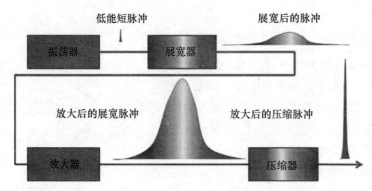

图 12.2 避免超快激光放大系统损伤的啁啾脉冲放大示意

展宽脉冲放大后,由一个压缩器(通常是一对光栅)进行再次压缩。该光栅对恢复了展宽器最初的对脉冲的展宽。理论上,展宽器对脉冲的展宽可以用下式计算:

$$\varphi_s(\omega) = -\frac{8\omega L}{c}\left[1-\left(\frac{2\pi c}{\omega d}-\sin\gamma\right)^2\right]^{1/2} \tag{12.3}$$

式中:$\varphi_s(\omega)$ 为脉冲中光频 ω 的相位延迟;L 为展宽器相对于焦平面的失谐长度;d 为光栅刻线间距;γ 为光栅上的入射角。

相反,光栅对压缩器只简单改变符号和 2 倍因子:

$$\varphi_s(\omega) = \frac{8\omega L}{c}\left[1-\left(\frac{2\pi c}{\omega d}-\sin\gamma\right)^2\right]^{1/2} \tag{12.4}$$

注意对于图 12.3 所示的展宽器,L 为相对于焦平面的偏离,而在压缩器中(图 12.4)则是光栅之间的距离。展宽器和压缩器间的这种匹配,能够使所有不同频率之间的相延迟为 0。

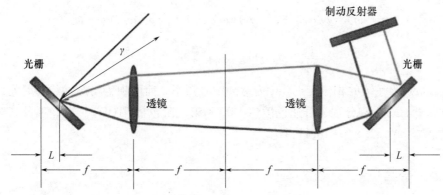

图 12.3 1:1 望远镜式脉冲展宽器示意

注:图中为一个双通路系统(4f),透镜用于明确光束,而反射镜则用于避免展宽器中出现像差。

由于折射材料对不同频率的光束有不同的折射率,因此,在展宽器和压缩器间的传输光学元件或者激光增益材料均会引入相位畸变,相位畸变可由下列公式给出:

$$\varphi_m(\omega) = \frac{L_m(\omega)\omega}{c\cdot\cos\theta}, \theta=\arcsin\left[\frac{1}{n(\omega)}\sin\theta_i\right] \tag{12.5}$$

其中:$\varphi_s(\omega)$ 为材料中的相位延迟;L_m 为材料长度;$n(\omega)$ 为折射率;θ 为材料中的折射角;

θ_i 为入射角。

光束在展宽器中将经历如下历程:来自振荡器的光束直接入射到第一个光栅,然后通过聚焦光学元件成像在第二个光栅上。随后,光束被反射,再次通过光栅对,该过程使所有的频率具有一个单一的空间模式。聚焦光学元件之间 $2f$ 的距离非常关键。如果距离不是 $2f$,输出光束将不会具有相同的空间模式,从而引起空间啁啾,激光束上的这种空间啁啾是非常不希望的。当光栅放置在物面和像面之外的位置

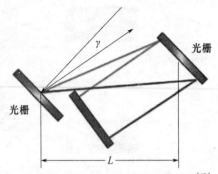

图 12.4 Treacy 型光栅压缩器示意[19]

时,光束的低频和高频成分具有不同的光程,这样由展宽器产生一个时间啁啾脉冲。啁啾的程度取决于 L(见式(12.3)),或者光栅到物面和像面的距离。在展宽器中,光栅放在像面和像面之间,这样的排布使得较红波长的脉冲具有较短的光程,因此是正啁啾。典型的展宽器能够将 $15\sim20\mathrm{fs}$ 的脉冲展宽到 $150\sim400\mathrm{ps}$。

光束通过光学材料必定会引起相应的色散,这是由于对于不同的波长具有不同的折射率(见式(12.5))。色散会进一步正向啁啾激光脉冲。但是,在脉冲的再压缩过程中,这种高阶色散很难被消除。因此,在展宽器设计中,通常会采用曲面镜而不是透镜作为聚焦光学元件。脉冲经过放大后积累了一定数量的相位畸变,这些定义为高阶相位的项,不能通过展宽器和压缩器进行补偿。但是,压缩器中入射角和 L 略微的失配,可以补偿全系统(展宽器、放大器材料和压缩器)相位泰勒展开式中直到第三阶的项。全系统相位可展开为

$$\varphi_{\mathrm{sys}}(\omega) = \varphi(\omega_0) + \varphi'(\omega_0)(\omega-\omega_0) + \frac{1}{2!}\varphi''(\omega_0)(\omega-\omega_0)^2$$

$$+ \frac{1}{3!}\varphi'''(\omega_0)(\omega-\omega_0)^3 + \cdots \tag{12.6}$$

式中:$\varphi_{\mathrm{sys}}(\omega)$ 为系统的相位延迟;ω_0 为脉冲中心频率。前两项为与脉冲绝对时间延迟相关的常量,而 φ'' 和 φ''' 分别为群速色散(GVD)和第三阶色散(TOD)。这些项及其对输出脉冲的影响将在 12.5 节中进行讨论。

12.3.2 像差

展宽器和压缩器光学部件之间的准直误差会对超快脉冲产生有害的影响,需要重视的主要影响包括球面相差、色差(使用透镜的情况下)、热变形以及空间啁啾。解决球差的办法是采用光线追迹软件进行展宽器设计。色差也可通过移除系统中的透镜消除或对 40nm 带宽采用 F 数(焦距/光束直径)大于 20 的透镜来降低。空间啁啾可通过下述方法显著降低,包括在展宽器中展开光谱没有任何倾斜,以及在压缩器中的光栅及光栅刻线相互平行(与热变形相关的问题将在 12.4 节中进行讨论)。更多关于上述及其他畸变问题的介绍,可参见文献[20]。

12.3.3　放大器方案

放大的主要目标是将纳焦（nJ）量级的低能脉冲放大到用于高强度实验的毫焦（mJ）或焦耳（J）量级的高能脉冲。这样的输出水平，对于 20fs 的脉冲，其强度可超过 1×10^{19} W/cm^2，这种强度的脉冲对于强场物理研究和材料加工非常有用。为了高效提取放大器中储存的能量，必须达到材料的饱和通量。对于一个四能级激光器，材料的饱和通量为

$$F_{\text{sat}} = \frac{h\omega}{2\pi\sigma(\omega)} \tag{12.7}$$

式中：h 为普朗克常数；$\sigma(\omega)$ 为频率相关的受激发射截面。

对于掺钛蓝宝石激光器，饱和通量为 1J/cm^2，在 $2F_{\text{sat}}$ 工作时通常会获得最佳提取效率。但值得注意的是，对于掺镱钨酸钆钾（Yb：KGW）激光器，材料的饱和通量约为 10J/cm^2，$2F_{\text{sat}}$ 的提取通量会超过材料的损伤阈值，因而尽管不是没有可能，能量的提取却是非常困难的。

超快脉冲放大器通常有再生放大和多程放大两种方案（至少考虑一块储能介质）。本节将对这两种方案各自的优、缺点进行讨论。不管采用哪种放大方案，B 积分效应、增益窄化和频率牵引会引起放大器中的脉冲宽度发生变化。增益窄化是放大介质的有限增益带宽造成的：

$$n(t,\omega) = n_i(0,\omega)\,\mathrm{e}^{\sigma(\omega)\Delta N} \tag{12.8}$$

其中：$n(t,\omega)$ 为总的放大系数；ΔN 为激发态布居[17]。

因为小信号增益是幂指数的，因此，与中心频率相比，增益带宽边缘频率的增益小于中心频率。这事实上窄化了放大的光谱，从而增加了被压缩脉冲宽度。其他因素，例如反射镜有限带宽和其他光学元件，也会减小整个带宽。

在高强度激光器中，被放大光束高斯强度分布引起的非线性过程会导致透镜的 B 积分效应。该效应表现为沿光束截面的非线性相移：

$$\varphi(t) = \frac{\omega_0}{c}n_2\int I(t,l)\,\mathrm{d}l \tag{12.9}$$

式中：n_2 为给定材料的非线性系数；$I(t,l)$ 是光强；B 是方程（12.9）的峰值；在实际应用中，应该保持放大器中的 B 积分效应最小。大的 B 积分效应（远大于 1rad），会导致光束的自聚焦和放大器的损伤，或者导致压缩后在放大器外出现成丝现象。

频率牵引发生在饱和放大过程。在正向啁啾脉冲中，红光较蓝光占优势，因此在饱和放大时红光"看到"更高的增益，这会造成非期望的光谱峰值红移。

12.3.4　再生放大

再生放大器本质上是一个带声光调制器（AOM）或电光调制器（EOM）的稳定光腔，其中声光调制器和电光调制器在对多程放大中起到针对脉冲的光开关作用，最后将放大的脉冲提取出光腔。图 12.5 是典型的再生放大器示意[21]。

再生放大器的优点是结构简单以及光学腔的使用,后者可确保优质的光束质量。而且,其不依赖于注入放大器的光束质量。再生放大器的运行相当简单:展宽的脉冲通过一个薄膜偏振片(TFP)注入,电光调制器将脉冲限制在光学腔内。脉冲被放大并达到峰值后,另一个电光调制器通过一个薄膜偏振片开关将光束送出光腔。通常,对于毫焦级掺钛蓝宝石再生放大器,脉冲需要在放大器中经过 20 ~ 40 通放大。此外,再生放大器也可只采用一个光电调制器和一个薄膜偏振片,但这需要一个法拉第隔离器来阻止光束反向传输损伤光学元件。

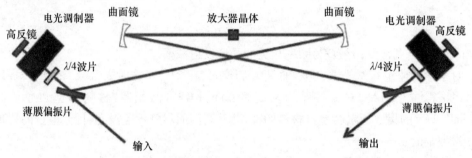

图 12.5 再生放大器示意

注:可以用声光调制器替换光电调制器。图中没有绘出泵浦激光的输入。

由于放大器系统中的多程放大和大量的折射材料,这样的放大器方案面临严重的相位畸变。因此,在无逆向效应的情况下很难将脉冲再压缩到 50fs 以下。此外,放大的程数也随着增益(泵浦激光功率)改变而改变,因此必须要调节压缩器对角度和距离进行补偿。虽然通过再生放大器已经获得了宽带宽和短脉冲,但由于脉冲光谱受到相位畸变的高度约束,脉冲会由于环境的微小变化而起伏[22,23]。

12.3.5 多程放大

另外一种放大方案是让光束沿着空间分离的路径多次通过增益介质[24](图 12.6)。该方案的最大好处是可将电光调制器移出放大器,因而可以显著减少总的折射材料。这种放大器的单程增益约为 10,而不是再生放大器中的 2,这意味着总的放大器程数较少。由于没有大的相位畸变,利用标准技术可将多程放大后的脉冲宽度压缩到更短。利用多程放大器已经获得了 15fs、1mJ 的短脉冲[25]。多程放大器方案的另外一个好处是可以缓

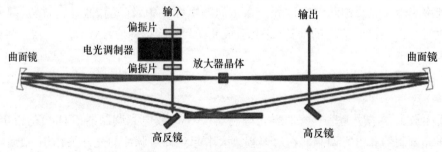

图 12.6 多程放大器结构示意

注:这种结构的放大器将光电调制器移动到放大器的外面,这样可以显著减少放大器中的折射元件的数量。

解增益窄化效应。在前 5 个左右的放大程中使用滤波器(传输光学元件)来抑制增益曲线的峰值以获得较为平坦的增益曲线,可获得大于 90nm 的光谱(图 12.7)。

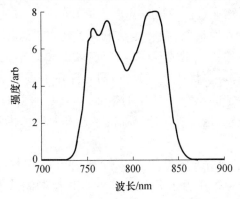

图 12.7　多程放大器产生的 16.8fs、2mJ 和 10kHz 脉冲的光谱

尽管也可以在再生放大器中采用这种技术,但所有放大光程均需要通过增益平坦设备。虽然已经获得了 90nm 的光谱,但是光谱的两翼非常尖锐,这样会使输出脉冲中出现明显的预脉冲结构。多程放大器的一个缺点是,如果放大器出现过载或者能量提取太高,光束质量就会变差。

12.3.6　负啁啾脉冲放大

如 12.3.1 节所述,CPA 技术是产生 10fs ~ 10ps 高峰值功率脉冲行之有效的方法。然而,啁啾脉冲放大方案有明显的局限性,这些局限性主要与脉冲压缩器的结构和准直相关。即便是微小的失谐,脉冲压缩器也会造成空间啁啾或脉冲颜色的物理分离(参见 12.3.3 节)。此外,脉冲压缩器的损耗较大(>30% ,这将在下面进行讨论)。因此,需要为啁啾秒冲的压缩发展一些新兴超快脉冲放大器或其他光学设备。

前述的 CPA 中的被放大脉冲为正啁啾放大(参见 12.3.1 节)。在脉冲展宽器中,红色方向的分量早于蓝色方向分量。脉冲经过放大后,压缩器通过一个反向色散来抵消这一过程,即在压缩器中,红色方向分量的光程较蓝色方向分量的光程长。对于一个合适的系统设计,全光学系统的净色散量(包括展宽器、放大器部件和压缩器)要尽可能地接近于 0。通常,压缩器由一对衍射光栅或者等效结构组成(图 12.4)。在过去的一些研究中,脉冲压缩过程采用棱镜或棱镜与啁啾镜的组合[26]。使用棱镜而不是光栅可避开某些限制因素。然而,棱镜并不能避免空间色散效应。此外,棱镜通常需要特殊设计的镜子来补偿残余的更高阶色散[27]。

对于负啁啾脉冲放大(DPA)技术,脉冲通过负色散进行展宽。注入放大器的脉冲是负啁啾的,换言之,脉冲中首先出现的是蓝色,而红色在出现的较晚。这样的脉冲展宽方式可通过一个光栅或者棱镜对来实现,相同类型的负色散元件在脉冲的再压缩过程中会再次使用。其他可能的光学元件包括特殊设计的镜子,这些镜子能够补偿高阶色散或修正其他光学元件、脉冲整形器(采用自适应光学设备以预定或者可编程的方式来调节脉冲色散)引入的高阶色散误差。此外,还成功地使用棱栅(光栅和棱镜的组合),这将在本节的后面进行讨论。

放大后光脉冲的压缩通过正色散来完成。最好的压缩方法是利用材料色散,或让脉冲通过一块玻璃或者其他透明材料,也可利用其他的光学设备,如啁啾脉冲放大器系统中用作脉冲展宽器的正色散光栅对。然而,相对于之前的脉冲压缩器方案,使用简单、透明光学元件具有许多优势。首先,透明元件在本质上是无损耗的,可以避免在平均功率类光栅压缩器中的30% ~ 50%的损耗,而且有助于避免热畸变效应;其次,简单的玻璃块对准直不敏感,这使脉冲压缩器的准直和及色散的精确补偿更加简化和容易实现。

与传统的 CPA 不同,被完全压缩的飞秒脉冲产生于压缩脉冲的材料(如玻璃块或类似的材料)。因此,也可能存在源于 Kerr 效应的自相位调制或者 B 积分的非线性畸变(见式(12.9))[17]。但是,这一问题并不重要而且是能够避免的。通常,脉冲光束放大后会被扩束到更大的口径。通过扩束,可将压缩器中光束的峰值功率保持在足够低的水平避免非线性畸变。相对于传统的 CPA,扩束并不是一个严重的缺点,因为 CPA 中通常也需要对光束扩束以避免损伤光栅。

DPA 的一个优势是用棱栅作为放大器的展宽器。棱栅是棱镜和光栅的组合,具有非常高的色散(图 12.6 是一个商用棱栅展宽器的示意)。对于绝大多数的块体材料,棱栅对的 GVD:TOD 的比率可精确匹配,即系统中的相位畸变可通过 TOD 进行修正[28]。Durfee、Squier 以及 Kane 等人对棱栅对有详细的描述[29]。

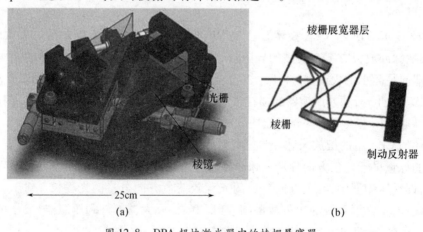

图 12.8　DPA 超快激光器中的棱栅展宽器
注:该展宽器能够将 15fs 的脉冲展宽到大于 40ps。

尽管 DPA 由于结构简单和高效颇具吸引力,但该方案的主要缺点是在系统中使用大量的材料,这会引起大的 B 积分。然而,对于能量在数百微焦到 1mJ 的超高重频超快激光系统,这种技术非常有用[30,31]。DPA 系统的压缩器通常由一对镜子和一块玻璃组成,Schott 可以提供小的火石玻璃。图 12.9 是 DPA 超快激光系统的玻璃压缩器结构示意,该压缩器由预压缩器和终端压缩器组成,光束先被扩展并最终通过啁啾镜完成压缩。

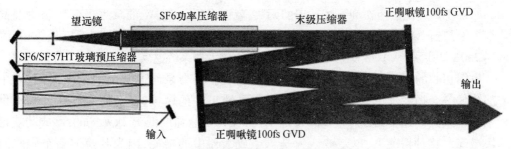

图 12.9 DPA 超快激光系统的玻璃压缩器结构

注:压缩器处理 1mJ 的脉冲,同时保持 B 积分约为 1。

12.4 热管理

无论是在再生放大器还是在多程放大器中,首先其对热透镜、热像散以及球面色差等有害效应最为敏感。这是因为,放大器(腔)模体积小且激光在增益介质中多次通过。尽管在室温附近采用常规的水或者热电方式冷却后,在约 20W 泵浦功率条件下可实现第一级放大的稳定运行,但这样的系统将被限定在单一功率水平条件下运行(单一的脉冲能量和重复频率),使得这种系统的运行非常不灵活。低温冷却可以将系统的运行扩展到高平均功率、高功率的水平,并且能够使高阶像差最小化。在接近室温的冷却情况下,还存在严重限制光束质量的高阶像差。尽管空间滤光器能恢复光束质量,但它是以激光器效率和最大运行功率为代价。Koechner 等人给出的热透镜如下[32]:

$$f_{\text{therm}}^{-1} = \frac{\mathrm{d}n}{\mathrm{d}t}\frac{1}{2\kappa A}P \tag{12.10}$$

式中:f_{therm} 为屈光度;$\mathrm{d}n/\mathrm{d}t$ 为折射率随着温度的变化;κ 为给定温度条件下的热导率;A 为功率沉积的面积;P 为沉积的总功率。

如果将掺钛蓝宝石数据代入,就会发现:将温度从 300K 降低到 77K,由于 $\mathrm{d}n/\mathrm{d}T$ 的下降以及 κ 的增加,可将热透镜降低约 1/250,进而降低被泵浦晶体中的畸变,如图 12.10 所示。

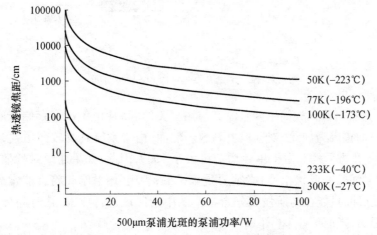

图 12.10 温度为 300K ~ 50K 时,掺钛蓝宝石棒热透镜焦距与沉积功率的函数关系

如果将热透镜焦距作为泵浦功率的函数,就会发现在100W的泵浦功率下,除非将晶体至少冷却到100K;否则,多程放大会非常困难。从图12.10还发现,当温度从300K降低到230K,焦距仅从1cm变到3cm,对于真实的放大器系统这实在太短。

我们担心的不仅是热透镜效应,还有热畸变。因为泵浦通常是高斯模式,只有中心部分像一个抛物形单透镜。因此,在中心泵浦以外的区域,在任何时候球差都提供一个种子模式。通常,在300~233K范围内,保持泵浦强度低于$7kW/cm^2$,可成功获得超快激光。这种情况下,球差被认为是再生放大器中的损耗,因为其扮演一个强空间滤光器角色。然而,对于预期的输出,较多的损耗意味着需要较高的总体增益,进而会引发更大的相位畸变和增益变窄。对于泵浦功率大于20W的高功率激光器,低温冷却会更加合适。

12.4.1 光参量啁啾脉冲放大

经典的近红外和中红外超快激光脉冲由结合光参量放大(OPA)的掺钛蓝宝石激光器系统产生。该系统可以在$2\mu m$左右闲频光的OPA中产生非常短的脉冲(<50fs)。然而,在这种方案中,掺钛蓝宝石激光器(通过加固技术)具有大的空间并且需要类似于实验室的条件,这些系统也非常昂贵(约30万美元)。此外,在可靠性方面,掺钛蓝宝石系统需要大的倍频Nd激光器系统来泵浦。尽管基于光纤的绿光泵浦激光器已经用来泵浦高功率掺钛蓝宝石振荡器,但这是一项全新的技术,存在能量扩展的问题。

光参量啁啾脉冲放大(OPCPA)技术提供了另一个激光放大方案[33]。该技术利用参量产生的非线性过程(图12.11)——将泵浦光子分成两部分,即信号光部分(高能光子)和闲频光部分(低能光子)。另外,该技术还具有利用标准的展宽和压缩技术(CPA和DPA)的能力。

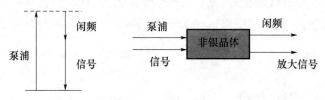

图 12.11 光参量啁啾脉冲放大(OPCPA)示意
注:泵浦激光器通常为$1\mu m$的10~100ps的源。

OPCPA过程也许比较简单并且没有与热相关的问题(由于没有存储介质,因此不存在量子亏损)。正因为如此,该过程也高效。然而,由于系统具有较高增益,泵浦激光在时间上必须要是方形的。由于单程增益可大于1000,因此,如果期望对啁啾脉冲进行放大,增益(与泵浦脉冲形状相关)必须要是扁平的;否则,增益窄化将会非常严重。此外,如果是高斯脉冲,只能在高斯强度分布中窄的中间区域进行放大,在时间分布上的两侧没有转换,因而,降低了效率(图12.12)。

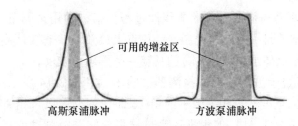

图 12.12　高效 OPCPA 浦脉冲的时域分布

注:超高斯脉冲或"方形脉冲"可以减少能量损失,大大提高效率。

另外,为了避免放大光束严重模式的再整形,还期望空域平顶或超高斯形状。OPCPA 系统的增益带宽非常大,在某些情况下,可以获得小于 10fs 的脉冲。增益带宽由晶体相位匹配的直接决定。在 OPCPA 中,无须进行低温冷却;但在单模、高质量光束皮秒泵浦激光器中必须采用。光 OPCPA 技术的一大好处是可实现全系统的波长调谐。同样的结构可用于从紫外到中红外段的许多不同波长。图 12.13 是最近演示的 3.0μm 的可缩放比例的 OPC-PA 系统示意。该系统采用光纤振荡器(Er:Fiber),激光被分成两束进行放大。其中一束进行光谱加宽,以产生 1.05μm 的波长。随后,使用差频发生器(DFG)将 1.55μm 和 1.05μm 的光束转换为 3.0μm 的光束。接着,光束被展宽以匹配泵浦激光脉冲宽度,通过三级 OPA 进行放大,并最终在一个块状蓝宝石中进行压缩。泵浦光为 Nd:YAG 锁模激光器,该泵浦激光器既可以是主振荡器功率放大器(MOPA)结构,也可以是再生放大器结构。采用 OPCPA 方案,可获得峰值功率大于 1PW 激光脉冲[35]。Gaul、Ditmire 等人建造了桌面拍瓦激光器系统,该激光器可输出 167fs、186J,其峰值功率高达 1.1PW。

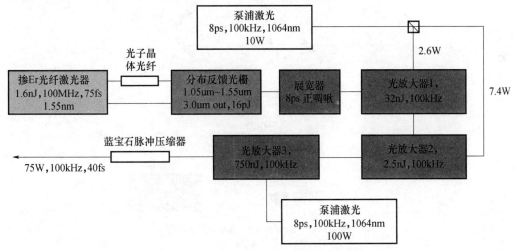

图 12.13　可缩放比例的 OPCPA 激光系统

12.5　脉冲测量

由于电子学方法最小只能测量约 10ps 的脉冲,因此,电子学测量飞秒脉冲非常困难。必须用光学技术来测定飞秒脉冲的宽度。利用光学技术进行飞秒级脉冲测量的一大优势是短脉冲更容易驱动与强度有关的非线性过程。第一种用来测量飞秒脉冲的方法是自相关过程[36]，其本质是一个在输出激光的焦点上放置一块非线性晶体(对于掺钛蓝宝石波长,通常为 KDP 晶体或 BBO 晶体)的马赫－曾德尔干涉仪。

调节延迟线,通过示波器可读取探测器的输出,如图 12.14 所示。测得的自相关带宽近似为真实脉冲的宽度与自相关因子的积(双曲正割型光谱自相关因子为 1.55[2]、高斯光谱的自相关因子为 1.41),但根据该测量结果不能获得脉冲的形状或相位的信息。Dan Kane 和 Rick Trebino 等人率先提出的一种新技术,可同时获得脉冲形状和相位的信息,而且该方法可给出测量是否真实[37]。在这种称为频率分辨光开关(FROG)的新方法中,自相关装置与前面一样,只是用光谱仪代替了探测器,以便获得每个时间延迟的光谱信息。通过该方法可测得二维光谱图,该光谱图包含脉冲的振幅和相位的所有信息。对这些数据采用简单的算法就可再现脉冲形状、时间相位、光谱以及光谱相位。

其后发展的其他一些方法使得测量变得更加简单和容易。在 FROG 方面,Swamp 光学元件公司开发的 GRENOUILLE 是一种实时测量设备,可同时显示光谱图和恢复的脉冲信息[38]。另一种称为扫描 FROG 装置,采用标准的马赫－曾德尔干涉仪外加一个进行快速延时的声音线圈,其算法可以升级到约 2Hz。另外一种广泛使用的方法是直接电场重建法的光谱位相干涉测量法(SPIDER)[39]。其他许多技术可用于各种波长(从深紫外到中红外)飞秒脉冲的测量。

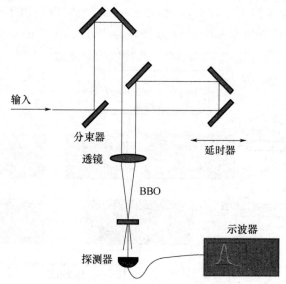

图 12.14 自相关飞秒脉冲测量示意

12.6 应用

12.6.1 成丝

在适当的环境条件下,太瓦(10^{12}W)飞秒激光在空气中聚焦会产生紧凑的聚焦光丝,这样的聚焦光丝能够无衍射传播很远的距离[40]。这种自持光丝是由光的高强度、自聚焦与电离空气的散焦之间的平衡形成的。这些光丝在很长的传播距离内（>100m）具有很高的聚焦强度（>10^{15}W/cm^2）。

当这样的光入射到固体靶上，其强度足以对靶产生烧蚀作用，因此，成丝现象最近在军事应用方面引起了关注。尽管单个光丝不足以直接使敌方的导弹或者飞行器失效，但是大量并行传输的光丝能够造成重大的损伤，这种损伤的防护是极其困难的，因为尚没有一种材料在受到 10^{15}W/cm^2 的辐照时不会产生损伤。可以研究如何使靶表面材料能够高效地吸收高能长脉冲，或者在不受到损伤的情况下反射这样的光丝。飞秒激光对光学和图像传感器的破坏也具有潜在应用。而且，通过远程激光诱导光谱击穿（LIBS）技术，可得到靶成分的相关信息。最后，激光物质相互作用发射的电磁场脉冲，也可以对传感器或者电子系统产生破坏作用。

这些高强度光丝还可作为测量大气组分的背向光源。在欧洲，这种应用已经得到了证明，安装在集装箱内称为"移动太瓦"（详见 www. teramobile. org）的太瓦激光器系统已经用于不同的大气组分研究[41]。这些研究发现，在 20km 的大气的上层可产生白光光丝，而且产生的白光会优先后向散射[42]。这一特性本质上提供了一个在激光范围内，可放于任何地方的多光谱"灯泡"光源，可同步获取光谱和光探测以及距离信息，同时可测量大气吸收，识别污染物和被污染物，如测量大气颗粒。

12.6.2　无损精加工

由于飞秒激光的材料去除动力学与较长脉冲激光有本质的不同，近年来，飞秒激光器微加工获得了研究人员的极大关注。微秒和纳秒脉冲的作用机理是熔化喷出，而飞秒脉冲主要作用机理是汽化或者升华。这种不同的动力学使得激光表面加工的结果存在实质性的区别（图 12.15）。与长脉冲相比，用飞秒激光进行表面加工通常会减少碎片的数量和表面污染，这一特性使飞秒激光加工成为修复光刻掩模的首选工具。此外，飞秒激光在透明材料内部微加工方面也具有优势[43]。

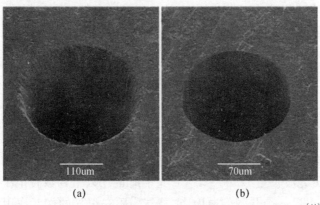

(a)　　　　　　　　　　(b)

图 12.15　利用低温冷却、高平均功率掺钛蓝宝石放大器系统[44]
在低碳钢块上钻孔的入口和出口显微图像
(a) 入口；(b) 出口。

注：与之前的较长脉冲激光器系统相比，该激光器可以将钻孔时间缩短 1/10——只需要 1.5s 就能完成这样的钻孔。

当飞秒激光脉冲聚焦在透明材料块内部时,焦点区域的强度高到足以引发非线性吸收过程,从而造成材料的光学击穿。由于吸收具有强的非线性,这样的击穿仅发生在焦点区域内最高辐照的区域而不会对透明材料的表面产生影响。块体材料中的能量沉积会在样品中产生永久性的结构变化,该效应可用于在材料块体内部进行三维结构微加工。此外,飞秒激光脉冲与材料相互作用的阈值特性,能够使超短脉冲加工的特征尺寸低于衍射极限。虽然玻璃和晶体的微加工具有很多的用途,产生微观结构的另外一种方法是光致聚合——光引发聚合反应产生固体聚合体。其他一些研究人员已经利用单光子聚合来制造直径只有 5μm 的微型转子和生产光微机械。利用光致聚合,飞秒激光器也可用于微细加工,因为双光子吸收也可用于引发聚合反应。如同用于微加工一样,飞秒激光脉冲能够使局部区域内出现明显的双光子吸收,产生微小的高分辨率的空间特性。

12.6.3 基于激光的光子和粒子源

最近的实验演示了强飞秒激光脉冲聚焦到喷气靶内,可驱动强的等离子体尾场,其在几毫米传播距离内可将电子加速到几十兆电子伏的能量。最近的实验表明,在合适的条件下,发射的电子束可以是单色的,能量带宽可达到 80MeV 电子能量的百分之几[45]。在该工作中,需要峰值功率达到 1 ~ 10TW 的超快激光脉冲来产生强度大于 10^{18} W/cm^2 的相对论自聚焦,尾场的产生需要这样的强度的自聚焦脉冲。随着超快激光的进一步发展和等离子体产生优化参数的持续进步,这类电子加速器有望能够在 100 ~ 1000Hz 的重复频率条件下稳定工作。这将使基于激光等离子体的电子源能够用于同位素生产,以及作为紧凑自由电子激光系统更亮的光阴极电子源。

将这类强的激光用于新型高分辨率辐射照相不久会成为可能。众所周知,这类强激光脉冲能够产生大量的多种类型的辐射。这些的辐射源中既包括能量范围为 10eV ~ 1MeV 的光子,还包括中子、质子以及电子等大量的粒子。而且,即使这些辐射源的尺寸非常小(几微米到几十微米),这些辐射源的通量也相当高。因此,这些新型的光子和粒子辐射源在材料高分辨率探测方面具有独特的应用,例如,探测飞行器表层的空隙和裂缝,或者用于了解燃料流动和燃烧。因此,这些强光子和粒子源与新的诊断技术的结合,可对国防、制造、环境以医疗业产生重大影响。

12.6.4 高次谐波的产生

现代科学和技术的主要推动之一是对电磁(EM)辐射的理解并且利用。对电磁辐射与物质相互作用的理解,导致了量子理论和随后的固体物理、电子学以及激光的发展。然而,迄今为止,电磁光谱中的一段尚未得到充分利用:深紫外(EUV)和软 X 射线区域,对应的波长比可见光波长短 1/100 ~ 1/10,光子能量在数十到数百电子伏范围内。EUV 非常有用但难以开发,一个共同的原因:它是与物质有很强的相互作用的电离辐射。这种很强的相互作用使得 EUV 的产生非常困难,而且严格限制了可用光学元件的类型。然而,EUV 光学技术的开发具有很强的动力。与使用可见光相比,使用 EUV 光源的望远镜可辨别更小特征。另外,使用 EUV 平板印刷术可刻画更小的图案。还有,EUV 波长与大多数元素的主要的原子共振匹配得很好,这使得许多元素和化学物质的特征光谱学和光谱显微镜的研究成为可能。

EUV 引人注目的科学应用,推动了几十个同步辐射光源的开发,并在世界范围内具有超过 10000 个用户。但是,同步辐射光源有大量的不足,特别是将实验室的 EUV 光源转移到制造业或分析应用时。最明显的不足是这类光源的尺寸大且费用昂贵。实验必须要在装置上进行,所有样品必须要运送到该装置。而且,EUV 和软 X 射线的大量的新兴的应用(如软 X 射线全息摄影术)需要相干光。这样的需求促使了大型第四代自由电子激光器的研发。然而,这样的光源较同步辐射光源甚至规模更大而且造价昂贵。小尺寸相干光源的需求推动了 X 射线激光器和从激光波长到短波长相干光上变频技术的研究。在过去 10 年间,这两类光源已经成功地用于各种实验,如纳米成像以及分子动力学研究。

特别地,高次谐波产生(HHG)已经被证明是非常有用的桌面相干 X 激光源,可用于各种基础和应用科学(图 12.16)[46,47]。在 HHG 中,聚焦到一个原子气体中的一束非常强的飞秒激光上转换到 EUV 或者软 X 射线光谱区。HHG 过程来源于复杂的激光与原子的相互作用:首先入射强激光脉冲通过场电离过程将一个电子从原子中剥离;随后驱动该电子返回到原先的粒子。该再碰撞过程相干地发射一个短波长光子,其能量为

$$E_{max} = I_p + 3.2U_p \qquad (12.11)$$

式中:I_p 为原子电离电势;U_p 正比于 $I\lambda^2$,为在驱动场中的有质势能或者能量增益。

碰撞过程发生在阿秒时间尺度内,对该过程的理解导致了阿秒科学的诞生[48-53]。HHG 辐射实际上发射一系列的阿秒脉冲,在适当条件下,可以产生单独、分离的阿秒脉冲[54]。HHG 发射的极短脉冲宽度 EUV 和软 X 射线光使得观测原子、分子和固体系统中的超快过程成为可能。

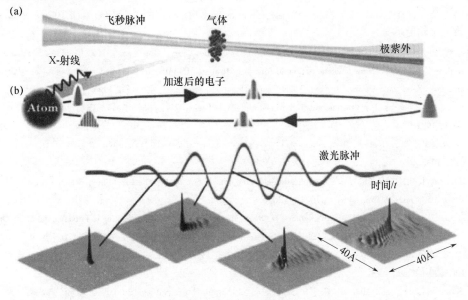

图 12.16　高次谐波产生过程示意(相干 X 射线束由相干电子电离和碰撞过程产生)
(a)典型的强场电离;(b)量子等效。

HHG 过程由高功率超短脉冲激光驱动。尽管所需的高达 $10^{15}\,\mathrm{W/cm^2}$ 的强度与激光聚变所需的强度相当,但由于使用的是飞秒宽度脉冲,获得这样的强度的脉冲能量是适中的。驱动 HHG 的高功率激光器能很容易安装到一个标准光学平台上,这本质上为集成桌面 EUV 和软 X 射线激光器提供了一个皮实且实用途径。在 HHG 应用方面近期的大量进展,都归因于新一代能够产生高峰值和高平均功率的桌面固体超短飞秒脉冲激光器的发展。在更长的时期内,基于 HHG 的、位于软 X 射线水窗口波段的、较短波长光源(对应的光子能量超过 300eV)的进一步发展,可实现超高分辨率生物和材料成像[55,56]。软 X 射线的水窗区域非常有意义,因为水(相对透明)和碳(不透明)在该区域具有高的吸收对比度,而且在整个 X 射线光谱区存在多个吸收边界。世界范围的同步光源装置已经安装了数个软 X 射线显微镜,这些 X 射线显微镜为生物学研究提供了新能力,例可实现对单细胞的三维断层扫描。

参考文献

[1] Moulton, P. F., "Spectroscopic and Laser Characteristics of Ti:Al$_2$O$_3$," J. Opt. Soc. Am. B, 3(1):125-133, 1986.

[2] Taft, G., et al., "Measurement of 10-fs Laser Pulses." IEEE J. Select Topics Quant. Electron., 2(3):575-585, 1996.

[3] Tien, A. C., et al., "Short-Pulse Laser Damage in Transparent Materials as a Function of Pulse Duration," Phys. Rev. Lett., 82(19):3883-3886, 1999.

[4] Perry, M. D., and Mourou, G., "Terawatt to Petawatt Subpicosecond Lasers," Science, 264:917-923, 1994.

[5] Perry, M. D., et al., "Petawatt Laser Pulses," Opt. Lett., 24(3):160-162, 1999.

[6] Pennington, D. M., et al., "Petawatt Laser System and Experiments," IEEE J. Select Topics Quant. Electron., 6(4):676-688, 1994.

[7] Roeske, F., et al., "Cutting and Machining Energetic Materials with a Femtosecond Laser," Propellants Explosives Pyrotechnics, 28(2):53-57, 2003.

[8] Juhasz, T., et al., "Corneal Refractive Surgery with Femtosecond Lasers," IEEE J. Select Topics Quant. Electron., 5(4):902-910, 1999.

[9] Roth, P. W., et al., "Directly Diode-Laser-Pumped Ti:sapphire Laser," Opt. Lett., 34(21):3334-3336, 2009.

[10] Keller, U., et al., "Semiconductor Saturable Absorber Mirrors (SESAMS) for Femtosecond to Nanosecond Pulse Generation in Solid-State Lasers," IEEE J. Select Topics Quant. Electron., 2:435-453, 1996.

[11] Spence, D. E., et al., "Regeneratively Initiated Self-Mode-Locked Ti:sapphire Laser," Opt. Lett., 16(22):1762-1764, 1991.

[12] Asaki, M. T., et al., "Generation of 11-fs Pulses from a Modelocked Ti:sapphire Laser," Opt. Lett., 18:977, 1993.

[13] Sharma, T. K., and Towe, E., "Application-Oriented Nitride Substrates: The Key to Long-Wavelength Nitride Lasers Beyond 500 nm," J. App. Phys., 107(2):2010.

[14] Hunziker, L. E., Ihli, C., and Steingrube, D. S., "Miniaturization and Power Scaling of Fundamental Mode Optically Pumped Semiconductor Lasers," IEEEJ. Select Topics Quant. Electron., 13(3):610-618, 2007.

[15] IPG Photonics, http://www.ipgphotonics.com/Collateral/Documents/EnglishUS/ Green _ CW _ Fiber _ Laser _ IPG%20web.pdf.

[16] Strickland, D., and Mourou, G., "Compression of Amplified Chirped Optical Pulses," Opt. Comm., 56(3):219-221.

[17] Backus, S. , et al. , "High Power Ultrafast Lasers,"Review of Scientific Instruments, 69 (3): 1207-1223, 1998.

[18] Martinez, O. E. , "Design of High-Power Ultrashort Pulse Amplifiers by Expansion and Recompression," IEEE J. Quant. Electron. , QE-23(8): 1385-1387,1987.

[19] Treacy, E. B. , "Optical Pulse Compression with Diffraction Gratings,"IEEE J. Quant. Electron. , QE-5(9): 454-458, 1969.

[20] Muller, D. , et al. , "Cryogenic Cooling Multiplies Output of Ti:sapphire Output,"Laser Focus World, 41(10): 65-68, 2005.

[21] Pessot, M. , et al. , "Chirped-Pulse Amplification of 100-fs Pulses,"Opt. Lett. ,14(15): 797-799, 1989.

[22] Huang, C. -P. , et al. "Amplification of 26 fs, 2 TW Pulses in Ti:sapphire," Generation, Amplification and Measurement of Ultrashort Laser Pulses II. San Jose,CA: SPIE, 1995.

[23] Yamakawa, K. , et al. , "Generation of 16 fs, 10 TW Pulses at a 10 Hz Repetition Rate with Efficient Ti:sapphire Amplifiers,"Opt. Lett. , 23(7): 525-527, 1998.

[24] Backus, S. , et al. , "Ti:Sapphire Amplifier Producing Millijoule-Level, 21 fs Pulses at 1 kHz," Opt. Lett. , 20(19): 2000, 1995.

[25] Zeek, E. , et al. , "Adaptive Pulse Compression for Transform-Limited 15-fs High-Energy Pulse Generation,"Opt. Lett. , 25(8): 587-589, 2000.

[26] Spielmann, C. , et al. , "Compact, High-Throughput Expansion-Compression Scheme for Chirped Pulse Amplification in the 10 Fs Range," Opt. Comm. ,120(5-6): 321-324, 1995.

[27] Lenzner, M. , et al. , "Sub-20 fs, Kilohertz-Repetition-Rate Ti: sapphire Amplifier," Opt. Lett. , 20 (12): 1397, 1995.

[28] Kane, S. , and Squier, J. , "Grism-Pair Stretcher-Compressor System for Simultaneous Second- and Third-Order Dispersion Compensation in Chirped Pulse Amplification," J. Opt. Soc. Am. B, 14(3): 661-665, 1997.

[29] Durfee, C. G. , Squier, J. A. , and Kane, S. , "A Modular Approach to the Analytic Calculation of Spectral Phase for Grisms and Other Refractive/Diffractive Structures," Opt. Express, 16(22): 18004-18016, 2008.

[30] Backus, S. , "100 kHz Ultrafast Laser System for OPA/NOPA Frequency Conversion,"ASSP 2008 Proceedings. Japan: 2008.

[31] Gaudiosi, D. , et al. , "Multi-Kilohertz Repetition Rate Ti:sapphire Amplifier Based on Down-Chirped Pulse Amplification,"Opt. Express, 14(20): 9277-9283,2006.

[32] Koechner, W. ,Solid-State Laser Engineering, Heidelberg, Germany: Springer-Verlag, 1996.

[33] Matousek, P. , Rus, B. , and Ross,I. N. , "Design of a Multi-Petawatt Optical Parametric Chirped Pulse Amplifier for the Iodine Laser ASTERIX IV," IEEEJ. Quant. Electron. , 36(2): 158-163, 2000.

[34] Chalus, O. , et al. , "Mid-IR Short-Pulse OPCPA with Microjoule Energy at 100 kHz,"Opt. Express, 17(5): 3587-3594, 2009.

[35] Gaul, E. W. , et al. , "Demonstration of a 1. 1 Petawatt Laser Based on a Hybrid Optical Parametric Chirped Pulse Amplification/Mixed Nd:glass Amplifier,"Appl. Opt. , 49(9): 1676-1681, 2010.

[36] Braun, A. , et al. , "Characterization of Short-Pulse Oscillators by Means of a High-Dynamic-Range Autocorrelation Measurement," Opt. Lett. , 20(18): 1889-1891, 1995.

[37] Trebino, R. , et al. , "Measuring Ultrashort Laser Pulses in the Time-Frequency Domain Using Frequency-Resolved Optical Gating,"Rev. Sci. Instrum. , 68(9):3277-3295, 1997.

[38] O'Shea, P. , Kimmel, M. , and Trebino, R. , "Increased Phase-Matching Bandwidth in Simple Ultrashort-Laser-Pulse Measurements,"J. Opt. B: Quant. SemiclassicalOpt. , 4(1): 44-48, 2002.

[39] Iaconis, C. , and Walmsley,I. A. , "Spectral Phase Interferometry for Direct Electric-Field Reconstruction of Ultrashort Optical Pulses," Opt. Lett. , 23(10):792-794, 1998.

[40] Kasparian, J. , Sauerbrey, R. , and Chin, S. L. , "The Critical Laser Intensity of Self-Guided Light Filaments in Air," Appl. Phys. B: Lasers Opt. , 71(6): 877-879, 2000.

[41] Kasparian, J. , et al. , "White-Light Filaments for Atmospheric Analysis," Science, 301(5629): 61-64, 2003.

[42] Mejean, G. , et al. , "Remote Detection and Identification of Biological Aerosols Using a Femtosecond Terawatt Lidar System,"Appl. Phys. B: Lasers Opt. , 78(5):535-537, 2004.

[43] Tien, A. , et al. , "Short Pulse Laser Damage in Transparent Materials as a Function of Laser Pulse Duration," Phys. Rev. Lett. , 82: 3883-3886, 1999

[44] Backus, S. , et al. , "High-Efficiency, Single-Stage 7-kHz High-Average-Power Ultrafast Laser System," Opt. Lett. , 26(7): 465-467, 2001.

[45] Glinec, Y. , et al. , "High-Resolution Gamma-Ray Radiography Produced by a Laser-Plasma Driven Electron Source," Phys. Rev. Lett. , 94(2): 025003, 2005.

[46] Ferray, M. , et al. , "Multiple-Harmonic Conversion of 1064 nm Radiation in Rare Gasses," J. Phys. B, 21: L31, 1987.

[47] Zhou, J. , et al. , "Enhanced High Harmonic Generation Using 25 Femtosecond Laser Pulses," Phys. Rev. Lett. , 76 (5): 752-755, 1996.

[48] Bartels, R. , et al. , "Shaped-Pulse Optimization of Coherent Emission of High-Harmonic Soft X-Rays," Nature, 406 (6792): 164-166, 2000.

[49] Miaja-Avila, L. , et al. , "Ultrafast Studies of Electronic Processes at Surfaces Using the Laser-Assisted Photoelectric Effect with Long-Wavelength Dressing Light," Phys. Rev. A, 79(3): 4, 2009.

[50] Zhang, X. , et al. , "Quasi Phase Matching of High Harmonic Generation in Waveguides Using Counter-Propagating Beams,"Ultrafast Phenomena XV, Asilomar, CA: Springer-Verlag, 2006.

[51] Drescher, M. , et al. , "X-Ray Pulses Approaching the Attosecond Frontier," Science, 291 (5510): 1923-1927, 2001.

[52] Dombi, P. , Krausz, F. , and Farkas, G. , "Ultrafast Dynamics and Carrier-Envelope Phase Sensitivity of Multiphoton Photoemission from Metal Surfaces,"J. Mod. Opt. , 53(1-2): 163-172, 2006.

[53] Baltuska, A. , et al. , "Attosecond Control of Electronic Processes by Intense Light Fields,"Nature, 421(6923): 611-615, 2003.

[54] Krausz, F. , and Ivanov, M. , "Attosecond Physics,"Rev. Mod. Phys. , 81(1): 163-234, 2009.

[55] Popmintchev, T. , et al. , "Phase Matching of High Harmonic Generation in the Soft and Hard X-Ray Regions of the Spectrum," Proceedings of the National Academy of Sciences of the United States of America, 106(26): 10516-10521, 2009.

[56] Popmintchev, T. , et al. , "Extended Phase Matching of High Harmonics Driven by Mid-Infrared Light,"Opt. Lett. , 33 (18): 2128-2130, 2008.

第13章

薄片超快激光器

Christian Kränkel, Deran J. H. C. Maas, Thomas Südmeyer, Ursula Keller

瑞士联邦技术学院物理系量子电子学研究所

13.1　引言

　　飞秒和皮秒激光器(通常指超快激光器)研发取得的巨大进步,已经在科学和技术方面实现了多个突破。近年来,已有两位科学家因为超快激光方面的决定性贡献获得诺贝尔奖:一个是 1999 年,A. Zewail 因为在飞秒化学方面的成就而获奖;另一个是 2005 年,J. L. Hall 和 T. W. Hänsch 因为在频率计量学方面的卓越贡献获奖。另外,飞秒激光还促进了其他多个领域(包括生物学、医学和材料科学等领域)新技术的发展。一个极有吸引力的商业应用之一是材料精密加工。皮秒甚至飞秒激光脉冲能够在材料吸收能量后出现温升之前对之进行烧蚀。这种无产热的"冷"烧蚀可对材料进行精密加工,而不会像加热和熔化处理那样带来二次损伤效应[1-3]。然而,迄今为止,超快激光在工业领域尚未找到广泛应用。其主要的挑战在于典型的飞秒激光系统平均功率低、费用高以及可靠性有限。相对于其他工业应用,用皮秒到飞秒量级的激光脉冲进行材料精密加工的工业应用最具代表性,用飞秒激光器进行材料精密加工的能力甚至更多的研发机遇已经在实验室得到演示。

　　我们相信,基于二极管泵浦的掺镱固体激光器或半导体激光器的薄片超快激光可解决多种应用面临的难题。半导体可饱和吸收镜(SESAM)能够提供稳定的超快脉冲[4,5]。这种 SESAM 锁模薄片激光器既能降低复杂性和费用,也能提高可靠性和平均功率[6,7]。

　　在薄片结构中,半导体可饱和吸收镜锁模超快激光振荡器颇具前景。增益材料结构对于激光器的高效热管理一个重要因素。对于平均功率定标,增益介质必须进行高效冷却,而高效冷却可通过大的表面积与体积比来实现。可能的选取方案包括光纤、板条和薄片结构。在薄片结构中,激活介质具有口径远大于其厚度的形状。将这种概念用于二极管泵浦激光器,推动了薄片激光器(TDL)的发展[8],该 TDL 最初采用 $Yb:Y_3Al_5O_{12}$ (Yb:YAG)作为增益介质。目前,在汽车工业,已经成功地建造了多台基于 Yb:YAG 的数千瓦、连续波(CW)TDL,展示其高满足可靠性、高效率和高光束质量的能力[9]。此外,连续波基横模半导体 TDL 能够产生远大于 20W 的输出功率[10]，远高于任何其他的半导体激光器。这类的激光器最初是指垂直外腔面发射激光器（VECSEL）[11]或者光泵浦半导体激光器（OPSL），由于这类激光器类似于固体薄片激光器，所以也称为半导体薄片激光器（SDL）。

由于 VECSEL 和 TDL 采用相同的薄片增益介质结构，因此它们具有许多共同特性。这两种激光器具有最先进的性能，是理想的适合 SESAM 被动锁模结构[4,5]。尽管这两种类型的激光器都依靠 SESAM 锁模，但必须认识到它们实现超快激光输出的基本锁模机制是截然不同的。此外，尽管这两种类型的激光器在各自的运行区域都具有输出高平均功率优势，但它们的理想运行参数相差很大：对于 TDL，其输出兆赫重复频率、$10 \sim 100\mu J$ 脉冲能量；而对于 VECSEL，其输出吉赫重复频率、皮焦到纳焦脉冲能量。超快 TDL 能够产生平均功率 141W 的飞秒脉冲[12,13]，这超过了任何锁模激光振荡器的输出。另外，它们也能输出最高的脉冲能量，在 2.93MHz 下，最高单脉冲能量可达 $25\mu J$，这样的脉冲能量足以满足高速微加工的应用[14]。与 TDL 相比，超快 VECSEL 运行在不同的区域，即在吉赫的重复频率条件下，可产生皮焦到纳焦的脉冲能量，但其具有 100mW 到数瓦的相对高平均功率，与其他吉赫的激光振荡器相比，这样的平均功率是最高的。超快 VECSEL 具有许多引入注目的优势，包括紧凑性以及具有在现有的离子掺杂、固体激光器材料不易获得的波长范围内运行的能力。此外，VECSEL 还可以将增益和可饱和吸收体集成在一个半导体结构中，能够在简单的直腔中完成锁模。这类装置称为集成的垂直外腔面发射锁模激光器（MIXSEL）[15]。其良好的锁模特性和高效费比的批量生产能力，使得 MIX-SEL 成为许多当前主要依赖于大型和昂贵的超快激光器应用的替代方案。

本章介绍在薄片结构中采用二极管泵浦固体激光器或者光泵浦的半导体激光振荡器的被动锁模高功率激光振荡器的差异和共性。首先对固态 TDL 和 VECSEL 的泵浦概念进行简要介绍，包括对它们热管理的讨论。随后，阐述尽管具有相同的功率定标优势，但为什么基本的激光材料参数会导致不同的脉冲形成机制和不同的运行区域。最后，进行简短小结，并给出对被动锁模固体 TDL 和 VECSEL 的进一步提高其性能的展望。

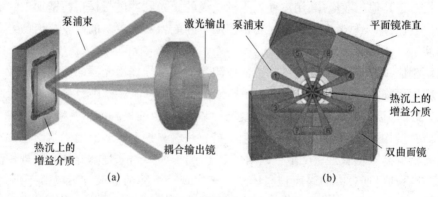

图 13.1

（a）最简单的泵浦光双通振荡器示意，其通常用于势垒泵浦的 VECSEL；（b）更精密的 16 程固体薄片激光器泵浦模块。数量对应于通过增益介质的程数。经过 8 通吸收后，由两个平面镜形成的"屋顶"将泵浦光反射回来。

13.2　泵浦结构

在薄片结构中(参见第 10 章),碟片状增益介质的后表面有一层针对泵浦光和激光波长高反射(HR)膜,前表面有一层针对泵浦光和激光波长增透(AR)膜。最简单的情况是,谐振腔由作为端镜的薄片和仅一个额外输出耦合镜组成(图 13.1(a)),这也是其称为主动镜概念的原因[16]。特别对于二极管泵浦固体薄片激光器,泵浦吸收长度要远大于薄片厚度。因此,泵浦光以一定的角度入射到薄片上(图 13.1(a)),以支撑稳定、高泵浦吸收的多通泵浦概念(图 13.1(b))。薄片背面的高反膜反射每次通过增益介质后未被吸收的泵浦光。

标准的 VECSEL 的增益取决于植入激活势垒层间的量子阱个数。势垒泵浦的 VECSEL 由高于势垒材料禁带的能量泵浦,因而,可在单通或双通通过增益区时提供高效的泵浦吸收。这是相对于阱内泵浦的 VECSEL(参见 13.3 节)和需要泵浦光多次通过增益介质的 Yb^{3+} 掺杂的 TDL 而言的。例如,通过简单的后向反射,可以很容易实现未被吸收的泵浦光沿着初始路径 4 次通过晶体。典型的商用 TDL 中,通过一个抛物镜面和四个平面镜的精密排排布,泵浦光通过晶体的次数高达 32 次。这里,未被吸收的泵浦被光被反射回初始路径,使得通过薄片的通数翻倍。

16 次通过激活介质的泵浦结构如图 13.1(b)所示。泵浦光通过增益介质的这种多通概念可实现超过 99% 的入射泵浦光被吸收。而且,这样的结构可降低对泵浦二极管的光束质量和亮度的要求,使得 Yb^{3+} 掺杂三能级激光系统具有较低的激光阈值。对于所有类型的薄片激光器输出功率的提升,可通过增加薄片上的泵浦和激光模式面积,同时,保持最大强度和单位体积内热沉积为常数。

13.3　薄片结构的热管理

在基于 Yb^{3+} 的固体激光器以及半导体激光器中,激光性能对增益材料的温升都非常敏感。掺 Yb^{3+} 的激光器是准三能级结构[17],根据玻耳兹曼分布,其下激光能级存在热布居。下激光能级布居数随温度上升而增加,这降低了给定泵浦强度的可获得增益。在半导体激光器中也发现了类似的情况,在半导体中,价带和导带中的载流子由费米－狄拉克分布来描述。半导体温度的升高会导致更宽的载流子能量分布,进而导致较低的最大布居数,这也会对增益产生影响[18]。上述两种情况下,高的增益材料温度需要更高的激发态浓度,以便获得与"冷"激光器相同的增益,这会引起一个对激光器性能带来损害过程的非线性增长。这些过程主要是由激发态之间不同类型的相互作用造成的。在固体激光器中,将这种效应称为"淬灭",其主导过程是向杂质的能量转移[19]和上转换(由于不存在合适的高能级,Yb^{3+} 激光器中不存在上转换现象)。半导体激光器中对应的过程为俄歇复合[20]和载流子从限制势向势垒区的热激发逃逸。同样值得关注的是半导体的带隙随着温度的增加而减小,导致典型的中心发射波长约 0.3nm/K 的红移。

此外,两种类型的激光器材料,其折射率 n 和长度 l 也与温度 T 有关。dn/dT 引起造成热透镜,dl/dT 在激光材料中引起应力,进而导致退偏。由于在不同方向较强的温度梯度,这两种效应都会对激光光束质量产生不利的影响。

掺 Yb^{3+} 的固体激光器和半导体激光器的性能和光束质量对热非常敏感,因此,为了提高功率,需要有效地移除废热。对此,非常适合采用薄片结构。背面镀 HR 膜的增益介质片通常安装在主动冷却热沉上。之所以薄片结构能进行有效的热移除,主要归因于其冷却表面与泵浦体积之间较大的比率。相应热方程的求解表明,当光束半径约大于薄片厚度的 6 倍时,超过 90% 的热量可通过柱形泵浦区的后表面抽取[21,22]。因此,即便是不可能完全消除薄片中的热梯度,残余的梯度也主要是一维的,且垂直于薄片表面。薄片结构可维持好的光束质量,是因为产生的热透镜在各个方向是相同的,因而,能够通过标准的振荡器设计进行补偿。

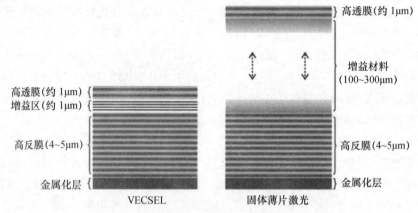

图 13.2　固体薄片激光器和 VECSEL 薄片组成对比

注:虽然高反射和增透膜的厚度相似,但垂直外腔面发射激光器薄片激活区域的厚度要比薄片激光器晶体厚度薄 2 个量级。

除前面介绍的相似点之外,固体 TDL 和 VECSEL 在热管理方面具有本质的差异。最明显的区别是增益区的厚度(图 13.2),两种类型激光器增益材料都是由增益介质、$1\mu m$ 厚的 AR 膜和厚 $4\sim5\mu m$ 的分布式布拉格反射(DBR)的 HR 膜组成的"三明治"结构。典型的 VECSEL 的激活区厚度约为 $1\mu m$,但由于 Yb^{3+} 掺杂材料吸收效率超低,即使采用前面所讲的多程泵浦概念,为了获得高效吸收也需要厚约 $100\mu m$。此外,半导体的热导率远高于绝缘的 Yb^{3+} 基质晶体材料(如 YAG)。因此,半导体薄片的归一化热阻要远低于 YAG 薄片(表 13.1),即便是在单模运行条件下,VECSEL 也可用超过 $30kW/cm^2$ 的较高的泵浦功率密度进行泵浦[10]。相比而言,即使在低于基膜要求运转的情况下,固态 TDL 的泵浦强度通常低于 $15kW/cm^{2[23]}$(表 13.1)。然而,VECSEL 的泵浦光束直径较小,导致了较高的绝对热阻,即在相同的热功率条件下温升更高。半导体高的导热性决定了其需要一个导热性更高的热沉积材料。根据薄片结构激光器的功率定标关系,在泵浦强度保持不变和主要热流一维传输向热沉的情况下,输出功率随着泵浦和激光模面积的增加而线性增加。

表 13.1 目前锁模运行条件下最高平均功率输出的 VECSEL
与基于 Yb:YAG 的薄片激光器输出、设定和材料参数的对比

	垂直外腔面发射激光器[①]	固体薄片激光器
	$In_{0.13}Ga_{0.87}As/GaAs$	10% Yb:YAG
输出参数		
平均输出功率	2.1W	80W
重复频率	4GHz	57MHz
脉冲持续时间	4.7ps	703fs
脉冲能量	0.53pJ	1.4μJ
泵浦功率	18.9W	360W
光光转换效率	11%	22%
设定参数		
薄片总厚度	约6μm	约105μm
激活区域厚度	约1μm	100μm
泵浦光斑直径	350μm	2.8mm
泵浦强度	$19.6kW/cm^2$	$5.8kW/cm^2$
耦合输出率	2.5%	8.5%
泵浦波长	808nm	941nm
激光波长	957nm	1030nm
量子亏损	15.6%	8.6%
材料参数		
上能级寿命	约1ns	约1ms
吸收系数	$10^4 cm^{-1}$	$10 cm^{-1}$
绝对热阻[①]	8K/W	3.3K/W
归一化热阻[②]	$0.77K \cdot mm^2/W$	$20.6K \cdot mm^2/W$
增益截面	约$10^{-16}cm^2$	约$10^{-21}cm^2$

① VECSEL 的数据来自于文献[21,38-41];固体薄片激光器的数据来自文献[42-44]。

② 归一化热阻与泵浦面积无关,而绝对热阻由归一化热阻除以泵浦面积得到,对于典型的垂直外腔面发射激光器而言,归一化热阻值非常小

作为一个例子,考查一个直接安装在铜热沉上的厚 5μm AlGaAs 的 VECSEL。数值计算表明,对于直径大于 450μm 的泵浦光斑和约 $10kW/cm^2$ 的泵浦功率强度,热阻主要由热沉决定[7,21]。尽管通过进一步的增加泵浦面积来提高输出功率是可能的,但激光器的性能会受到温升的影响,效率的下降最终会抵消较大尺寸带来的好处。但是,利用导热性更好的热沉材料(如金刚石),进一步增加泵浦光斑面积是可行的。

作为一个例子,下面将讨论目前可产生基横模的最高连续波功率的 VECSEL 的热管理(图 13.3)。除去结构中的 GaAs 晶片并将其装配到金刚石热沉上。在图 13.3(a)给出了输出功率随泵浦功率的变化。当泵浦功率为 30W 时,输出功率为 12.6W,总的光光转换效率为 42%。在泵浦功率为 50W 时,获得了最大功率为 20W 输出,总的光光转换效率

为 40%。泵浦功率为 30W 时,入射的泵浦功率密度为 16.6kW/cm^2;泵浦功率为 50W 时,泵浦功率密度为 27.6kW/cm^2。图 13.3(b)给出了利用有限元模拟计算的增益区与热沉间最高温度的差值(针对金刚石热沉和 GaAS 热沉)。图中曲线为上面所讨论的两种泵浦密度下(实线对应 27.6kW/cm^2 的泵浦密度;虚线对应 16.6kW/cm^2 的泵浦密度)的温升与泵浦模半径的函数关系。图中竖线为实验中使用的 240μm 的泵浦半径。在最高泵浦强度下,240μm 泵浦半径的温升为 40K。与厚 600μm 未处理的 GaAs 的增益结构比较表明(黑色曲线),热管理对于提升功率非常重要的。在较高泵浦强度条件下,泵浦半径小于 30μm 时(或较低泵浦密度条件下,泵浦半径为 60μm),温升已达到 40K。另外,安装在金刚石上的结构非常适合通过扩大泵浦直径来进一步地增加功率:保持同样 40K 的温升,激光器运行在较低泵浦强度(16.6kW/cm^2)的 40% 左右,泵浦光斑半径可扩大约 4 倍。考虑到泵浦面积增加 16 倍以及较低泵浦强度下略高的效率,可将输出的激光功率提高约一个数量级,达到 100W。

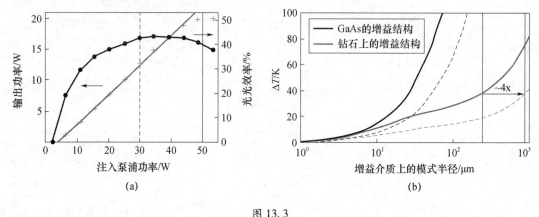

图 13.3

(a)目前基横模运行模式下可产生最高连续波功率的垂直外腔面发射激光器输出功率随入射泵浦功率的变化。模半径为 240μm,增益结构安装在金刚石头上。(b)在泵浦强度和产热密度固定的情况下,有限元模拟计算的增益结构温升随模半径的变化。虚线与图(a)中 16.6kW/cm^2 或 30W 的入射泵浦功率相对应,而实线与 27.6kW/cm^2 或 50W 的入射泵浦功率相对应[10,24]。

目前尚不清楚哪种效应会最终限制 VECSEL 的功率提升。但当泵浦直径非常大时,会面临另外的挑战,例如由于薄片中放大的自发辐射(ASE)引起的反转粒子数损耗,将会强烈地影响激光器的效率[25]。

固体薄片激光器材料中,由于单位体积产生的热量较少(Yb^{3+} 激光器较低的量子亏损以及较低的泵浦功率强度),因此泵浦和激光模直径可以按比例增加到数毫米甚至可超过 1cm。此外,薄片总的热阻远大于热沉(通常是铜或铜钨合金)的热阻。因此,热量不会在热沉中堆积。克服热限制的一个方案是减低产生的产热量。产热主要源自量子亏损(泵浦和激光光子的能量差异)。如果能够降低量子亏损,就能够应用更高的泵浦功率。对于基于 Yb^{3+} 的固体薄片激光器来说,量子亏损已经非常低。Yb:YAG 典型的泵浦波长为 941nm,而激光波长为 1030nm,这可使量子数亏损小于 9%。近年来,在开发可直接泵浦到 Yb^{3+} 离子零声子线的新激光材料方面取得了重大进展[26-34]。975nm 左右的泵浦波长可有效地降低量子亏损,进而可将产生的热量降低 1~2 倍。

对于 VECSEL,可通过量子阱泵浦来降低量子亏损和热负载。这种情况下,对泵浦波长进行选择,以使入射光子只能在量子阱中被吸收[35]。泵浦光束与量子阱的相互作用发生在长度只有数纳米的很小区域内,这远远小于势垒泵浦的作用长度(典型的作用长度为 1μm)。因此,单通吸收的泵浦光比例是非常低的。利用固体薄片激光器采用的多程泵浦方案(图 13.1(b)),可提高吸收效率。另外一种提高吸收效率的方案基于 VECSEL 的共振结构。通常,通过选择泵浦辐射内入射角,将泵浦和激光的波腹对准,从而使泵浦和激光波长产生结构性共振[36]。初步实验结果表明,阱内泵浦具有更进一步提高 VEC-SEL 输出功率的潜能[36,37]。

13.4　SESAM 锁模

半导体可饱和吸收镜(SESAM)作为腔内损耗调制器,其反射率依赖于强度。其宏观非线性光学特性主要由下列因素决定:调制深度 ΔR、SESAM 完全饱和与非饱和条件下反射率的差异,饱和通量 F_{sat}(定义为将初始值的损耗到 $1/e$ 的脉冲通量,其中非饱和损失 R_{ns} 可以忽略)。实测的 SESAM 非线性反射率如图 13.4(a)所示。如前所述,增加薄片激光器的功率可通过增加激活区域的面积来实现。这也适用于 SESAM,可对不同的平均功率采用相同的参数。因此,在实现激光锁模运行的各种技术方案中,被动锁模和 SESAM 非常适合超快薄片激光器。

13.4.1　脉冲形成机制

另外一个描述 SESAM 动力学的关键参数是恢复时间 $\tau_{1/e}$,如图 13.4(b)所示,它定义为经过一次脉冲之后,以指数演化恢复到非饱和反射率的速率。依赖于 SESAM 的恢复时间以及增益饱和动力学,可区分三种稳定脉冲形成的截然不同的机制。

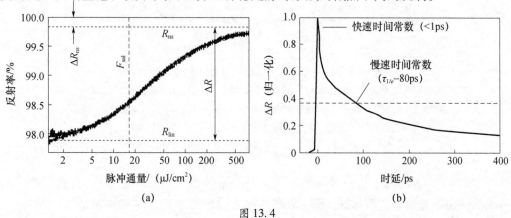

图 13.4

(a)测量获得的半导体可饱和吸收镜非线性反射率与入射脉冲通量的函数关系,另外还展示了饱和通量为 16.6μJ/cm² ,$\Delta R = 1.95\%$ 以及 $\Delta R = 0.16\%$ 时的理论拟合结果;(b)半导体可饱和吸收镜时域响应示例,用 2.7ps 的脉冲进行了测量,这样的时间由于太长而不能分辨快的复合时间常数(对该 SESAM 的描述见文献[42])。

图 13.5(a)所示的第一种稳定脉冲形成机制,依赖于快的可饱和吸收体以及比脉冲持续时间更短的恢复时间。标准的 SESAM 基于量子阱或者块状材料中价带到导带的跃迁的吸收漂白,通常在飞秒脉冲宽度,不具备这样短的恢复时间。因此,这种稳定的激光脉冲形成机制对于克尔透镜锁模技术非常重要[48-50],这种技术尚未应用到薄片激光器中。

对于慢的饱和吸收体,恢复时间要大于脉冲持续时间,这导致脉冲形成的另外两种机制。对于增益截面较小的增益材料,在每个脉冲没有观察到增益饱和的明显变化,这就是动力学增益饱和。在这种情况下,增益保持不变,只有在激光连续波功率条件下才能达到饱和(图 13.5(b))。这种情况对于稀土掺杂固体激光器增益材料尤为重要,因为 4f 跃迁(这类材料中最普遍的激光产生过程)只能勉强接受。这些材料表现出数百微秒至数毫秒长荧光寿命。根据基本激光方程[51],这类材料具有 $10^{-18} \sim 10^{-21}\,\mathrm{cm}^2$ 的低增益截面。另外,半导体激光器依赖的允许跃迁中,上能级寿命为数纳秒或者更短;而其增益截面要高数个量级(见表 13.1)。半导体激光器具有较低的饱和能量 E_{sat}:

$$E_{sat} = A \cdot F_{sat} = A \cdot \frac{h\nu}{\sigma_{em} + \sigma_{abs}} \tag{13.1}$$

式中:A 为模面积;F_{sat} 为饱和通量;$h\nu$ 为光子能量;σ_{abs} 和 σ_{em} 分别为吸收和发射截面。

较低的饱和能量会在脉冲通过增益区域时引起动力学增益饱和(图 13.5(c))。动力学饱和增益将在两个连续脉冲之间部分或者全部恢复。

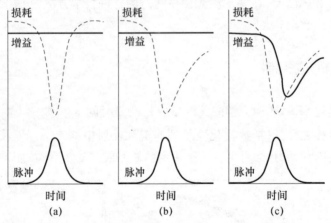

图 13.5 利用吸收体进行脉冲整形和稳定化的机制

(a)快饱和吸收体:净增益窗由饱和吸收体打开和关闭;(b)非动态增益饱和的慢饱和吸收体,
长的净增益窗由饱和吸收体打开,被放大的脉冲之后的噪声将会并入到一个时间延迟的脉冲中
(每个振荡往返中吸收体会造成主边界的弱化);(c)具有动态增益饱和的
慢饱和吸收体,净增益窗由饱和吸收体打开,由增益饱和关闭。

如图 13.5(b)所示,SESAM 慢的恢复时间与常数饱和增益相结合后,会在脉冲之后形成长的净增益窗。直观来说,可以期望脉冲之后的背景噪声也能够被放大。然而,由于脉冲打到吸收器过程中脉冲前沿每次都会被吸收,每个振荡往返中中心脉冲都会向后移动,经过几个循环之后,放大的噪声将会合并到脉冲中。数值模拟结果表明,脉冲持续时间甚至可比 SESAM 恢复时间短 1 个量级[52]。为了在飞秒时间范围内得到更短的脉冲持续时间,需要更加稳定脉冲的机制。这可通过在腔内引入经过良好匹配的自相位调制(SPM)和群延迟色散(GDD)来实现。这样产生的脉冲可认为是光孤子,因此,通常将固体薄片激光器中的锁模过程称为孤子锁模[53-55]。

绝大多数的 VECSEL,其动力学增益饱和过程如图 13.5(c)所示,净增益窗由 SESAM 的饱和打开,时域窗口由通过增益区域的脉冲诱导出的增益动力学饱和关闭。这种机制通常用于较大增益截面的激光器,如半导体和染料激光器[56]。为了促使净增益窗开启情况下的稳定锁模,显然 SESAM 饱和能量必须小于增益能量,以便使吸收体先达到饱和。此外,当吸收体恢复时间快于增益时间时,可得到更短的净增益窗。

13.4.2　不同运行区域

连续波薄片激光器可产生数千瓦的输出功率[9]以及数百瓦近衍射极限激光输出[57]。这样的性能可使薄片激光器锁模运行时产生的平均输出功率和脉冲能量超过其他任何锁模激光振荡器技术产生的功率和能量输出。由于平均功率是脉冲能量和重复频率的乘积,在脉冲持续时间不变的情况下,降低重复频率,可获得较高的脉冲能量和峰值功率。超快薄片激光器能够通过振荡器直接产生能量大于 $10\mu J$ 的脉冲,该能力对材料结构和强场科学研究颇具吸引力。另外,利用晶片外延生长技术,半导体激光器非常适合高效费比的批量生产。因此,在电信或者光钟以及光互联应用方面非常具有吸引力,在这些应用中,高重复频率比高脉冲能量更重要。此外,锁模 VECSEL 覆盖了红外谱段中一个很宽的频段,$0.95\sim2.01\mu m$,这主要取决于半导体增益材料[7]。这样的频段范围与锁模固体薄片激光器形成了鲜明的对比,迄今为止,固体薄片激光器只演示了波长为$(1035\pm10)nm$的 Yb^{3+} 增益材料,本节将主要对 VECSEL 和薄片激光器在不同区域运行的基本原因进行说明。图 13.6 对这两类激光器不同的运行区域有清晰的反映。

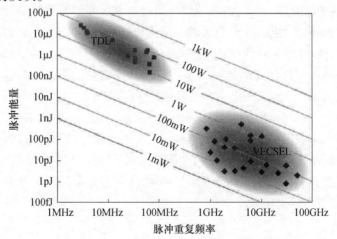

图 13.6　SESAM 锁模 VECSEL 和固体薄片激光器输出参数对比

注:图中的对角线与不变的平均输出功率相对应。固体薄片激光器的数据来自文献[12,14,33,43,58-67];
垂直外腔面发射激光器的数据来自文献[21,38,68-83]。

1. 平均功率

锁模运行条件下,平均功率的上限是连续波运行时最大的基模输出功率。较高阶模的出现会引入不稳定效应,阻碍激光器的稳定锁模。如 13.3 节所述,薄片激光器良好的热管理和一维热移除,使得其在 TEM_{00} 运行时可获得非常高的输出功率。然而,研究结果表明,在 VECSEL 中,当泵浦光斑尺寸使得热阻的绝大部分是由热沉而不是由半导体自身决定时,薄片激光器的定标关系将不再有效。在特定点,温升会影响阈值强度以及斜度效率,因此,总的效率损失将决定较大增益模尺寸带来的益处。此外,如 13.3 节所述,对进一步增加模面积进而增加输出功率而言,ASE 的出现也将是一个挑战[25]。迄今为止,VECSEL 最高的 TEM_{00} 输出功率为 20.2W[10]。相反,固体薄片激光器获得的基模最高输出功率达数百瓦,例如,Killi 等人获得了 360W 的输出功率[57],即使在这样高的输出功率条件下,ASE 也不是限制因素[84]。

另外,固体薄片激光器在锁模运行条件下获得了更高的平均功率。2000 年演示的第一台 SESAM 锁模固体薄片激光器,获得了平均输出功率为 16.2W[64]、脉宽为 730fs。该激光器使用 Yb:YAG 作为增益材料,这也是这种材料首次作为固体薄片激光器增益材料。泵浦光斑的直径为 1.2mm。将泵浦光斑直径增加到 2.8mm,并通过恰当的谐振腔设计来调节薄片和 SESAM 的模面积,将输出功率提高到 60W[85]。该激光器的脉冲持续时间为 810fs,重复频率为 34MHz。随后,将用 Yb:YAG 作为增益材料的 SESAM 锁模薄片激光器的平均功率提高到了 80W。最近,使用新的更高效的增益材料 $Yb:Lu_2O_3$,实现了输出 100W 平均功率的突破[12,13]。该激光器通过一个 738fs 的脉冲,获得了 141W 的最大平均输出功率,激光器效率高达 37%。在重复频率为 58MHz 时,脉冲能量为 2.1μJ。在 103W 较低平均输出功率条件下,激光器的光 – 光效率甚至高达 42%[12,13],几乎是 Yb:YAG 激光器效率的 2 倍。

目前,锁模条件下实现千瓦级别的功率输出似乎是可行的,但首先要解决几个额外的问题。进一步将泵浦光斑直径增加到所需的厘米量级是一项重大挑战,因为这需要薄片产生均匀的热透镜效应。均匀的热透镜可通过一个标准的谐振腔设计(不需要复杂的调谐光学元件)来补偿,然而,对于更大的泵浦光斑直径,这样的补偿将会更加困难(因为随着泵浦光斑直径的增加,腔的稳定区间将会变小)[86]。

当前,超快固体薄片激光器典型的平均输出功率为数十瓦,锁模 VECSEL 通常输出功率为 100mW。2000 年建成的第一台被动锁模 VECSEL,在 4GHz 重复频率条件下,通过 22ps 的脉冲获得了 21.6mW 的输出功率[76]。从那时起,在类似的重复频率下,通过 4.7ps 的脉冲将平均输出功率提升到 2.1W[38]。将平均输出功率提高到 10W 以上似乎是可行的,最近已经验证了基模运行条件下将输出功率提高近 1 个数量级的能力。

表 13.1 比较了 VECSEL 和基于 Yb:YAG 的薄片激光器的输出和其他参数,包括锁模运行时最高的平均输出功率。

2. 重复频率

13.4.1 节解释了 VECSEL 和固体薄片激光器分别依赖于不同的脉冲形成机制:锁模 VECSEL 依赖于动力学增益饱和,而由于激光器的平均功率,固体薄片激光器的饱和增益为常数。此外,薄片激光器由于低增益截面和长的上能级寿命,具有不希望的 Q 开关不稳定性风险。这样的不稳定性是由于在噪声扰动中更高功率的脉冲能够使 SESAM 强饱和,进而降低其损耗引起的。对于额外的饱和,增益响应必须要足够快;否则,便将有正反馈存在,进而噪声脉冲将能够进一步地增加脉冲能量。这将使弛豫振荡的阻尼变得不稳定,引发稳定的 Q 开关锁模(QML)或仅引发 Q 开关不稳定性。在稳定的 QML 运行区域,激光器输出与 Q 开关锁模脉冲的一致(通常,锁模脉冲重复频率为 100MHz,主要由激光腔长度决定;但是 Q 开关调制通常具有千赫的频率,与薄片激光器中典型的弛豫振荡频率类似)。一种保护激光器不受 QML 影响的方法是降低重复频率,进而以更快的增益饱和来增加脉冲能量。Honninger 等人根据增益材料饱和能量 $E_{sat,gain}$ 和可饱和吸收体饱和能量 $E_{sat,abs}$,确定了所需最低脉冲能量 E_p 的稳定判据:

$$E_p^2 > E_{sat,gain} \cdot E_{sat,abs} \cdot \Delta R \tag{13.2}$$

该方程说明低饱和能量和浅的调制深度 ΔR 有利于保护激光器不受 Q 开关不稳定性的影响。对于飞秒激光器,典型的 Q 开关锁模阈值要低 1/5 左右,这是由于孤子效应和增益带宽的光谱滤波,抑制了 Q 开关不稳定性后产生的额外稳定脉冲[87]。抑制飞秒区域的不稳定最基本的思路:如果脉冲的能量由于弛豫振荡而增加,脉冲的光谱将由 SPM 加宽。但由于激光材料的有限带宽,更宽的光谱具有较小的平均增益。该效应对皮秒激光器影响较小,因为 SPM 效应要弱很多。此外,吸收体的逆饱和吸收将会更进一步的降低 QML 的阈值[88,89]。同样,抑制这种现象的思路也非常简单:反转饱和吸收会造成非线性反射率的跳动,这将增加高功率脉冲的损失,进而抑制弛豫振荡。因此,SESAM 很适合锁模二极管泵浦固体激光器,因为半导体可饱和吸收体具有大吸收截面(低的吸收体饱和能量),同时它们的非线性反射率通过设计可以使覆盖很宽的参数区间。比较而言,VECSEL 的低增益饱和能量使其避免了这种 Q 开关不稳定性,由于其短的上能级寿命(通常为纳秒),对于稳定的连续波锁模其重复频率倾向吉赫量级。高功率薄片激光器通常的运行重复频率为 1 ~ 100MHz,因为在更高的脉冲重复频率条件下,QML 不稳定性将会变得更加严重。但对于大多数应用来说并不是问题,因为对于许多应用来说,较低脉冲重复频率条件下较大的脉冲能量颇具优势,对于精细微加工来说便是如此。

为形成稳定的脉冲,利用动力学增益饱和实现稳定脉冲操作要求吸收体在较低的内腔能量下达到饱和而不是较低的增益。对于锁模 VECSEL,激活区域通常也由吸收体材料组成。因此,需要增益和吸收体材料之间有较大的模面积比率,以便在增益饱和之前实现吸收体饱和。这种情况下(图 13.7(a)),对于基本的锁模 VECSEL 而言,激光腔的几何结构将决定重复频率的上限。解决这些问题的一种方案是增益和吸收体具有相同模面积的锁模(图 13.7(b)),即 1:1 锁模。这种情况下,需要低饱和通量的 SESAM,这种需求通常可通过由量子点(QD)SESAM 取代常规的量子阱(QW)SESAM 来满足。在 QW - SESAM 中,饱和通量 F_{sat} 和调制深度 ΔR 的乘积正比于使吸收体彻底饱和的能量。这意味着,不能对这两个参数进行独立调整。然而,对于超高重复频率和非常低能量的 1:1 锁模而言,根据 QML 判据,需要小的 F_{sat} 和 ΔR。采用 QD - SESAM 可解决这一问题,因为它具有较低的态密度,因此具有较低的总饱和能量。QD - SESAM 促进了 1:1 锁模 VECSEL 在重复频率 25GHz 下的首次演示[81],其后来增加到 50GHz[83]。最近,甚至实现了可饱和吸收体与增益结构的集成。这种独特的超快半导体激光器——锁模集成垂直外腔面发射激光器(MIXSEL),如图 13.7(c)所示,开启了具有广泛用途的高效费比批量生产之路。此外,该概念甚至可很容易扩展到更高的重复频率。关于这一问题,文献[90,91]有更为详细的介绍。

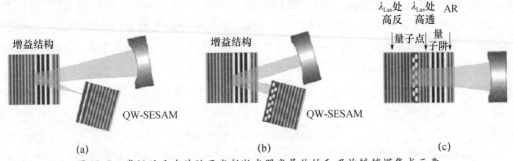

图 13.7　常规的垂直外腔面发射激光器半导体饱和吸收镜锁模集成示意

(a)大的模面积比率,因此会受到大腔体的限制;(b)增益结构和半导体饱和吸收镜具有相同的模面积,使高重复频率和集成成为可能;(c)将吸收体和增益几何集成到一个设备中。集成垂直外腔面发射激光器包括两个高反射(HR)体、一个量子点(QD)饱和吸收体、一个量子阱增益和一个增透(AR)涂层,中间的 HR 可阻止泵浦光对饱和吸收体的褪色作用。

QML 不稳定性限制了薄片激光器达到吉赫重复频率的运行能力。但是,并没有对这一课题进行全面研究,薄片激光器迄今为止报告的最高重复频率为 81MHz[67],远远低于该技术可获得的最高重复频率。例如,具有类似低增益截面的 Er,Yb:galss 激光器,当平均输出功率为 35mW 时,其重复频率高达 100GHz[92]。然而,目前几十瓦的平均输出功率下,需要吉赫重复频率的薄片激光器的应用不多。

另一方面,通常期望能够实现低重复频率以增加脉冲能量的运行。锁模 VECSEL 实现较低重复频率的运行,主要受到谐波锁模激发的限制。典型的 QW – VECSEL 的载流子寿命为纳秒级。如果腔的渡越时间变长,两个低能量连续脉冲将比较高功率的单脉冲更具增益优势,因此更易产生[93]。谐波锁模的阈值对激光运行参数有很强的依赖性。然而,迄今为止,所得到的最低重复频率为 1GHz 左右,平均输出功率为 275mW[68]。

固体激光器可在低数个数量级的重复频率条件下运行。脉冲重复频率的下限通常由激光器的自启动行为决定。在连续波锁模形成阶段,腔内脉冲形于连续波运行的随机扰动,后者具有比最终的脉冲低得多的峰值强度。如文献[94,95]所述,在很长的振荡器中的这些随机波动的强度也许不足以确保自启动锁模。迄今为止,尚未见到低于 1MHz 重复频率出现稳定锁模的报道;大型锁模固体激光器最低重复频率为 1.2MHz[96],对应的腔长度为 121m。采用了精密腔设计和数个附加的镜反射来保持合理的覆盖区和充分的总体机械稳定性。到目前为止,采用被动多程池概念的超快薄片激光器的最低重复频率为 4MHz[60],采主动多程池以及多次通过增益薄片的超快薄片激光器的最低重复频率为 2.93MHz[14]。两种情况下,运行都是自启动的,平均功率在几十瓦的范围内,脉冲能量超过 10μJ。

3. 脉冲能量

锁模激光器的平均输出能量是脉冲能量和重复频率的乘积。因此,与 VECSEL 相比,较高平均功率和较低重复频率的固体薄片激光器的脉冲能量通常高约 5 个数量级

（图 13.6）。

将薄片激光器的脉冲能量定标到 100μJ 的范围,需要考虑更多的因素,例如谐振腔中大气的非线性特性[61]。在典型的锁模薄片激光器中,通过移动厚数毫米的熔石英片（它在耦合输出镜附近以与发散光束的光轴成布儒斯特角插入）对腔内非线性特性进行控制。SPM 与熔石英片上的激光束的截面成反比。上述现象给人的第一直觉也许是与熔石英的非线性特性[99]（$2.46 \times 10^{-16} \mathrm{cm}^2/\mathrm{W}$）相比,空气的非线性特性[98]（$3 \times 10^{-19} \mathrm{cm}^2/\mathrm{W}$）可以忽略不计,因为空气的非线性系数比石英的要低约 3 个数量级。但是,高脉冲能量的薄片激光器的腔长度可达几十米;因此,相比于薄熔石英片引入的 SPM,由空气引入的 SPM很容易占据主导地位。

标准配置薄片激光器脉冲能量要超过 10μJ 面临的另外一项挑战是需要大色散以平衡长腔（长的腔体是为了获得稳定的孤子锁模）中空气引入的 SPM。这里大的色散需要用在色散镜面间有合理数量的多次来回反射来平衡。解决这一问题以便获得 10～100μJ的脉冲能量的可能方案:谐振器在真空或氦气填充状态下运行,以降低振荡器中的非线性效应;或者通过提高激光腔输出耦合器的透过率,降低腔内的脉冲能量。在充氦气的状态下,获得了 11μJ 的脉冲能量[60],而腔内脉冲能量超过 100μJ。第二种方案需要提高每个腔振荡过程中的增益,这可通多次通过增益介质的腔设计来实现。利用这种概念,效率为 78% 的耦合输出镜已经在大气环境中得到了 26μJ 的脉冲能量,腔内脉冲的能量为 34μJ[14]。

VECSEL 可获得的脉冲能量受到载流子寿命的限制,这将阻碍这种类型的激光器在连续波泵浦条件下获得兆赫重复频率的运行能力。如前所述,最大腔长度受到多脉冲不稳定性或者谐波锁模的限制[93]。迄今为止,报道的锁模 VECSEL 的最高脉冲能量为数百皮焦[38,68],这比固体薄片激光器的输出脉冲能量低数个量级。

4. 脉冲宽度

尚未完全进行超快薄片激光器和半导体薄片激光器实现极短脉冲能力的开发。目前,超快薄片激光器的脉冲宽度大于 220fs。迄今为止,所有的超快固体薄片激光器均基于 Yb^{3+} 掺杂增益材料。在 Yb^{3+} 离子中,镧系收缩导致 5s 和 5d 壳层与原子核距离变短。因此,与其他稀土元素离子相比,对发生光学跃迁的 4f 壳层的屏蔽更少。这导致与基质声子的耦合更强,因此会增宽吸收和发射光谱,在纵向泵浦的低功率大型激光器中（如 Yb:glass[100]、Yb:LuVO$_4$[101]、Yb:CaGdAlO$_4$[102]、Yb:LaSc（BO$_3$）$_4$[103] 或 Yb:NaY（WO$_4$）$_2$[104]）,可获得小于 60fs 的脉冲宽度。这样短的脉冲需要 1μm 光谱范围内约 20nm 的增益带宽 Δf_g。然而,固体薄片激光器最常用的增益材料为 Yb:YAG,之所以选择这种材料,主要是因为其有益于连续波泵浦的特性,即便是其增益带宽比其他掺 Yb^{3+} 增益材料的带宽更窄。最近,Yb:YAG 薄片激光器获得的最短脉冲约为 700fs[42,64],而 Yb:Lu$_2$O$_3$ 薄片激光器在 63W 和 40W 的平均输出功率条件下,分别获得了 535fs 和 329fs 的脉宽[67]。通过更宽发射带宽的新增益材料的研发,Yb:KYW（Yb:KY（WO$_4$）$_2$）薄片激光器在 22W 的平均输出功率条件下,得到了 240fs 的脉冲宽度[62];Yb:LuScO$_3$ 薄片激光器在 7.2W 的平均输出功率条件下,得到了 227fs 的脉冲宽度[66]。这些材料增益带宽的差异如图 13.8（a）所示。其他掺 Yb^{3+} 的增益材料,也许具有将高功率薄片激光器的脉冲宽度缩短到100fs范围内的潜力[105]。另一方面,通过在薄片激光器腔中插入一个空间滤波器,可以很容易获得较长的脉冲,但这会限制能获得的增益带宽[8]。

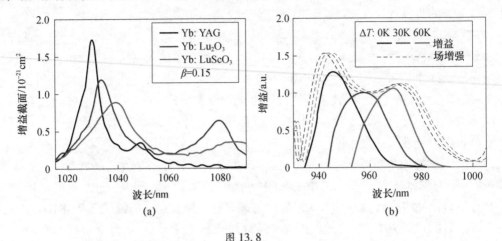

图 13.8

(a)反转数 $\beta = 0.15$ 的 Yb:YAG、Yb:Lu$_2$O$_3$ 以及 Yb:LuScO$_3$ 的增益谱;(b)不同温度条件下典型的垂直外腔面发射激光器结构的场增强以及产生的增益谱[91]。

注:ΔT 为指定运行温度条件下的温差。

高功率薄片激光器的脉冲宽度明显大于低功率 SESAM 锁模激光器的脉冲宽度,后者利用块状晶体作为增益材料。例如,此类激光器利用 Yb:YAG 获得了 340fs 的脉冲宽度;而利用 Yb:YbLuScO$_3$ 获得了 111fs 的脉冲[117]。之所以会有这样的差异,因为脉冲宽度不仅取决于增益带宽,还取决于其他参数。仔细的研究表明,基于 SESAM 的稳定孤子锁模激光器的脉冲宽度由下式决定:

$$\tau_p \approx 0.2 \left(\frac{1}{\Delta f_g}\right)^{3/4} \left(\frac{\tau_a}{\Delta R}\right)^{1/4} \frac{g^{3/8}}{\Phi_0^{1/8}} \tag{13.3}$$

由此可以看出,脉冲宽度 τ_p 受饱和增益 g 的强烈影响,这甚至要超过 SESAM 参数恢复时间 τ_a、调制深度 ΔR 以及孤子相位移 Φ_0 的影响。与低功率锁模激光器相比,高功率固体薄片激光器通常会采用透过率较大的输出耦合镜,因为高的腔内脉冲能量会导致周边大气出现非期望的 SPM 分布(与13.4.2节比较),甚至会造成光学元件损伤。因此,这类激光器在显著的高饱和增益条件下运行。此外,短的激活介质需要相应的高反转水平,这通常会导致产生脉冲的增益带宽变窄并用来产生脉冲。采用主动多程池概念,并且在一个振荡器渡越中多次通过增益材料(参见13.4.2节),也许可以获得更短的脉冲[14]。较低的输出耦合率,可以获得低的饱和增益和反转,未来也许会应用这种方案产生更短的脉冲。

典型的 VECSEL 具有与宽带 Yb^{3+} 掺杂材料可比的宽增益谱(图13.8(b))。而且,通过适当的设计,可以很容易改变发射带宽。整个增益谱取决于量子阱层的内秉发射特性,以及在量子阱层位置与波长相关场强。后者受到为了得到增益介质内驻波形状的共振或者反共振结构设计的影响(称为场增强效应)。通常会同时使用数个量子阱,整个带宽甚至可以比一个量子阱的固有带宽更大(图13.8所示的 VECSEL 采用了7个量子阱以实现驻波场型的最大化[91]）。然而,产生飞秒级傅里叶变化极限光脉冲(利用了带宽相当大的一部分)仍然是一项很大的挑战。绝大多数 SESAM 锁模 VECSEL 的脉冲宽度为数皮秒,而在低速可饱和吸收体的光学带宽小于 1nm。

首个产生亚皮秒量级脉冲的 VECSEL 采用了特殊的 SESAM 并利用了交流斯塔克效应[108]。在该激光器中,脉冲过程中的强电场引起了吸收的蓝移。因此,对于比峰值吸收波长更长的波长,吸收会下降。由于该过程中没有载流子,恢复时间和脉冲宽度具有可比性,而且比常规的半导体饱和镜锁模激光器更快。为了更进一步地降低 SESAM 恢复时间,在近表面位置放置单量子阱,通过表面状态的量子隧穿促进载流子的复合。通过采用这样的交流斯塔克 SESAM,2002 年,在 1.21GHz 的重复频率、100mW 的平均输出功率条件下,获得了短至 477fs 的脉冲宽度。6 年后,采用改进的交流斯塔克 SESAM 以及对 VECSEL 的增益带宽做了精细的改进后,在 25mW 的平均输出功率条件下,获得了 260fs 的脉冲宽度[69]。

通过优化 SESAM 最大吸收光谱位置以及相关的 VECSEL 增益最大值(通过两种设备温度的变化来实现),甚至可以得到 196fs 的脉冲宽度。然而,在这个相对敏感的运行区域内,只有在 10℃ 左右才能观测到带宽极限脉冲,这将限制可用的泵浦功率。因此,观测到的最短脉冲的平均输出功率不超过 5mW[109]。最近的一项突破是,锁模 VECSEL 实现了 60fs 的脉冲输出;但是 35mW 的输出功率以及脉冲序列的质量并不适合多数应用,尤其是多个脉冲在腔内循环的情况下更是如此[110]。优化腔内的 GDD 是性能提升的一个重要方面[109]。最近验证的准孤子理论的实验支持这个想法[111]。该理论认为轻微的腔内正 GDD 可以获得最短脉冲宽度[112]。任何情况下,对于锁模 VECSEL 来说,精细控制腔 GDD 对于实现飞秒高平均功率运行来说非常重要。

13.5　结论和展望

基于 Yb 掺杂的固体增益材料或者半导体的超快 SESAM 锁模薄片激光器,为高功率超短脉冲面临的挑战提供了一条功率可扩展方案。获得良好性能的关键是要进行有效的热管理,这样可以使热透镜和畸变最小化,可以提高基横模运行条件下的功率水平。由于具有很大的设计灵活性,因此 SESAM 是高功率条件下一种理想的锁模设备。对于功率扩展来说,SESAM 锁模薄片激光器具有重大的优势:可通过提高泵浦功率以及增加增益介质和 SESAM 的模面积来提高输出功率。采用这种技术的高功率离子掺杂固体激光器以及半导体激光器,输出功率均已创新高。

飞秒离子掺杂固体薄片激光器在兆赫重复频率下,直接从振荡器获得了超过 10mJ 的脉冲能量。平均功率水平提高到了 100W,这样的功率水平对于材料处理应用来说非常具有吸引力。薄片激光器增益材料的首选是 Yb:YAG,直到最近,一直通过这种材料获得了最高的平均输出功率和脉冲能量。但是,新的掺 Yb 的基质材料的研发取得的引人注目的进展,以及可利用的 980nm 光谱区域内的泵浦二极管的运行,使得掺 Yb 的倍半氧化物的输出功率创造了新纪录。尤为重要的是,Yb:Lu$_2$O$_3$ 是一种非常有前途的材料,在锁模运行条件下通过 738fs 的脉冲,获得了 141W 的平均输出功率[12,13]。将平均输出功率和能量分别提高到数百瓦和大于 $50\mu J$ 似乎是可能的。但在脉冲宽度小于100fs 的系统实现这样的功率和能量输出的能力面临着巨大挑战,这需要增益材料具有比 Yb:YAG 增益材料更大的发射带宽。这样的系统对于大量的工业和科学应用非常有用,如对于强场研究和产生高次谐波的领域[6]。

超快半导体薄片激光器的输出功率可到数瓦,这样的功率输出高于其他任何超快半导体激光器技术。不久的将来,甚至可以实现超过 10W 的平均功率输出。最近,锁模集成垂直外腔面发射激光器的平均输出功率已经达到 6.4W[113]。与锁模固体薄片激光器相比,半导体薄片激光器具有更高的、吉赫的重复频率。未来的一项重要研发任务是演示飞秒量级的高功率运行能力。尽管已经演示了产生小于100fs 的脉冲的能力,但在瓦量级输出功率水平下,获得这样脉宽仍然是一项巨大的挑战。多种应用需要这样的输出能力。超快 VECSEL 在成为皮实、高效费用比、超紧凑激光源方面以经体现出很大的潜力。最简单的锁模集成垂直外腔面发射激光器腔几何也许能够将重复频率进一步提升到 10~100GHz 的水平。对于多种应用来说,例如,通信、光学时钟、频率计量学以及显微镜,可用超快 VECSEL 和 MIXSEL 替换更为复杂的固体激光器。

参考文献

[1] Liu, X., Du, D., and Mourou, G., "Laser Ablation and Micromachining with Ultrashort Laser Pulses," IEEE J. Quantum Electron., 33: 1706-1716, 1997.

[2] Nolte, S., Momma, C., Jacobs, H., Tünnermann, A., Chichkov, B. N. Wellegehausen, B., and Welling, H., "Ablation of Metals by Ultrashort Laser Pulses," J. Opt. Soc. Am. B, 14: 2716-2722, 1997.

[3] von der Linde, D., Sokolowski-Tinten, K., and Bialkowski, J., "Laser-Solid Interactions in the Femtosecond Time Regime," Appl. Surf. Sci., 109/110: 1-10, 1997.

[4] Keller, U., Miller, D. A. B., Boyd, G. D., Chiu, T. H., Ferguson, J. F., and Asom, M. T., "Solid-State Low-Loss Intracavity Saturable Absorber for Nd:YLFLasers: An Antiresonant Semiconductor Fabry-Perot Saturable Absorber," Opt. Lett., 17: 505-507, 1992.

[5] Keller, U., Weingarten, K. J., Kärtner, F. X., Kopf, D., Braun, B., Jung, I. D., Fluck, R., et al., "Semiconductor Saturable Absorber Mirrors (Sesams) for Femtosecond to Nanosecond Pulse Generation in Solid-State Lasers," IEEE J. Sel. Top. Quantum Electron., 2: 435-453, 1996.

[6] Südmeyer, T., Marchese, S. V., Hashimoto, S., Baer, C. R. E., Gingras, G., Witzel, B., and Keller, U., "Femtosecond Laser Oscillators for High-Field Science," Nature Photonics, 2: 599-604, 2008.

[7] Keller, U., and Tropper, A. C., "Passively Mode locked Surface-Emitting Semiconductor Lasers," Phys. Rep., 429: 67-120, 2006.

[8] Giesen, A., Hügel, H., Voss, A., Wittig, K., Brauch, U., and Opower, H., "Scalable Concept for Diode-Pumped High-Power Solid-State Lasers," Appl. Phys. B, 58: 365-372, 1994.

[9] Giesen, A., and Speiser, J., "Fifteen Years of Work on Thin-Disk Lasers: Resultsand Scaling Laws," IEEE J. Sel. Top. Quantum Electron., 13: 598-609, 2007.

[10] Rudin, B., Rutz, A., Hoffmann, M., Maas, D. J. H. C., Bellancourt, A.-R., Gini, E., Südmeyer, T., and Keller, U., "Highly Efficient Optically Pumped Vertical Emitting Semiconductor Laser with More Than 20-W Average Output Power in a Fundamental Transverse Mode," Opt. Lett., 33: 2719-2721, 2008.

[11] Kuznetsov, M., Hakimi, F., Sprague, R., and Mooradian, A., "High-Power (>0.5-W CW) Diode-Pumped Vertical-External-Cavity Surface-Emitting Semiconductor Lasers with Circular TEM00 Beams," IEEE Photon. Technol.

Lett. , 9: 1063-1065, 1997.

[12] Baer, C. R. E. , Kränkel, C. , Saraceno, C. J. , Heckl, O. H. , Golling, M. , Südmeyer, T. , Keller, U. , et al. , "Efficient Mode-Locked Yb:Lu_2O_3 Thin Disk Laser with an Average Power of 103 W" (talk AMD2) , A dvanced Solid State Photonics (ASSP) ,San Diego, CA: 2010.

[13] Baer, C. R. E. , Kränkel, C, Saraceno, C. J. ; Heckl, O. H. , Golling, M. , Peters, R. , Petermann, et al. , "Femtosecond Thin-disk Laser with 141 W of Average Power," Opt. Lett. , 35, 2719-2721, 2010.

[14] Neuhaus, J. , Bauer, D. , Zhang, J. , Killi, A. , Kleinbauer, J. , Kumkar, M. , Weiler, S. , et al. , "Subpicosecond Thin-Disk Laser Oscillator with Pulse Energies of up to 25. 9 Microjoules by Use of an Active Multipass Geometry," Opt. Express,16: 20530-20539, 2008.

[15] Maas, D. J. H. C. , Bellancourt, A. -R. , Rudin, B. , Golling, M. , Unold, H. J. ,Südmeyer, T. , and Keller, U. , "Vertical Integration of Ultrafast Semiconductor Lasers," Appl. Phys. B, 88: 493-497, 2007.

[16] Abate, J. A. , Lund, L. , Brown, D. , Jacobs, S. , Refermat, S. , Kelly, J. , Gavin, M. ,et al. , "Active Mirror: A Large-Aperture Medium-Repetition Rate Nd:Glass Amplifier," Appl. Opt. , 20: 351-361, 1981.

[17] Fan, T. Y. , and Byer, R. L. , "Modelling and CW Operation of a Quasi-Three-Level 946 nm Nd:YAG Laser," IEEE J. Quantum Elect. , 23: 605-612, 1987.

[18] Chow, W. W. , and Koch, S. W. , Semiconductor: Laser Fundamentals. Physics of the Gain Materials. Berlin, Germany: Springer, 1999.

[19] Forster, T. , "Zwischenmolekulare Energiewanderung und Fluoreszenz," Ann. Phys. Berlin, 437: 55-75, 1948.

[20] Beattie, A. R. , and Landsberg, P. T. , "Auger Effect in Semiconductors,"Proceedings of the Royal Society of London Series A: Mathematical and Physical Sciences, 249: 16-29, 1959.

[21] Häring, R. , Paschotta, R. , Aschwanden, A. , Gini, E. , Morier-Genoud, F. , and Keller, U. , "High-power passively mode-locked semiconductor lasers," IEEE J. Quantum Electron. , 38: 1268-1275, 2002.

[22] Larionov, M. , "Kontaktierung und Charakterisierung von Kristallen für Scheibenlaser," Institut für Strahlwerkzeuge, Stuttgart, Germany: Universität Stuttgart, 2009.

[23] Killi, A. , Zawischa, I. , Sutter, D. , Kleinbauer, J. , Schad, S. , Neuhaus, J. ,and Schmitz, C. , "Current Status and Development Trends of Disk Laser Technology," Conference on Solid State Lasers XVII, eds. W. A. Clarkson, N. H. Hodgson, and R. K. Shori, San Jose, CA: SPIE-Int. Soc. Optical Engineering, L8710-L8710, 2008.

[24] Rudin, B. , Rutz, A. , Maas, D. J. H. C. , Bellancourt, A. R. , Gini, E. , Südmeyer, T. , and Keller, U. , "Efficient High-Power VECSEL Generates 20 W Continuouswave Radiation in a Fundamental Transverse Mode" (paper ME2) , Advanced Solid-State Photonics (ASSP) , Denver, USA C 2009.

[25] Bedford, R. G. , Kolesik, M. , Chilla, J. L. A. , Reed, M. K. , Nelson, T. R. , and Moloney, J. V. , "Power-Limiting Mechanisms in VECSELs," Conference on Enabling Photonics Technologies for Defense, Security, and Aerospace Applications, ed. A. R. Pirich, Orlando, FL: SPIE-Int. Soc. Optical Engineering, 199-208, 2005.

[26] Brunner, F. , Südmeyer, T. , Innerhofer, E. , Paschotta, R. , Morier-Genoud,F. , Keller, U. , Gao, J. , et al. , "240-fs Pulses with 22-W Average Power from a Passively Mode-Locked Thin-Disk Yb: KY(WO4) 2 Laser" (talk CME3) ,Conference on Laser and Electro-Optics CLEO 2002, Long Beach, CA, 2002.

[27] Kränkel, C. , Johannsen, J. , Peters, R. , Petermann, K. , and Huber, G. , "Continuous-Wave High Power Laser Operation and Tunability of Yb:$LaSc_3(BO_3)_4$ in Thin Disk Configuration," Appl. Phys. B, 87: 217-220, 2007.

[28] Kränkel, C. , Peters, R. , Petermann, K. , Loiseau, P. , Aka, G. , and Huber, G. , "Efficient Continuous-Wave Thin Disk Laser Operation of Yb:$Ca_4YO(BO_3)_3$ in EIIZ and EIIX Orientations with 26 W Output Power," J. Opt Soc. Am. B, 26: 1310-1314, 2009.

[29] Kränkel, C. , Peters, R. , Petermann, K. , and Huber, G. , "High Power Operation of Yb:$LuVO_4$ and Yb:YVO4 Crystals in the Thin-Disk Laser Setup" (paper MA 3) , Advanced Solid-State Photonics (ASSP) , Vancouver, Canada, 2007.

[30] Peters, R. , Kränkel, C. , Petermann, K. , and Huber, G. , "Power Scaling Potential of Yb:NGW in Thin Disk Laser

Configuration," Appl. Phys. B, 91: 25-28, 2008.

[31] Peters, R. , Kränkel, C. , Petermann, K. , and Huber, G. , "Broadly Tunable High-Power Yb:Lu2O3 Thin Disk Laser with 80% Slope Efficiency," Opt. Express, 15:7075-7082, 2007.

[32] Peters, R. , Kränkel, C. , Petermann, K. , and Huber, G. , "High Power Laser Operation of Sesquioxides Yb:Lu2O3 and Yb:Sc2O3" (paper CTuKK4), Conference on Lasers and Electro-Optics, San Jose, CA, 2008.

[33] Palmer, G. , Schultze, M. , Siegel, M. , Emons, M. , Bünting, U. , and Morgner, U. , "Passively Mode-Locked Yb: KLu(WO4)2 Thin-Disk Oscillator Operated in the Positive and Negative Dispersion Regime," Opt. Lett. , 33: 1608-1610, 2008.

[34] Giesen, A. , Speiser, J. , Peters, R. , Krankel, C. , and Petermann, K. , "Thin-Disk Lasers Comeof Age," Photonics Spectra, 41: 52, 2007.

[35] Schmid, M. , Benchabane, S. , Torabi-Goudarzi, F. , Abram, R. , Ferguson, A. I. , and Riis, E. , "Optical In-Well Pumping of a Vertical-External-Cavity Surface-Emitting Laser," Appl. Phys. Lett. , 84: 4860-4862, 2004.

[36] Beyertt, S. S. , Zorn, M. , Kubler, T. , Wenzel, H. , Weyers, M. , Giesen, A. , Trankle, G. , and Brauch, U. , "Optical In-Well Pumping of a Semiconductor Disk Laser with High Optical Efficiency," IEEE J. Quantum Electron. , 41: 1439-1449,2005.

[37] Beyertt, S. -S. , Brauch, U. , Demaria, F. , Dhidah, N. , Giesen, A. , Ku bler, T. , Lorch, S. , et al. , "Efficient Gallium-Arsenide Disk Laser," IEEE J. Quantum Electron. ,43: 869-875, 2007.

[38] Aschwanden, A. , Lorenser, D. , Unold, H. J. , Paschotta, R. , Gini, E. , and Keller, U. , "2. 1-W Picosecond Passively Mode-Locked External-Cavity Semiconductor Laser," Opt. Lett. , 30: 272-274, 2005.

[39] Kneubühl, F. K. , and Sigrist, M. W. , Laser, Stuttgart, Germany: B. G. Teubner,1991.

[40] Corzine, S. W. , Yan, R. H. , and Coldren, L. A. , "Theoretical Gain in Strained InGaAs/AlGaAs Quantum Wells Including Valence-Band Mixing Effects," Appl. Phys. Lett. , 57: 2835-2837, 1990.

[41] Casey, H. C. , Sell, D. D. , and Wecht, K. w. , "Concentration Depedence of the Absorption Coefficient for n- and p-Type GaAs Between 1. 3 and 1. 6 eV," J. Appl. Phys. , 46: 250-257, 1974.

[42] Marchese, S. , Towards High Field Physics with High Power Thin Disk Laser Oscillators, Dissertation at ETH Zurich, Nr. 17583, Hartung-Gorre Verlag, Konstanz, 2008.

[43] Brunner, F. , Innerhofer, E. , Marchese, S. V. , Südmeyer, T. , Paschotta, R. , Usami,T. , Ito, H. , et al. , "Powerful Red-Green-Blue Laser Source Pumped with a Mode-Locked Thin Disk Laser," Opt. Lett. , 29: 1921-1923, 2004.

[44] Contag, J. , "Modellierung und numerische Auslegung des Yb:YAG Scheibenlasers," Institut für Strahlwerkzeuge, Stuttgart, Germany: Universität Stuttgart, 2002.

[45] Keller, U. , "Ultrafast Solid-State Lasers," Landolt-Börnstein. Laser Physics and Applications. Subvolume B: Laser Systems. Part I. , eds. G. Herziger, H. Weber, and R. Proprawe, Heidelberg, Germany: Springer Verlag, 33-167, 2007.

[46] Keller, U. , "Ultrafast Solid-State Lasers," Progress in Optics, 46: 1-115, 2004.

[47] Keller, U. , "Recent Developments in Compact Ultrafast Lasers," Nature, 424:831-838, 2003.

[48] Spence, D. E. , Kean, P. N. , and Sibbett, W. , "60-fsec Pulse Generation from a Self-Mode-Locked Ti:sapphire Laser," Opt. Lett. , 16: 42-44, 1991.

[49] Keller, U. , 'tHooft, G. W. , Knox, W. H. , and Cunningham, J. E. , "Femtosecond Pulses from a Continuously Self-Starting Passively Mode-Locked Ti:Sapphire Laser," Opt. Lett. , 16: 1022-1024, 1991.

[50] Brabec, T. , Spielmann, C. , Curley, P. F. , and Krausz, F. , "Kerr Lens Mode Locking," Opt. Lett. , 17: 1292-1294, 1992.

[51] McCumber, D. W. , "Einstein Relations Connecting Broadband Emission and Absorption Spectra," Phys. Rev. , 136: 954-957, 1964.

[52] Paschotta, R. , and Keller, U. , "Passive Mode Locking with Slow Saturable Absorbers," Appl. Phys. B, 73: 653-662, 2001.

［53］ Kärtner, F. X. , and Keller, U. , "Stabilization of Soliton-Like Pulses with a SlowSaturable Absorber,"Opt. Lett. , 20：16-18, 1995.

［54］ Kärtner, F. X. , Jung, I. D. , and Keller, U. , "Soliton Mode-Locking with Saturable Absorbers,"IEEE J. Sel. Top. Quant. , 2：540-556, 1996.

［55］ Jung, I. D. , Kärtner, F. X. , Brovelli, L. R. , Kamp, M. , and Keller, U. , "Experimental Verification of Soliton Modelocking Using Only a Slow Saturable Absorber,"Opt. Lett. , 20：1892-1894, 1995.

［56］ New, G. H. C. , "Pulse Evolution in Mode-Locked Quasi-Continuous Lasers,"IEEE J. Quantum Electron. ,10：115-124, 1974.

［57］ Killi, A. , Zawischa, I. , Sutter, D. , Kleinbauer, J. , Schad, S. , Neuhaus, J. ,and Schmitz, C. , "Current Status and Development Trends of Disk Laser Technology" (art. no. 68710L) , Conference on Solid State Lasers XVII, eds. W. A. Clarkson, N. H. Hodgson, and R. K. Shori, San Jose, CA：SPIE-Int. Soc. Optical Engineering, L8710-L8710, 2008.

［58］ Neuhaus, J. , Bauer, D. , Kleinbauer, J. , Killi, A. , Weiler, S. , Sutter, D. H. , and Dekorsy, T. , "Pulse Energies Exceeding 20mJ Directly from a Femtosecond Yb：YAG Oscillator," Proceedings of the Ultrafast Phenomena XVI, eds. P. B. Corkum, S. D. Silvestri, K. A. Nelson, E. Riedle, and R. W. Schoenlein,Heidelberg, Germany：Springer, 2008.

［59］ Neuhaus, J. , Kleinbauer, J. , Killi, A. , Weiler, S. , Sutter, D. , and Dekorsy, T. ,"Passively Mode-Locked Yb：YAG Thin-Disk Laser with Pulse Energies Exceeding 13 J by Use of an Active Multipass Geometry,"Opt. Lett. , 33：726-728, 2008.

［60］ Marchese, S. V. , Baer, C. R. E. , Engqvist, A. G. , Hashimoto, S. , Maas, D. J. H. C. , Golling, M. , Südmeyer, T. , and Keller, U. , "Femtosecond Thin Disk Laser Oscillator with Pulse Energy Beyond the 10-Microjoule Level," Opt. Express,16：6397-6407, 2008.

［61］ Marchese, S. V. , Südmeyer, T. , Golling, M. , Grange, R. , and Keller, U. , "Pulse Energy Scaling to 5mJ from a Femtosecond Thin Disk Laser," Opt. Lett. , 31：2728-2730, 2006.

［62］ Brunner, F. , Südmeyer, T. , Innerhofer, E. , Paschotta, R. , Morier-Genoud, F. , Gao, J. , Contag, K. , et al. , "240-fs Pulses with 22-W Average Power from a Mode-Locked Thin-Disk Yb：KY(WO4)2 Laser," Opt. Lett. , 27：1162-1164, 2002.

［63］ Innerhofer, E. , Südmeyer, T. , Brunner, F. , Häring, R. , Aschwanden, A. , Paschotta, R. , Keller, U. , et al. , "60 W Average Power in 810-fs Pulses froma Thin-Disk Yb：YAG Laser," Opt. Lett. , 28：367-369, 2003.

［64］ Aus der Au, J. , Spühler, G. J. , Südmeyer, T. , Paschotta, R. , Hövel, R. , Moser,M. , Erhard, S. , et al. , "16. 2 W Average Power from a Diode-Pumped Femtosecond Yb：YAG Thin Disk Laser,"Opt. Lett. , 25：859-861, 2000.

［65］ Marchese, S. V. , Baer, C. R. E. , Peters, R. , Kränkel, C. , Engqvist, A. G. , Golling, M. , Maas, D. J. H. C. , et al. , "Efficient Femtosecond High Power Yb：Lu2O3 Thin Disk Laser," Opt. Express, 15：16966-16971, 2007.

［66］ Baer, C. R. E. , Kränkel, C. , Heckl, O. H. , Golling, M. , Südmeyer, T. , Peters, R. , Petermann, K. , et al. , "227-fs Pulses from a Mode-Locked Yb：LuScO3 Thin Disk Laser," Opt. Express, 17：10725-10730, 2009.

［67］ Baer, C. R. E. , Kränkel, C. , Saraceno, C. J. , Heckl, O. H. , Golling, M. , Südmeyer, T. , Peters, R. , et al. , "Femtosecond Yb：Lu2O3 Thin Disk Laser with 63 W of Average Power," Opt. Lett. , 34：2823-2825, 2009.

［68］ Rautiainen, J. , Korpijärvi, V. -M. , Puustinen, J. , Guina, M. , and Okhotnikov,O. G. , "Passively Mode-Locked GaInNAs Disk Laser Operating at 1220 nm,"Opt. Express, 16：2008.

［69］ Wilcox, K. G. , Mihoubi, Z. , Daniell, G. J. , Elsmere, S. , Quarterman, A. , Farrer,I. , Ritchie, D. A. , and Tropper, A. , "Ultrafast Optical Stark Mode-Locked Semiconductor Laser," Opt. Lett. , 33：2797-2799, 2008.

［70］ Garnache, A. , Hoogland, S. , Tropper, A. C. , Sagnes, I. , Saint-Girons, G. , and Roberts, J. S. , "Sub-500-fs Soliton Pulse in a Passively Mode-Locked Broadband Surface-Emitting Laser with 100-mW average power,"Appl. Phys. Lett. , 80：3892-3894, 2002.

［71］ Hoogland, S. , Paldus, B. , Garnache, A. , Weingarten, K. J. , Grange, R. , Haiml,M. , Paschotta, R. , et al. ,

"Picosecond Pulse Generation with a 1. 5mM PassivelyModelocked Surface Emitting Semiconductor Laser," Electron. Lett. , 39: 846,2003.

[72] Casel, O. , Woll, D. , Tremont, M. A. , Fuchs, H. , Wallenstein, R. , Gerster, E. , Unger, P. , et al. , "Blue 489-nm Picosecond Pulses Generated by Intracavity Frequency Doubling in a Passively Mode-Locked Optically Pumped Semiconductor Disk Laser," Appl. Phys. B, 81: 443-446, 2005.

[73] Häring, R. , Paschotta, R. , Gini, E. , Morier-Genoud, F. , Melchior, H. , Martin,D. , and Keller, U. , "Picosecond Surface-Emitting Semiconductor Laser with >200 mW Average Power," Electron. Lett. , 37: 766-767, 2001.

[74] Lindberg, H. , Sadeghi, M. , Westlund, M. , Wang, S. , Larsson, A. , Strassner, M. , and Marcinkevicius, S. , "Mode Locking a 1550 nm Semiconductor Disk Laser by Using a GaInNAs Saturable Absorber, Opt. Lett. , 30: 2793-2795, 2005.

[75] Klopp, P. , Saas, F. , Zorn, M. , Weyers, M. , and Griebner, U. , "290-fs Pulses from a Semiconductor Disk Laser," Opt. Express, 16: 5770-5775, 2008.

[76] Hoogland, S. , Dhanjal, S. , Tropper, A. C. , Roberts, S. J. , Häring, R. , Paschotta, R. , and Keller, U. , "Passively Mode-Locked Diode-Pumped Surface-Emitting Semiconductor Laser," IEEE Photonics Tech. Lett. , 12: 1135-1138, 2000.

[77] Rutz, A. , Liverini, V. , Maas, D. J. H. C. , Rudin, B. , Bellancourt, A. -R. , Schön, S. , and Keller, U. , "Passively Modelocked GaInNAs VECSEL at Centre Wavelength Around 1. 3," Electron. Lett. , 42: 926, 2006.

[78] Aschwanden, A. , Lorenser, D. , Unold, H. J. , Paschotta, R. , Gini, E. , and Keller, U. , "10-GHz Passively Mode-Locked Surface-Emitting Semiconductor Laser with 1. 4 W Output Power," Conference on Lasers and Electro-Optics/International Quantum Electronics Conference (CLEO/IQEC), San Francisco, CA: Optical Society of America, 2004.

[79] Hoogland, S. , Garnache, A. , Sagnes, I. , Roberts, J. S. , and Tropper, A. C. ,"10-GHz Train of Sub-500-fs Optical Soliton-Like Pulses From a Surface-Emitting Semiconductor Laser," IEEE Photonics Tech. Lett. , 17: 267-269, 2005.

[80] Härkönen, A. , Rautiainen, J. , Orsila, L. , Guina, M. , Rößner, K. , Hümmer,M. , Lehnhardt, T. , et al. , "2-mm Mode-Locked Semiconductor Disk Laser Synchronously Pumped Using an Amplified Diode Laser," IEEE Photonics Technol. Lett. , 20: 1332-1334, 2008.

[81] Lorenser, D. , Unold, H. J. , Maas, D. J. H. C. , Aschwanden, A. , Grange, R. , Paschotta, R. , Ebling, E. , et al. , "Towards Wafer-Scale Integration of High Repetition Rate Passively Mode-Locked Surface-Emitting Semiconductor Lasers," Appl. Phys. B, 79: 927-932, 2004.

[82] Rudin, B. , Maas, D. J. H. C. , Lorenser, D. , Bellancourt, A. -R. , Unold, H. J. , and Keller, U. , "High-Performance Mode-Locking with Up to 50 GHz Repetition Rate from Integrable VECSELs," Conference on Lasers and Electro-Optics (CLEO),Long Beach, CA, 2006.

[83] Lorenser, D. , Maas, D. J. H. C. , Unold, H. J. , Bellancourt, A. -R. , Rudin, B. , Gini, E. , Ebling, D. , and Keller, U. , "50-GHz Passively Mode-Locked Surface-Emitting Semiconductor Laser with 100 MW Average Output Power," IEEE J. Quantum Electron. , 42: 838-847, 2006.

[84] Speiser, J. , "Scaling of Thin-Disk Lasers-Influence of Amplified Spontaneous Emission," J. Optic. Soc. Am. B-Opt. Phys. , 26: 26-35, 2009.

[85] Innerhofer, E. , Südmeyer, T. , Brunner, F. , Häring, R. , Aschwanden, A. , Paschotta, R. , Keller, U. , et al. , "60 W Average Power in Picosecond Pulses from a Passively Mode-Locked Yb:YAG Thin-Disk Laser" (talk CTuD4), Conference on Laser and Electro-Optics CLEO 2002, Long Beach, CA, 2002.

[86] Magni, V. , " Multielement Stable Resonators Containing a Variable Lens," J. Opt. Soc. Am. A, 4: 1962-1969, 1987.

[87] Hänninger, C. , Paschotta, R. , Morier-Genoud, F. , Moser, M. , and Keller, U. , "Q-Switching Stability Limits of Continuous-Wave Passive Mode Locking,"J. Opt. Soc. Am. B, 16: 46-56, 1999.

[88] Grange, R. , Haiml, M. , Paschotta, R. , Spuhler, G. J. , Krainer, L. , Golling, M. , Ostinelli, O. , and Keller, U. ,

"New Regime of Inverse Saturable Absorption for Self-Stabilizing Passively Mode-Locked Lasers," Appl. Phys. B, 80: 151-158, 2005.

[89] Schibli, T. R., Thoen, E. R., Kärtner, F. X., and Ippen, E. P., "Suppression of Q-Switched Mode Locking and Break-Up into Multiple Pulses by Inverse Saturable Absorption," Appl. Phys. B, 70: S41-S49, 2000.

[90] Südmeyer, T., Maas, D. J. H. C., and Keller, U., "Mode-Locked Semiconductor Disk Lasers," Semiconductor Disk Lasers: Physics and Technology, ed. O. Okhotnikov, Wiley-VCH Verlag KGaA, 2010.

[91] Maas, D., MIXSELs: A New Class of Ultrafast Semiconductor Lasers. Dissertation at ETH Zurich, Nr. 18121, Hartung-Gorre Verlag, Konstanz, 2009.

[92] Oehler, A. E. H., Südmeyer, T., Weingarten, K. J., and Keller, U., "100 GHz Passively Mode-Locked Er: Yb: glass Laser at 1. 5 mm with 1. 6-ps Pulses," Opt. Express, 16: 21930-21935, 2008.

[93] Saarinen, E. J., Harkonen, A., Herda, R., Suomalainen, S., Orsila, L., Hakulinen, T., Guina, M., and Okhotnikov, O. G., "Harmonically Mode-Locked VECSELs for Multi-GHz Pulse Train Generation," Opt. Express, 15: 955-964, 2007.

[94] Ippen, E. P., Liu, L. Y., and Haus, H. A., "Self-Starting Condition for Additive-Pulse Modelocked Lasers," Opt. Lett. , 15: 183-185, 1990.

[95] Haus, H. A., and Ippen, E. P., "Self-Starting of Passively Mode-Locked Lasers," Opt. Lett. , 16: 1331-1333, 1991.

[96] Papadopoulos, D. N., Forget, S., Delaigue, M., Druon, F., Balembois, F., and Georges, P., "Passively Mode-Locked Diode-Pumped Nd: YVO4 Oscillator Operating at an Ultralow Repetition Rate," Opt. Lett. 28: 1838-1840, 2003.

[97] Herriott, D., Kogelnik, H., and Kompfner, R., "Off-Axis Paths in Spherical Mirror Interferometers," Appl. Opt. , 3: 523-526, 1964.

[98] Nibbering, E. T. J., Grillon, G., Franco, M. A., Prade, B. S., and Mysyrowicz, A., "Determination of the Inertial Contribution to the Nonlinear Refractive Index of Air, N2, and O2 by Use of Unfocused High-Intensity Femtosecond Laser Pulses," J. Opt. Soc. Am. B, 14: 650-660, 1997.

[99] Adair, R., Chase, L. L., and Payne, S. A., "Nonlinear Refractive Index of Optical Crystals," Phys. Rev. B, 39: 3337-3350, 1989.

[100] Hänninger, C., Morier-Genoud, F., Moser, M., Keller, U., Brovelli, L. R., and Harder, C., "Efficient and Tunable Diode-Pumped Femtosecond Yb: glass Lasers," Opt. Lett. , 23: 126-128, 1998.

[101] Rivier, S., Mateos, X., Liu, J., Petrov, V., Griebner, U., Zorn, M., Weyers, M., Zhang, H., et al. , "Passively Mode-Locked Yb: LuVO4 Oscillator," Opt. Express, 14: 11668-11671, 2006.

[102] Zaouter, Y., Didierjean, J., Balembois, F., Lucas Leclin, G., Druon, F., Georges, P., Petit, J., et al. , "47-fs Diode-Pumped Yb3 + : CaGdAlO4 Laser," Opt. Lett. , 31: 119-121, 2006.

[103] Rivier, S., Schmidt, A., Kränkel, C., Peters, R., Petermann, K., Huber, G., Zorn, M., et al. , "Ultrashort Pulse Yb: LaSc3 (BO3)4 Mode-Locked Oscillator," Opt. Express, 15: 15539-15544, 2007.

[104] García-Cortés, A., Cano-Torres, J. M., Serrano, M. D., Cascales, C., Zaldo, C., Rivier, S., Mateos, X., et al. , "Spectroscopy and Lasing of Yb-doped NaY (WO4)2: Tunable and Femtosecond Mode-Locked Laser Operation," IEEE J. Quantum Elect. , 43: 758-764, 2007.

[105] Südmeyer, T., Kränkel, C., Baer, C. R. E., Heckl, O. H., Saraceno, C. J., Golling, M., Peters, R., et al. , "High-Power Ultrafast Thin Disk Laser Oscillators and Their Potential for Sub-100-Femtosecond Pulse Generation," Appl. Phys. B, 97: 281-295, 2009.

[106] Hönninger, C., Paschotta, R., Graf, M., Morier-Genoud, F., Zhang, G., Moser, M., Biswal, S., et al. , "Ultrafast Ytterbium-Doped Bulk Lasers and Laser Amplifiers," Appl. Phys. B, 69: 3-17, 1999.

[107] Schmidt, A., Mateos, X., Petrov, V., Griebner, U., Peters, R., Petermann, K., Huber, G., et al. , "Passively Mode-Locked Yb: LuScO3 Oscillator" (paper MB12), Advanced Solid-State Photonics (ASSP), Denver, CO: 2009.

[108] Mysyrowicz, A. , Hulin, D. , Antonetti, A. , and Migus, A. , "Dressed Excitons in a Multiple-Quantum-Well Structure: Evidence for an Optical Stark-Effect with Femtosecond Response-Time," Phys. Rev. Lett. , 56: 2748-2751, 1986

[109] Klopp, P. , Griebner, U. , Zorn, M. , Klehr, A. , Liero, A. , Weyers, M. , and Erbert,G. , "Mode-Locked InGaAs-AlGaAs Disk Laser Generating Sub-200-fs Pulses,Pulse Picking and Amplification by a Tapered Diode Amplifier," Opt. Express,17: 10820-10834, 2009.

[110] Quarterman, A. H. , Wilcox, K. G. , Apostolopoulos, V. , Mihoubi, Z. , Elsmere, S. P. , Farrer, I. , Ritchie, D. A. , and Tropper, A. , "A Passively Mode-Locked External-Cavity Semiconductor Laser Emitting 60-fs Pulses," Nat. Photonics,3: 729-731, 2009.

[111] Paschotta, R. , Häring, R. , Keller, U. , Garnache, A. , Hoogland, S. , and Tropper,A. C. , "Soliton-Like Pulse-Shaping Mechanism in Passively Mode-Locked Surface-Emitting Semiconductor Lasers,"Appl. Phys. B, 75: 445-451, 2002.

[112] Hoffmann, M. , Sieber, O. D. , Maas, D. J. H. C. , Wittwer, V. J. , Golling, M. , Sudmeyer, T. , and Keller, U. , "Experimental Verification of Soliton-like Pulseshaping Mechanisms in Passively Mode-locked VECSELs," Opt. Express, 18,10143-10153, 2010.

[113] Wittwer, V. J. , Rudin, B. Maas, D. J. H. C. , Hoffmann, M. , Sieber, O. , Barbarin, Y. , Golling, et al. ,"An Integrated Passively Modelocked External-Cavity Semiconductor Laser with 6. 4 W Average Power" (talk ThD1), 4th EPS-QEODEurophoton Conference, Hamburg, Germany, 2010.

第14章

国家点火装置激光器
——高脉冲能量聚变激光器

Richard A. Sacks

劳伦斯·利弗莫尔国家实验室 ICF 和 HED 科学计划(NIF)的资深科学家和技术主管,
加利福尼亚

Christopher A. Haynam

劳伦斯·利弗莫尔国家实验室 ICF 和 HED 科学计划(NIF)副项目负责人,
加利福尼亚

14.1 引言

由 192 路激光束组成的国家点火装置(NIF),是世界上最大最复杂的光学系统。为了满足在 DT 靶丸核聚变靶中实现能量增益(点火)的目标,激光器的设计标准包括产生总能量高达 1.8MJ 输出脉冲的能力,其峰值功率达到 500TW,输出激光的时间波形在三倍频波长(351nm 或 3ω)跨越了两个量级。在基频(1053nm)波段,通过特殊的光学元件复合的连续位相板(CPP)、光谱色散匀滑(SSD)和相互正交偏振的多光束交叠的偏振匀滑(PS)等技术对这些脉冲的焦斑通量分布进行仔细的控制。目前,已经成功测试了 NIF 激光器的性能,证实其性能满足设计标准,同时,激光器输出的脉冲形状、焦斑条件、峰值功率要求均可以满足两种间接驱动点火设计的需求。

后面章节安排:14.2 节总结了用于热核聚变物理研究的高能固体激光器的研发历史。14.3 节对 NIF 装置和激光器设计进行了简要概述。在 14.4 节~14.6 节分别对每一个重要的激光器子系统进行了详细的描述,包括 2006 年进行的性能验证实验(这些章节大部分都来自我们写的一个综述文章[1]),这些实验表明,NIF 的激光器性能不仅满足1994 年提出的最初设计指标,同时随着对靶物理模拟、制造和理解的深入,也能满足点火攻关的需求。在 14.4 节~14.6 节中展示的结果包含了 NIF 的 24 个束组的首个束组的预测和在调试与试运行阶段测量结果。激光基频段的性能通过一系列逐渐增加基频光能量的发次进行研究。14.4 节比较了每个由 8 束激光组成的束组输出能量的模拟预测值和测量结果,报道了发次间输出能量可重复性,给出了 NIF 基频光功率和能量运行统计。14.5 节详细介绍了在激光横穿 NIF 激光器过程中,如何对 NIF 的激光脉冲进行整形、诊断以及放大,同时介绍了激光如何通过终端光学组件(FOA)的非线性晶体进行三次谐波转换。另外,还介绍了验证 NIF 的能量、功率以及脉冲对比度达到设计目标的一系列打靶试验。这些性能认证(PQ)发次均在基频光、全束组条件下进行。14.6 节描述了附加到激光上用于焦斑调整的技术。同时,还详细介绍了用两种整形脉冲产生的方法,包括三束脉冲调节方法和在 NIF 上最初点火公关计划采用的单束激光同时产生 3ω 能量及功率的方法。14.7 节进行了总结,描述了 NIF 装置目前的状态,在已经完成的整机上所开展的、为 2010 年后期到 2012 年中期进行聚变点火攻关做准备的等离子体物理和靶压缩试验。

14.2　历史背景

激光纪元始于 1960 年 5 月 16 日,Hughes 研究室的 Theodore Maiman 首次将一块两个平行表面进行了抛光处理的、长 1cm 的红宝石晶体置于高功率脉冲闪光灯下,观测到了明显变窄的发射光谱[2]。这个结果公诸于众不久,在利弗莫尔·劳伦斯辐射实验室的利弗莫尔分室(现在的 LLNL)的 Stirling Colgate、Ray Kidder、John Nuckolls 分别提出了研究是否可以在受控的实验室环境中利用基于这种现象的装置驱动热核聚变[3]。1962 年,在 Kidder 的领导下,利弗莫尔实验室的物理部制定了一个小型激光聚变计划,来探索这种可能性。

接下来的 10 年,该小组工作取得了大量进展,包括开发了 Lasnex 激光聚变模拟程序[4]以及对后来具有深远影响力的首部有关惯性约束聚变物理的著作[5]。在该著作中,作者估计压缩热斑的热核燃烧在 10kJ 的激光能量下能够被观测到,尽管产生显著燃料燃烧和高增益可能要求在 10ns 的整形脉冲中输出约 1MJ 的能量。

1973 年,首台利弗莫尔惯性约束聚变(ICF)激光器——单路的 Cyclops 激光器启动运行。Cyclops 激光器在数百皮秒脉冲内产生了数百焦的能量,Cyclops 主要用于激光器的研发,特别地,用于发展控制光学自聚焦的技术。Cyclops 激光器开创了应用经特殊处理的低非线性折射率玻璃、使用 Brewster 角的片状放大器以及空间滤波的先河。在 1976 年,Lind、Manes 以及 Brooks 利用 Cyclops 装置开展了通过辐照黑腔内部产生 X 射线的首次实验。

1974 年,借助于大量 Cyclops 元件设计,建成了输出 40J、100ps 激光的 Janus 双束激光器。用于靶照射实验的该激光器是首台用于演示靶压缩和热核中子产生的利弗莫尔装置。1976 年,在前面两个激光器成功的基础上建造了 Argus 激光器,该激光器的性能有了大幅度的提升。Argus 激光器的两路光束均为 20cm 的输出孔径,其包含了 5 个放大器和空间过滤器组。由于在设计中考虑了空间过滤,因此望远镜较长,进而提高了所获得光束的平滑度。Argus 可以在 1ns 的脉冲时间内将约 2kJ 的激光能量传输到 $100\mu m$ 的焦斑上,在直接驱动爆炸推动靶上,每发次可以获得 10^9 个中子。该激光器还开创了利用非线性晶体将基频光转换成二倍频或者三倍频光的先河,大大提高了激光和靶的耦合性能。

ICF 研究历史上的下一个重要进展发生在 1977 年,20 路的 Shiva 激光器投入运行。与之前的 ICF 激光相比,Shiva 激光器非常庞大,其占地面积达到约 $100m \times 50m$。Shiva 激光器在短脉冲(100ps)情况下输出约 20TW,纳秒脉冲情况下可传输高达 10kJ 的激光能量。其输出的能量和功率超过 Argus 近 5 倍。可以说,Shiva 激光器最大的成功之处就是没有成功实现对其所有的预期。本来的预期是 Shiva 可以实现对靶丸进行 100 倍左右的压缩,这是点火靶所需的;然而,黑腔温度和靶丸的压缩均低于期望值。可能的原因是激光等离子体不稳定性(二倍频和前向受激拉曼散射)将激光能量耦合到高能电子。这些不稳定性既降低了产生的 X 射线,又对燃料和烧蚀层进行了预热[7]。之前演示的结果表明,短波长激光可更高效耦合到靶[8]。Shiva 的实验结果及其同时进行的优化模拟和分析[8]也证实,实现 DT 聚变点火需要更多得能量和较短的波长。对于钕玻璃激光器,这意味着谐波转换是必不可少的。

1979 年 6 月,当 Shiva 压缩实验完成后,接替 Shiva 的下一代激光器 Nova 的设计工作已经取得了良好进展。Nova 是一个 20 路、200kJ、100ps ~ 10ns 的红外激光器,可实现实验室条件下的聚变燃烧这一长期目标。Shiva 激光器的实验结果表明,在 $1\mu m$ 波长下的耦合不能够非常有效地驱动靶丸。另外,来自于 Campbell 等人及巴黎综合理工大学、罗彻斯特大学和 KMS 聚变研究公司的报道结果都表明,将激光的波长转换到 351nm,可获得超过 50% 的效率[9]。根据这些信息,由 John Foster[10]负责的一个评估报告认为:Nova 激光器不能达到预期的点火,并建议将该装置重新配置成一个带有三次谐波转换的 10 路、100kJ 激光器。

甚至是在 Nova 装置开始建造之前,在许多方面就出现了新的问题。1976 年,Bliss 等人报告了光束强度非线性增长率(成丝)随空间频率的测量结果[11]。同一年,Trenholme 和 Goodwin 开发并且提供了计算工具定量解释这些测量结果[12],展示了空间过滤器在控制成丝方面的效力,使评估 Nova 的其他可选择方案相对成丝风险成为可能。同样是在 1976 年,Hunt 等人发明了利用像传递实现了高的空间填充因子[13]。这两种技术均用于 Nova 激光器的设计。Nova 是首个通过数值模拟和优化指导设计的激光器[14],也是首个在建造之前建造了原型装置的激光器(两路的 Novette,1983 年开始运行)。当 Nova 装置于 1985 年开始运行时,可输出 100kJ 的红外光,或者 40 ~ 50kJ 的 351nm 三倍频光,而且具有适应靶内爆的 100ps 冲击脉冲到 10ns 多台阶脉冲灵活的脉冲整形能力。

在 10 多年的时间里,Nova 一直是世界上最好、最重要的聚变激光器。其取得的成就主要包括:

(1)首次定量测量了在长的空气路径传播过程中的光束分裂阈值(归因于小角度地向前转动拉曼散射)[15]。

(2)发现和理论描述了大口径熔石英光学元件中由于横向布里渊散射造成的光学损伤,并发展了克服光学损伤的方法[16]。

(3)1986 年,中子产额超过了 10^{13}[17]。

(4)1996 年,首台 PW 激光器(1.3PW,500fs)[18]。

(5)1985 年,首台 X 射线激光器(213Å)[19]。

(6)1987年,ICF靶的压缩率达到35倍(线性尺寸),这个接近实现能量增益所需压缩率[20]。

世界范围内许多其他机构的激光器也为ICF研究做出了重大贡献,为NIF的设计和参数奠定了基础。位于罗彻斯特大学激光能实验室的OMEGA激光器于1995年开始投入运行。这是一个60路的钕玻璃激光器,在高达60TW的情况下,可以输出30kJ的351nm激光,1999年Nova激光退役后,OMEGA成为世界上最高功率的激光器,直到2005年,NIF的首个8束激光演示了输出能量近似达到OMEGA激光器的2倍。1999年,OMEGA装置创造了单次打靶获得了10^{14}中子纪录[21],该纪录目前仍保持着;2008年,其创造了燃料压缩到$100g/cm^3$的纪录[22]。从1999年开始,为点火攻关准备的许多实验科学都在OMEGA激光器上进行了发展和验证。2008年,性能得到扩展的OMEGA(EP)激光系统开始运行。OMEGA EP包括四路近似于NIF的光束,一个新的靶室和一个可获得1ps拍瓦激光的脉冲压缩真空室。除进行基础科学实验研究外,这个联合装置还承担了全集成的低温快点火实验[23]。

Gekko II激光器是日本大阪大学激光工程研究所于1983年建成了12路的钕玻璃激光器。它可以输出10kJ的1~2ns脉冲,最初用于直接驱动内爆对称性和爆炸驱动靶产额研究。1996—1997年,Gekko激光器进行了升级,增加了一路400J、约100fs的短脉冲光束,用于快点火物理实验。2002年,通过原来的12束压缩靶丸,然后用其拍瓦激光束进行加热,获得的比原来增加了1000倍的当量增加。目前,正在进行Gekko激光器的升级,添加一路10kJ、10ps的光束。

Phebus是一个两束激光器,可输出1ns、20kJ红外或5kJ紫外线,是法国理工大学LULI实验室的一部分。LULI是欧洲的高功率密度物理研究中心,在等离子体诊断和光学损伤起源以及增长研究方面取得了重要进展。

LIL激光器位于法国的Cesta实验室,于2002年由法国原子能委员会(CEA)建造完成。这是一个由组成的240路光束的(兆焦激光)LMJ四通道原型装置;其设计与NIF相似,可演示惯性聚变点火和增益。NIF和LMJ装置的设计者开展了积极的合作,彼此进行了大量的借鉴。一个著名的例子是CEA为入射到大口径放大器光束进行精细修剪开发了可编程的空间光束调制器。在撰写此书时,NIF正在为其所有光束的前端安装该设备。

NIF集成了这些年在所有这些装置上获得的经验。在1994年就给出了关于能量、功率、脉冲整形方式、远场焦斑尺寸控制、功率平衡、发次间的可重复性和其他准则的基本需求。NIF装置的目标是实现聚变点火,即释放出比输入激光能量多的热核能量,这一目标是基于对在其他装置上收集的等离子体物理和靶耦合数据的理解。

NIF的奠基典礼落成于1997年5月。1999年6月,这个体育场大小装置的土建工程基本完成,高10m、质量264000磅的靶室也可以安装在靶室大厅中。2001年9月,完成了常规设施的建造。2002年12月,首个四路光束实现了5ns、43kJ的红外激光脉冲出光。2003年5月30日,NIF创造了其首个世界纪录:单束输出10.4kJ的脉宽3.5ns紫外线。通过其精确诊断系统诊断,满足能量、均匀性、脉冲整形能力等主要的指标。2003年8月,NIF进行了首次等离子体耦合实验。2009年2月24日和25日,国家点火攻关(NIC)

评估委员会的一个特别小组为 NIF 激光系统状态及其为国家点火攻关的激光系统装备情况的正式评估会见了 NIF 科学家。评估结论是："激光器的每一项性能的完成指标都达到或者超过了当初 NIF 项目预定完成的指标"[26]。

14.3　NIF 装置及激光器概况

在 10 多年时间里,1000 多名工程师、科学家、技术人员和熟练工人,以及 2300 多个供应商参与了 NIF 建造工作。NIF 的 192 路激光束容纳于体积大约 350000m³ 的大厅中。图 14.1 是 NIF 场地的鸟瞰图,图中修剪掉了建筑的屋顶,以便展示其内部结构。在图的左上方是光学元件组装建筑,所有的大口径光学元件在这里进行最后组装、清洁和洁净运输准备。靠近图的右下角区域,可以看到网状的光束管道,这些管道将密集束组的光束分开,并且将光束指向到分布在直径为 10m 的靶室上的光束入口处。在两者之间区域是两个激光大厅,每个激光器大厅可容纳 12 个由 8 束口径为 40cm × 40cm 的激光组成的束组。整个建筑长 150m、宽 90m,约有 7 层楼高,占地面积与一个大型体育场相当,只是里面容纳的是高精度的光学元件。

图 14.1　国家点火装置场地

注:俯视图中去除了建筑物的屋顶以便能够展示激光器的工程结构。两个激光器大厅位于图中的左侧上方,编组站以及 192 路激光束会聚的球形靶室位于图中右侧下方。

192 束激光的每一条光路都由 36～38 个大型的光学元件组成,大型光学元件具体的数量取决于束光路的配置,如图 14.2 所示。另外,每一个光路还包括数百个小的光学元器件,NIF 光学元器件的总面积约为 3600m²。所有 192 路激光束的近场总面积约为 22m²。对于间接驱动聚变研究,所有 192 路光束聚焦后,通过位于黑腔两端的圆形激光入口进入黑腔,激光入口孔的直径约为 2.5mm(图 14.3)。激光束在黑腔或者其他靶中产生极端环境条件,为广泛的高能密度物理实验,包括实验室条件下的热核点火和燃烧,提供了必要研究环境。

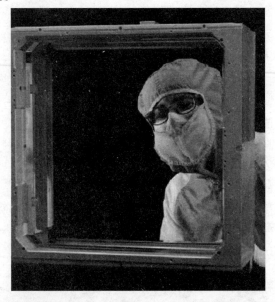

图 14.2　NIF 的每个大口径光学元件具有大约 40cm×40cm 的面积

注:图中显示的是 2006 年攻关期间,用于聚焦一束激光到靶上的焦距为 7.7m 的楔形透镜,这将在 14.4 节~14.6 节中讨论。这张照片拍摄于经历了 11 发次 8~9.4kJ 的 351nm 激光之后(对于全部 192 路的 NIF,相当于 1.6~1.9MJ 的 351nm 激光)。

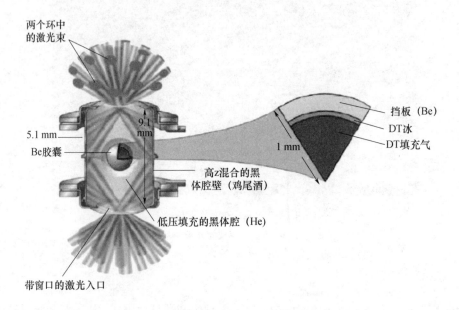

图 14.3　192 路激光束聚焦到单个圆柱形腔的示意

注:每个锥体包含了 4 束独立的激光束。腔高度约为 10mm,直径为 5mm,激光主入口的直径约为 2.5mm。每束激光精确地射向腔壁特定位置,并产生的 X 射线驱动中心直径 1mm 球状聚变靶丸内爆。紧跟着的核反应有望释放出 10MJ 的能量。

本节将对激光器的设计进行简要总结。更详细的信息可参见文献[27-34]和这些文献的参考文献。研究人员对 NIF 装置的物理原型——Beamlet 激光器的性能在数年前进行了描述[35]。文献[36-39]对多种点火靶所需的激光能量和脉冲形状进行了详细的讨论。

NIF 激光脉冲始于连续波的 Yb 光纤主振荡器。激光脉冲通过了可提供时间振幅和带宽控制的一个光纤光学元件阵列,激光分束后驱动位于主激光传输空间过滤器下面的 48 个预放大器模块(图 14.4)。这个注入激光系统(ILS)将在 14.5.2 节进行讨论。

在 ILS 后,大约 1% 的激光能量被分束注入输入诊断包(ISP)的诊断组件中,在这里完成对来自每个预放大器模块(PAM)的激光总能量、时间波形和近场空间形状的测量[30]。ILS 可大约每隔 20min 运行一次。ISP 的测量对于激光性能数字模型的验证和归一化,以及确保在主激光打靶之前 ILS 的正确配置均非常重要。

ILS 中的脉冲分为 4 路,为 4 束主光路的每路提供可在毫焦到 1J 间可调的能量。图 14.4 为主激光器系统单束光路示意。来自 ILS 的脉冲在传输空间过滤器(TSF)的焦平面附近注入。被扩束到 37.2cm × 37.2cm 的全光束尺寸(约为峰值通量的 0.1%),并被空间滤波透镜准直。随后,光束通过功率放大器(PA),并经过反射镜和偏振片反射后进入腔空间滤波器(CSF)。通过主放大器后(MA),激光被一个用于对波前畸变进行校正的变形镜反射回来,再次过 MA 和 CSF。在激光第二次通过 CSF 时,一个等离子电极泡克尔盒(PEPC)开关开启,使光束偏振方向旋转 90° 通过偏振片,并随后被反射回来完成再一次双程通过 CSF 和 MA。当光束返回到 PEPC 时,开关关闭,因此,光束经过偏振片反射,并第二次通过 PA 和 TSF。在 TSF 后,一个分光镜将一小部分的输出脉冲反射回 TSF 的中心区域,在这里,光束被准直并指向位于 TSF 下面的输出诊断包(OSP)中。OSP 对光束的能量、时间脉冲形状以及近场分布进行记录[30]。随后主脉冲进入编组站;在这里,主脉冲被 4 个或 5 个传输反射镜导向到对称位于靶室附近和装配在靶室上的大量的终端光学组件(FOA)之一。每个 FOA 由一个基频真空窗口、焦斑光束调整光学元件、实现 351nm 波长的双频转换晶体、一个聚焦透镜、一个主要碎片防护罩(也用作光束诊断引出设备,用于测量能量和功率)和一个 3mm 厚的一次性碎片防护罩组成。碎片防护罩用于保护上游光学元件不被靶碎片损伤。

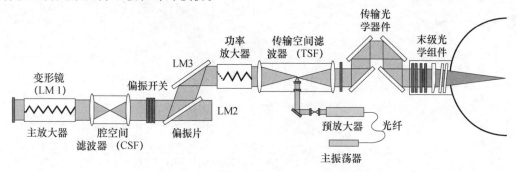

图 14.4　NIF192 束激光的一路布局示意

对于 14.4 节 ~14.6 节报道的实验,光束并没有传输到靶室,而是在 TSF 的输出端插入由 7 个或 8 个热量计组成的阵列,用于测量和吸收基频光能量。当没有这 8 个热量计时,则会用一个拦截镜将束线引入一套可测量基频光、二倍频和三倍频光的精密诊断系统(PDS)的综合诊断组件中。PDS 可以对一路光束进行非常详细的诊断,而 OSP 系统可获得打靶期间所有 192 路光束的基频光数据。在 PDS 中,可利用典型的 NIF 终端光学组件,对光束进行二倍频或者三倍频的转换,也可对进入 FOA 的基频光束和输出 FOA 的基频、二倍频和三倍频激光进行详细的研究[1]。

MA 包含 11 块钕玻璃片。而 PA 最多可以配置 7 块同样的钕玻璃片,虽然,通常仅包含 5 块。有些 NIF 打靶实验中,PA 采用的钕玻璃片数量有 1 个、3 个和 7 个,以研究其全部的运行条件。激光光路规模大致为 CSF 长 22m、TSF 长 60m、从 TSF 输出到靶室的路径长度为 60 ~ 75m,而靶室的半径为 5m。

14.4 NIF 束组性能和基频、三倍频的运行统计

在用于任何实验之前,NIF 每 8 束激光组成的束组都要经过基频的操作认定(OQ)和性能认定(PQ)。OQ 和 PQ 包含了采用所有 8 束激光注入一个全口径的热量计堆的 8 ~ 10 个发次。这些热量计测量光束的绝对能量,并校正用于日常运行能量诊断 OSP 中的二极管系统。这些发次的基频光能量为 1 ~ 19kJ,形状为时间上的平顶脉冲(FIT),或满足用户参数的整形脉冲。除了校核束组的性能,这些发次还用校准和验证这些束组的激光性能操作模型(LPOM)。LPOM 其后将用于预测激光性能和设定所有 NIF 发次的 ILS 参数。

14.4.1 能量和激光性能运行模型校准结果

图 14.5 为 NIF 激光器第一个束组 8 发次的能量测试结果及与利用 LPOM 模拟性能

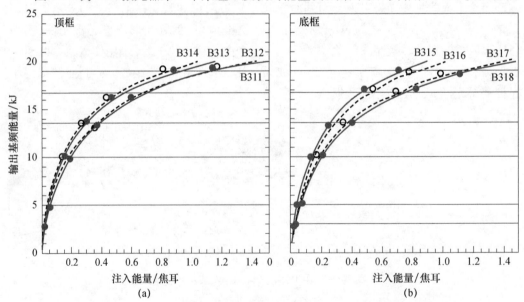

图 14.5 NIF 第一个运行的束组(第 31 号束组,第 311 ~ 318 号束线)光束的能量测量(圆圈和实点)和模型预测结果(虚线和实线)的对比
注:用全孔径热量计对输出能量进行测量。

的对比。图中,输出基频光能量是指在主激光器输出端用全孔径热量计测量能量。用这些热量计对 OSP 进行了校准。注入能量根据 ISP 的测量结果、已知的 4 路 ILS 分束比例和已知的从 ILS 到 TSF 注入端的透过率推断。LPOM 预测结果与实验测量结果的差异在 1.2% 以内,这表明在一个宽的运行范围内 LPOM 可用于精确地设定每束激光需要的能量。

　　对于合适的点火靶性能,发次间基频光能量的可重复性均方根应在 2% 以内。为了测试这一性能参数,重复了三次 19.2kJ 发次(图 14.5)。第一次发次后,注入脉冲的形状和能量没有进行任何调整。由表 14.1 可见,与目标能量一致,四发次总能量的均方根,每发次 8 束的能量的标准偏差均优于 1%。19.2kJ 能量测量的估计误差为 1.4%,为 0.27kJ。这个误差的估计根据的是观测的随机组分平方和的均方根(1.3%)和由美国国家标准与技术研究院制定的校准标准(用于校准 NIF 热量计)给出的已知系统不确定性(0.42%)。

表 14.1　四次同样的 19kJ 打靶的基频单束力能学分析

打靶序列号	预期的基频能量/kJ	测量单束基频能量平均值/kJ	一个束组的总的基频能量/kJ	相对于预期值的平均偏差/%	单束能量相对于平均值的标准偏差/%
1	19.02	19.20	153.6	0.98	0.84
2	19.02	19.15	153.2	0.68	0.94
3	19.02	19.11	152.9	0.50	0.67
4	19.02	19.10	152.8	0.43	0.89

14.4.2　NIF 功率和能量的运行统计

　　系统的发次定义为安装完所有主要基频激光光学元件的一个束组中,闪光灯激发一次的任何事件。从 2001 年 4 月 NIF 头四路光束投入运行到 2006 年首次测试,NIF 进行了近 600 次的系统发次。图 14.6 是基频发次的概况和在 LPOM 设定的 NIF 标准的运行

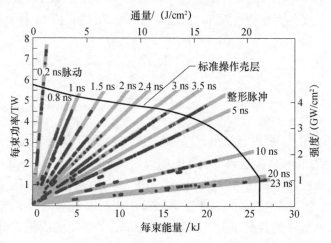

图 14.6　NIF 初始发次的基频光单束峰值功率与能量之间的分布

注:图中的细实线是激光性能运行模型(LPOM)给出的"设备保护"运行限制。

统计。这个计划没有展示运行的绝对限制,但从图中可以看出数次打靶都位于界限之上;在一定程度上可以指导日常运行。通常,高功率运行的限制是由玻璃的非线性折射率引起的小尺寸强度起伏增长决定。对于高功率运行,该限制由 ILS 可提供的注入能量决定。

图 14.7 汇总了 2001—2006 年三倍频发次的概况。三倍频性能空间包括满足或者超过当前点火靶设计所需的能量和功率水平的整形脉冲。图中还给出了 1994 年 NIF 激光器设计运行范围预测[33]。这些初步的三倍频发次,以及 LPOM 对显示的发次范围的验证表明:可以获得 1994 年设计报告中描述的功率和能量水平。

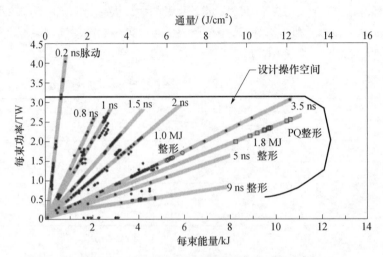

图 14.7　NIF 初始发次三倍频功率和能量分布

LLNL 以前的钕玻璃激光器系统高功率运行受限于小尺度光束分裂[35,40],相应地,其由光路中的传输光学元件的非线性折射率产生。小尺度污染物或光学元件的缺陷会导致光束强度调制。在高强度条件下,这些调制被放大并由于非线性折射率效应聚焦。这些不稳定性发展的早期信号是光束对比度的增长,光束对比度定义为通量的标准偏差除以其平均值。对比度的测量通过对光束的近场采样入射到相机中,计算记录在 $m \times n$ 图像中的通量变化:

$$光束通量对比度 \equiv \sqrt{\frac{1}{nm} \sum_{i=1}^{m} \sum_{j=1}^{n} \left(\frac{F(x_i, y_j) - \bar{F}}{\bar{F}} \right)^2} \tag{14.1}$$

式中:$F(x_i, y_i)$ 为近场相机图像的像素化通量;$\bar{F}$ 为图像的平均通量。

图 14.8 显示在倍频转换器入口处 NIF 的对比度随着每个光束的通量和能量的增加而持续降低。这里报道的对比度计算了利用 PDS 的主激光输出照相机测试的激光中心 $27\text{cm} \times 27\text{cm}$ 的区域。图中看到的对比度降低是由于增益饱和造成的简单结果,即光束中的高通量区域能量净增益低于通量区域,从而降低了强度的调制。图 14.8 中的数据覆盖了 NIF 的设计运行空间,这也表明对光束质量的密切关注[28]成功控制住了光束分裂。

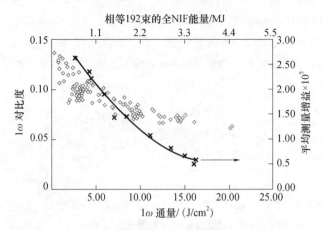

图 14.8　在 PDS 转换器入口处测得的不同通量下
的基频光近场通量对比度(小钻形点)长度

注:点代表的发次包括图 14.6 中展示的基频光运行范围、脉冲长度。实线代表不同通量下测得的
放大器增益,结果表明对比度随增益饱和而下降。

14.5　点火靶脉冲形状的性能认证发次

2006 年 3 月,我们进行了两次基频 PQ 发次实验,两次打靶的时间间隔为 3h18min,这样的时间间隔远小于 NIF 的两发次间隔不少于 8h 的设计标准。在前 40 路发次试运行过程中,发次间隔小于 4h 已经成为常态,光束波前或近场调制方面都未出现明显的降低。

这些 PQ 发次用于验证 NIF 满足其能量、功率以及时间对比度设计目标的能力。每发次的 1 束被引向 PDS,其余 7 束由热量计进行测量。在测试过程中,将对四个阶段的激光性能进行跟踪测量,激光性能测量始于基频阶段(包括主振荡器、预放模块以及主激光器),最后在 FOA 后完成三倍频诊断。关于 PDS 诊断、主激光器诊断和热量计的详细讨论见文献[1]。

14.5.1　主振荡器和脉冲整形系统

主振荡器和脉冲整形系统(主振荡器室(MOR),图 14.9)可产生由 LPOM 设定的时间脉冲形状。MOR 时间脉冲形状可以弥补在剩余的基频光的增益饱和及倍频转换效率对功率的依赖,以便获得所需的三倍频脉冲形状。

脉冲始于一个调谐到 $1.053\mu m$ 的 CW 掺 Yb 的光纤主振荡器。从振荡器输出的 CW 信号被声光调节器斩波成宽度为 100ns、重复频率为 960Hz 的脉冲。在 3GHz 频率下,激光被相位调制到 30GHz 总带宽,以抑制主激光光学元件的受激布里渊散射[41]。在没有提供足够调制以确保 SBS 被抑制之前,一个高可靠性的故障安全系统被应用以确保脉冲不会超出 MOR 的范围。在基频运行情况下，一个单独的 17GHz 调制器可为 SSD 的光谱匀化提供超过 150GHz（三倍频时 450GHz）的额外带宽，详见 14.6.2 节的讨论。随后，脉冲通过一系列光纤分束器和掺 Yb 的光纤放大器，最终形成 48 路光纤输出，每束输出能量约为 1nJ。然后，每路输出脉冲进入到一个为预放大模块（PAM）设置脉冲形状的幅度调制器（AMC）中。

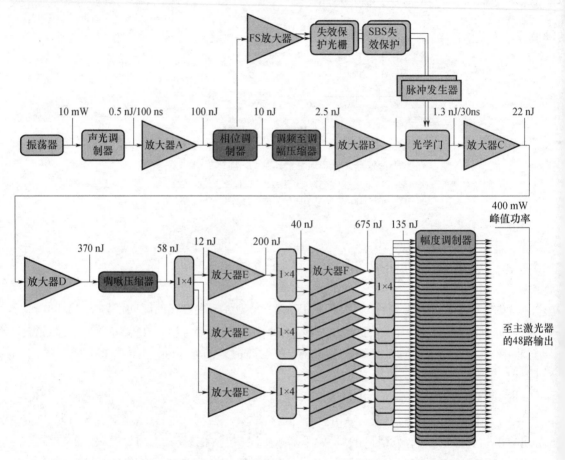

图 14.9 NIF 的主振荡器和脉冲整形系统示意（包括每一级的功率和能量水平）

注：光纤放大器（三角形）用于补偿由于声光调制器对连续波斩波带来的光学损耗，用相位调制器将频率的带宽加宽到 30GHz，通过频率调制到振幅调制的补偿器进行预补偿（使高功率光束的振幅调制最小化），在色散补偿器中修正的群速度色散，随后，对光束进行分束；最终，在幅度调制器中完成时间整形。图中展示的部件为 NIF 用于产生整形脉冲的 48 个预放大器模块。

考虑到束间增益/损耗特性的变化和为了提供个别发次脉冲形状变化的运行灵活性，NIF 拥有 48 个 AMC，每个单独提供脉冲驱动相应的 PAM 和其相关的四个主光路。每个紧跟 AMC 后的数字示波器记录脉冲形状。AMC 控制器对数百个独立脉冲求平均，计算平均值相对于需求的脉冲形状的偏差，然后采用用负反馈闭环使该偏差最小化。图 14.10 将两个 PQ 发次实验所需的脉冲形状和测得的脉冲形状进行了比对。

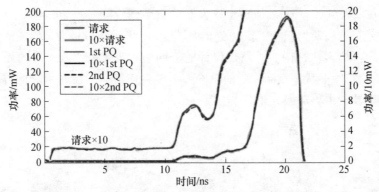

图 14.10　两个 PQ 发次实验 MOR 输出端的时间脉冲形状

注：第一 PQ 发次编号为 N060329 - 002 - 999，第二 PQ 发次编号为 N060329 - 003 - 999。脉冲形状由一个 1GHz 的瞬间数字转换器进行测量。

14.5.2　预放大器模块及其性能

每个来自 MOR 的 48 个脉冲通过光学光纤进入到主激光大厅并注入一个 PAM 中。在 PAM 中，首先由一个再生放大系统进行放大，随后由一个四程棒状放大器进行放大，如图 14.11 所示。为了满足每个 PAM 的需求，脉冲在再生放大器中经历约 30 次往返，脉

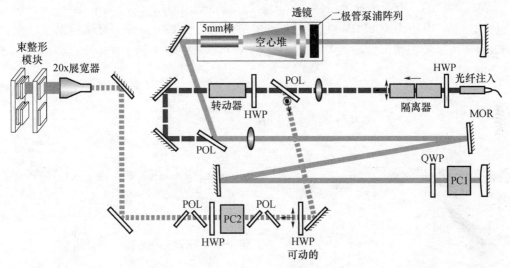

图 14.11　注入激光系统（ILS）的再生放大器示意

注：光束（蓝色的虚线）从图右侧的 MOR 光纤发射器进入放大器。光束经过校准，通过一个光学隔离器后，通过偏振片（POL）注入主再生放大腔中（红色实线）。在光束通过泡克尔盒（PC1）一次后，PC 打开，脉冲在放大腔中通过约 30 个来回。每个来回，脉冲两次通过一个二极管泵浦棒放大器。在最后一次通过之前，PC 关闭，光束通过第二个偏振片输出（绿色虚线），一个机动的半波片（HWP）结合一套偏振片，对传输到下一级放大的光束能量进行控制。第二个泡克尔盒（PC2）截止脉冲拖尾的部分，这意味着为了实现能量稳定，需饱和再生放大器，但激光器的其余部分并不需要。一个 20 倍的光束扩展器，结合一个光束整形模块，将光束整形到需要的空间形状（绿色实线）。

冲能量从 1nJ 放大到约 20mJ。从再生放大器输出后,脉冲经过一个空间整形模块,实现强度的空间分布从高斯型向特定空间分布的转变,该空间分布是为补偿激光器所有其余部分增益空间不均匀性补偿而针对性设计的。图 14.12 比较了在 ISP 区域预测和两个 PQ 发次测量的空间形状。空间形状的精确整形能力使得 NIF 可在系统的输出端产生横跨光束中心区域的平坦辐照分布。

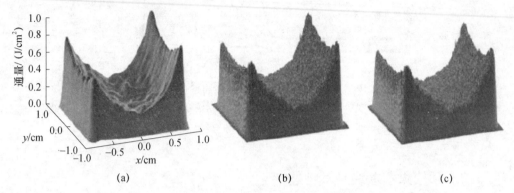

图 14.12　模拟的和第一、第二 PQ 发次实验测得的近场轮廓图
(a)预测的;(b)第一 PQ 发次;(c)第二 PQ 发次。

在通过 PAM 中的光束整形模块后,脉冲被注入如图 14.13 所示的多程放大器中(MPA)。光束在 MPA 的放大器棒中 4 次通过,获得近 1000 倍的净能量增益。ILS 的总能量增益为 10^9 量级。LPOM 使用离线和在线数据分析来维持预测高增益系统能量的 ILS 模型所需要的精确性。表 14.2 比较了两个 PQ 发次 MPA 输入和输出能量的模拟值和预测值。

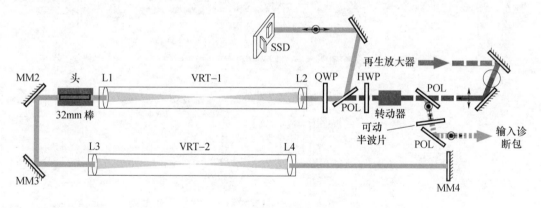

图 14.13　MPA 系统示意

注:光从图右侧的再生放大器(REGEN)进入(蓝色虚线)并穿过偏振片。光的偏振通过一系列的半波片(HWP)和四分之一波片(QWP)进行旋转,以便光束输出偏振片之前完成 4 次通过 32mm 闪光灯泵浦的棒状放大器(实线),每程放大通过一套两个真空像传递望远镜(VRT)组成的系统来进行光学传递,对 VRT 抽空处理,以防止在望远镜焦斑中心气体击穿。脉冲传输出腔后(绿色虚线),穿过由可调半波片和一个对偏振敏感镜子的组合,以控制传到预放大器光束传输系统(PABTS)和主激光器系统的能量。

表 14.2 预期和测量的 MPA 的输入和输出能量

	MPA 输入能量/mJ	MPA 输出能量/J
预期	1.41	1.11
第一次 PQ 打靶实验	1.40	1.09
第一次 PQ 打靶实验偏差	−0.7%	−2%
第二次 PQ 打靶实验	1.40	1.02
第二次 PQ 打靶实验偏差	−0.7%	−8%

输入到 MPA 的能量以 1Hz 的频率进行监测。通过透射使用的可调半波片和偏振片共同作用来提供衰减,并经由闭环控制来保持所需的值。闭环控制机制产生的能量与所需能量差异在 ±2% 以内。当注入能量为 0.5 ~ 10mJ 时,LPOM 的 MPA 模型的精确度在 ±5% 以内。图 14.14 示出了预测和 ISP 功率传感器对两 PQ 发次测试的结果比较。

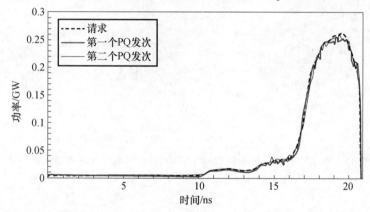

图 14.14 在预放大器模块的输出端(注入主激光器系统之前)要求的和
测量到的时间轮廓(由 ISP 对两 PQ 发次实验进行的测量)

14.5.3 主激光的基频性能

经过 ISP 之后,脉冲注入激光系统中包含全口径(40cm)元件部分的主激光器中。针对主激光器基频输出的近场、远场的空间和事件分布,利用 NIF 的虚拟光束(VBL)传输程序进行了模拟,该模拟程序已经被合并到 LPOM 中。LPOM 中包含了与波前畸变相关源的详细信息。在制造过程中,所有的大型光学元件都经过了全孔径、高分辨率干涉仪的测量。这些干涉仪数据直接应用于对每个光学元件在激光链路位置的 LPOM 的描述中。由于非均匀闪光灯的加热导致激光片变形引起的畸变被测量和计算,计算的偏差应用到 LPOM 中。此外,还包含了对由于装配应力和放大器腔中空气扰动造成的畸变的计算评估。最后,包含了 39 个驱动器,并为每个驱动器测量了影响函数的变形镜模型也用来分析在夏克-哈特曼波前传感器/变形镜闭环控制回路所完成的在线校正。

在测试的光束分布中,高空间频率波前畸变引起相应的高空间频率强度的变化。较低的空间频率波前畸变(约小于 0.1/mm)影响焦斑尺寸而不是近场强度,这是因为激光传播距离不足以使其发生由于衍射造成的强度变化。近场测量中较低的空间频率变化主要是由输入的空间形状、增益的空间分布以及激光器前端的偏差造成的。

图14.15对在基频PDS近场相机位置近场的两PQ发次测量和模拟结果进行了比对。这些发次具有1.8MJ的点火目标脉冲形状(在14.6.4节讨论)和每个光束18kJ的基频能量。图14.16展示了光束中心27cm×27cm区域测量和模拟的通量概率分布交叠情况。由于对注入能量进行了调整,第一PQ发次的能量(18.0kJ)略高于第二发次能量(17.6kJ)。测量和模拟对比度之间的吻合,足以允许LPOM设定激光能量和脉冲形状,防止设备由于不正常的激光运行造成的损伤。在对比度上的小于5%的绝对差异可能是由模拟的增益空间形状(光束的总体平坦性)中小的误差、前端光学误差统计模拟中所做的近似和对由诊断光学元件附加的对比度所做的计算评估所引起。基频对比度的测量值不大于NIF的设计目标10%。

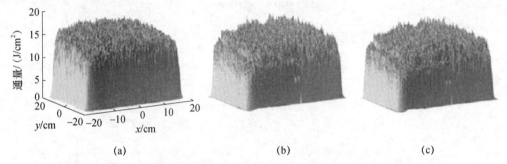

(a)   (b)   (c)

图14.15 模拟的和第一和第二PQ发次在PDS测得的近场基频通量分布的比较

(a)模拟的;(b)第一PQ发次;(c)第二PQ发次。

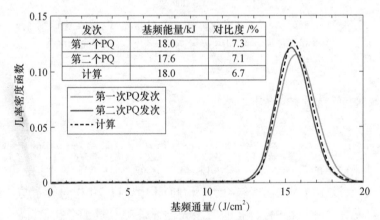

发次	基频能量/kJ	对比度/%
第一个PQ	18.0	7.3
第二个PQ	17.6	7.1
计算	18.0	6.7

图14.16 对两PQ发次在PDS基频光束中心27cm×27cm区域实测的通量概率分布和模拟结果的比对

注:由于两PQ发次总能量的差异,平均基频通量出现了小的差异。计算表示的是两PQ发次在27cm×27cm区域内的平均通量。两发次测得的对比度几乎是相同的,这与预测是相当吻合的,同时,也在我们的10%的设计目标之内。

图14.17是焦斑能量的环围份额与始于焦斑质心的半径的函数关系。对每PQ发次显示了两个测量结果:第一个测量直接来自于PDS的基频近场相机;第二个利用由基频

径向剪切干涉仪测得的波前和由近场相机测得的通量获得。根据这两个输入量,光场被数字化重建,并对远场进行了预测。LPOM 和径向剪切二者均位于旁轴焦点处(光场简单的傅里叶变换),两种预测结果吻合得很好。但是,两种预测的焦斑均小于直接测量结果。可能的解释是诊断成像设备的位置稍微偏离了最佳的焦点位置(7700mm 中的 1 ~ 2mm)。图 14.18 是计算和测量的焦斑的空间通量分布。发次之间的变化较小,这通过80% 份额的焦斑半径的微小改变可以看出(如图 14.17 所示)。

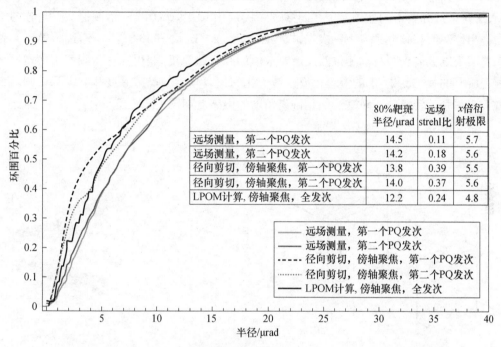

	80%靶斑半径/μrad	远场strehl比	x倍衍射极限
远场测量,第一个PQ发次	14.5	0.11	5.7
远场测量,第二个PQ发次	14.2	0.18	5.6
径向剪切,傍轴聚焦,第一个PQ发次	13.8	0.39	5.5
径向剪切,傍轴聚焦,第二个PQ发次	14.0	0.37	5.6
LPOM计算,傍轴聚焦,全发次	12.2	0.24	4.8

图 14.17 两 PQ 发次被圈起来的基频焦斑能量份额,示出了直接远场测量和基于径向剪切和近场诊断场再现预测结果(计算的远场对两发次均适用)

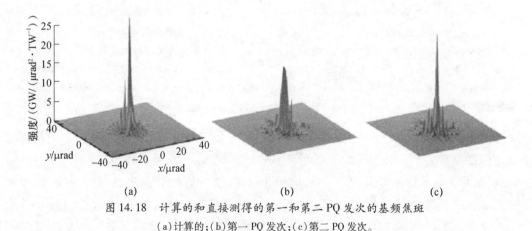

图 14.18 计算的和直接测得的第一和第二 PQ 发次的基频焦斑

(a)计算的;(b)第一 PQ 发次;(c)第二 PQ 发次。

注:所有的图像包括相同的一套坐标轴(显示在左侧)。第一和第二发次在峰值通量上的变化归因于在光路中的扰动。

14.5.4 倍频转换性能

靶必须有 351nm 光辐照。NIF 利用一对 KDP 频率转换晶体将主激光器输出脉冲转换成三次谐波[42,43]（图 14.19）。第一块晶体（或者称为倍频器）通过第一类相位匹配简并和频混频将大约 2/3 的入射激光能量转换成二倍频的光：$1\omega(o) + 1\omega(o) \rightarrow 2\omega(e)$。然后，二次谐波和余下的基频光束共同穿过一块氘化 KDP（DKDP）三倍频器；这里，通过第二类相位匹配和频混频产生三次谐波光束：$2\omega(o) + 1\omega(e) \rightarrow 3\omega(e)$。通过将第一类倍频器的角度偏离到距精确相位匹配所要求值的几百微弧度，获得在三倍频器中实现高效混频所需的关键的 2：1 的混合比率。最优化的偏离角度与晶体厚度和驱动福照强度二者均有关系。转换效率对这最优化偏离角度的敏感度如图 14.20 所示。

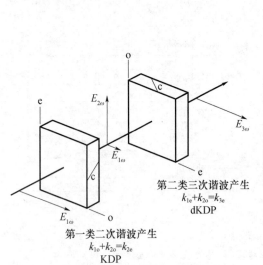

图 14.19 Type Ⅰ 和 Type Ⅱ 频率
转换器配置示意

注：NIF 的倍频转换器（SHG）的厚度为 11～14mm，三倍频器（THG）的厚度为 9～10mm。本节描述的测量结果主要是针对厚 14mm 的 SHG 和厚 10mm 的 THG。

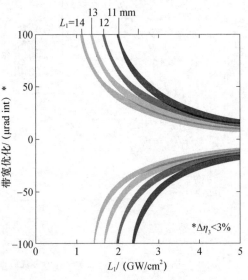

图 14.20 对于不同晶体厚度选择，
第 Ⅰ、Ⅱ 类三倍频转换配置的
角带宽与驱动辐照度的关系

注：曲线表示引起转换效率下降 3% 时的偏离精确相位匹配的角度，其中在每个 SHG 厚度（L_1）THG厚度为 9～11mm。

图 14.21 展示了对于平顶脉冲（FIT）测得的三倍频能量与进入到转换器上的基频能量之间的函数关系。图中比较了对两种不同转换配置，一个是晶体厚度 $L_1/L_2 = 11mm/9mm$，第二个为晶体厚度 $L_1/L_2 = 14mm/10mm$。11/9 配置的数据对应发次条件：脉冲长度为 3.5ns、倍频器偏离角度为（220 ± 5）μrad 和三倍频器相位匹配角度为 ± 15μrad（所有的角度均是对晶体内部的）。在最高输入能量测试中（基频光能量为 12.9kJ），这种配置输出 10.6kJ 三倍频能量，即通过转换器的能量转换效率大于 80%。14/10 配置的数据对应的发次条件：脉冲长度为 5ns 和倍频器偏离角为 195μrad。图 14.21 表明，与 11/9 的配置相比，在驱动辐照约为 2/3（3.5ns/5ns）的情况下，获得了类似的转换效率，因此，较

厚的晶体具有更好的低辐照性能。如果能够减小厚晶体的角带宽,在低驱动辐照下提高的效率对转换高对比度点火脉冲是一个优势(图 14.20)。NIF 的结果显示,晶体准直系统是精确的,足以实现厚晶体的精确准直。本章接下来讨论的三倍频性能,均采用 14/10 配置条件下获得。

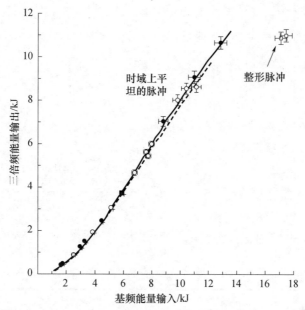

图 14.21 三种配置下,测得的输出转换器的三倍频能量与输入转换器的基频能量的关系

注:三种配置分别为:晶体厚度为 11/9、3.5ns 的平顶(FIT)脉冲(实心圆);晶体厚度为 14/10、5.0nsFIT 脉冲(空心圆);晶体厚度为 14/10、1.8MJ/500TW(FNE)的整形脉冲(空心正方形)。图中还展示了文中讨论的模拟结果,分别为实线 11/9、虚线 14/10。

在 PQ 条件下测得的激光器三次谐波性能汇总如图 14.22 ~ 图 14.24 所示。图 14.22 绘制了能量为 17.1kJ、峰值功率为 3.65TW、时间对比度为 17∶1 的转换器输入脉冲,以及能量为 10.9kJ、峰值功率为 2.90TW、时间对比为 150∶1 的转换器输出脉冲的谐波能量和脉冲形状。实验测量结果与三维(x,y,z)时间片模型的模拟结果非常吻合。该模型采用了耦合波方程的近轴表达式,并且考虑了衍射、相位匹配、坡印廷矢量离散走离、线性吸收、非线性折射率、交叉相位调制以及对三次谐波双光子吸收等要素[43]。此外,该模型还包含了表面像差[44]、空间双折射变化[45]等典型的晶体测量数据,以及电场幅度空间分布、相位、输入脉冲的时间形状(见前面的章节)、菲涅尔损耗等测量数据(表 14.3)。表 14.3 的前两行给出了转换器元件(二次和三次谐波发生器)中的菲涅尔损耗。最后一行汇总了光束传输到靶其余的传输损耗。传输到靶损耗的主要部分发生在导向部分光到驱动器诊断设备的、刻蚀在硅质碎片防护罩的光栅上。对光场传输采用了分裂算符法和的快速傅里叶变换,在分辨率为 1mm 的 512×512 横向空间网格中进行了模拟,这里每个晶体划分了 15 个传输步。用离散时间片段(通常为 50)对时间脉冲形状进行了模拟。将时间带宽对输入脉冲的影响模拟为有效的三倍频失谐(19μrad/GHz)。PDS 基频近场通量、径向剪切波阵面以及空间脉冲形状测量结果输入图 14.22 中的模型。这证明了倍频转换模型与测量结果间的匹配。

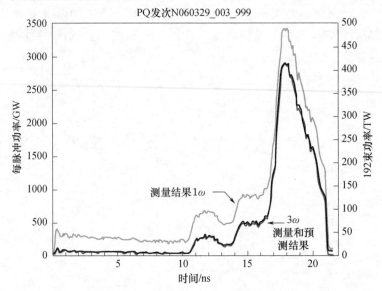

图14.22 三倍频 PQ 脉冲测试和预测的脉冲形状对比(图中还示出了输入的基频脉冲形状)

表14.3 作为波长函数的终端光学元件透过率

光学元件	传输		
	$1\omega(1053\mu m)$	$2\omega(0.532\mu m)$	$3\omega(0.351\mu m)$
二次谐波发生器	0.9900	0.9925	NA
三次谐波发生器	0.9607	0.9766	0.9975
到靶室中心	0.8995	0.9184	0.9545

正如 14.3.3 节中所讨论,LPOM 采用频率转换模型来预测三倍频的能量和近、远场分布。图14.23 将三倍频近场分布预测结果与两次性能认证打靶实验终端聚焦透镜输出测量结果进行了比对。类似地,图 14.24 对光束中心 27cm×27cm 区域内的近场通量概率分布进行了比较。LPOM 预测的光束对比度为 8.7%,略低于 10% 的实验测量结果。与在基频段一样,计算中包括了三倍频诊断光学元件额外的对比度。对比度的测量值远低于 15% 的设计目标。

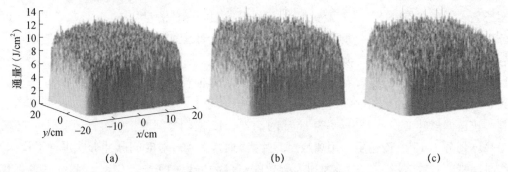

图14.23 三倍频通量近场分布的模拟结果与第一 PQ 发次和第二 PQ 发次在 PDS 上测量结果的比对
(a)模拟;(b)第一 PQ 发次;(c)第二 PQ 发次。

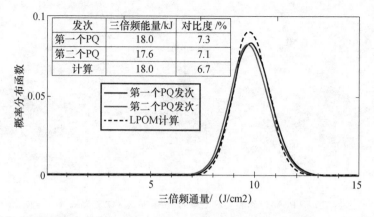

图 14.24　在 PDS 上光束中心 27cm×27cm 区域内通量概率分布的模拟和测试结果对比

注:计算的是两发次在该孔径上的平均通量。测量的两发次对比度几乎相同——比模型预测结果高 1%,但远远低于 15% 的设计目标。

图 14.25 展示了始于焦斑质心测量和模拟的三倍频焦斑能量份额与半径的函数关系。与图 14.16 展示的基频焦斑一样,对每个 PQ 发次都进行了两个测量,一次直接从 PDS 远场相机测量,另一次根据基频近场通量和波前进行场再现。LPOM 模型与再现预测结果相当吻合。两者的焦斑比远场相机测量的焦斑约小 10%。图 14.26 示出了 LPOM 模拟的远场和直接测量的远场,显示了很好的定性吻合度和发次间的可重复性。

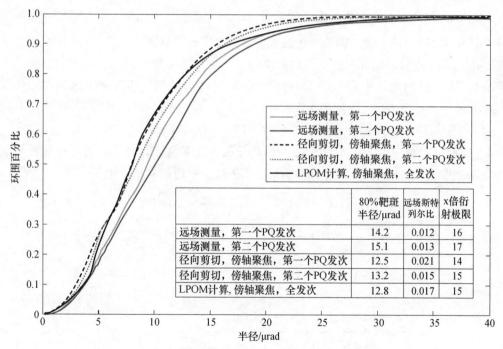

图 14.25　两次性能评估三倍频焦斑能量的测量和计算结果

注:示出了两发次直接远场测量和基于径向剪切和近场诊断的场再现预测结果。

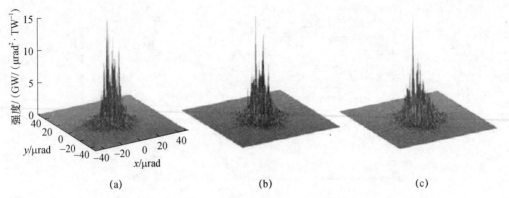

图 14.26 LPOM 计算和直接测量的第一、第二 PQ 发次三倍频焦斑
(a)计算;(b)第一 PQ 发次;(c)第二 PQ 发次。
注:所有的图像包括相同的一套坐标轴(显示在左侧)。

14.6 点火实验的焦斑控制盒和精确脉冲整形

PQ 演示的发次并没有进行焦斑的光束调节,以研究 NIF 焦斑的精密标度特性。然而,NIF 点火靶要求对光束的空间和时间进行调节,以调节焦平面上的辐照分布和减小可能引发激光等离子体不稳定性的热斑[36,37]。光束的空间调节可通过设计的相位板,该相位板可产生平均直径为 1~1.3mm 的椭圆形散斑,椭圆度随着光束在靶上的入射角变化。借助偏振匀滑(PS)[47]和一维光谱色散匀滑(1D SSD)[48,49],激光散斑瞬时对比度和随时间平均的对比度都将下降。偏振匀化最大可将对比度到降低到 $1/\sqrt{2}$[50]。应用到 NIF 上的 SSD,在几十皮秒的时间尺度上可将散斑的对比度降低约1/5。

本节介绍的测试仍然采用高时间对比度(约150:1)的精确整形脉冲,单束的三倍频峰值功率为 1.9~2.6TW,能量为 5.2~9.4kJ(370~500TW;1~1.8MJ FNE)。图 14.27 展示了用于这些实验的两种点火脉冲形状。1MJ 的脉冲形状与在 NIF 首次点火攻关的 Rev. 1 版设计相对应[39]。1.8MJ 的脉冲形状是假定 NIF 激光设计的参考点火脉冲形状的略微改进版本。为点火设计点脉冲整形要求的进一步讨论参见文献[36-39]。

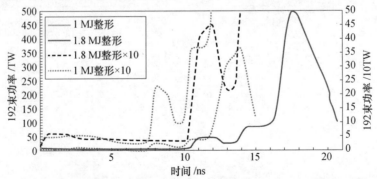

图 14.27 扩展到 NIF192 束相当的在这些实验中采用的两种整形脉冲
注:1MJ 和 1.8MJ 脉冲分别对应时间对比度 158:1 和 176:1。

表 14.4 对两发次的结果进行了总结：一个为 1MJ 脉冲能量、0.5mm×0.95mm（直径）椭圆形焦斑、270GHzSSD；另一个为 1.8MJ 脉冲能量、1.2mm×1.3mm（直径）、90GHzSSD（在本节中，除非另有说明，所有的光谱色散平滑均针对三倍频。为了得到好的精确性，除激光基频外，频率转换器是强加的带宽增加 3 倍）。这些完全集成测试同时包括了相位板、SSD 和 PS 三个 NIF 的光束调节技术。表 14.4 显示，实验测得的能量、峰值功率、焦斑尺寸和两种候选点火时间脉冲的 SSD 与预期一致，并达到或者超过攻关的目标。在 NIF 上，将通过对在每个终端光学组件中四个口径中的两个的偏振旋转 90°，然后在靶上进行四束光束交叠，实现偏振匀滑。基于这一策略，这里所描述的测试采用了一个原型的 dKDP 基频半波平面和一套被旋转了的安装在 PDS 终端光学系统中的频率转换晶体组合（图 14.28）。测试了有无波片时低功率脉冲基频光（通过对棒状和片状放大器不泵浦产生）的偏振不纯度（图 14.29），每次测量结果均好于 0.11%。这种程度的退偏对频率转换的影响可以忽略。相平面发散和 SSD 带宽会影响频率转换，因此必须考虑。这些影响将在脉冲整形的讨论中给出。

表 14.4　用两种候选点火脉冲形状进行了三种光束调节方案的同步演示

攻关描述			光束能量和功率			光束平滑		
攻关	脉冲形状	脉冲长度/ns	每束的三倍频能量/J	NIF 三倍频能量/MJ	峰值功率（TW/束）	CPP（FWHM）/mm	极化旋转	SSD(3ω)/GHz
1.0MJ 点火设计	点火	15.4	5208	1.00	1.85	0.95×0.5	是	270
演示的 1.0MJ	点火	15.4	5316	1.02	1.9	0.95×0.5	是	270
1.8MJ 点火设计	点火	20.4	9375	1.80	2.6	1.3×1.16	是	90
演示的 1.8MJ	点火	20.4	9438	1.81	2.6	1.3×1.16	是	120

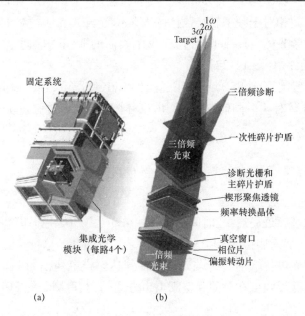

图 14.28　NIF 终端光学组件布局和一个光路上光学元件组合

（a）NIF 终端光学组件布局示意（这个机械系统安装在 NIF 靶室上，容纳了四个 NIF 光路的最后那套光学部件）；

（b）一个光路上的光学元件组合（终端光学组件中的机械、光学、光束控制部件与 PDS 单个光路中使用的相同）。

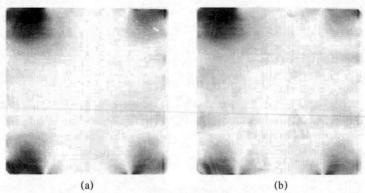

(a)   (b)

图 14. 29 测得的包含和不包含偏振转子晶体的 NIF 光束的退偏情况

(a)包含偏振转子;(b)不包含偏振转子。

注:线性灰度从0%(白色)变化到2%(黑色)的退偏。图像每一侧的长度为38cm。光束偏振的微小变化源于被真空加载空间过滤器透镜中应力诱导双折射。每中情况下的平均退偏为0.11%,与基频和三倍频 FOA 的传输损耗(表 14. 3)相比,这样的退偏引起的频率转换的损失非常小,可以忽略不计。

14. 6. 1 用相位板进行光束空间调节

相位板(开诺全息照片)是以可控的方式通过在光束中引入相位畸变,扩大和整形焦斑。早期应用采用了二进制随机相位板(RPP)[51] 和多级非连续开诺全息相位板(KPP)[52]。NIF 采用连续相位板(CPP),这种位相板具有没有会影响光束近场特性突变的光滑位相分布[53,54]。这些板的位相分布采用改进的 Gerchberg – Saxton 算法设计[53],并用磁流变抛光工艺(MRF)刻在 430mm × 430mm × 10mm 的融石英板上[55]。这些 CPP 是消色差的,因此,其相对于频率转换晶体的安装位置较为灵活。对于这里介绍的测试,相位板镀上了对基频光的 sol – gel 高透膜(每个表面的菲涅尔损耗小于 0. 2%),并安装在 PDS 终端光学元件中(图 14. 28)。

图 14. 30 是在没有引入 SSD,只采用适当的 CPP 情况下,1MJ 和 1. 8MJ 激光打靶焦斑的测量和模拟结果对比。同时,对比了焦斑环围能量、超过强度分数功率(FOPAI),FOPAI 定义如下:

$$FOPAI(I_0) = \frac{\int_{I(x,y) < I_0 \text{部分光束面积}} I(x,y)\,\mathrm{d}x\mathrm{d}y}{\int_{\text{光束总面积}} I(x,y)\,\mathrm{d}x\mathrm{d}y} \qquad (14.2)$$

模型以测量的基频近场通量、时间形状和相分布(由 PDS 径向剪切干涉仪测试)作为初始输入量。然后,加入测得的 CPP 位相,以建立复合的基频电场。随后,计算该光束的频率转换和三倍频光束传输通过终端光学元件到达焦点。建模的 FOPAI 是在峰值功率时刻计算的。通过假设强度在时间和空间上市分离的,获得测量的 FOPAI,即

$$I(x,y,t) = F(x,y) \times P(t)/E$$

式中:F 为测得的近场通量;P 为依赖于时间的整个光束的功率;E 为总的能量。

式(14. 2)仍然在峰值功率时刻进行计算。我们的模拟显示:对于这些脉冲,强度相关

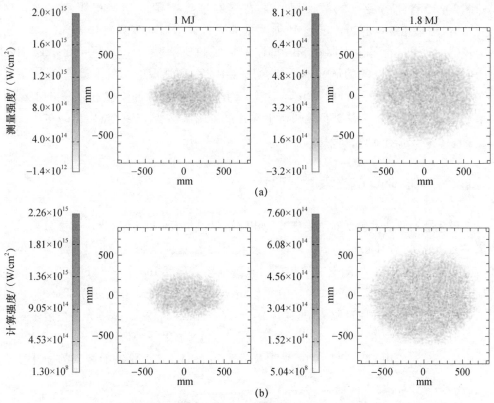

图 14.30 　没有应用 SSD 条件下,测量和计算的 NIF 的焦斑比对

(a)测量;(b)计算。

注:左图是利用0.50mm×0.95mm 半高全宽(FWHM)光斑尺寸 CPP 获得的1MJ 脉冲焦斑。右图为利用
1.16mm×1.3mmFWHM 光斑尺寸 CPP 获得的1.8MJ 脉冲焦斑。测量数据来源于表中列举的发次。测量的
图像(时间积分)和计算的图像(依赖于时间)均用 1TW 的进行了归一化处理。

的效应(如非线性折射率、频率转换)不会造成作为时间函数的焦斑特性的明显改变,这也
证明了可分离性假设的合理性。图 14.30 和图 14.31 显示,模拟和测量的焦斑吻合得很好。
对于利用连续相位板的 1MJ 和 1.8MJ 脉冲的焦斑,环围能量和 FOPAI 也吻合得很好。

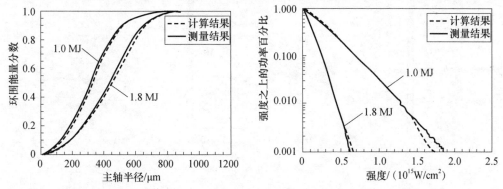

图 14.31 　图 14.30 中描述的 1MJ 和 1.8MJ 发次的环围能量份额和 FOPAI 的计算与测量结果对比

注:环围能量通过椭圆坐标计算获得,1MJ 打靶的偏心率为 0.55、1.8MJ 打靶时的偏心率为 0.88。每种发次的
总能量均用 1TW 的进行了归一化处理。

图 14.30 看到的最小的散斑尺寸是在终端聚焦透镜的衍射极限:$2\lambda f/D = 14.5$（μm）。虽然理想散斑的对比度为 1,但测量的焦斑显示对比度只有 0.79 ± 0.02。我们认为较低的对比度值是由于存在 SBS 抑制调制(调制频率为 3GHz、基频脉冲 FWHM 带宽为 30GHz、三倍频为 90GHz)和楔形聚焦透镜中的色散造成的。由于透镜色散,三次谐波在焦斑平面的横向位移为 $0.045\,\mu\mathrm{m/GHz}$。当平均到整个脉冲长度后,改变的散斑结构的增加是无序的,并与 SSD 类似地可降低对比度。该效应预计能够将焦斑的对比度降低到 0.84,这与测量结果吻合得相当好。

14.6.2　一维 SSD 的光束时间调节

光谱色散匀滑技术包括对激光脉冲的相位调制和光谱角度分离,光谱角度分离足以造成焦平面上独立的 FM 边带的至少移动半个散斑尺寸,这就是临界色散[48,49]。NIF 的 SSD 运行频率为 17GHz(v_{mod}),靶上三倍频横向光谱位移为 $0.58\,\mu\mathrm{m/GHz}$,超过了 $0.45\,\mu\mathrm{m/GHz}$ 的临界色散值。该色散是由预放模块中的 Littrow 光栅可提供,该光栅是定向到使得色散沿椭圆焦斑的短轴方向。通过调节调制器($\Delta v_{1\omega} = 2\delta v_{\mathrm{mod}}$)的调制度 δ,基频光谱色散带宽可达到 150GHz。这里介绍的在实验中测得的最大基频带宽为 $(95 \pm 5)\,\mathrm{GHz}$。

图 14.32 对应用 CPP 和 SSP 的 1MJPQ 发次和 1.8MJ 点火脉冲的测得的和计算的焦

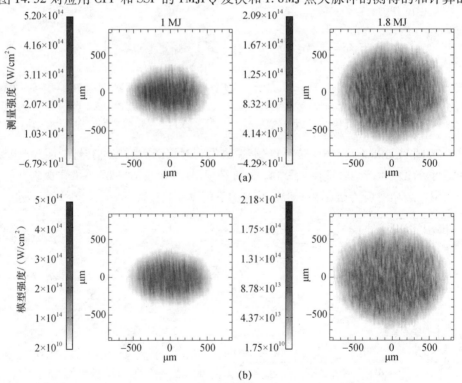

图 14.32　在应用 SSD 和 CPP 条件下,测量和计算的 NIF 的焦斑对比
(a)测量;(b)计算。

注:左图是利用 0.50mm×0.95mm 半高全宽(FWHM)光斑尺寸 CPP 获得的 1MJ 脉冲焦斑。右图为利用 1.16mm×1.3mmFWHM 光斑尺寸 CPP 获得的 1.8MJ 脉冲焦斑。测量数据来源于表中列举的发次。用于预测的三倍频光谱如图 14.33 所示。用 1TW 的总功率对强度进行了归一化处理。

斑进行了对比。利用测得的三倍频光谱(图 14.33),通过对光谱转换的非 SSD 焦斑(图 14.30)的光谱的加权非相干求和计算时间平均的 SSD 焦斑。光谱包含了 3GHz 的 SBS 抑制调制带宽和 17GHz 调制的 SSD 带宽。计算包括了透镜的色散(图中的水平轴)和光栅的 SSD 色散(垂直轴)。对于 1MJ 脉冲焦斑,观察到的对比度从 0.79 下降到 0.19,相当于 28 个散斑的非相干平均。1.8MJ 焦斑对比度从 0.79 下降到 0.24,这与计算的对比度将下降到 0.26 吻合得很好(相当于 16 个散斑的非相干平均)。散斑平均的效果可通过比较图 14.30(无 SSD)和图 14.32(有 SSD)看出。图 14.34 所示的 1MJ 和 1.8MJ 焦斑的 FOPAL 图像表明:经过 SSD 之后,焦斑中热斑强度降低,而且预测和测量结果吻合得很好。

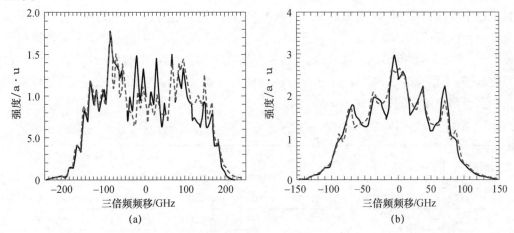

图 14.33　1MJ 和 1.8MJPQ 发次测得的(黑实线)和模拟的(红虚线)的光谱
(a)1MJPQ 发次;(b)1.8MJPQ 发次。

注:模拟假定了 3GHz 和 17GHz 的调频部件的和,以及在两种情况下产生的三倍频 SBS 带宽均为 90GHz。1MJ 和 1.8MJ 发次的三倍频 SSD 带宽分别为 270GHz 和 120GHz。

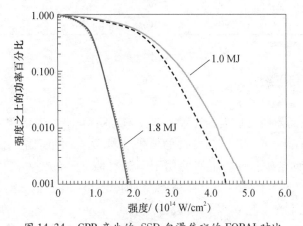

图 14.34　CPP 产生的、SSD 匀滑焦斑的 FOPAI 对比

注:所有的曲线用 1TW 的总功率进行了归一化处理。实线为测量值,虚线为模拟结果。1MJ 的曲线在右边,1.8MJ 的曲线在左边。

14.6.3　空间和时间调节脉冲的频率转换

精确的脉冲整形需要精确的激光能量模型,除其他相关事项外,需正确考虑与光束调节相关的转换效率损耗。表 14.5 汇总了以验证我们转换器模型而采用 1ns 的 FIT 脉冲的一系列高功率发次的结果。这些数据为三种不同基频 CPP 结构(无 CPP、$0.50\mu m \times 0.95\mu m$、$1.16\mu m \times 1.3\mu m$)在约 $3GW/cm^2$ 的驱动辐照下获得的,每种具有不同的 SSD 带宽。两种连续相位板焦斑尺寸分别与 1MJ 和 1.8MJ 点火实验的设计点相对应。在二次谐波发生器输入端(基频)和三次谐波发生器输出端(三倍频)进行了相关能量的测试。对于每个发次,利用第 14.5 节中介绍的模型进行了转换效率的计算,模型计算中包含了测得的相位板的相分布。当有效三倍频失谐量达到 $1.9\mu rad/GHz$ 对带宽作为的进行了模拟,这里假定对 3GHz 和 17GHz 的光谱进行正交求和。时间相关的平面波离线计算已经验证,对于很宽范围的功率输入,这样的处理方法是精确的。所有情况下,模型计算结果和实验测量结果的差异在 2.5% 以内。

表 14.5　模拟计算和实验测量的倍频转换器性能对比

打靶	CPP/MJ	SSD/GHz	二次谐波输入/kJ	三次谐波发生器输出		
				测量/kJ	模型计算/kJ	差异/%
NO60214－002	—	0	3.795	2.920	2.9072	－0.44
NO60216－003	—	65.8	3.644	2.688	2.7122	1.66
NO60216－002	—	95.2	3.721	2.477	2.4640	－0.52
NO60224－001	1	0	3.672	2.925	2.9325	0.26
NO60224－002	1	96.7	3.668	2.462	2.4551	－0.28
NO60313－001	1.8	0	3.553	2.656	2.7120	2.11
NO60314－002	1.8	37.2	3.757	2.667	2.7336	2.50
NO60314－001	1.8	94.8	3.766	2.367	2.3871	0.85

14.6.4　时间脉冲整形

点火攻关计划需要所有适当的光束调节技术将高对比度、三倍频时间脉冲波形进行控制;精度要求所有 48 束 NIF 矩形脉冲的 RMS 偏差为脉冲底部在 15% 以内,脉冲峰值在 3% 以内。一系列精确脉冲整形实验用于测试目前 NIF 的硬件产生所需求脉冲的情况,并开发一种在日常运行条件下与高精确性要求相匹配的方案。图 14.27 展示了当前 1MJ 和 1.8MJ 情况下光束靶驱动所需的脉冲形状。

LPOM 程序是用于在 MOR 中确定所需的脉冲形状的第一个重要工具。该程序利用被校准的所有独立部件状态的模型和基于传播/提取程序(VBL)建立的求解器能力进行第一原理数值求解。作为这种求解的另一个好处,LPOM 还能预测所期望的脉冲形状,这些脉冲形状可在 ISP 和 OSP 中进行测量。对于 FIT 脉冲形状,发现这些解非常精确。为了精确控制高对比度脉冲,开发了一个迭代运算程序,来改良 LPOM 程序计算结果和调节模型和测量结果之间微小的差异。

如图 14.35 所示,该迭代程序展示与 1MJ 和 1.8MJ 所需的脉冲形状精确匹配的能力。一旦对驱动方案进行了很小的修正,其结果也可以整合到 LPOM 中。随后,LPOM 能进行所需的脉冲修改,以优化到点火靶丸的驱动。

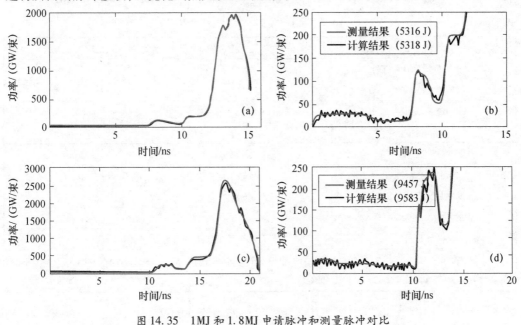

图 14.35　1MJ 和 1.8MJ 申请脉冲和测量脉冲对比

(a)、(b)1MJ;(c)、(d)1.8MJ。

注:图中分别展示了峰值脉冲(图(a)和(c))和底部脉冲(图(b)和(d))。

14.7　2010 年 NIF 现状和实验

14.4 节 ~ 14.6 节详细描述了 2005—2006 年 NIF 的 8 个模块的测量结果,还包括 PDS 中单束测量结果。这些测量是使用典型的硬件进行的首次首尾相连的校核,证明 NIF 设计能够满足 1994 年设定的功能需求。在进行这些测量的同时,40 路光束实现了在红外段以每束不小于 19kJ 能量运行。在接下来的三年半时间内,完成了 NIF 激光器剩余部分光路的建造和试运行;在此期间,NIF 演示了其三倍频光可输出超过 1MJ 的能力,包括时间脉冲整形、瞄准、光束同步、焦斑调节(束匀滑)等所有需要的能力也全部就位。截至 2010 年 6 月中旬,共完成了 1795 次全系统发次实验。累计输出 102MJ 的基频能量和 42MJ 的三倍频能量。超过 90 次的打靶实验,产生了非常有价值的激光等离子体耦合和靶丸内爆数据。按照计划,将在 2010 年年底开始惯性聚变点火实验。

2009 年 1 月 14 日,进行了确定项目完成指标的最后一发实验。尽管这并不意味着激光器硬件试运行的结束,而且试运行活动还在继续,但标志着 NIF 向能够进行重要靶试验研究的功能性科学装置的转变。正如表 14.6 中所见,"项目完成"在形式上要求国家点火装置的 8 光束激光的每束都能够以 1994 年规定的全能量、全功率运行,瞄准精度、脉冲形状对比度、焦斑尺寸和打靶率运行。作为中间目标,还需要 96 路光束能够在全 NIF 相当的 1MJ/400TW 条件下以同样的精度同时发射。2010 年 2 月 24—25 日,国家点火攻关(NIC)评估委员会下属的一个特别子委员会对 NIF 的数据和进展进行了详细的评估,他们确认"所有的完成指标均达到或超过"[26],表 14.7 和表 14.8 支撑了该结论。

表 14.6 NIF 项目完成指标(PCC)

	96 路光束性能	束组光束性能
峰值能量/kJ	500	75J
峰值功率/TW	200	21
波长/μm	35	35
瞄准精确性/μm	靶平面上 100(RMS)	100
脉冲宽度	20ns	20ns
脉冲动态范围	>25:1	50:1
脉冲焦斑尺寸/μm	600	600
预脉冲功率/(W/cm^2)	<10^8	<4×10^6
循环时间	全系统打靶之间最大时间间隔为 8h	

注:8 光束束组需要用来演示以 1.8MJ/500TW 的全 NIF 装置相当的(FNE)运行能力和在 1994 年设定的全部需求。半个 NIF(96 路光束)要求在 1MJ/400TW(FNE)演示运行

表 14.7 单个束组性能和 PCC 单个束组要求对比

3 倍频激光参数	单束组的 PCC	实验达到值	打靶序号
脉冲能量	≥75kJ	8 路光输出 78kJ,相当于 NIF 全光束运行时可输出 1.87MJ	NO81010－002－999
峰值功率	≥21TW	21.3TW,相当于 NIF 全光束运行时可输出 511TW	NO81011－001－999
波长	0.35μm	0.35μm	全部攻关
瞄准精确性	<100μm(RMS)	70μm(RMS) 61μm(RMS)	NO81205－001－999 NO90114－002－999
脉冲宽度	达到 20ns	达到 21ns	NO81102－002－999
脉冲动态范围	≥50:1	>90:1	N081011－001－999
脉冲焦斑尺寸	≤600μm	330μm(500TW) 600μm(530TW)	NO60329－002－999 (B318onPDS)
预脉冲功率	<4×10^{6}W/cm^2	<10^{6}W/cm^2,在 PAM 或基频主激光器输出端,据此分析达到靶室的强度	多次
循环时间	全系统发次间隔为 8h	两发次间隔为 4h15min (两次 3.1 版本的铍靶丸)	NO81013－003－999 NO81014－001－999

注:发次序号按发次时间(NO81102＝2008 年 11 月 2 日)、序列号(002 代表当天发射的第二发次)和代码(999,代表全系统法次)进行编码

表 14.8 96 束性能和 PPC 的要求对比

三倍频激光参数	96 束项目完成标准	实验达到值	打靶序号
脉冲能量	≥500kJ	542kJ(96 束) 564kJ(96 束)	NO81219 - 002 - 999 NO81221 - 003 - 999
峰值功率	≥200TW	215TW(峰值) 205TW(平均)	NO81222 - 001 - 999 NO81221 - 003 - 999
波长	0.35μm	0.35μm	全部攻关
瞄准精确性	<100μm(RMS)	64μm(RMS)	NO90114 - 002 - 999
脉冲宽度	达到 20ns	达到 20.9ns	NO81222 - 002 - 999
脉冲动态范围	≥25:1	>90:1	NO81221 - 003 - 999
脉冲焦斑尺寸(未平滑)	≤600μm	330μm(500TW) 600μm(530TW)	NO60329 - 002 - 999 (B318onPDS)
预脉冲功率	$<4 \times 10^6 W/cm^2$	$<10^8 W/cm^2$,在 PAM 或基频主激光器输出端, 据此分析达到靶室的强度	多次
循环时间	全系统打靶之间 最大时间间隔为 8h	打靶发次间隔分别为 5h10min、6h2min、6h12min	最短发次间隔 NO81218 - 003 - 999 NO81219 - 001 - 999

到目前为止,靶物理实验集中在黑腔能量学,与激光等离子相互作用和背向散射物理紧密相关的主题和靶丸内爆对称性等攻关。这些攻关的数据可参见文献[56]。图 14.36 是半径为 1mm 的气体填充靶丸内爆的 X 射线分幅相机图像。从图中可以看出,对靶丸的线性压缩达到 1/20 左右,内爆的球形对称在 15% 以内。内爆实验之前,理论和模型预测结果认为激光入口孔中的受激散射将会引发内(低角度)外(高角度)环光束之间的能量转移,这样的能量转移对内外环光束的波长差非常敏感[57]。实验结果证实这种效应,改变内外环光束的波长差异,内爆形状如预期低从椭圆变为圆形再变为扁长状[58]。

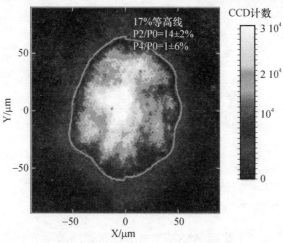

图 14.36 半径为 1mm 的气体填充靶丸内爆的 X 射线分幅相机图像
注:NIF 科学家演示了控制内爆对称性获得高靶丸压缩的能力。

2009 年 12 月 4 日和 5 日,NIF 进行了将 1.04MJ 和 1.2MJ 注入带有充气靶丸的充气黑腔的打靶实验。这两发打靶实验是一系列验证达到 NIF 点火设计需求的打靶发次的一部分[56]。这些打靶验证了建成激光器的激光能够被高效耦合到黑腔中(90% 或者更多的耦合激光能量转换成软 X 射线),进而产生足够高的黑腔温度。图 14.37 将这两次打靶实验和 2009 年 11 月 20 日打靶实验的脉冲形状同请求的脉冲波形进行了比较。三次打靶实验中,测量的时间脉冲形状与所请求的脉冲形状一致,只有百分之几的差异。

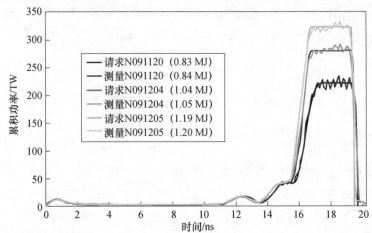

图 14.37　2009 年 11 月 20 日、12 月 4 日、12 月 5 日三发不同能量打靶实验,
请求的(光滑线)时间脉冲形状与测量(起伏线)的脉冲形状

注:测量的功率出现的小周期性变化,是为了抑制大型熔石英光学元件中横向布里渊散射而在前端进行了 3GHz 的相位调制导致的结果;这样的相调制不会对靶性能产生影响。此外,整个功率输出与请求的功率非常一致。

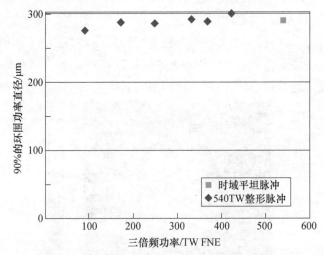

图 14.38　在 PDS 测得的没有进行光束平滑的远场焦斑尺寸与光束峰值功率的函数关系

注:在超过最大设计功率高达 10% 的光束功率下,未观察到明显的焦斑尺寸增长。焦斑尺寸小于在直径 600μm 范围内包含 80% 能量的设计要求。

之前长期困扰惯性约束聚变激光器的一个难题是随着激光功率增加,远场焦斑尺寸会随之增加。远场焦斑尺寸的增加的原因是近场光束局部高强度区域的自聚焦;这源于高功率运行时,激光会改变传输光学元件折射率。自聚焦会对光束引入角度分布,这会反映为焦斑尺寸的增加。NIF 设计对这一影响进行了严格考虑,从引发这种效应的起伏源和度量其增长率的 B 积分效应两个方面进行了严格限制[59]。这一努力的成功如图 14.38 所示,图中画出了在 PDS 上测量的单光束远场焦斑半径(包围 90% 的能量)对单光束峰值功率(显示为 FNE 功率)的关系。在每路光束功率为 0.5TW 和 2.8TW 间的小的增加与测量精度接近。

一个切实可行的惯性聚变攻关有许多严格的要求,既包括 1994 年给出的基本判据要求,又包括后来熟知的从 ReV.1 到 ReV.5 的靶丸、黑腔、靶定位和激光器性能指标集等的设计点。除了像能量、功率和时间脉冲对比度等整体的数量之外,这些设计点规定了依赖于时间的功率平衡、瞄准精确度、光束同步、发次间脉冲的可重复性和对脉冲形状进行微调以适应脉冲整形结果的方法。图 14.39 ~ 图 14.43 展示了 NIF 满足上述要求能力的现状。

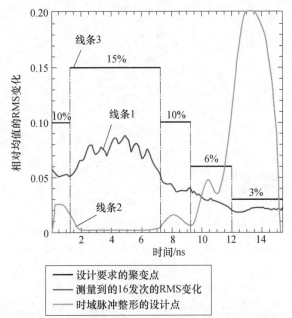

图 14.39　NIF 装置一套相同设定的 16 发次的依赖于时间的均方根变化(线条 1)
与 ReV.2 版功率平衡要求变化(线条 3)的对比
注:作为参照,图中还给出了时间脉冲形状(线条 2)。

图 14.39 和图 14.40 展示了功率平衡和脉冲形状可重复性的情况。图 14.39 是单路光束的 PDS 数据。在保持向 MOR 请求纳焦脉冲形状为不变的情况下,进行了连续 16 发次发射。图中给出了 ReV.2 要求的 1.3MJ 三倍频脉冲形状,以及在 16 发次中实际获得的时间相关的功率平衡指标和 RMS 变化。将单路多发次的变化作为多路光束单发次的变化处理,测试表明:可以满足其功率平衡的要求,且具有足够的裕量。此外,假设发次间功率的变化在方块内是相关的,而方块间是无关的,我们预期 NIF 全部光束的发次间的最大变化约为 $9\%/\sqrt{48}=1.3\%$,这远低于 ReV.2 的 3% 的要求[60]。图 14.40 示出了 NIF 全系统功率平衡的两种直接测量结果。从 2008 年 12 月 21 日进行的 96 路光束、

500kJ 项目完成发次获得的数据(图 14.40(a))证实,全脉冲方块间的 RMS 功率变化远低于 ReV3.1 版的要求,包括在脉冲峰值处 3% 的要求(相比于 1994 年的功能要求和基本判据的 8% 的要求[25])。2009 年 3 月 9 日发射的 1MJ、192 路光束的发次(图 14.40(b)),有 4 个方块输入到 MOR 的请求存在已知错误。这样的错误足以造成 48 个方块的 RMS 功率在驱动脉冲的早期阶段和一小部分峰值阶段功率的变化超出指标要求。如果分析中不考虑这几个方块,则满足指标要求。NIC 实验将提供重复这类测试的机会,收集更多 NIF 性能的统计数据,并持续改进我们的脉冲整形技术。

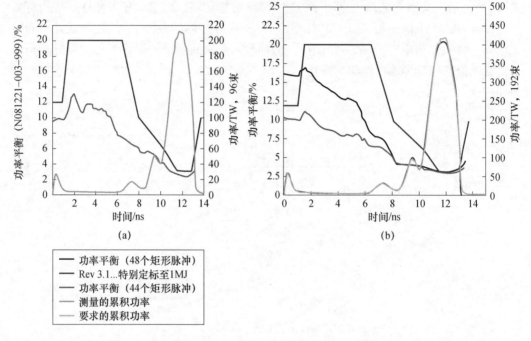

图 14.40 分别在 2009 年 1 月和 3 月测得的 96 路光束、500kJ 和 192 路光束、
1MJ 发次的 RMS 功率平衡

(a)96 路光束,500kJ 发次;(b)192 路光束,1MJ 发次。

注:作为参考,图中还给出了 ReV.1 版为每个光束定标到合适能量和请求的三倍频脉冲形状的功率平衡指标。在整个脉冲上 96 路光束测试结果低于指标要求,192 路光束测试中,在与传达前端请求到 4 个方块过程中出现了失误,导致在前 2ns 的功率平衡超出了指标要求。如果分析中排除这 4 个方块,剩余的 44 个方块的 RMS 值满足指标要求。

图 14.41 是 2009 年 1 月 14 日进行的 96 路光束瞄准测试结果[61]。来自 NIF 每个半球上的 48 路光束被瞄准到平面金属靶上目标位置的一个 8×6 矩形阵列上,产生的 X 射线发射分布采用两个静态 X 射线相机进行观察。另外的 6 束(其中 2 束来自上半球,4 束来自下半球)照亮靶平面上的小孔,使得能够精确地收集来自上半球和下半球的图像,并提供光束到靶瞄准精度的全球面测量。在每幅图像中的红色(蓝色)方块包围着被从靶的远侧(近侧)轰击小孔的光束照明的小孔。X 射线的发射中心与其在靶上预期位置的差异为(64±4)μm(RMS)。这与 ReV.5 版指向设计小于或等于 80μm 的指标相比拟。最差光束偏离其预期位置约为 120μm,这优于 ReV.5 版小于或等于 250μm 的要求的 2 倍。

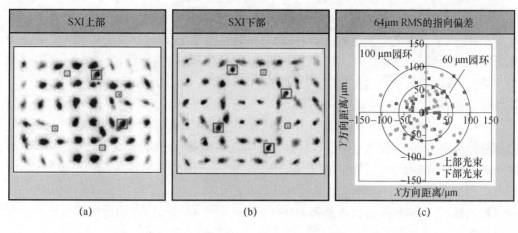

SXI上部	SXI下部	64μm RMS的指向偏差
(a)	(b)	(c)

图 14.41　96 束瞄准实验(发次序号为 N090114 – 002 – 999)

注:光束特意瞄准靶室中心的矩形阵列,焦斑之间的距离为 800μm,焦斑实际位置由两个静态 X 射线成像仪测量(SXI – upper 和 SXI – lower)。用额外的 6 路光束用作两个图像彼此相对位置的基准。测量的焦斑质心与相应光束瞄准点之间的差异分别为 RMS 值为 64μm,光束最大偏差为 120μm。两者既小于 1994 年 NIF 主要标准,也低于目前点火的指标要求。

图 14.42 展示了 NIF 脉冲同步到达靶室中心(TCC)的能力。短脉冲(88ps)轰击到位于 TCC 的平面靶上,用两台 X 射线条纹探测器(SXD)中的一台对 X 射线发射进行测量,靶或者垂直面向 SDX 的视场安装,从而最大化可被同时观测的光束数量;或者与 SDX 的视场成一定角度,从而允许上半球和下半球光束交叉延时。空间上对光束靶点分离、时间上在 MOR 中错开脉冲时间,使得两台 SDX 在一发次中对多达 96 路的光束进行观测。利用这种方法,NIF 的 192 路光束被同步在 64ps(RMS)内,尽管这比 30ps 的指标差,但足以满足 2009 年的打靶要求。

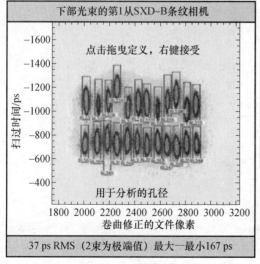

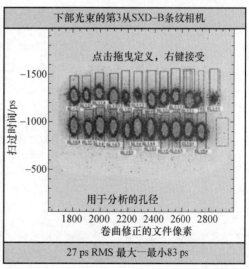

图 14.42　47 路、88ps 高斯脉冲的条纹相机图像

注:靶点间距为 700μm,在 MOR 中对一些方块进行了 333ps 的延迟,以便每次记录更多光束,采用这种方法,所有 NIF 的光束被同步到 64ps 内(RMS)。2010 年的相关研发,将 NIF 所有光束同步降低到 30ps 以内(RMS)。

2010 年年初,一套四光纤光缆被安装到可放置于 NIF 靶室中心的诊断操作器上。低能激光脉冲(来自 NIF 的再生放大器)可被定向到这些光纤上,从而实现对 NIF 每束激光相对时间的测量,一次可实现四路光束的测量,同时测量还具有高重复频率。利用这种新的能力,可以将光束的同步性调节到 30ps(RMS)以内,这既满足 NIF 功能需求,也满足主要标准和 NIC 点火的要求。

NIF 具有精细的脉冲整形能力。基于模型库化的发次方案、先进的任意波形成发生器脉冲形成网络、保持前端运行的稳定性这三者的结合,使得激光器具有产生 88ps 到 20 多纳秒整形脉冲的能力。目前的靶模拟结果表明,点火需要三倍频脉冲的对比度(最大和最小功率之比)大约为 200 : 1[62]。2010 年 8 月 21 日,进行了首次全 NIF 装置获得这种脉冲尝试,激光器实际输出能量为 1.04MJ,对比度为 187,与所需的峰值功率的差异在 5% 以内。

由于只有 NIF 靶实验才能决定所关心尺度的低熵增、高会聚靶丸内爆所需的精确脉冲形状,因此,NIF 设计要求中包含了能进行精细脉冲形状调节的能力。图 14.43 展示了 2007 年实验中 PDS 中的测量结果,演示了脉冲调节的灵活性。虚线表示两种所需的脉冲形状,其中红色为基线(未改变)脉冲,另外一条为改变的脉冲(在 8ns 时将功率增加 10%,在 10ns 时将脉冲延时 100ps)。两种情况下,均可输出全 NIF 相当的 1.3MJ、385TW(相当于单路光 7kJ、2TW 的输出)的脉冲形状;由于对低功率部分做了相应的改变,这样的扩展比例加强了低功率部分。实线是多次单路光束测量结果的平均值。首先对激光进行了调节,使其输出为改变的脉冲形状;随后在不改变前端的情况下,进行了 16 发次实验。其结果如蓝色实线所示。然后,仅仅根据数值预测对前端做相应的改变,并进行了 12 发次实验,其结果如红色实线所示。所有结果表明,NIF 具有精确脉冲形状调制能力。

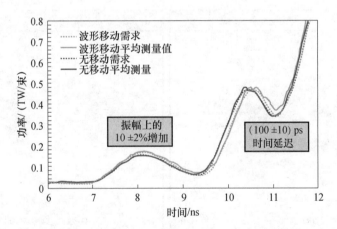

图 14.43　2007 年 7 月展示 NIF 能可靠地对脉冲形状产生精细调整以使用靶需求的能力的 PDS 数据

注:脉冲形状中的每个隆起都会在靶丸烧蚀层中产生一个弱的冲击。为了实现高密度压缩,需要对这些冲击通过壳层的传播进行精确定时——这一过程可通过调节冲击强度(激光功率)或冲击发生时间(脉冲时序)来实现。这些数据量化了 NIF 对冲击强度和冲击发生时间的控制能力。

14.8 结论

NIF 激光器是迄今为止建成的最大、最复杂的光学系统。相比于最接近的对手,其拥有 3 倍光束数量、60 倍的输出能量和功率。在瞄准、同步、脉冲整形和功率平衡方面均具有前所未有的精确性。在持续提升激光器性能的同时,重要的等离子体物理实验也正在向前推进,早期的实验结果与预期吻合得很好。测得的背向散射小于 10%[56]。用 MJ 的驱动能量,全点火尺寸(长为 1cm,直径为 5.4mm)黑腔被加热到 285eV,这与辐射流体动力学模拟结果一致。已经实现了点火尺寸靶丸的高会聚内爆,同时,对内爆对称性的调节能力也得到了演示。本节撰写期间(2010 年 7 月),我们按计划启动了在 2010 年底进行首次惯性约束聚变点火攻关。2010 年 10 月,进行了首次低温分层氘-氢-氚(THD)发次实验,2010 年 11 月,开始了冲击脉冲整形攻关实验。

NIF 也开始了履行其另外两个使命:确保美国核威慑的安全和可靠,作为一个高能密度物理基础研究的国际用户装置。在本书撰写期间,进行了 18 次实验平台开发和在库存管理应用的辐射输运、状态方程和 X 射线源领域的初始数据采集的发次实验。外部学术团队进行的首次系列实验——与密歇根大学辐射冲击流体动力学研究中心合作研究与超新星核心坍缩相关的强辐射冲击对流体动力学不稳定性的影响[62]——已经启动。此外,来自 6 个国家 20 个科研机构最近提出了 44 封意向申请和 40 封长期申请的发次请求。

致谢

在此向 J. Atherton、J. Auerbach、E. Bliss、M. Bowers、S. Burkhart、F. Chambers、P. Coyle、J. Di – Nicola、P. Di – Nicola、S. Dixit、G. Erbert、G. Guruangan、G. Heestand、M. Henesian、M. Hermann、R. House、M. Jackson、K. Jancaitis、D. Kalantar、R. Kirkwood、K. LaFortune、O. Landon、D. Larson、B. MacGowan、K. Manes、C. Marshall、J. Menapace、E. Moses、J. Murray、M. Nostrand、C. Orth、T. Parham、H. Park、R. Patterson、B. Raymond、T. Salmon、M. Schneider、M. Shaw、M. Spaeth、S. Sutton、P. Wegner、C. Widmayer、W. Williams、R. White、P. Whitman、S. Yang 和 B. VanWonterghem 表达我的感谢,感谢他们为该项工作做了许多重要的贡献。

参考文献

[1] Haynam, C. A. Wegner, P. J., Auerbach, J. M., Bowers, M. W., Dixit, S. N., Erbert, G. V., Heestand, G. M., et al., "National Ignition Facility Laser Performance Status," Appl. Opt., 46: 3276-3303, 2007.

[2] Maiman, T. H., "Stimulated Optical Radiation in Ruby," Nature, 187: 493-494, 1960.

[3] Nuckolls, J. H., Laser Interactions and Related Plasma Phenomena, vol. 20, eds. G. H. Miley and H. Hora, New York: Plenum, pp. 23-24, 1992.

[4] Zimmerman, G. B., and Kruer, W. L., "Numerical Simulation of Laser-Initiated Fusion," Commun. Plasma Phys. Control. Fusion, 11: 51-61, 1975.

［5］Nuckolls, J. H. , Wood, L. , Thiessen, A. , and Zimmerman, G. , "Laser Compression of Matter to Super-High Densities: Thermonuclear (CTR) Applications," Nature, 239: 139-142, 1972.

［6］Lindl, J. D. , Manes, K. R. , and Brooks, K. , "'Forerunner,' First Observation of Laser-Induced Thermonuclear Fusion and Radiation Implosion," UCRL-52202, Livermore, CA: Lawrence Livermore National Laboratory, pp. 88-98, 1976 (unpublished).

［7］Phillion, D. W. , and Banner, D. L. , "Stimulated Raman Scattering in Large.

［8］Plasmas," UCRL-84854, CONF-801119-7 (1980); presented at American Physical Society, Division of Plasma Physics, San Diego, CA, pp. 10-14, 1980. Holzrichter, J. , "Lasers and Inertial Fusion Experiments at Livermore," Inertial Confinement Fusion: A Historical Approach by Its Pioneers, eds. , Guillermo Velarde and Natividad Carpintero Santamaria, London: Foxwell and Davies, p. 79, 2007. Downloaded from Access Engineering Library @ McGraw-Hill (www. accessengineeringlibrary. com) Copyright © 2011 The McGraw-Hill Companies. All rights reserved. Any use is subject to the Terms of Use as given at the website. The National Ignition Facility LaserThe National Ignition Facility Laser 407.

［9］Campbell, E. M. , Turner, R. E. , Griffith, L. V. , Kornblum, H. , McCauley, E. W. , Mead, W. C. , Lasinski, B. F. , Phillion, D. W. , and Pruett, B. L. et al. , "Argus Scaling Experiments," Laser Program Annual Report, UCRL-50055-81/82, p. 4, 1982.

［10］Foster Committee, "Final Report of the Ad Hoc Experts Group on Fusion," U. S. Department of Energy Report, Washington, DC: DOE, October 17, 1979.

［11］Bliss, E. S. , Hunt, J. T. , Renard, P. A. , Sommergren, G. E. , and Weaver, H. J. , "Effects of Nonlinear Propagation on Laser Focusing Properties,"IEEE J. Quant. Electron. , QW-12: 402, 1976.

［12］Trenholme, J. B. , and Goodwin, E. J. , "Fast Lumped-Element Computer Analysis of Laser Systems" and "Bespalov-Talanov Ripple Growth Calculations in Laser Systems," Laser Program Annual Report, UCRL-50021-76, pp. 2-333-2-244, 1976.

［13］Hunt, J. T. , Glaze, J. A. , Simmons, N. W. , and Renard, P. A. , "Supression of Self-Focusing Through Low-Pass Spatial Filtering and Relay Imaging," Appl. Opt. , 17: 2053, 1976.

［14］Holzrichter, J. , "Lasers and Inertial Fusion Experiments at Livermore," Inertial Confinement Fusion: A Historical Approach by Its Pioneers, eds. , Guillermo Velarde and Natividad Carpintero Santamaria, London: Foxwell and Davies, p. 81, 2007.

［15］Henesian, M. , Swift, C. , and Murray, J. R. , "Stimulated Rotational Raman Scattering in Long Air Paths," Opt. Lett. , 10: 565, 1985.

［16］Murray, J. R. , Smith, J. R. , Ehrlich, R. B. , Kyrazis, D. T. , Thompson, C. E. , Weiland, T. L. , and Wilcox, R. B. , "Experimental Observation and Suppression of Transverse Stimulated Brillouin Scattering in Large Optical Components," J. Optic. Soc. Am. B, 6: 2402-2411, 1989.

［17］Lane, S. M. , "High Yield Direct-Drive Implosions," 1986 Laser Program Annual Report, UCRL-50021-86, Livermore, CA: Lawrence Livermore National Laboratory, 3-2-3-6, 1986.

［18］Pennington, D. M. , Perry, M. D. , Stuart, B. C. , Britten, J. A. , Brown, C. G. , Herman, S. , Miller, J. L. , et al. , "The Petawatt Laser System," ICF Quarterly, UCRL-LR-105821-97-4, Livermore, CA: Lawrence Livermore National Laboratory, 4: 7, 1998.

［19］Matthews, D. L. , Hagelstein, P. L. , Rosen, M. D. , Eckart, M. J. , Ceglio, N. M. , Hazi, A. U. , Medecki, H. , et al. , "Demonstration of a Soft X-Ray Amplifier," Phys. Rev. Lett. , 54: 110, 1985.

［20］Storm, E. , "Approach to High Compression in Inertial Fusion,"J. Fusion Energy, 7(2): 131, 1988.

［21］Soures, J. M. , McCrory, R. L. , Verdon, C. P. , Babushkin, A. , Bahr, R. E. , Boehly, T. R. , Boni, R. , et al. , "Direct-Drive Laser-Fusion Experiments with the OMEGA, 60-Beam, >40 kJ, Ultraviolet Laser System," Phys. Plasmas, 3: 2108, 1996.

［22］Sangster, T. C. , Goncharov, V. N. , Radha, P. B. ,Smalyuk, V. A. , Betti, R. , Craxton, R. S. , Delettrez, J.

A. , et al. , "High-Areal-Density Fuel Assembly in Direct-Drive Cryogenic Implosions," Phys. Rev. Lett. , 100: 185006, 2008.

[23] Tabak, M. , Hammer, J. , Glinski, M. E. , Kruer, W. L. , Wilks, S. C. , Woodworth, J. , Campbell, E. M. , et al. , "Ignition and High Gain with Ultrapowerful Lasers," Phys. Plasmas, 1: 1626-1634, 1994.

[24] Di-Nicola, J. M. , Fleurot, N. , Lonjaret, T. , Julien, X. , Bordenave, E. , Le Garrec, B. , Mangeant, M. , et al. , "The LIL Facility Quadruplet Commissioning," J. Phys. IV France, 133: 595-600, 2006.

[25] "National Ignition Facility Functional Requirements and Primary Criteria," revision 1. 3, Report NIF-LLNL-93-058, Lawrence Livermore National Laboratory, 1994.

[26] Dunne, M. , Byer, R. , Edwards, C. , Grunder, H. , Le Garrec, B. , Kelley, J. , and Wittenbury, C. , letter to Scott L. Samuelson, Director National Ignition Facility Project Division, National Nuclear Security Administration, February 25, 2009.

[27] Miller, G. H. , Moses, E. I. , and Wuest, C. R. , "The National Ignition Facility," Opt. Eng. , 43: 2841-2853, 2004. Downloaded from Access Engineering Library @ McGraw-Hill(www. accessengineeringlibrary. com) Copyright © 2011 The McGraw-Hill Companies. All rights reserved. Any use is subject to the Terms of Use as given at the website. The National Ignition Facility Laser 408 Solid-State Lasers

[28] Spaeth, M. L. , Manes, K. R. , Widmayer, C. C. , Williams, W. H. , Whitman, P. K. , Henesian, M. A. , Stowers, I. F. , and Honig, J. , "National Ignition Facility Wavefront Requirements and Optical Architecture," Opt. Eng. , 43: 2954-2965, 2004.

[29] Bonanno, R. E. , "Assembling and Installing Line-Replaceable Units for the National Ignition Facility," Opt. Eng. , 43: 2866-2872, 2004.

[30] Zacharias, R. A. , Beer, N. R. , Bliss, E. S. , Burkhart, S. C. , Cohen, S. J. , Sutton, S. B. , Van Atta, R. L. , et al. , "Alignment and Wavefront Control Systems of the National Ignition Facility," Opt. Eng. , 43: 2873-2884, 2004.

[31] Shaw, M. , Williams, W. , House, R. , and Haynam, C. , "Laser Performance Operations Model," Opt. Eng. , 43: 2884-2895, 2004.

[32] Moses, E. I. , and Wuest, C. R. , "The National Ignition Facility: Laser Performance and First Experiments," Fusion Sci. Tech. , 47(3): 314-322, 2005.

[33] Hunt, J. T. , Manes, K. R. , Murray, J. R. , Renard, P. A. , Sawicki, R. , Trenholme, J. B. , and Williams, W. , "Laser Design Basis for the National Ignition Facility," Fusion Tech. , 26: 767-771, 1994.

[34] Wisoff, P. J. , Bowers, M. W. , Erbert, G. V. , Browning, D. F. , and Jedlovec, D. R. , "NIF Injection Laser System," Proc. SPIE, 5341: 146-155, 2004.

[35] Van Wonterghem, B. M. , Murray, J. R. , Campbell, J. H. , Speck, D. R. , Barker, C. E. , Smith, I. C. , Browning, D. F. , and Behrendt, W. C. , "Performance of a Prototype for a Large-Aperture Multipass Nd: glass Laser for Inertial Confinement Fusion," Appl. Opt. , 36:4932-4953, 1997.

[36] Lindl, J. D. , Inertial Confinement Fusion, New York: Springer, 1998, "Development of the Indirect-Drive Approach to Inertial Confinement Fusion and the Target Physics Basis for Ignition and Gain," Phys. Plasmas, 2: 3933-4024, 1995.

[37] Lindl, J. D. , Amendt, P. , Berger, R. L. , Glendenning, S. G. , Glenzer, S. H. , Haan, S. W. , Kaufmann, R. L. , et al. , "The Physics Basis for Ignition Using Indirect-Drive Targets on the National Ignition Facility," Phys. Plasmas, 11: 339-491, 2004.

[38] Hinkel, D. E. , Haan, S. W. , Langdon, A. B. , Dittrich, T. R. , Still, C. H. , and Marinak, M. M. , "National Ignition Facility Targets Driven at High Radiation Temperature: Ignition, Hydrodynamic Stability, and Laser-Plasma Interactions," Phys. Plasmas, 11: 1128-1144, 2004.

[39] Haan, S. W. , Herrmann, M. C. , Amendt, P. A. , Callahan, D. A. , Dittrich, T. R. , Edwards, M. J. , Jones, O. S. , et al. , "Update on Specifications for NIF Ignition Targets, and Their Roll Up into an Error Budget," Fusion Sci.

Tech. , 49: 553-557, 2006.

[40] Manes, K. R. , and Simmons, W. W. , "Statistical Optics Applied to High-Power Glass Lasers," J. Opt. Soc. Am. A, 2: 528-538, 1984.

[41] Murray, J. R. , Smith, J. R. , Ehrlich, R. B. , Kyrazis, D. T. , Thompson, C. W. , and Wilcox, R. B. , "Observation and Suppression of Transverse Stimulated Brillouin Scattering in Large Optics," J. Opt. Soc. Am. B, 6: 2402-2411, 1989.

[42] Craxton, R. , "High-Efficiency Tripling Schemes for High-Power Nd:glass Lasers," IEEE J. Quantum Electron. , QE-17: 1771-1782, 1989.

[43] Eimerl, D. , Auerbach, J. M. , and Milonni, P. W. , "Paraxial Wave Theory of Second and Third Harmonic Generation in Uniaxial Crystals," J. Mod. Opt. , 42(5): 1037-1067, 1995.

[44] Williams, W. H. , Auerbach, J. M. , Henesian, M. A. , Jancaitis, K. S. , Manes, K. R. , Mehta, N. C. , Orth, C. D. , et al. , "Optical Propagation Modeling for the National Ignition Facility," Proc. SPIE, 5341: 277-78, 2004.

[45] Auerbach, J. M. , Wegner, P. J. , Couture, S. A. , Eimerl, D. , Hibbard, R. L. , Milam, D. , Norton, M. A. , et al. , "Modeling of Frequency Doubling and Tripling with Measured Crystal Spatial Refractive-Index Nonuniformities," Appl. Opt. , 40(9): March 2001.

[46] Hardin, R. H. , and Tappert, F. D. , "Application of the Split-Step Fourier Method to the Numerical Solution of Nonlinear and Variable Coefficient Wave Equations," SIAM Rev. , 15: 423, 1973; Cooley, P. M. , and Tukey, J. W. , "An Algorithm for the Machine Computation of Complex Fourier Series," Mathematics of Computation, 19: 297, 1965.

[47] Munro, D. H. , Dixit, S. N. , Langdon, A. B. , and Murray, J. R. , "Polarization Smoothing in a Convergent Beam," Appl. Opt. , 43: 6639-6647, 2004. Downloaded from Access Engineering Library @ McGraw-Hill (www. accessengineeringlibrary. com)Copyright © 2011 The McGraw-Hill Companies. All rights reserved. Any use is subject to the Terms of Use as given at the website. The National Ignition Facility Laser The National Ignition Facility Laser 409

[48] Skupsky, S. , Short, R. W. , Kessler, T. , Craxton, R. S. , Letzring, S. , and Soures, J. M. , "Improved Laser Beam Uniformity Using the Angular Dispersion of Frequency-Modulated Light," J. Appl. Phys. , 66: 3456-3462, 1989.

[49] Rothenberg, J. E. , "Comparison of Beam-Smoothing Methods for Direct-Drive Inertial Confinement Fusion," J. Opt. Soc. Am. B, 14: 1664-1671, 1997.

[50] Goodman, J. , Chapter 2, in Laser Speckle and Related Phenomena, ed. , J. C. Dainty, New York: Springer-Verlag, 1984.

[51] Powell, H. T. , Dixit, S. N. , and Henesian, M. A. , "Beam Smoothing Capability on the Nova Laser," Lawrence Livermore National Laboratory (LLNL) Report, UCRL-LR-105821-91-1: 28-38, 1990.

[52] Dixit, S. N. , Thomas, I. M. , Woods, B. W. , Morgan, A. J. , Henesian, M. A. , Wegner, P. J. , and Powell, H. T. , "Random Phase Plates for Beam Smoothing on the Nova Laser," Appl. Opt. , 32: 2543-2554, 1993.

[53] Dixit, S. N. , Thomas, I. M. , Rushford, M. R. , Merrill, R. , Perry, M. D. , Powell, H. T. , and Nugent, K. A. , "Kinoform Phase Plates for Tailoring Focal Plane Intensity Profiles," LLNL Report, UCRL-LR-105821-94-4: 152-159, 1994.

[54] Dixit, S. N. , Feit, M. D. , Perry, M. D. , and Powell, H. T. , "Designing Fully Continuous Phase Plates for Tailoring Focal Plane Irradiance Profiles," Opt. Lett. , 21: 1715-1717, 1996.

[55] Menapace, J. A. , Dixit, S. N. , Génin, F. Y. , and Brocious, W. F. , "Magnetorheological Finishing for Imprinting Continuous Phase Plate Structure onto Optical Surfaces," Proc. SPIE, 5273: 220-230, 2003.

[56] Glenzer, S. H. , MacGowan, B. J. , Meezan, N. B. , Adams, P. , Alfonso, J. , Alger, E. , Alherz, Z. , et al. , "Demonstration of Ignition Radiation Temperatures in Indirect-Drive Inertial Confinement Fusion Hohlraums," Phys. Rev. Lett. : in press.

[57] Lindl, J. D. , Amendt, P. , Berger, R. L. , Glendinning, S. G. , Glenzer, S. H. , Haan, S. W. , Kaufman, R. L. , et al. , "The Physics Basis for Ignition Using Indirect-Drive Targets on the National Ignition Facility," Phys. Plasmas,

11: 339, 2004.

[58] Glenzer, S. H. , MacGowan, B. J. , Michel, P. , Meezan, N. B. , Suter, L. J. , Dixit, S. N. , Kline, J. L. , et al. , "Symmetric Inertial Confinement Fusion Implosions at Ultra-High Laser Energies," Science, 327: 1228, 2010.

[59] Siegman, A. E. , Lasers, Mill Valley, CA: University Science Books, 1986, 385-386.

[60] Haynam, C. A. , Sacks, R. A. , Wegner, P. J. , Bowers, M. W. , Dixit, S. N. , Erbert, G. V. , Heestand, G. M. , et al. , "The National Ignition Facility 2007 Laser Performance Status," J. Phys. : Conf. Ser. , 112: 032004, 2008. Schneider, M. , "Beam Pointing Results at the National Ignition Facility," Poster Session1. 10. 044, Inertial Fusion Science and Applications Conference, San Francisco, CA, Sept. 6-11, 2009.

[61] Haan, S. W. , personal communication, August 12, 2010.

[62] Kuranz, C. C. , Park, H. -S. , Remington, B. A. , Drake, R. P. , Miles, A. R. , Robey, H. F. , Kilkenny, J. D. , et al. , "Astrophysically Relevant Radiation Hydrodynamics Experiment at the National Ignition Facility," Proceedings of the 8th International Conference of High Energy Density Laborato.

第4篇　光纤激光器

第 15 章

光纤激光器简介

Liang Dong

克莱蒙森大学电子与计算机工程系及光学材料与工程技术中心,南加利福尼亚州

Martin E. Ferman

美国 IMRA 公司,Ann Arbor,密歇根州

15.1 背景

15.1.1 历史

早在 1961 年,通过在激光腔内使用稀土掺杂单模光纤,当时还在美国光学公司的 E. Snitzer[1] 就实现了稳定的单模激光输出。几年后,Snitzer 和 C. Koester[2] 演示了闪光灯泵浦的高增益掺钕石英多模光纤激光器。20 世纪 70 年代早期,贝尔实验室的 J. Stone 和 C. A. Burrus[3] 演示了二极管泵浦的掺钕多模光纤激光器。80 年代中期,得益于气相沉积[4-7]的现代化光纤制造工艺,稀土掺杂方式得到发展之后,单模光纤激光器的研究工作逐渐展开。80 年代末,两种关键技术的出现,使光纤激光器和放大器引起了人们的极大关注。第一种关键技术是掺铒单模光纤的使用,它的发射波长正好处在 1.55μm 这个非常重要的通信窗口上;80 年代后期,掺铒光纤放大器(EDFA)占据了光纤技术研究的主导地位[8,9]。第二个关键技术是可用于 EDFA 的泵浦二极管的获得,它可以满足通信应用中稳定性和紧凑性的要求,如用于潜艇系统[10,11]。很容易预见到光纤放大器能够取代电中继器,最终不再需要电光和光电转换。考虑到光放大器波长透射的性质,可以更加确定它的取代能力。由于新型的数字数据的流量远大于模拟数据的流量,波分复用传输系统是满足数字信号对带宽的重大需求的方法。单模掺铒光纤和泵浦二极管均来源于电信产业中广为人知并实地测试的技术。90 年代初,由于关键技术的成熟以及逐渐增长的数据流量需求,EDFA 得到了快速发展和广泛应用。

通信市场的强烈需求以及通信产业的大力支持极大地刺激了 EDFA 的发展,使得与其相关的掺铒光纤放大器的知识、组件、技术和设备都有了快速进展。这也反过来促进

了稀土掺杂光纤激光器的发展,20 世纪 80 年代末到 90 年代初,连续波(CW)激光器、Q 开关激光器、锁模激光器、上转换激光器和单频激光器都得到了广泛研究。90 年代的大多数时间里,最高功率的单模光纤激光器一般是由气体激光器或固体激光器泵浦,这使得它们难以得到商业化应用。而使用单模二极管泵浦的大部分光纤激光器的平均功率太低,难以运用到工业生产。

20 世纪 80 年代后期,另一个重要的发展是包层泵浦技术,它使得单模二极管泵浦的单模光纤激光器得到了极大发展,平均功率达到亚瓦量级。最初研究包层泵浦技术是为了用低亮度多模单管二极管获得更高的功率[12,13],这种激光二极管后来逐渐发展用于泵浦固体激光器,获得了更有效、更可靠的高功率固体激光器。包层泵浦所采用的双包层光纤是将很小的掺稀土离子的纤芯嵌入到比它大得多的多模泵浦包层中。这种结构有效地进行了亮度转换,它使得多模低亮度的泵浦光转化为掺稀土离子的单模芯径里面的高亮度激光。由于多单元二极管或者二极管阵列亮度有限以及组装密度很低,一些形式的光束整形方法可以用来进一步增强能耦合进双包层光纤的泵浦光。90 年代后期,光纤激光器加速发展,JDS Uniphase(JDSU)公司率先对其进行了商业化,生产出运用于打印的瓦级光纤激光器。

2001 年前后通信泡沫的破灭,对高功率光纤激光器的发展来说是件幸事。电信产业大部分的研究和发展需求都突然没有了。投资者和大众都在寻找新的商机。对多模泵浦半导体二极管的研究和发展,使其功率和稳定性都有了显著提高,并且大大降低了成本。军方在定向能武器系统和对抗驱动下所资助的项目也极大地促进了高功率光纤激光器以及相关技术的发展。值得一提的是,美国定向能武器项目始于 20 世纪 60 年代早期,当时使用的是固体激光器。之后,60 年代经历了气体激光器,70 年代用过化学激光器,80 年代用过 X 射线激光器,近年来又最终回过头来用固体激光器[14]。

20 世纪 90 年代后期,另一项技术的发展促进了光纤激光器的峰值功率拓展。单模光纤的小纤芯意味着高功率密度和低非线性阈值。解决该问题的方法是在大芯径的多模光纤中实现单模运转,大大提高了非线性阈值[15,16]。由于以上所有原因,光纤激光器发展非常迅速,并在近年来单模近衍射极限数千瓦级光纤激光器的研制成功时达到了顶点。

15.1.2 光纤激光器的优势

通过设计光纤的结构可以使其只支持最低阶模,即基模 HE_{11} 或 LP_{01} 模,由一段掺稀土离子单模光纤及其两端的反射面组成光纤激光器,不需要对其进行空间模式选择。光纤激光器的另一个显著优势是散热性好,这是因为光纤细长的结构使得它有很大的散热面积,而且激活区距光纤表面只有几十到几百微米。棒状激光器中,热量产生在棒中心一小块体积中,而且和不大的散热面有相当的距离。热负荷高时温度梯度太大,这限制了棒状结构的功率扩展。薄片激光器发展起来用于解决这一问题,它将薄片的一边作为散热面,很接近激发区。薄片激光器的功率拓展能力仍然是目前研究的热门领域。光纤激光器另一个优势在于它的高效率,特别是从实用的高功率激光系统角度来看。这主要是因为泵浦光一旦耦合进入双包层光纤,就被限制在里面并且被有效地吸收。由于存在强烈的非均匀增宽,玻璃基质为稀土离子提供了更宽的吸收和发射谱,降低了泵浦波长的稳定性要求,也拓宽了输出激光的范围,并且有很宽的增益带宽,这些都是产生超短脉冲激光的关键因素。

15.2 稀土离子掺杂的光纤激光器

15.2.1 光纤激光器基础

图 15.1 给出了光纤的基本结构,光纤中心是直径 2ρ 的纤芯,折射率为 n_{co},它被折射率 n_{cl} 的包层包裹着。纤芯和包层的主要成分是石英玻璃,一般在纤芯中掺锗来提高折射率。掺磷和铝可以提高折射率,掺氟和硼能降低石英玻璃的折射率。纤芯以及包层靠里面的一部分通常由纯度很高的玻璃制成的,这是通过气相沉积方式来降低杂质浓度,特别是过渡金属离子的浓度,从而获得非常低的传输损耗。大部分光纤激光器的波长范围为 $1 \sim 2\,\mu m$,波长范围内的本征损耗最多为几分贝每千米。光纤激光器中几米长的光纤传输损耗基本可以忽略。一般包层外面还有一层折射率更高的丙烯酸涂层,它起两个作用,一是保护玻璃表面,二是滤除在包层中传播的不需要的光。

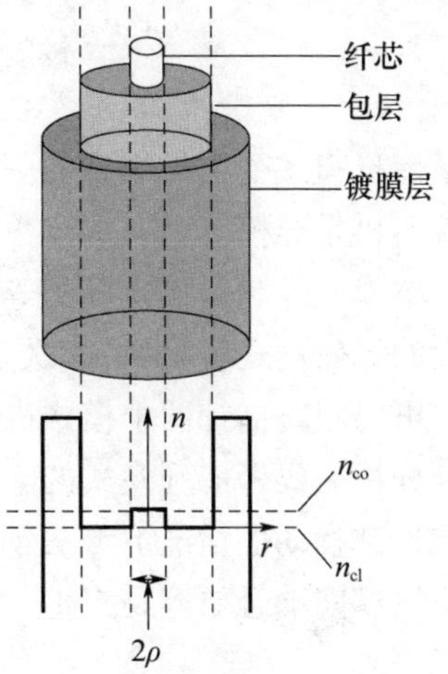

图 15.1　光纤及其横向折射率分布

阶跃光纤的相对折射率差为

$$\Delta = \frac{n_{co} - n_{cl}}{n_{co}} \qquad (15.1)$$

Δ 的典型值小于 2% 。在弱导波条件下,不考虑场的方向性,在纤芯和包层的界面处光场的反射和透射可以很好地描述,而不用考虑光场的取向。因此线偏振模式可以用来描述光纤中的模式。忽略场的矢量特性,弱传导近似极大地简化了光纤的理论分析。

光纤的数值孔径为

$$NA = \sqrt{n_{co}^2 - n_{cl}^2} \qquad (15.2)$$

光纤中非常重要的一个参数是归一化频率,即

$$V = \frac{2\pi\rho NA}{\lambda} \qquad (15.3)$$

式中:λ 为真空中的波长。

利用由麦克斯韦方程组导出的亥姆霍兹本征方程,在要求相关场满足所有边界连续的条件下,可以求解出光纤中的导波模式。导模是在光纤中能以传播常数 β 传播的稳定的空间分布,并保持波前不变。它可以表示为

$$E(r,\theta,z) = E_0(r,\theta)e^{-i\beta z} \qquad (15.4)$$

式中:β 为传播常数;E_0 为横向模式分布;z 为传播距离。

由于亥姆霍兹方程的唯一性,一旦归一化频率 V 已知,导模的性质也就确定下来。值得一提的是,按比例同时缩放 ρ 和 λ 的值,可以得到相同的相关场分布和传播常数。

等效的模式折射率可以由下面的关系式获得:

$$\beta = \frac{2\pi n_{\text{eff}}}{\lambda} \qquad (15.5)$$

在弱导波条件下,导模可以表示为 LP_{lm},LP 表示线偏振,l 和 m 分别表示轴向和径向模数。等效模式折射率应该在下面范围内:

$$n_{\text{co}} > n_{\text{eff}} > n_{\text{cl}} \qquad (15.6)$$

$n_{\text{eff}} < n_{\text{cl}}$ 的模式在包层中有振荡场,不再是导模,有时被称为辐射模,如果离散化的,则称为泄漏模。称为泄漏模的原因:全反射条件不再满足,所以在纤芯/包层界面的每次反射都会损耗部分功率。下式定义了归一化的传播常数 b:

$$b = \frac{n_{\text{eff}}^2 - n_{\text{cl}}^2}{n_{\text{co}}^2 - n_{\text{cl}}^2} \qquad (15.7)$$

它是衡量模式受引导程度的一个有用的参数,它的取值在 $0 \sim 1$ 之间。当 $b < 0$ 时,这个模式就不再是导模。

单模光纤和多模光纤的等效模式折射率分别如图 15.2(a)和(b)所示。基模 LP_{01} 有最大的等效模式折射率,其次是二阶模 LP_{11}。值得注意的是,通过模式之间的等效折射率差可以粗略估计两个模式进行模间耦合时,相位匹配的容易程度,尽管更严格的模间耦合分析需要考虑到模式的空间交叠积分和外部扰动。模式之间的正交性使得它们在没有外部扰动的情况下无法耦合。随着波导中导模数的增加,等效模式折射率差减小,这使得模间耦合更容易产生。

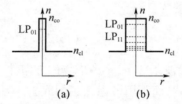

图 15.2 单模光纤以及多模光纤中的有效模式折射率
(a)单模光纤;(b)多模光纤。

光纤中最低阶的两个模式(LP_{01} 和 LP_{11} 模)如图 15.3 所示。光纤中基模有两个简并模式,二阶模有四个近简并模式,它们是理想的圆对称的。两个垂直的偏振模式的简并性让它们很容易耦合,使得线偏振的输入光经过短距离传播后就会退偏。使用非圆对称的结构可以破坏简并度,这个用于保偏光纤中,大大提高了偏振保持度。阶跃光纤中 $V < 10$ 的所有 LP 模的归一化传播常数 b 都绘制在图 15.4 中。可以看出,当 $V < 2.405$ 时,光纤只支持单模。光纤中传播模式总数为

$$N \approx \frac{V^2}{2} \qquad (15.8)$$

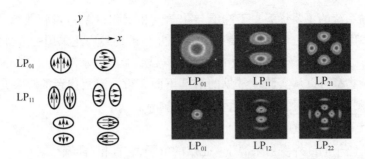

图 15.3　光纤中的几个低阶模(箭头表示电场的方向)

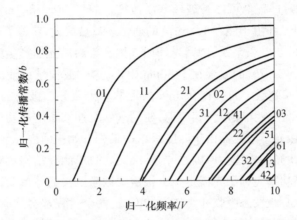

图 15.4　阶跃折射率光纤中 $V < 10$ 的所有 LP 模的归一化传播常数

15.2.2　掺稀土离子光纤的特性

1. 稀土掺杂玻璃的基本特征

人们感兴趣的大部分稀土离子,如 Yb^{3+}、Er^{3+}、Tm^{3+}、Nd^{3+} 都是三价的,而且比典型的玻璃结构大得多。这点在石英玻璃中得到了验证,它是由四面体结构的 SiO_2 组成的。掺入稀土离子会破坏正常的玻璃结构,高浓度掺杂的分相会引起团簇效应,这限制了能掺杂的稀土离子的浓度。石英玻璃中可以掺高浓度的 Al^{3+} 离子形成均匀的玻璃网格,这可以大大提高允许掺杂的稀土离子浓度。掺 P^{5+} 离子也可以有相似的效果。实际上,主要成分为 P_2O_5 的磷酸盐玻璃,在显著的分相出现之前可以允许很高的稀土离子掺杂浓度,可以达到百分之几十的量级。无论如何,相比于晶体基质材料,石英玻璃基质允许的稀土离子掺杂浓度和单位长度的增益都低得多。EDFA 中典型的铒离子掺杂浓度为(几十到几百)摩尔 ppm。由于非晶体中显著的非均匀展宽,玻璃基质中的稀土离子吸收和发射谱比晶体基质里的要宽得多。这点很有用,因为它降低了对泵浦二极管的波长要求,并且允许宽带的放大,适用于波分复用系统、超短脉冲生成以及宽调谐激光器。

早期就采用掺稀土离子化合物气相传输来制造稀土掺杂单模光纤。关键的问题是缺乏近室温下气压足够高的化合物。掺稀土离子和铝离子都需要用到精密的热传递系统。气相传输系统的主要优势在于它能与化学气相沉积(CVD)过程兼容,而 CVD 是光纤制造广泛采用的方式。溶液掺杂是实现简单并且最终被广泛采用的改进的掺杂方式,它是基于 CVD 过程中低于烧结温度的较低沉积温度形成的水溶的化合物。我们感兴趣的大部分掺杂物都可以从实验室常见的溶剂里面获得。溶液掺杂的缺点是预成品不能用 CVD 系统制造,并且需要额外的干燥过程。

2. 掺稀土离子光纤的谱特性

三价稀土离子的红外发射来源于 f 壳层的电子,它被相对屏蔽,因此从一个基质材料到另一个时不会发生显著的变化。然而,它的上能级寿命、精确的谱激发、与周围晶格声子能量耦合的非辐射过程都可以被玻璃基质改变。Yb^{3+}、Er^{3+} 和 Tm^{3+} 的低能级跃迁如图 15.5 所示。掺铒光纤由于能在 $1.55\mu m$ 的通信窗口被放大,获得了最广泛的研究。最开始由于缺乏合适的长波长泵源,掺铒光纤用气体和染料激光器产生的可见光泵浦。最先用于泵浦 EDFA 的二极管的波长在 1480nm 附近,这个波长是设计用来放大拉曼光进行通信[10,11]。EDFA 刺激了波长在 980nm 附近的单模激光二极管的发展,它可以有更高的转换效率和更低的放大噪声。相应地,使用这些泵浦波长的高功率光纤激光器也得到了发展。虽然掺钕光纤激光器由于四能级结构最先开始被研究,近年来掺镱光纤却成为产生高功率光纤激光的首选。原因之一是 Yb^{3+} 的简单能级结构具有低量子亏损。这意味着产热少,对高功率光纤激光器是一个很重要因素。镱的简单能级结构也是很有益的,这样就不用太担心激发态吸收和协作上转换,这两个过程都会造成功率损失。(注意 Yb^{3+} 系统中仍然有一定程度的上转换,显示为蓝色的荧光。)上转换过程也会导致光子暗化效应的产生,这会降低光纤激光器的长期稳定性。掺 Tm^{3+} 光纤激光器由于在 $2\mu m$ 波长附近的应用,近来也获得了很强的关注。它的最合适的泵浦波长是 790nm,这允许了有效的"一对二"过程产生,并且能使用高功率泵浦二极管。"一对二"过程先将一个离子激发到 $^3H_4$ 能级,最终导致两个离子被激发到 $^3F_4$ 能级。

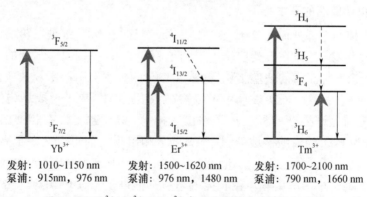

图 15.5　Yb^{3+}、Er^{3+} 和 Tm^{3+} 在石英介质中的低能级激发

注:非激发过程由虚线表示,泵浦由向上的箭头表示,跃迁由向下的箭头表示。

Yb^{3+}、Er^{3+} 和 Tm^{3+} 光纤激光器的发射波长如图 15.6 所示,并与典型的石英光纤的衰减光谱相比较。大部分光纤激光器使用一米到几米的稀土掺杂光纤。即使在掺铒光纤的硅声子吸收带的起点附近,光纤衰减也不是一个突出的问题。

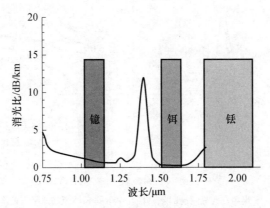

图 15.6　光纤激光的发射波长以及石英光纤的典型衰减谱线

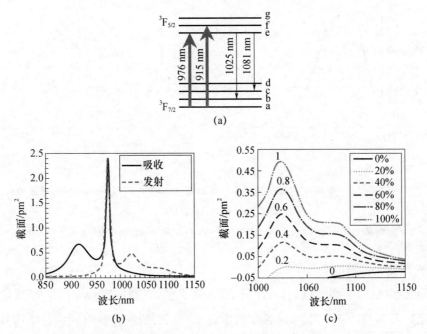

图 15.7　Yb^{3+} 的能级结构及其吸收和发射截面与铝硅酸盐不同 Yb^{3+} 反转水平下的净截面

(a)Yb^{3+} 的能级结构;(b)Yb^{3+} 的吸收和发射截面;(c)铝硅酸盐不同 Yb^{3+} 反转水平下的净截面。

Yb^{3+} 的能级如图 15.7(a)所示。由于斯塔克分裂,上能级 $^{3}F_{5/2}$ 和下能级 $^{3}F_{7/2}$ 分别有三个和四个子能级。与 Er^{3+} 不同的是,这些多能级结构能够在吸收和发射谱具有不同的转换。对 976nm 的泵浦波长,尤其是高泵浦吸收的双包层光纤,用到的是 a→e 的跃迁。对 915nm 左右的泵浦波长,有时用到 a→f 能级的跃迁,它允许更大的波长偏差。当泵浦波长在 915nm 附近时,由于有更高的反转可能性,单位长度可以有更高的增益系数。两种跃迁主导发射谱线:一个是 1025nm,e→b;另一个是 1080nm,e→c。铝硅酸盐基底里的 Yb^{3+} 的吸收和发射截面如图 15.7(b)所示,不同反转水平下的净截面如图 15.7(c)所示。Er^{3+} 和 Tm^{3+} 的类似曲线分布由图 15.8 和图 15.9 给出,可以用作比较。

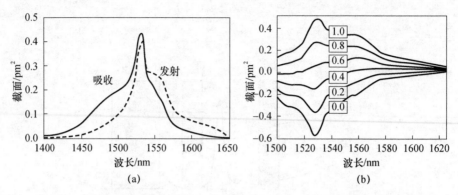

图 15.8 Er³⁺ 吸收和发射截面以及铝硅酸盐中不同 Er³⁺ 反转水平下的净截面

(a) Er³⁺ 吸收和发射截面;(b) 铝硅酸盐中不同 Er³⁺ 反转水平下的净截面。

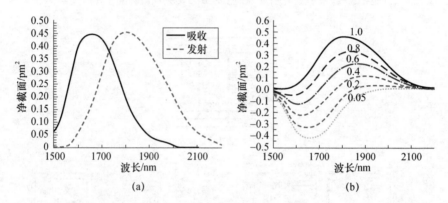

图 15.9 Tm³⁺ 吸收和发射截面以及铝硅酸盐中不同 Tm³⁺ 反转水平下的净截面

(a) Tm³⁺ 吸收和发射截面;

(b) 铝硅酸盐中不同 Tm³⁺ 反转水平下的净截面(由 Peter Moulton、Brian Walsh 和 Nufern 提供)。

3. 光纤放大器模拟

两能级系统中,上能级粒子数 N_2、下能级粒子数 N_1、吸收截面 $\sigma_a^{(s,p)}$(s 指信号光,p 指泵浦光)、发射截面 $\sigma_e^{(s,p)}$、单位长度的增益 g 可以由速率方程得到。忽略信号波长的吸收:

$$g = \frac{g_0}{1 + I_s/I_{sat}} \tag{15.9}$$

式中:g_0 为小信号增益;I_s、I_{sat} 分别为信号强度和饱和信号强度。

它们之间的关系如图 15.10 所示,可见随着信号强度的增加,增益系数显著下降。忽略放大器的自发辐射(ASE),I_{sat} 表示为

$$I_{sat} = \frac{\nu_s(\sigma_a^p + \sigma_e^p)}{\nu_p(\sigma_a^s + \sigma_e^s)} I_p \tag{15.10}$$

式中:I_p 为泵浦强度;ν_s、ν_p 为频率。

对已知的粒子反转数 $\eta = N_2/N$,其中 $N = N_1 + N_2$。

$$g_0 = N_2\sigma_e^s - N_1\sigma_a^s = N[\eta(\sigma_a^s + \sigma_e^s) - \sigma_a^s] \tag{15.11}$$

掺杂光纤局部的泵浦和信号强度可以表示为

$$\frac{dI_p(z)}{dz} = (N_2\sigma_e^p - N_1\sigma_a^p)I_p(z) \qquad (15.12a)$$

$$\frac{dI_p(z)}{dz} = (N_2\sigma_e^s - N_1\sigma_a^s)I_s(z) \qquad (15.12b)$$

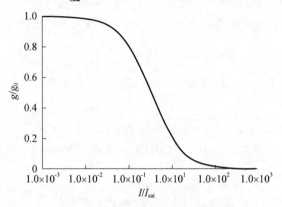

图 15.10　归一化的增益系数与归一化信号强度关系

掺镱光纤放大器中信号光、泵浦光和反转粒子数的演化如图 15.11 所示,图中展示了正向泵浦和反向泵浦两种结构的情况。正向泵浦时,光纤前端有最大反转粒子数,所以开始信号光增长速度很快。反向泵浦结构时,光纤输出端保持高的反转粒子数,产生更高的输出功率。反向泵浦结构时,由于减小了有效非线性长度和有效的放大长度,所以非线性效应较小。

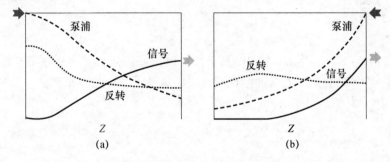

图 15.11　正向泵浦以及反向泵浦掺镱光纤放大器中的信号功率、泵浦功率以及反转粒子数
(a)正向泵浦;(b)反向泵浦。

15.2.3　光纤激光器的功率定标

1. 非线性效应的限制

1)受激布里渊散射

受布里渊散射(SBS),一个泵浦光子由于电致伸缩过程湮灭并产生一个斯托克斯光子和一个声学声子。生成的斯托克斯光子和声学声子进一步刺激了 SBS 过程的产生。光纤中,动量守恒决定了斯托克斯散射光子只能沿着泵浦光子的反向传播,能量守恒和

动量守恒要求

$$\nu_a = \nu_p - \nu_s, \boldsymbol{k}_a = \boldsymbol{k}_p - \boldsymbol{k}_s \tag{15.13}$$

式中：ν_p、ν_s 和 ν_a 分别为泵浦光、斯托克斯光以及声波的频率；k_p、k_p 和 k_a 分别为泵浦光、斯托克斯光和声波的波矢量。

1.55μm 处，石英光纤中的声波频率 ν_a 在 11GHz 左右，声速 $v_a = 5.944$km/s。声子寿命小于 10ns，所以声子传播距离小于 60μm。SBS 的阈值强烈依赖于光脉冲的谱宽：

$$P_{cr} = 21 \times \frac{A_{eff} \Delta \nu_s}{L_{eff} \Delta \nu_a} \tag{15.14}$$

式中：P_{cr} 为峰值布里渊增益；A_{eff} 为效模场面积；L_{eff} 为有效非线性长度，$\Delta \nu_a$ 为声子谱宽，$\Delta \nu_s$ 为信号谱宽。

石英光纤中峰值布里渊增益峰值的典型值是$(3 \sim 5) \times 10^{-11}$m/W，并且几乎与波长无关。声学带宽 $\Delta \nu_a$ 的典型值为 $10 \sim 1000$MHz。由模式的空间电场分布 $E(x,y)$ 计算有效模场面积的表达式为

$$A_{eff} = \frac{\left(\iint_{-\infty}^{\infty} |E(x,y)|^2 \mathrm{d}x\mathrm{d}y \right)^2}{\iint_{-\infty}^{\infty} |E(x,y)|^4 \mathrm{d}x\mathrm{d}y} \tag{15.15}$$

对于一个最大输出功率 P_0、功率分布 $P(z) = P_0 f(z)$ 的放大器，其有效长度为

$$L_{eff} = \int_0^L f(z)\mathrm{d}z \tag{15.16}$$

对长度为 L 的反向泵浦光纤放大器，信号光近似按指数增长 $f(z) = e^{gz}$，有效非线性长度（图 15.12）可以估计为

$$\frac{L_{eff}}{L} = \frac{1 - e^{-gL}}{g} \approx \frac{4.343}{G} \tag{15.17}$$

式中：G 为总增益(dB)。当 $G > 10$dB 时，上式可以很好的近似。由于一般情况下的总增益可以达到 $40 \sim 50$dB，所以有效非线性长度只占总放大长度的一小部分。

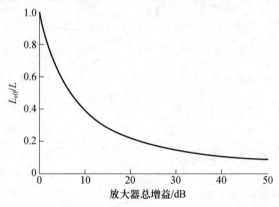

图 15.12 反向泵浦光纤放大器的有效放大长度

由峰值布里渊增益 $g_B = 5 \times 10^{-11}$m/W，声子谱宽 $\Delta \nu_a = 100$MHz，变换极限高斯脉冲 $\Delta \nu_s \Delta \tau = 0.44$，其中 $\Delta \nu_s$ 和 $\Delta \tau$ 分别为脉冲谱半高全宽(FWHM)以及时域宽度。可得

$$P_{cr}L_{eff}/A_{eff} = 1.85 \times 10^{-3}/\Delta\tau\,(MW/m)$$

脉宽单位为秒。SBS 中 $P_{cr}L_{eff}/A_{eff}$ 与脉冲时间的关系如图 15.13 所示。例如,长度 $L_{eff} = 1\,m, A_{eff} = 1000\,\mu m^2$ 可得

$$P_{cr} = 1.85 \times 10^{-6}/\Delta\tau\,(W/m)$$

阈值功率反比于脉冲宽度。对横截面非均匀掺杂的光纤,其纤芯的声学特性存在变化,导模整体的布里渊增益需要在纤芯上进行光谱和空间积分。与均匀纤芯掺杂情况相比,非均匀掺杂可以用来抑制 SBS,这是因为纤芯中布里渊增益谱变化,使得整体的峰值布里渊增益下降[18,19]。

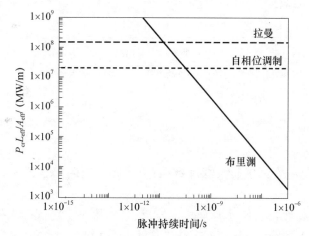

图 15.13 受激布里渊散射、受激拉曼散射、自相位调制的非线性阈值

2)受激拉曼散射

受激拉曼散射过程中,一个泵浦光子湮灭产生一个斯托克斯光子和一个光学声子。这个效应最早于 1928 年发现,远早于激光的出现,当时通过聚焦太阳光用光栅去测量光在空气中的前向散射。SRS 中能量是守恒的,但是动量不守恒。由于石英玻璃非晶体的性质,光纤中典型存在大于 40THz 的宽斯托克斯带,峰值与泵浦光相差约 13THz。峰值拉曼增益约为 $1 \times 10^{-13}\,m/W$。与 SBS 不同的是,峰值拉曼增益 g_R 反比于泵浦波长 λ_P。

SRS 阈值为

$$P_{cr} = 16 \times \frac{A_{eff}}{g_R L_{eff}} \qquad (15.18)$$

如图 15.13 所示,在 $1\,\mu m$ 波长 $g_R = 1 \times 10^{-13}\,m/W, P_{cr}L_{eff}/A_{eff} = 1.6 \times 10^8\,(MW/m)$。例如,当 $L_{eff} = 1\,m, A_{eff} = 1000\,\mu m^2$ 时,可以得到 $P_{cr} = 160kW$;阈值功率与脉宽无关。

3)自相位调制

自相位调制来自于脉冲传播时,与局部强度相关的非线性相移。在光脉冲的前后沿上,与时间相关的相位改变导致了新的光谱成分的产生。脉冲前沿连续产生红移光而后沿连续产生蓝移光,这就产生了一个正啁啾(如图 15.14 所示,更多详细的理论参见文献[17])。这个啁啾在高斯脉冲中心附近是线性的。光纤中功率为 P_0 的光信号诱导的非线性相移 φ_{NL} 可以表示为

$$\varphi_{NL} = \gamma P_0 L_{eff} \qquad (15.19)$$

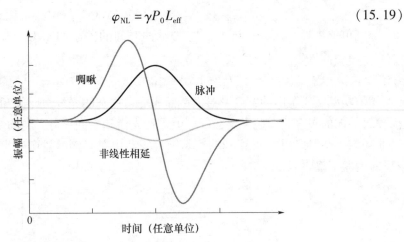

图 15.14 光纤中脉冲的 SPM 以及相应产生的啁啾

非线性系数 γ 定义为

$$\gamma = \frac{2\pi n_2}{\lambda A_{eff}} \qquad (15.20)$$

式中：λ 为真空波长；n_2 为克尔非线性系数，石英光纤中它的典型值在 $2.6 \times 10^{-20} \, m^2/W$ 附近。

SPM 诱导的非线性相移有时称为 B 积分，在啁啾脉冲放大（CPA）系统中，这是一个很重要的参数。CPA 系统中，光脉冲首先在时域上展宽来减小峰值功率[20]，然后放大，最后压缩为原来的时域波形。在 CPA 系统中有一条经验是，当 B 积分小于 π 时，才能避免 SPM 诱导脉冲分裂，除非采用特别的措施消除时域和谱脉冲波形里面任何小的振荡。

非线性长度定义为 $\varphi_{NL} = 1$ 时的有效光纤长度：

$$L_{NL} = \frac{1}{\gamma P_0} \qquad (15.21)$$

石英光纤中非线性系数的典型值为 $10^{-5} \sim 0.1 \, mW^{-1}$。对高斯脉冲来说，最大的诱导的啁啾为[17]

$$\delta\omega_{max} = 0.52\Delta\nu_s\varphi_{NL} \qquad (15.22)$$

对 SPM，我们得到 $P_{cr}L_{eff}/A_{eff} = 1.92 \times 10^7 \, MW/m$。例如，当 $L_{eff} = 1m$，$A_{eff} = 1000\mu m^2$ 时，可以得到 $P_{cr} = 19.2kW$；SPM 的阈值功率与脉宽无关。

4）非线性自聚焦

SPM 可以当作克尔非线性效应在时域内起的作用，而非线性自聚焦来自于克尔效应在空间域的作用。对光纤中的基模来说，波导的折射率分布对模式进行了限制。而如果在体介质中没有波导，传播模式通常会发生衍射。由克尔非线性效应产生的自聚焦减小了衍射，并最终在非线性自聚焦效应和衍射中得到一个平衡。当非线性自聚焦效应超过衍射时，自聚焦会破坏光束并且造成光损伤。由于大的光束尺寸相当于减小了非线性系数和衍射，使得阈值功率 P_{cr} 而不是强度决定非线性自聚焦的出现。

波导结构中，衍射的效果被波导平衡掉了。阈值功率 P_{cr} 以下出现的克尔非线性效应产生了比波导原始的基模尺寸小的非线性稳态导模。功率大于 P_{cr} 时产生自聚焦效应[21]：

$$P_{cr} = \frac{1.86}{k_0 n_0 n_2} \tag{15.23}$$

式中：k_0 为真空波数，$k_0 = 2\pi/\lambda$；n_0 为基模折射率。光纤中非线性自聚焦的阈值功率为 4～6MW。不同 V 值下，非线性稳态导模的归一化光斑尺寸与归一化功率的关系如图 15.15(a) 所示。光纤在不同归一化功率下归一化光斑尺寸的变化如图 15.15(b) 所示。

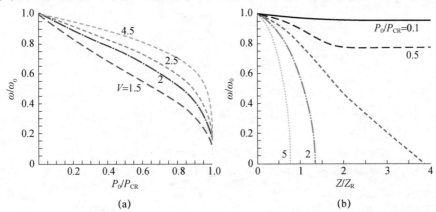

图 15.15　光纤中的自聚焦效应——归一化的模式光斑尺寸与不同 V 值下的归一化功率

不同归一化功率下的 Z/Z_R（Z_R 为瑞利长度 $Z_R = \pi\omega_0^2/\lambda$，$\omega_0$ 为 $1/e^2$ 的光束半径）

(a) 归一化光斑尺寸与归一化功率的关系；(b) 不同归一化功率下归一化光斑尺寸的变化。

2. 热效应

假定光纤主要是从表面通过对流换热来散热，对一根裸光纤取芯径为 ρ、外径为 R、光纤热传导系数为 K_c、表面散热系数为 h、光纤只芯径产热且热功率密度为 Q_0、环境温度为 T_s，那么可以得到光纤在稳态下的温度分布：

$$\begin{cases} T(r) = T_s + \dfrac{Q_0\rho^2}{4K_c}\left[1 + 2\ln\left(\dfrac{R}{\rho}\right) + \dfrac{2K_c}{Rh} - \left(\dfrac{r}{\rho}\right)^2\right], 0 \leqslant r \leqslant \rho \\[3mm] T(r) = T_s + \dfrac{Q_0\rho^2}{2K_c}\left[\dfrac{K_c}{Rh} - \ln\left(\dfrac{r}{R}\right)\right], \rho \leqslant r \leqslant R \end{cases} \tag{15.24}$$

温度最高点出现在纤芯：

$$\Delta T = T(0) - T_s = \frac{Q_0\rho^2}{4K_c}\left[1 + 2\ln\left(\frac{R}{\rho}\right) + \frac{2K_c}{Rh}\right] \tag{15.25}$$

对于二氧化硅光纤，$K_c = 1.38 \mathrm{W/(m \cdot K)}$，表面散热系数 h 跟光纤的半径 R 以及光纤表面与空气的温差 ΔT 有关，$\Delta T = T(R) - T_s$。散热系数 h 随 ΔT 增大，当 ΔT 比较小时，$h = 0.2K_a/R$，$K_a = 2.54 \times 10^{-2}\mathrm{W/m^2/KW/(m \cdot K)}$。在 SiO_2 光纤中，快速导热使得光纤温度能在 1ms 内很快达到稳定。光纤温升 ΔT 由热输运过程主导（式(15.25) 中的第三项）：

$$\Delta T = \frac{Q_0\rho^2}{4Rh} \tag{15.26}$$

式(15.26) 可以用图 15.16 表示，其中 W_h 为每米光纤的产热量，$2R = 250\mu m$，假设泵浦光有20%转化为热,光纤所能承受的最高温度为200℃,由图可得最大的泵浦光功率为70W/m。当光纤激光器泵浦功率比较大时,必须通过空气或水来进行强制散热。当温升接近0时,ΔT可以近似表示为$\Delta T = 31.3 W_h$,可以看出ΔT与光纤直径无关。

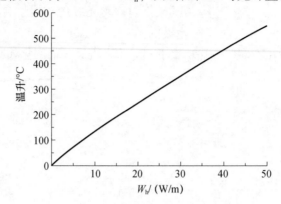

图15.16 假定热只从光纤表面移除的情况下,直径$2R = 250\mu m$的石英光纤中温度增长($h = 60.64 + 15.5\Delta T^{0.25}$)与纤芯中热沉积的关系

3. 光损伤

光损伤的阈值为

$$E_{th}(J) = 480\sqrt{\Delta \tau}A_{eff} \tag{15.27}$$

式中:$\Delta \tau$单位为ns;A_{eff}单位为cm^2。

在理想条件下,光纤的端面损伤阈值非常接近体损伤阈值。但是实际上光纤端面的损伤阈值远远小于体损伤阈值。最近有研究表明:当激光脉冲宽度大于50ps时,光纤的损伤阈值与激光脉宽无关而受限于电子雪崩,损伤阈值为$480GW/cm^2$[24]。对于短脉冲($<50ps$),雪崩的启动时间晚于激光脉冲,所以短脉冲时的损伤阈值是略大于长脉冲的。长脉冲和短脉冲的损伤阈值可以用图15.17表示。

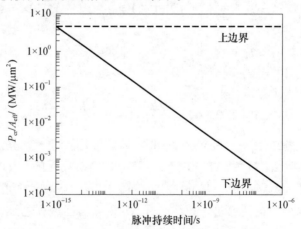

图15.17 石英光纤的损伤阈值

注:下限由式(15.27)得到,上限来自于文献[24]。

4. 能量提取

对于运转在重复频率远大于上能级寿命倒数的光纤放大器(重复频率大于 10kHz)以及输出的脉冲通量远小于饱和通量 F_{sat} :

$$F_{sat} = \frac{h\nu}{\sigma_e^s + \sigma_a^s} \tag{15.28}$$

可以一般性地忽略脉冲内部的饱和特性,高重频放大器的放大可以用信号光和泵浦光的平均功率来表示。高重频光纤激光器多用于微加工。对于反向泵浦放大器,能量提取效率很高,在高增益的放大器里边提取效率甚至能达到 100%,这相比于固体激光放大器是一个非常大的优势。光纤放大器因为其波导结构可以提供非常大的小信号增益(超过 50dB),进而提高提取效率。实际上,由于为在高储能的放大器中,光纤放大器的小信号增益会受限于因为瑞利散射、光纤尾部或外部光学元件的背散射而产生寄生振荡,因此,通常建议将放大器增益降低到 20 ~ 40dB,这就要求在放大器前提供一个足够强的种子光。对于典型的掺 Yb 光纤放大器,要想实现 100W 的激光输出,就需要一个 0.1 ~ 1W 的种子光注入。

光纤放大器重复频率小于 10kHz 或者脉冲通量接近饱和通量时,必须考虑随时间变化的饱和特性。在脉冲运动的随动坐标系中,脉冲能量、放大器反转粒子数可以作为自变量为 z 的函数:

$$\frac{\partial I(z,t)}{\partial t} = \sigma_e^s \Delta N_{eff}(z,t) I_s(z,t) \tag{15.29a}$$

$$\frac{\partial \Delta N_{eff}(z,t)}{\partial t} = -\frac{1}{h\nu} \sigma_e^s \Delta N_{eff}(z,t) I_s(z,t) \tag{15.29b}$$

式中:ΔN_{eff} 为在 z 处有效的反转粒子数,$\Delta N_{eff} = N_2 - (\sigma_e^s/\sigma_a^s) N$。

在式(15.29)中,忽略了 ASE 和泵浦光吸收过程中的信号光的影响。对于重复频率小于 10kHz 的光纤放大器,用脉冲泵浦方式的好处是可以减少两个泵浦之间的 ASE[25]。式(15.29)可以很容易改写成脉冲泵浦方式的表达式,对于任意波形的脉冲,可以轻易求出解析解[26]。

放大器总的提取能量为

$$E_{extr} = F_{sat} A_{eff} \ln(G_0/G_f) \tag{15.30}$$

式中:G_0、G_f 分别为脉冲通过放大器之前和之后的增益;A_{eff} 为模式面积;E_{extr} 为放大器饱和时的最大提取能量;$G_f = 1$。

放大器需要注入达到饱和通量的能量才能得到大的提取能量,对于掺 Yb 的光纤放大器,在峰值增益 1030nm 处 $\sigma_e^s = 0.2pm^2$,此时 $F_{sat} = 100J/cm^2$,因为脉冲能量会因为 SRS、SPM、损伤阈值和自聚焦的非线性效应而受到限制,所以达到饱和通量同时位于非线性阈值之下的最小脉冲持续时间可以通过 F_{sat} 和 A_{eff} 求出来。因为 SRS、SPM 和损伤阈值的能量限制都与 A_{eff} 有关,在计算最小的脉冲持续时间时,A_{eff} 会从公式里消掉。脉冲宽度为达到饱和通量的最小的脉冲宽度时,SRS、SPS、损伤阈值都与 A_{eff} 无关,如图 15.18 所示。光学损伤阈值为 480GW/cm²[24],这就要求脉冲时间 $\Delta\tau > 40ps$;对于拉曼散射,假定 $L_{eff} = 1m$,要求 $\Delta\tau > 6ns$;对于 SPM,假定 $L_{eff} = 1m$ 以及 $B < \pi$,此时 $\Delta\tau > 50ns$。这其中唯一的例外是自聚焦的非线性效应(NSF)的限制,它与A_{eff}有关,因此最小的脉冲持续时间与A_{eff}呈成线性关系。

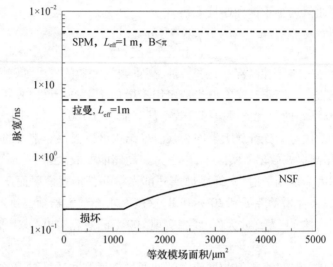

图15.18 掺镱光纤中满足F_{sat}和一些其他的限制条件的脉宽的下限

15.2.4 高功率光纤激光器的光纤

1. 传统大模场光纤

当归一化频率$V<2.405$时,传统的阶跃折射率光纤在单模区域运转。纤芯直径为$2\sim8\mu m$的单模光纤通常用于通信中。在高功率光纤激光器中,为了抑制非线性效应以及相关的光学破坏效应,需要增大光纤纤芯直径来获得大的有效模场面积。为了保持好的模式,也需要单模运转。最容易的增大纤芯直径又保持单模运转的方法是减小光纤的NA,但这样会减弱导光能力、增大弯曲损耗。在后面会看到,这是基模运转大芯径光纤普遍存在的问题。NA值小,要求纤芯和包层的折射率差值小。最小的NA受到CVD工艺中折射率精确控制能力的限制,最好的情况下NA可以达到0.06。

(a)　　　　　　　　　　　　　(b)

图15.19 多模光纤中激发基模以及Nufern商用双包层保偏(PM)光纤横截面图
(a)激发基模;(b)光纤截面。

当$V<12$时,光纤中可以存在多个模式,但是它也可以实现单模运转。当光未充满光纤的接收角(由NA决定)时,可以激发基模,并且基模对应的发散角要远小于光纤NA

对应的发散角(图 15.19(a))。即使这种光纤中可以无损耗地传输一些高阶模式,只要选择出基模就可以单模运转[15]。另外,小的缠绕半径使得高阶模式的损耗增大,从而抑制了其传输[16]。光纤传输模式数目限制了不能过分增大纤芯直径,纤芯直径过大会使得很难实现基模注入,也很难通过改变弯曲半径实现单模运转。通常的商用 50μm 纤芯直径的掺镱光纤(图 15.19(b))的模场面积约 1000μm²。在纤芯泵浦的情况下,铒光纤放大器的模场面积约 1800μm[27]。已经有实验采用 80μm 纤芯直径的掺镱光纤,以包层泵浦的方式搭建光纤放大器[28]。然而,大多数光纤的弯曲半径通常较小,使得模场面积比直光纤要小很多(稍后进一步讨论弯曲光纤中的模场面积压缩问题)。在忽略模间耦合,并且假设高阶模被小的弯曲半径滤除干净后,缠绕尾端输出那段直光纤可以作为它的有效模场面积。

许多激光器需要使用线偏振光。在圆对称光纤中,由于随机的弯曲、应力和偏振态间的相位匹配以前的双折射,传输过程中偏振态发生了改变。进而产生偏振方向和偏振状态不确定性。保偏光纤可以减少这种不确定性。在纤芯两边区域掺杂硼,掺硼区域与周边的硅生大的热膨胀系数差,因此形成应力区,导致折射率变化(图 15.19(b))。通常,圆形光纤的两个偏振模式是简并的;当有效的模式折射率 n_x 和 n_y 不相等时,即保偏光纤中双折射率 $\Delta n = n_x - n_y$,两偏振态就变为非简并的。偏振模式拍长 $L_B = \lambda / (n_x - n_y)$。图 15.19(b)为一种商用双包层保偏光纤的横截面图。包层外形通常设计为八边形来减少未穿过纤芯的斜行光线数目。光纤通常加上低折射率聚合物涂敷层,来形成高达约 0.45 的泵浦 NA。

2. 光子晶体光纤

光子晶体光纤(PCF)最早发明于 20 世纪 90 年代后期[29,30]。大芯径光子晶体光纤的单模工作的能力随后被验证[31]。光子晶体光纤由六角形毛细管拉制而成,通常用在中心用棒取代 1~7 个毛细管。空气孔的加压通常是用来防止在拉丝过程中孔在表面张力的作用下溃散。中心处的棒形成了纤芯。由玻璃和空气组成的复合材料的芯和包层之间的折射率可以很小,进而容易获得低 NA 的光纤[32]。然而,减小导光能力会使光子晶体光纤对弯度很敏感,尤其是纤芯直径较大的光子晶体光纤。在实践中,芯径大于 40μm 的光纤需要保持平直。大纤芯直径的光纤在外直径 1~2mm 的所有地方被制成棒,称为棒状光纤[33,34]。已经获得纤芯直径为 100μm,有效模场面积约为 4500μm²[35]的棒状光纤。大芯径的掺镱纤芯玻璃需要有良好的均匀性和出色的平均折射率的控制。对于光子晶体光纤,可以控制镱掺杂的玻璃(具有较高的折射率)和氟掺杂的玻璃(具有较低的折射率),在合适的区域可实现高质量的平均折射率控制。理论上,该过程可以重复多次以改善折射率的均匀性。

早期结果表明,复合包层的等效折射率可通过无限介质的基模的有效折射率来表示。在各个方向上,它都是由包层的基本单元延伸到无限远所构成[30]。这种模式称为等效折射率 n_{FSM} 的基本空间填充模式(可以通过模式求解器算得)。数年之后,纤芯半径在 $(\Lambda/3)^{1/2}$(Λ 为孔的中心距离,d 为孔直径)附近是最好的事实才被确定[36]。当所有的长度量 (x, y, λ) 按相同比例进行缩放时,亥姆霍兹本征方程的唯一标度特性决定了波导的模式在模态性能方面没有发生根本性的改变。这个特性是非常有用的,意味着这样的波导可以使用归一化参数进行有效的分析。在归一化尺度 d/Λ 和 λ/Λ 上解决问题是很常见的。带有一个缺失孔的光子晶体光纤的单模和多模区域如图 15.20 所示。这两种设计分别是:一种是空气孔结构[37,38],另一种是折射率比背景玻璃(折射率 $n_B = 1.444$)低 $n_F = 1.2 \times 10^{-3}$ 的玻璃[39]。有效的光子晶体光纤 V 值可以通过下式得到:

$$V_{eff} = \frac{2\pi\Lambda}{\lambda\sqrt{3}}\sqrt{n_{CD}^2 - n_{SFM}^2} \tag{15.31}$$

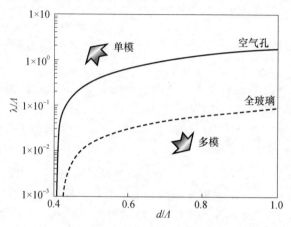

图 15.20　空气孔或全玻璃的光子晶体光纤的单模和多模运转区域
($n_B = 1.444, n_F = 1.4428$)

光子晶体光纤中的泵浦包层通常由一层空气孔制成,孔间为很薄的玻璃(图 15.21)。这种结构已被证明能够提供有效 NA = 1 的泵浦包层。实际玻璃网必须制造得足够厚才能便于端面的切割。通常会将泵浦数值孔径限制在约 0.6(该值比任何可能的低折射率聚合物的更大)。其结果是,可以使用低亮度泵浦二极管(这将在后面讨论)。利用空气孔泵浦还可以使大直径光纤的设计成为可能,同时保持相对较小的泵浦导波。较大的光纤直径有助于保持光子晶体光纤笔直,从而最大限度地减少宏弯曲和微弯曲的问题。支持多模的光纤中的微弯曲可导致模式耦合。泵浦路径上去除聚合物也提高了光纤的长期可靠性,尤其是对于高平均功率激光器。商业的双包层光子晶体光纤的例子如图 15.21 所示。

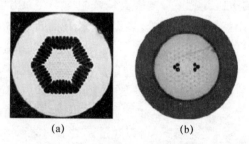

(a)　　　　　　　(b)

图 15.21　双包层光子晶体光纤空气包层泵浦与 PM 的相关设计
(a)光子晶体光纤空气包层泵浦;(b)PM 的相关设计。

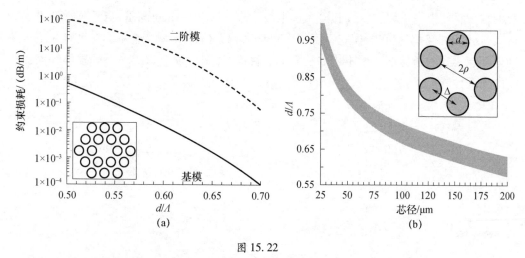

图 15.22

（a）50μm 芯径泄漏通道光纤（LCF）中的基模和二阶模的损耗；（b）LCF 的空间设计受小于 0.1dB/ m 的基模损耗及小于 1dB/ m 的二阶模损耗的限制（设计示于插图。$n_B = 1.444$ 和 $n_F = 1.4428$，$\lambda = 1\mu m$）。

3. 泄漏通道光纤

泄漏通道光纤（LCF）通过对高阶模内置高损耗来抑制它们的传播以增加单模操作区间（它超越了常规和光子晶体光纤的设计）[40]。传统光学光纤完全封闭的纤芯和包层的边界，可以确保一旦导模形成就在光纤内部满足全反射条件。因此，在理论上所有的导模可以无损耗的传播。在 LCF 的中间层包层材料中设计了一系列的通道，以实现所需的不同模态损耗。LCF 可以设计成完全由玻璃制作，这可以显著提升其制备和使用能力[41]。50μm 芯径的 LCF 中的基模和二阶模的损耗如图 15.22（a）所示。高阶模的损耗要高得多，这里没有显示；非常高的微分模损耗可以实现。如果要求基模损耗小于 0.1dB/m，二阶模损耗小于 1dB/m，各种芯直径的设计区间的如图 15.22（b）所示，可见芯直径达到 200μm 左右时也是有可能的。纤芯直径 170μm 的泄漏通道光纤已被证明是可行的[42]。在图 15.22 的模拟结果中，背景玻璃是折射率 $n_B = 1.444$ 的二氧化硅，孔穴中填充的是折射率 $n_F = 1.4428$ 的玻璃，工作波长为 1μm。

大芯径的泄漏通道光纤甚至可以弯曲。$n_B = 1.444$、$n_F = 1.4428$、$d/\Lambda = 0.9$、$\lambda = 1\mu m$ 的泄漏通道光纤的临界弯曲半径如图 15.23 所示。我们制备了各种类型的 LCF，其中一些如图 15.24 所示[43]。

4. 其他先进大芯径光纤设计

一种增加纤芯区域的方法依赖于增加一个或多个内纤芯，它被设计成主芯中高阶模式的共振结构。设计理念是利用模式耦合实现在主芯外高阶模能量的引导。由于所有的耦合过程是双向的，如果次芯中的耦合功率在耦合回主芯之前就被耗散掉了，那么这个概念等同于额外的高阶模损耗。针对该方案已经提出两种实现方法：一是该光纤在沿其长度方向上是均匀的[44]；二是将设计好的圆形芯放在中心的主芯旁边，该纤维在拉丝过程中不断旋转，结果次芯如下围绕主芯形成螺旋形图案，有时也称为手性耦合芯光纤[45,46]。用这种设计的一个问题是，所有的模式耦合要求有空间模式交叠和相位匹配。随着主芯变大，并且支持更多模式，所有的模式越来越被约束在主芯内，由于空间模态重叠的减少将使得它难以在实际长度尺度上发生耦合。第一个问题是,当纤芯得到更多的模式时,模态折射率空间的模式密度将变得越来越大(图15.2),这使得它很难在不影响附近理想模式的条件下匹配不想要的模式。目前,还未能证明这类光纤的整体性能比传统的光纤性能更好。

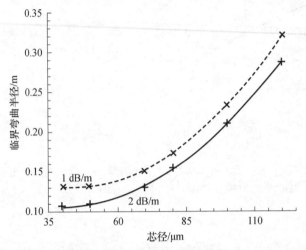

图 15.23　临界弯曲半径为 1 dB/ m、基模损耗 2dB/m、$n_B = 1.444$、$n_F = 1.4428$、$d/\Lambda = 0.9$、$\lambda = 1\mu m$ 的泄漏通道光纤(这种仿真是用有限元法(FEM)实现的)

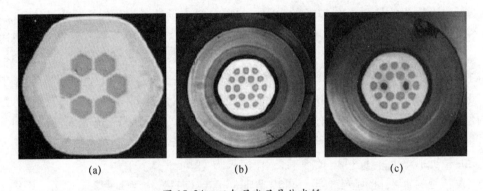

(a)　　　　　　　　　　(b)　　　　　　　　　　(c)

图 15.24　双包层光子晶体光纤

(a)低折射率聚合物泵浦层;(b)氟掺杂的二氧化硅泵浦层;(c)氟掺杂的二氧化硅泵浦层和PM芯的横截面。
注:所有纤芯都是镱掺杂的。

　　第二种方法是利用在多模光纤中的高阶模式的传播。已经表明,高阶模可以被基于长周期光栅的光纤模式转换器(它是制作在光纤中,用来设计成由更大的模芯所包围的中央单模芯)激发。长周期光栅首先将来自小芯径单耦光纤的基模耦合到较大的多模纤芯一个共同传播的高阶模。已经表明,高阶模在传播过程中对外部扰动不灵敏。已被证明用 LP_{04} 和 LP_{07} 模式可以达到高达 3200 ~ 2100μm² 的有效模场面积[47]。结果发现,在同一根光纤中,高阶模传播比低阶模传播更稳定。(注意,在相同光纤中,一个高阶模具有比低阶模式小的有效模场面积。)第二个模式转换器需要在输出端再次将高阶模转换回基模。主动光纤已证明了这种方法的可行性[48]。ASE 限制了这些光纤的增益水平,尽管可以在同一高阶模下将泵浦作为信号传播来获得更高的增益值,其增益也仅能超过10dB。高阶模光纤的有效模场面积已被证明在弯曲光纤中的压缩比更小。

第三种增加纤芯区域的方法是利用一个反引导的光纤,它使用了一个掺杂有比包层折射率低的稀土离子的有源芯[49]。在这种情况下,只有非常少的泄漏模式在纤芯中传输,高阶模式损耗很大。这个概念与之前讨论的各种方法没有根本不同,只是其中基模损耗非常高,进而容许的芯径范围变成数百微米(损耗反比于芯径的 3 次方)。已被证实,基模输出时的激光器用足够的增益来克服基模的过度损耗,同时保证高阶模式低于阈值[50]。值得注意的是,这些光纤不像是通过折射率的实数部分来引导光线的,而是利用增益——折射率的虚部——通过克拉默斯——克朗尼希关系来实现导波。在实践中,系统掺杂的玻璃中增益导致折射率增加通常远低于足以改变波导行为的幅度。因此在这些光纤中的增益更倾向用于补偿低阶模式导波损耗。

在大芯径光纤中,基模尺寸的增加使得它表现得越来越像一个自由空间光束。理解一个导模是如何在弯曲光纤中传播的方法是,想象它连续而且绝热地变换为局部弯曲的导波模式。随着模式变大,它需要更长的距离来实现模式的绝热变换,因此,必须使用较大缠绕直径,以尽量减少传输损耗(图 15.23)。弯曲状态下基模的有效模面积也有大幅减少。弯曲光纤的有效模式区域首先是由 Fini 等人模拟的,如图 15.25 所示,该图说明了在大芯径下有效模场面积的压缩[51-53]。这种压缩是在光纤弯曲引入等效线性折射率梯度的结果。近年来大芯径光纤发展如图 15.26 所示。

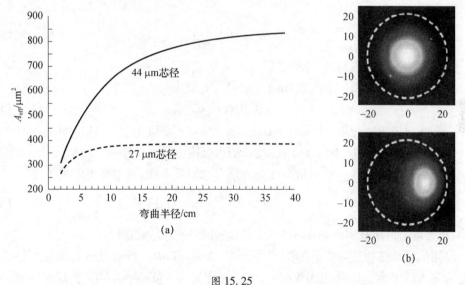

图 15.25

(a)弯曲光纤中的有效模场面积压缩;(b)上图,$A_{eff} = 862\mu m^2$ 的直光纤模式,下图,曲率半径10cm、$A_{eff} = 627\mu m^2$ 的弯曲光纤带模式(纤芯直径为 44μm),(John Fini)。

5. 光纤激光器的泵浦和光束质量

类似于高功率固体激光器,由大芯径光纤构成的高功率光纤激光器也受限于光束质量和退偏振。光束质量限制可以源自在光纤输出中高阶模,或者源自光纤支架中的热应力,或热透镜效应和外部元件热致双折射,如准直透镜、偏光片、衍射光栅、棱镜和隔离器

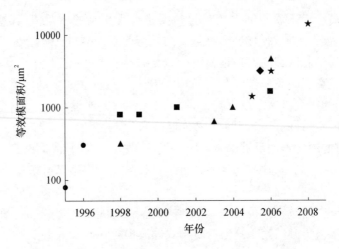

图 15.26　各种衍射极限单芯光纤模场面积的发展

注:圆形表增单模阶跃折射率光纤;正方形表示多模阶跃折射率光纤;三角形表示光子晶体光纤和棒状光纤;菱形表示高阶模光纤;星形表示泄漏通道光纤。

等。在功率水平大于50W时,通常使用硅光学器件,以减少热致光束畸变。另外,在高功率下,也可能需要水冷式光纤支架和隔离器。

光束质量通常由参数 M^2 决定,它表征了相对于高斯光束,该光束的衍射角增加了多少。那么衍射半角可以写成

$$\theta_d = M^2 \left(\frac{\lambda}{\pi \omega} \right) \tag{15.32}$$

式中: ω 为高斯光束强度 $1/e^2$ 处的半径。

一些制造商也使用了束参积(mm × mrad),定义为

$$BPP = \omega \times \theta_d \tag{15.33}$$

对于一个衍射极限的光束, $M^2 = 1$ 且 BPP = 0.33mm × mrad 波长为 $1\mu m$ 时。有时 BPP 也定义为 BPP = $2\omega \times 2\theta_d$,对应于 $1\mu m$ 波长衍射极限 BPP = 1.3mm × mrad。

高功率光纤激光器一般用高亮度光纤耦合二极管泵浦,其中亮度定义为

$$B = \frac{4P}{(\pi d NA)^2} \tag{15.34}$$

式中: P 为总的可用泵浦功率;NA 为光纤数值孔径; d 为光束直径。

使用的另一参数是泵浦源的扩展度,定义为 $E = B/P$ 。当前可达到的尾纤耦合宽区二极管亮度范围为 1.8 ~ 6.0 MW/cm²,其中亮度为 1.5 MW/cm² 对应于 10W 泵浦功率耦合进入 NA = 0.15、直径为 $100\mu m$ 的光纤。目前正进行将亮度增加到 10 MW/cm² 的研究努力,但是这样高的值需要同时耦合 10 个宽区二极管进入一根 $100\mu m$ 直径的光纤,这可以用复杂的光束整形技术来完成。更高的亮度可以使用二极管阵列光束整形来获得,目前可以将 400W 功率耦合进 NA = 0.22、直径为 $200\mu m$ 的光纤,对应的亮度为 8.4 MW/cm²;同时在直径 $200\mu m$ 的光纤中耦合 1kW 的努力也在进行中。甚至也可以通过实现波长复用而获得更高水平的功率。当前最先进的二极管激光器,可以将几千瓦功率耦合到直径 $600\mu m$ 的增益光纤中。除了实现更高功率的光纤激光器,采用半导体激光

器而不再经过光纤激光进行中间转换的工业加工需求也是对高亮度二极管激光器的开展研究的动力。

15.3　光纤激光器

15.3.1　连续波光纤激光器

1. 背景

20 世纪 80 年代中期就开始研究多种光纤激光器结构。大部分是芯泵浦激光器,很难获得更大功率输出。许多早期的高功率光纤激光器是由更强大的具有高达几十瓦功率的气体和固体激光器泵浦,这比用瓦级单模泵浦二极管有效得多。然而,这些光纤激光器用于商业用途却不切实际。H·Po 等人首先证实了由包层多模泵浦的二极管泵浦的可能[13]。在 1988 年,在双包层泵浦结构下,利用更高功率的多模二极管泵浦单模激光器是一个重要里程碑。我们过去一直讨论双包层泵浦结构的高功率光纤激光器。

商业上用于更高功率应用的典型腔体设计采用法布里-珀罗(F-P)腔,两端是光纤布拉格光栅(FBG)。掺锗石英光纤的光敏性是由 K·O·Hill 等人在 1978 年首次发现的[54]。在 1989 年,G·Meltz 等人的工作[55]促使了光纤光栅技术的重大进展。G·Meltz 等人工作的意义在于他们第一次用两束不同于纤芯传输波长的相干紫外(UV)光刻写布拉格光栅(图 15.27)。光纤光栅的间距可以通过调整干涉光束之间的角度来改变。尽管最初的工作是出于光纤传感器温度和应变的测量,但光纤光栅在其他方面获得关注,主要是由于它们在通信系统中多路分波复用(WDM)上作为滤波器使用。在光纤激光器中,光栅用作反射镜也相当简单。啁啾光纤光栅也可用在锁模激光器内控制色散,这将在后面讨论。实际上,光纤光栅曾经是光纤激光器的发展和最终实现商业成功的关键因素[56]。

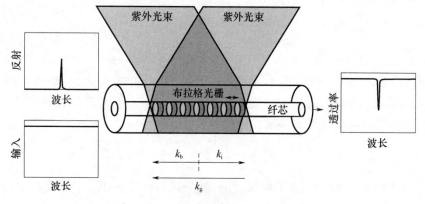

图 15.27　刻写光纤布拉格光栅的过程

掺锗纤芯光纤的紫外光敏性源于锗氧缺陷中心对 240nm 左右光处具有良好的吸收性,而 KrF 准分子激光器,倍频氩离子激光器,或者四倍频 Nd:YAG 激光器可以输出这种紫外光。在紫外线照射除了消耗锗氧缺陷中心外,也伴有应力松弛及压缩。所有这些效应导致折射率变化。后来发现紫外线照射之前先将光纤在接近室温下进行高压载氢,其光敏性会显著提高[57]。这一发现使得可以在一些无锗玻璃中写入光纤光栅。紫外线照射后,在玻璃中发现大量的羟基,在这种情况下认为成分的显著改变在折射率变化中也发挥了作用。尽管光纤光栅在升高温度时可以被擦除,发现它们在室温下还是非常稳定的[58]。大多数光纤光栅会在400℃以上的温度被擦除,可以使用特殊写入方法制备光纤光栅,使其温度稳定性得到改善。光纤光栅一个独特的地方是可以用不感光石英玻璃包层,它允许紫外线光束到达纤芯玻璃而不被吸收。

对一个光纤光栅,由动量守恒可得

$$k_g = k_f - k_b \tag{15.35}$$

这可以推导出峰值波长 λ_0 和光栅间距 Λ 之间的关系为

$$\lambda_0 = 2n_0\Lambda \tag{15.36}$$

式中:n_0 为等效模式折射率。

对于均匀的光栅,反射率为

$$R = \frac{\kappa^2 \sinh^2(\kappa L)}{\delta^2 \sinh^2(\kappa L) + (\kappa^2 - \delta^2)\cosh^2(\kappa L)} \tag{15.37}$$

式中:L 为光栅长度;δ 为失谐因子,$\delta = 2\pi n_0(1/\lambda - 1/\lambda_0)$;$\kappa$ 为耦合系数,且有

$$\kappa = \frac{\pi \Delta n_g}{\lambda_0}\eta_g \tag{15.38}$$

其中:η_g 为与光栅空间模态重叠量,如果光栅被均匀地写在纤芯,则它也是该模式在芯部所占功率的比例;$2\Delta n_g$ 为峰值到峰值的折射率调制。

峰值反射率为

$$R = \tanh^2(\kappa L) \tag{15.39}$$

光纤光栅的 FWHM 带宽为

$$\Delta\lambda = \lambda_0\sqrt{\left(\frac{\Delta n_g}{2n_0}\right)^2 + \left(\frac{1}{N}\right)^2} \tag{15.40}$$

对于弱光栅,光纤光栅带宽与光栅周期的数量成反比,$N = L/\Lambda$。对于强光栅,它的变化正比于相对折射率调制,并独立于光纤光栅的长度。不同长度10%的峰值反射的弱光纤光栅的反射率如图15.28(a)所示,而在不同的耦合系数 K 下长10mm的光纤光栅如图15.28(b)所示。峰值频率中的失谐频率为水平轴。若在光纤激光器中输出镜传输为 T_0,总往返损耗为 α_t,则激光功率输出为[59]

$$P_{out} = \frac{T_0 f_s}{\alpha_t f_p}(P_{abs} - P_{th}) \tag{15.41}$$

式中:f_s,f_p 分别为信号和泵浦光的频率;P_{abs}、P_{th} 分别为被吸收泵浦功率和泵浦的阈值。

斜率效率为

$$\eta_s = \frac{T_0 f_s}{\alpha_t f_p} \tag{15.42}$$

它随输出镜透射率 T_0 的增加而增加。在典型的光纤光栅作为光纤激光器腔镜的情况下,

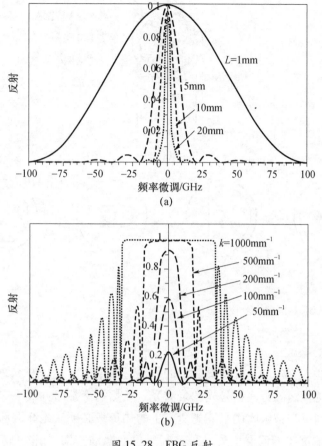

图 15.28　FBG 反射

（a）不同长度、10% 反射；（b）不同 κ、$L = 10\mathrm{mm}$。

腔内额外损耗低（$\alpha_t \approx T_0$），斜效率 $\eta_s = f_s / f_p'$，这就是量子亏损，而且它与输出镜透射率无关。正常情况下 Yb^{3+} 掺杂光纤激光器可以实现约 80% 斜效率，这对高平均功率激光器而非常有吸引力。

包层泵浦结构的一个缺点是泵浦与稀土掺杂纤芯重叠大大减少，因此与直接芯泵浦结构比较，必须使用更长的光纤来实现高效率的泵浦吸收。大多数非线性效应正比于光纤长度，因此有着较低的非线性阈值。这对于高峰值功率激光器尤为不利，会受 SPM 或 SRS 限制，窄谱线时受限于 SBS 效应。与其他稀土离子相比，镱在石英玻璃中掺杂的浓度可以相对较高；对于包层泵浦光纤激光器，这是一个好的候选者。

早期的包层泵浦的双包层光纤使用的是圆形泵浦导波结构。圆形多模泵浦波导中存在斜向的光线，它们螺旋形地围绕掺杂纤芯，这严重影响到泵浦吸收的效率。盘绕，尤其是按照不同的曲率沿光纤盘绕，这对提高泵浦吸收是非常有用的。最终发现泵浦吸收基本上可以由信号纤芯的偏移设计和非圆形的泵浦设计来更有效地提高，如图 15.29 所示。后来发现，泵浦波导中低折射率杂物的存在，如应力元素，也可以提高泵浦的吸收。

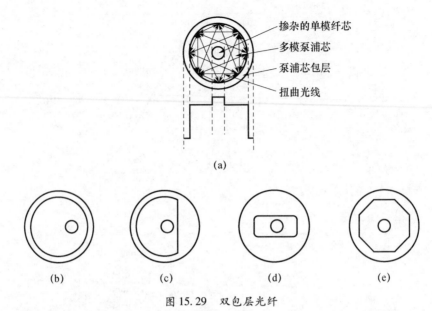

图 15.29 双包层光纤

(a)圆形泵浦;(b)偏移的纤芯;(c)一个 D 形泵浦;(d)方油泵导;(e)一个八角形泵浦。

2. 泵浦耦合方案

多模泵浦光注入双包层光纤的最简单的方法是端泵浦方式(图 15.30(a))。双色镜可以用于在两个透镜之间分离信号光和泵浦光。虽然端面泵浦方式很容易实现,但是只能限制从两端泵浦。未被吸收的泵浦光所产生的热负载必须从光纤端部移除,这是高功率激光器的一个很重要的问题。另一种途径是侧面泵浦方案,如图 15.30(b)所示[60]。图中泵浦光被加工成 V 形的槽面反射进入双包层光纤。该方案可以沿着光纤实施多次,从理论上说,允许有多个反射点。因为 V 形槽会破坏传播的泵浦光,因此,必须精心设计泵浦位置;这种泵浦方式尚未在高功率激光器中得到验证。大多数商业高功率激光器采用光纤合束器,它可以使用多根泵浦注入臂(图 15.31)。

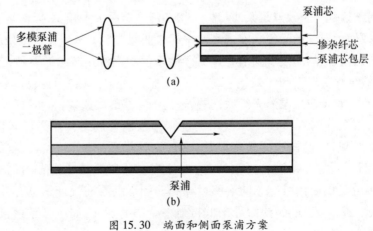

图 15.30 端面和侧面泵浦方案

(a)端面;(b)侧面。

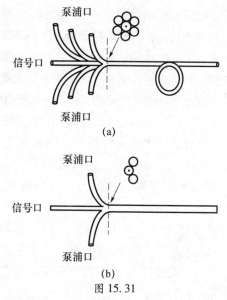

图 15.31

（a）具有 6 个泵浦端口和 1 个信号端口的泵浦合束器；

（b）有 2 个泵通道和信号端口的南安普顿光子公司 GT-wave。

3. 连续波光纤激光器的功率定标

CW 光纤激光器的典型设计如图 15.32 所示。高反射镜和输出耦合器（OC）由光纤光栅实现。对于大多数高功率连续光纤激光器，光学非线性效应不是最主要的限制因素。相反，泵浦耦合和热管理才是主要的约束因素。双向泵浦也可以提高最大泵浦功率。近年来许多连续的光纤激光器都使用合束器 + 端泵浦方案实现了千瓦级激光输出[61, 62]。

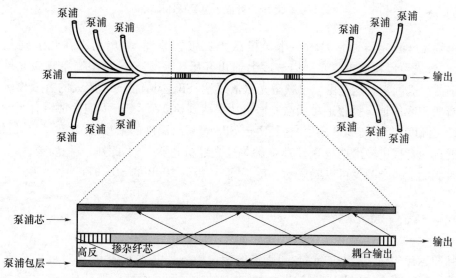

图 15.32　高功率连续波光纤激光器的示意

4. 单频光纤激光器

单频激光器输出谱线宽度为几十千赫的激光，适用于要求长相干长度场合下，如光学声纳和高功率相干合束。光纤光栅结合高掺杂稀土光纤为单频激光器提供了一个完美的平台。通常有两种设计,分别为分布式布拉格反射(DBR)和分布反馈(DFB)结构(图 15.33)。在 DBR 结构中,两个 FBG 的间距为几厘米,形成的激光腔输出线宽为零点几纳米的激光。短腔长增加了腔模的频谱间距,窄线宽光纤光栅则在阈值之上选择了单一腔模。在 DFB 结构中,腔由较长的具有内置的具有 $\pi/2$ 相位跳转的长光纤光栅构成。DFB 的工作情况不同于 DBR,除了长光纤光栅的精确相位控制与 $\pi/2$ 相位跳变,允许更窄的整体线宽,因此,DFB 有更可靠的单频运转特性。DFB 激光器的 FGB 相位跳变可以通过刻写时移动光纤光栅的在线位置或光纤光栅写入后引入额外平均折射率变化来实现。对于后者,暴露于紫外光束下可以形成适当的平均折射率变化,同时监测光纤光栅的透射情况。用与光纤轴向垂直的偏振紫外线进行刻写可以在相位跳变过程中引入双折射,从而制作保偏光栅。在光敏光纤上刻写光栅,然后把它们与高稀土掺杂光纤连接起来,很容易制备出 DBR 光纤激光器。但是,DFB 光纤激光要求在高度稀土掺杂光纤上写入 FBG,这非常困难,因为光纤光敏性与光纤高掺杂是互相矛盾的。使用具有光敏性的包层与稀土掺杂纤芯可以解决上述矛盾[63]。

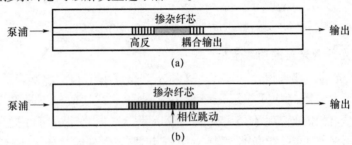

图 15.33　分布式布拉格反射光栅和分布反馈光栅的设计
(a)分布式布拉格反射光栅;(b)分布反馈光栅。

单频光纤激光器通常是由一个单模激光二极管泵浦,输出功率在几十到几百毫瓦[64]。激光可以在双包层光纤内被放大到几百瓦。目前,SBS 是限制单频激光提高输出功率的关键因素。这是由于单频激光器谱线窄,SBS 阈值低。采用大的有效模场面积可以增加 SBS 阈值。据报道单频激光输出功率达到 500W [65]。人们发现沿着泵浦方向改变纤芯温度,会提高 SBS 阈值,这是由于 SBS 过程对温度的依赖性,导致了有效的 SBS 频谱展宽。有报道输出功率达 1.7kW 的单频光纤激光器[18]。此外,人们发现,在纤芯横截面改变稀土掺杂浓度可以展宽 SBS 谱,从而获得约 10dB 的 SBS 抑制[18,19]。

15.3.2　调 Q 激光器

脉冲运转的稀土掺杂的光纤,可提取的能量最终是由 ASE 限制,脉冲间的 ASE 导致反转粒子数的减少(参见 15.2.3 节)。可提取的能量和非线性阈值都与有效模面积呈线性变化关系。大芯径光纤也有助于在端面尽量减少光损伤。虽然高脉冲间增益显然利于获得高脉冲能量,但它受潜在脉冲间的寄生反射激光的限制,如瑞利散射[66,67]。一般来说,最大可提取的能量不超过 10 倍的饱和能量 $F_{sat}A$,对于掺镱光纤为 $A \times 10\mu J/\mu m^2$。

脉冲能量并不主要取决于光纤长度。通常在 Q 开关激光器中较长的光纤会产生较长的脉冲,而如果脉冲持续时间比往返空腔时间更长,则可能发生脉冲破裂。通常情况下,在高增益系统中脉冲产生时间比衰减时间短得多,从而导致更陡峭的前沿和较缓慢的后沿。一种典型的 Q 开关光纤激光器如图 15.34 所示。

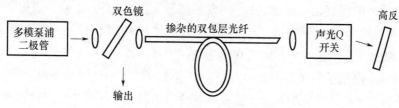

图 15.34　Q 开关光纤激光器的典型方案

15.3.3　锁模光纤激光器

光纤放大器的大带宽以及它们易于搭建的特点在超短脉冲产生中具有很高的价值,但这仍然是一个持续的研究领域。镱、铒和铥光纤激光器支持的带宽分别约为 50nm、45nm 和 200nm,允许产生 30fs 量级的脉冲。甚至更短的脉冲可以通过脉冲压缩技术获得。光纤中产生最高峰值功率的最终限制由自聚焦决定了(如 15.2.3 节所解释),在 4 ～ 6 MW 的范围内。

多年来已经尝试各种技术以利用光纤产生超短脉冲。一篇早期总结性文献由 Fermann 撰写[68]。这里仅讨论通过锁模方式产生短脉冲的方法,它优化利用了光纤振荡器中的内秉模腔结构。习惯上区分为主动和被动锁模技术。

1. 主动锁模

一种光纤振荡器支持一系列频率为 f_k 腔模:

$$f_k = k \frac{c}{n_p L} \tag{15.43}$$

式中:k 为整数;c 为光速,n_p 为在频率 f_k 下的相折射率;L 为谐振腔长度。

在一阶近似下,腔模间隔 δf 可以写为

$$\delta f = \frac{c}{n_g L} \tag{15.44}$$

需要注意的是,由于色散,在实际的物理增益介质中任何腔的模式间隔不均匀,因此,腔模间隔是由群折射率 n_g 而不是位相折射率 n_p 控制的。

在主动锁模中,腔内插入了调制时间与腔往返时间相当的调制器。一小部分腔模由于调制器边带而产生了相位锁定。此外,所施加的调制将腔模拉成非常均匀的频率栅格,从而在由式(15.44)给出的重复率下产生稳定重复频率的脉冲。

图 15.35 为有源锁模钕光纤激光器所产生的 90MHz 重复频率、2.4ps 的脉冲。在这种情况下,需要引入一对光栅提供负色散,并且使用一个振幅调制器。

根据 A. E. Siegman 的分析[26],主动锁模产生的高斯型脉冲形如 $A(t) = A_0 \exp[-(t/\tau)^2]$,其脉冲宽度由下式给出:

$$\Delta\tau = 0.315\left(\frac{g}{\delta_a}\right)^{1/4}\left(\frac{1}{f_m\Delta f_a}\right)^{1/2} \tag{15.45}$$

式中：Δf_a 为增益介质的带宽；f_m 为光调制频率；g 为在增益介质中的振幅饱和增益；δ_a 为调制器的调制深度 $\delta_a \approx 1$。

所产生脉冲的带宽是有限的，并有一个时间带宽积 $\Delta\nu\Delta\tau = 0.44$。当引入一个相位调制器，调制深度必须更换为式（15.45）中所施加的峰值相位延迟。脉冲宽度是式（15.45）给出的 $\sqrt{2}$ 倍。而脉冲时间带宽积 $\Delta\nu\Delta\tau = 0.63$。

主动锁模主要用于高重复率脉冲的产生。当使用掺铒光纤增益介质时，可在重复频率为 10GHz 下运行，通过施加数倍于腔往返时间的调制全光纤系统可以获得更高重复频率。通常情况下，产生最小脉冲宽度为 1ps 量级下。

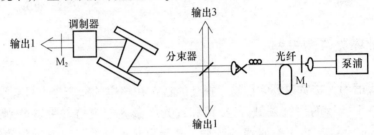

图 15.35　早期的主动锁模钕掺杂光纤激光器装置

2. 被动锁模

光纤振荡器通过被动锁模可以获得最短的脉冲，此时脉冲宽度与介质增益带宽对应。至今，被动锁模振荡器所产生的最短脉冲为 28fs [69]。被动锁模之所以产生这样的短脉冲，是因为有效相位（或幅度）的调制时间与脉冲宽度相当。当在腔内振荡时，脉冲变短，调制强度增大，反过来，会产生越来越短的脉冲。最终，这个脉宽压缩过程被腔色散加宽和有限的增益介质的带宽所平衡。

适当的被动振幅调制器需要被放入到空腔中才能发生被动锁模。最方便的是半导体饱和吸收器，它具有与功率相关的饱和特性。另外，光纤的两个偏振模之间的非线性干涉可以用来产生功率相关偏振态和被动幅度调制。一种典型的工业超快被动锁模光纤激光器设置如图 15.36 所示。

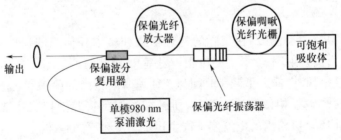

图 15.36　被动锁模掺镱光纤激光器装置

在图 15.36 中，半导体可饱和吸收器被用作被动振幅调制器。在整个腔中都使用 PM 光纤是为了产生环境稳定的单偏振运转。为了搭建一个非常紧凑的系统，需要一个嗍啾光纤光栅用于色散补偿。连接上光纤放大器后,生成脉冲能量可高达 10nJ,脉冲宽度可短至 100fs。作为主动锁模激光器,如图 15.36 系统也可以产生高斯型脉冲:在最佳色散补偿下,所得到的脉冲宽度和脉冲能量由下式给出:

$$\Delta t_g = 0.66\sqrt{|D_2|} \tag{15.46}$$

$$E_g = 4.47\sqrt{|D_2|}/\gamma L \tag{15.47}$$

式中:$|D_2|$为光纤振荡器中总的正色散,主要由腔内保偏振荡器产生;γ 为非线性光纤系数,见式(15.20)。

3. 频率梳

锁模产生一个脉冲序列,它在一个高度均匀的频率网格上产生由一些独立的频率模式f_k组成的光频谱。该网格可以写成

$$f_k = k\delta f + f_{ceo} \tag{15.48}$$

式中:δf为激光重复频率,见式(15.44)。

群折射率是用光脉冲载波频率(或中心频率)来估算的。载波包络偏移频率f_{ceo}仍然不受控制;因此,频率模式(或梳)的绝对位置在光频谱中是不确定的,并在振荡器中缓慢波动。结果锁模激光器的输出光脉冲的相位也存在从脉冲到脉冲波动。f_{ceo}的值可以通过一个具有"$f - 2f$"的非线性拍频干涉信号检测出来,这需要一个相干的八跨度超连续谱。这个超连续谱可以将振荡器输出耦合到一个高度非线性光纤得到。通常f_{ceo}拍频信号对泵浦功率是敏感的。因此在锁相回路连接一个泵浦功率控制器可以用来锁定f_{ceo}到一个外部的射频(RF)参考,从而稳定了输出脉冲的相位。

4. 超快脉冲放大

锁模激光器的大多数应用需要在外部光纤放大器中进一步放大。这些放大方案在15.2.3 节的光纤限制条件中做了讨论。可达毫焦能量水平的飞秒脉冲的有效放大是可以由 CPA 和大芯径光纤获得,在15.2.4 节做了相关讨论。在 CPA 中,在放大之前脉冲在时域上被展宽。脉冲放大后,利用一对体光栅,脉冲被重新压窄到接近带宽限制。因为 1000～10000 倍的脉冲展宽和压缩比是可以实现的,所以光纤放大器中的实际峰值功率可以大大降低。由于光纤的各种非线性限制,光纤中 CPA 方案的典型脉冲的峰值功率为 0.1～1.0MW。在第 17 章给出了关于超快光纤放大方案的更详细的讨论。

参考文献

[1] Snitzer, E. , "Proposed Fiber Cavities for Optical Masers, "J. Appl. Phys. , 23:36-39, 1961.

[2] Koester, C. J. , and Snitzer, E. , "Amplification in a Fiber Laser, "Appl. Optics, 3:1182, 1964.

[3] Stone, J. , and Burrus, C. A. , "Neodymium-Doped Fiber Lasers: RoomTemperature CW Operation with an Injection Laser Pump, "Appl. Optics, 13:1256-1258, 1974.

[4] Hegarty, J. , Broer, M. M. , Golding, B. , Simpson, J. R. , and MacChesney, J. B. , "Photon Echoes Below 1 K in a Nd3 + -Doped Glass Fiber, "Phys. Rev. Lett. , 51:2033-2035, 1983.

[5] Poole, S. B. , Payne, D. N. , and Fermann, M. E. , "Fabrication of Low Loss OpticalFibers Containing Rare Earth Ions, "Electron. Lett. ,21: 737-738, 1985.

[6] Poole, S. B. , Payne, D. N. , Mears, R. J. , Fermann, M. E. , and Laming, R. I. , "Fabrication and Characterization

of Low Loss Optical Fibers Containing RareEarth,"J. Lightwave Tech. , LT-3 : 870-876 , 1986.

[7] Mears, R. J. , Reekie, L. , Poole, S. B. , and Payne, D. N. ,"Neodymium-DopedSilica Single-Mode Fiber Lasers," Electron. Lett. ,21 : 737-738 , 1985.

[8] Mears, R. J. , Reekie, L. , Jauncie, I. M. , and Payne, D. N. ,"Low Noise Erbium-Doped Amplifier Operating at 1. 54 ìm,"Electron. Lett. ,23 : 1026-1028 , 1987.

[9] Desurvire, E. , Simpson, J. R. , and Becker, P. C. ,"High Gain Erbium-DopedTraveling-Wave Fiber Amplifier,"Optics Lett. ,12 : 888-890 , 1987.

[10] Snitzer, E. , Po, H. , Hakimi, F. , Tuminelli, R. , and MaCollum, B. C. ,"ErbiumFiber Laser Amplifier at 1. 55 ìm with Pump at 1. 49 ìm and Yb Sensitized ErOscillator," OSA Tech. Digest, 1 : 218-221 , 1988.

[11] Nakazawa, M. , Kimura, Y. , and Suzuki, K. ,"Efficient Er3 + -doped Optical FiberAmplifier Pumped by a 1. 48 ìm InGasP Laser Diode,"Appl. Phys. Lett. , 54 : 295 ,1989.

[12] Snitzer, E. , Po, H. , Hakimi, F. , Tumminelli, R. , and McCollum, B. C. ,"Double-Clad, Offset Core Nd Fiber Laser" (postdeadline paper PD5), Proceedings ofConference on Optical Fiber Sensors, 1988.

[13] Po, H. , Snitzer, E. , Tumminelli, R. , Zenteno, L. , Hakimi, F. , Cho, N. M. , and Haw,T. ,"Double- Clad High Brightness Nd Fiber Laser Pumped by GaA/As PhasedArray" (postdeadline paper PD7), Proceedings of Optical Fiber Communication1989.

[14] Hecht, J. ,"Half a Century of Laser Weapons,"Opt. Photon. News, 20 : 16-21 ,2009.

[15] Fermann, M. E. ,"Single-Mode Excitation of Multimode Fibers with Ultra-ShortPulses,"Opt. Lett. , 23 : 52-54 , 1998.

[16] Koplow, J. P. , Kliner, D. A. V. , and Goldberg, L. ,"Singe-Mode Operation of aCoiled Multimode Fiber Amplifier," Opt. Lett. , 25 : 442-444 , 2000.

[17] Agrawal, G. P. ,Nonlinear Fiber Optics, Academic Press, 2007.

[18] Nillson, J. ,"SBS Suppression at the Kilowatt Level" (paper 7195-50), SPIEPhoton. West, San Jose, 2009.

[19] Ward, B. G. , and Spring, J. B. ,"Brillouin Gain in Optical Fibers withInhomogeneous Acoustic Velocity" (paper 7195-54), SPIE Photon. West, SanJose, 2009.

[20] Strickland, D. , and Mourou, G. ,"Compression of Amplified Chirped OpticalPulses,"Opt. Commun. , 56 : 219-221 , 1985.

[21] Fibich, G. , and Gaeta, A. L. ,"Critical Power for Self-Focusing in Bulk Mediaand in Hollow Waveguides,"Opt. Lett. , 25 : 335-337 , 2000.

[22] Dong, L. ,"Approximate Treatment of Nonlinear Waveguide Equation in theRegime of Nonlinear Self-Focus,"J. Lightwave Tech. , 26 : 3476-3485 , 2008.

[23] Davis, M. K. , Digonnet, M. J. F. , and Pantell, R. H. ,"Thermal Effects in DopedFibers,"IEEE J. Lightwave Tech. , 16 : 1013-1023 , 1998.

[24] Smith, A. V. , Do, B. T. , and S鳗erlund, M. J. , "Optical Damage Limits to PulseEnergy from Fibers,"IEEE J. Sel. Top. Quantum Electron.,15 : 153-158 , 2009.

[25] Digonnet, M. J. ,Rare-Earth-Doped Fiber Lasers and Amplifiers, CRC Press, 2001.

[26] Siegman, A. E. ,Lasers, University Science Books, 1986.

[27] Jasapara, J. C. , Andrejco, M. J. , DeSantolo, A. , Yablon, A. D. , Várallyay, Z. ,Nicholson, J. W. , Fini, J. M. , et al. , "Diffraction-Limited Fundamental Modeof Core-Pumped Very-Large- Mode-Area Er Fiber Amplifier,"IEEE Sel. Top. Quantum Electron. ,15 : 3-11 , 2009.

[28] Galvanauskas, A. , Cheng, M. Y. , Hou, K. C. , and Liao, K. H. ,"High Peak PowerPulse Amplification in Large-Core Yb-Doped Fiber Amplifiers,"IEEE J. Sel. Top. Quantum Electron. , 13 : 559-566 , 2007.

[29] Knight, J. C. , Birks, T. A. , Russell, P. S. -J. , and Atkin, D. M. , "All-Silica Single-Mode Optical Fiber with Photonic Crystal Cladding," Opt. Lett. , 21 : 1547-1549 ,1996.

[30] Birks, T. A. , Knight, J. C. , and Russell, P. S. -J. ,"Endless Single-Mode Photonic Crystal Fiber,"Opt. Lett. , 22 : 961-963 , 1997.

［31］［31］Knight, J. C. , Birks, T. A. , Cregan, R. F. , Russell, P. S. -J. , and de Sandro, J. P. , "Large Mode Area Photonic Crystal Fiber,"Electron. Lett. ,34：1347-1348,1998.

［32］Limpert, J. , Liem, A. , Reich, M. , Schreiber, T. , Nolte, S. , Zellmer, H. , Tünnermann, A. , et al. , "Low-Nonlinearity Single-Transverse-Mode Ytterbium-DopedPhotonic Crystal Fiber Amplifier," Opt. Express, 12：1313-1319, 2004.

［33］J. Limpert, N. Deguil-Robin, I. Manek-Honinger, F. Salin, F. Roser, A. Liem,T. Schreiber, et al. , "High-Power Rod-Type Photonic Crystal Fiber Laser,"Opt. Express, 13：1055-1058, 2005.

［34］Limpert, J. , Schmidt, O. , Rothhardt, J. , Roser, F. , Schreiber, T. , and Tünnermann, A. , "Extended Single-Mode Photonic Crystal Fiber,"Opt. Express, 14：2715-2719, 2006.

［35］Brooks, C. D. , and Di Teodoro, F. , "Multi-Megawatt Peak Power, Single-Transverse-Mode Operation of a 100 μm Core Diameter, Yb-Doped Rod-Like Photonic Crystal Fiber Amplifier," Appl. Phys. Lett. , 89：111119-111121, 2006.

［36］Saitoh, K. , and Koshiba, M. , "Empirical Relations for Simple Design of Photonic Crystal Fibers,"Opt. Express, 13：267-274, 2004.

［37］Kuhlmey, B. T. , McPhedran, R. C. , and de Sterke, C. M. , "Modal Cutoff in Micro- Structured Optical Fibers," Opt. Lett. , 27：1684-1686, 2002.

［38］Kuhlmey, B. T. , McPhedran, R. C. , de Sterke, C. M. , Robinson, P. A. , Renversez, G. , and Maystre, D. , "Modal Cutoff in Micro-Structured Optical Fibers,"Opt. Lett. , 27：1684-1686, 2002.

［39］Dong, L. , McKay, H. A. , and Fu, L. , "All-Glass Endless Single-Mode Photonic Crystal Fibers,"Opt. Lett. , 33：2440-2442, 2008.

［40］Dong, L. , Peng, X. , and Li, J. , "Leakage Channel Optical Fibers with Large Effective Area,"J. Opt. Soc. Am. B, 24：1689-1697, 2007.

［41］Dong, L. , Wu, T. W. , McKay, H. A. , Fu, L. , Li, J. , and Winful, H. G. , "All-Glass Large- Core Leakage Channel Fibers,"IEEE J. Sel. Top. Quantum Electron. ,15：47-53, 2009.

［42］Dong, L. , Li, J. , McKay, H. A. , Marcinkevicius, A. , Thomas, B. T. , Moore, M. , Fu, L. B. , and Fermann, M. E. , "Robust and Practical Optical Fibers for Single Mode Operation with Core Diameters up to 170μm" (postdeadline paper CPDB6), Conference on Lasers and Electro Optics, San Jose, May 2008.

［43］Fu, L. , McKay, H. A. , Suzuki, S. , Ohta, M. , and Dong, L. , "All-Glass PM Leakage Channel Fibers with up to 80Ìm Core Diameters for High Gain and High Peak Power Fiber Amplifiers" (postdeadline paper MF3), Advanced Solid State Photonics, Denver, February 2009.

［44］Fini, J. M. , "Design of Solid and Microstructure Fibers for Suppression of Higher-Order Modes," Opt. Express, 13：3477-3490, 2005.

［45］Liu, C. H. , Chang, G. , Litchinitser, N. , Galvanauskas, A. , Guertin, D. , Jabobson, N. , and Tankala, K. , "Effectively Single-Mode Chirally-Coupled Core Fiber"(paper ME2), Advanced Solid-State Photonics, OSA Technical Digest Series (CD),Optical Society of America, 2007.

［46］Swan, M. C. , Liu, C. H. , Guertin, D. , Jacobsen, N. , Tankala, K. , and Galvanauskas, A. , "33 μm Core Effectively Single-Mode Chirally-Coupled-Core Fiber Laser at1064-nm" (paper OWU2), Optical Fiber Communication/National Fiber OpticEngineers Conference, 2008.

［47］Ramachandran, S. , Nicholson, J. W. , Ghalmi, S. , Yan, M. F. , Wisk, P. , Monberg, E. , and Dimarcello, F. V. , "Light Propagation with Ultra Large Modal Areas inOptical Fibers,"Opt. Lett. , 31：1797-1799, 2006.

［48］Ramachandran, S. , "Spatially Structured Light in Optical Fibers, Applicationsto High Power Lasers" (paper MD1), Advanced Solid State Photonics, Denver,February 2009.

［49］Siegman, A. E. , "Gain-Guided, Index-Antiguided Fiber Lasers," J. Opt. Soc. Am. B,24：1677-1682, 2007.

［50］Sims, R. , Sudesh, V. , McComb, T. , Chen, Y. , Bass, M. , Richardson, M. , James, A. G. , et al. , "Diode-Pumped Very Large Core, Gain Guided, Index Anti-GuidedSingle Mode Fiber Laser" (paper WB3), Advanced Solid

State Photonics, Denver, February 2009.

[51] Fini, J. M. , "Bend-Resistant Design of Conventional and Microstructure Fibers with Very Large Mode Area," Opt. Express, 14: 69-81, 2006.

[52] Fini, J. M. , "Intuitive Modeling of Bend Distortion in Large-Mode-Area Fibers," Opt. Lett. , 32: 1632-1634, 2007.

[53] Nicholson, J. W. , Fini, J. M. , Yablon, A. D. , Westbrook, P. S. , Feder, K. , and Headley, C. , "Demonstration of Bend-Induced Nonlinearities in Large-Mode-Area Fibers," Opt. Lett. , 32: 2562-2564, 2007.

[54] Hill, K. O. , Fujii, Y. , Johnson, D. C. , and Kawasaki, B. S. , "Photosensitivity in Optical Fiber Waveguides: Application to Reflection Filter Fabrication," Appl. Phys. Lett. , 32: 647-649, 1978.

[55] Meltz, G. , Morey, W. W. , and Glenn, W. H. , "Formation of Bragg Gratings in Optical Fibers by a Transverse Holographic Method," Opt. Lett. , 14: 823-825,1989.

[56] Hill, K. O. , and Meltz, G. , "Fiber Bragg Grating Technology Fundamentals and Overview," J. Lightwave Tech. , 15: 1263-1276, 1997.

[57] Lemaire, P. J. , Atkins, R. M. , Mizrahi, V. , and Reed, W. A. , "High Pressure H_2 Loading as a Technique for Achieving Ultrahigh UV Photosensitivity and Thermal Sensitivity in GeO_2 Doped Optical Fibers," Electron. Lett. ,29: 1191-1193, 1993.

[58] Erdogan, T. , Mizrahi, V. , Lemaire, P. J. , and Monroe, D. , "Decay of Ultraviolet-Induced Fiber Bragg Gratings," J. Appl. Phys. , 76: 73-80, 1994.

[59] Dignonnet, M. J. F. , Rare-Earth-Doped Fiber Lasers and Amplifiers, CRC Press, NewYork, 2001.

[60] Goldberg, L. , Cole, B. , and Snitzer, E. , "V-Groove Side-Pumped 1. 5. m Fiber Amplifier," Electron. Lett. ,33: 2127-2129, 1997.

[61] Jeong, Y. , Sahu, J. , Payne, D. , and Nilsson, J. , "Ytterbium-Doped Large-Core Fiber Laser with 1. 36 kW Continuous-Wave Output Power," Opt. Express, 12:6088-6092, 2004.

[62] Gapontsev, V. , Gapontsev, D. , Platonov, N. , Shkurikhin, D. , Fomin, V. , Mashkin, A. , Abramov, M. , and Ferin, S. , "2 kW CW Ytterbium Fiber Laser with Record Diffraction-Limited Brightness" (paper CJ1-1-THU), Conference on Lasers and Electro- Optics Europe, Munich, Germany, 2005.

[63] Dong, L. , Loh, W. H. , Caplen, J. E. , Minelly, J. D. , Hsu, K. , and Reekie, L. , "Efficient Single Frequency Fiber Lasers Using Novel Photosensitive Er/YbOptical Fibers," Opt. Lett. , 22: 694-696, 2007.

[64] Loh, W. H. , Samson, B. N. , Dong, L. , Cowle, G. J. , and Hsu, K. , "High Performance Single Frequency Fiber Grating-Based Erbium: Ytterbium-Codoped Fiber Lasers," IEEE J. Lightwave Tech. , 16: 114-118, 1998.

[65] Jeong, Y. , Nilsson, J. , Sahu, J. K. , Payne, D. N. , Horley, R. , Hickey, L. M. B. , and Turner, P. W. , "Power Scaling of Single-Frequency Ytterbium-Doped Fiber Master Oscillator Power Amplifier Sources Up to 500W," IEEE J. Sel. Topics Quantum Electron. , 13: 546-551, 2007.

[66] Offerhaus, H. L. , Broderick, N. G. , Richardson, D. J. , Sammut, R. , Caplen, J. , and Dong, L. , "High-Energy Single-Transverse-Mode Q-Switched Fiber Laser Based on a Multimode Large-Mode-Area Erbium-Doped Fiber," Opt. Lett. , 23:1683-1685, 1998.

[67] Renaud, C. C. , Offerhaus, H. L. , Alvarez-Charvez, J. A. , Nilsson, J. , Clarkson, W. A. , Turner, P. W. , Richardson, D. J. , and Grudinin, A. B. , "Characteristics of Q-Switched Cladding-Pumped Ytterbium-Doped Fiber Lasers with Different High-Energy Fiber Designs," IEEE J. Quantum Electron. , 37: 199-206, 2001.

[68] Fermann, M. E. , "Ultrashort Pulse Sources Based on Single-Mode Rare-Earth-Doped Fibers," J. Appl. Phys. B, B58: 197, 1994.

[69] Zhou, X. , Yoshitomi, D. , Kobayashi, Y. , and Torizuka, K. , "Generation of 28-fs Pulses from a Mode-Locked Ytterbium Fiber Oscillator," Opt. Express, 16: 7055,2008.

第16章

脉冲光纤激光器

Fabio Di Teodoro

诺思罗普·格鲁曼宇航航空航天公司资深科学家,加利福尼亚州,洛杉矶南湾

16.1 引言

纳秒量级、数千赫重复频率(PRF)的脉冲在遥感领域具有重要应用,如测距、测高以及地表形貌勘探等。由于亚千兆赫的转换极限带宽,这种脉冲激光还可以应用于近距离测量、化学药物检测以及通过共振激发进行微结构探测。另外,在材料加工方面也有广泛的应用,如激光打标、雕刻以及精密钻孔等。在实际应用中,这种脉冲激光除必须具有良好的空间和光谱特性之外,还应有可靠的封装特性,使其能更稳定工作在恶劣的非实验室环境中。

直到最近,块状(非波导型的)二极管泵浦的固态(DPSS)纳秒脉冲激光器似乎是唯一能够满足上述所有应用需求的激光器。但是,DPSS激光器的脉冲重复频率、平均输出功率以及脉冲能量提升能力等方面随着亮度提升出现很多问题,主要是由于热光效应引入的畸变会随着功率增大而增加。然而在光纤中,由于热分布均匀且具有单模传输特性,这些问题可以得到很好解决。又由于光纤中泵浦光与增益介质可以保证很大的交叠积分,使得光纤激光器具有很高的光光转换效率;这对于集成平台来说显得至关重要,特别是在星载、机载以及工业应用等方面。另外,光纤激光器不需要复杂的空间光路耦合系统,其结构紧凑、可靠性好,可以将传统的大体积光学平台变成特定设计的可移动设备。

但是,传统的脉冲光纤激光器(PFL)输出的脉冲能量和峰值功率都较低,只能用于光纤通信和其他一些低功率的应用场合。这是由于高功率脉冲光纤激光器具有很高的辐照亮度与长度乘积,它的输出功率受到严重的非线性效应限制,并导致其光谱展宽。这个问题削弱PFL在一些需要高谱亮度的应用中能力。例如,将激光频率调节到材料的共振频率后,很难将信号回光从宽带背景噪声中识别出来。再如,非线性波长转换中实现光光转换效率的最大化。另外,光谱展宽还限制了一些保证空间亮度的光束合成方案(相干锁相、波分复用)的最终功率。对于千赫兹重复频率的脉冲光纤激光器而言,功率

提升的另一个挑战就是由于放大自发辐射或光损伤带来的储能限制。

本章详细阐述这些问题的本质所在及其对光纤激光器的影响程度,特别是针对高脉冲能量、高峰值功率的纳秒级脉冲。介绍近几年来用于解决此类光纤激光器或放大器功率提升的可行办法,重点介绍 $1\mu m$ 波段掺 Yb 的连续或脉冲光纤激光器,最后对未来的发展趋势进行展望。

16.2　脉冲功率扩展面临的挑战

本节主要介绍脉冲光纤激光器或者脉冲光纤放大器在功率提升方面遇到的难题,以及如何满足非通信领域的应用需求,包括非线性效应、放大的自发辐射、光损伤三个主要问题。

16.2.1　非线性效应

非线性效应(NLE)是光纤中影响脉冲峰值功率的主要因素,主要是由于光场被限制在纤芯截面小而且很长的光纤中。NLE 的强度可以表示为

$$S_{NLE} = \int_0^L \frac{P_{peak}(z)}{A} dz \tag{16.1}$$

式中:L 为光纤长度;$P_{peak}(z)$ 为沿光纤轴向位置 z 处的脉冲峰值功率;A 为光纤模场面积。

光纤中的非线性效应比较复杂,包括光子与晶格振动之间的能量交换以及参量过程,它表现为光强随材料折射率的变化(光克尔效应)而变化。本节将介绍纳秒脉冲光纤激光器中主要的非线性效应,及其对激光器或放大器输出特性的影响。

1. 受激布里渊散射

受激布里渊散射是入射光子与玻璃格点中的声学声子进行非弹性能量交换的过程,该过程产生一个相位共轭的、波长红移的背向散射斯托克斯光束。正是由于在高功率光纤激光器中存在这种激光能量转移到斯托克斯光能量的过程,导致输出光效率降低,并且这种背向散射光很可能会造成破坏性的寄生脉冲特性。另外,SBS 具有很高的增益(比受激拉曼散射的增益高 2 个数量级,下节将进行介绍),因此,其阈值很低,特别是对于高功率、窄谱宽的入射光而言。由于其低阈值和高损伤特性,使得 SBS 成为高功率连续光纤激光器中不可避免的研究内容,特别是在光谱合成或相干合成中,保证功率提升的同时还要保证良好的光谱质量。对于数纳秒的脉冲光纤激光器或脉冲光纤放大器中,在产生时域带宽接近傅里叶变换极限的脉冲(如用于高分辨率的光谱测量以及分子种类识别[1,2]等)时,SBS 也是主要的限制因素。

然而,当脉冲宽度小于 $2 \sim 3ns$ 时,几乎不会发生 SBS,这是为实现峰值功率最大化的主要感兴趣的脉冲领域。主要基于两个方面的原因:一是当入射光的光谱宽度超过熔融石英中声学声子的寿命时(通常为 50MHz),SBS 的增益大大降低,作为比较,傅里叶变换的极限带宽为 3ns 时,对应的高斯型脉冲的半高全宽为 150MHz;二是 3ns 脉冲在光纤中的传输长度小于 1m,这就意味着如此短的脉冲和由于 SBS 产生的斯托克斯光的作用长

度很短。

以上分析仅仅适用于没有 SBS 种子光的情况,意味着光纤中主要传输的仍然是激光,而斯托克斯分量仅仅产生于微小的参量光子噪声或是由于 ASE 激发了斯托克斯频移波长处的光。然而,由于 SBS 频率下移量很小(1060nm 处掺 Yb 光纤的频移量约为15GHz),输入光被增益介质放大时,SBS 的斯托克斯频移光同时会放大。这主要发生在诸如由短腔激光产生激光束(如调 Q 光纤激光器或半导体激光器)的情形;因为此时纵模间隔很接近 SBS 频移量,在较低功率或较短的输出脉冲时就会产生 SBS。此外,在高重复频率,且脉冲宽度比声子寿命(熔融石英中约为 10ns)更短的相干脉冲序列中,由于斯托克斯波与脉冲序列的相互作用,严重的 SBS 会在短脉冲中激发起来。

最后,由于反向传输特性,SBS 严重地被光反馈所影响,它对脉冲特性的改变将叠加到正常运转(连续和脉冲情况下)的激光器上。这种寄生效应通常被称为 SBS 引起的调制不稳定性[3],特别对线性(驻波)腔激光器有严重的危害。

2. 受激拉曼散射

受激拉曼散射是光纤中另一种重要的非弹性非线性过程,它源自激光束与激光诱导的内部分子键的振动作用。这种相互作用导致电偶极矩的变化(光学声子)。这种振动比 SBS 过程所涉及的声学声子更加剧烈;在熔融石英中,SRS 所对应的光子转移到声子的能量约为 55meV,对应于斯托克斯频移量约为 13THz。如此巨大的波长偏移量(在1μm 处的波长偏移量约为 60nm)很难满足多数应用场合对于光谱控制的需求。

拉曼的峰值增益(熔融石英约为 10^{-13} m/W)比 SBS 低 2 个数量级,故通常在较高功率条件下才能激发 SRS。不同于 SBS,SRS 可以与激光同向传输,只有当斯托克斯脉冲传输的延时量(表现为较低的群速度)与短脉冲的脉宽相比拟时,SRS 能够得到有效抑制。这种走离效应在熔融石英中对于脉宽小于 10ps 的脉冲很重要,当脉宽为纳秒量级时,走离效应可以忽略。另外,SRS 的增益带宽远大于 SBS(约为 40THz),因此在很宽的光谱带宽内都可以保证其强度基本一致。

对于近纳秒脉冲而言,SRS 是最主要的非线性效应,只有通过减小 S_{NLE} 的值或者特别设计光纤参数,即增大 SRS 光场的传输损耗,来抑制 SRS。近来提出了一些抑制 SRS 的方法,如双孔光纤[4]、W 形纤芯[5]以及光子禁带光纤[6]。

3. 非线性相位调制

光克尔效应直接表现为沿着光纤轴向位置 z 处腔内脉冲存在相移 ϕ_{NL},对于纳秒量级窄线宽脉冲[7],有

$$\phi_{NL} = \frac{2\pi n_2}{\lambda} \int_0^z \frac{P(z',\tau)}{A} \mathrm{d}z' \qquad (16.2)$$

式中:λ 为脉冲光波长;n_2 为辐射相关的折射率系数;P 为脉冲瞬时功率;τ 为随着脉冲一起(以群速)运动的坐标系中的时间。

若脉冲形状在传输过程中时域上的变化可以忽略,则可以将式(16.2)中的 P 与 τ 有关的项提出积分符号之外。当 $z = L$(光纤长度)时,$\varphi_{NL}(z,\tau)$ 等于式(16.1)中的 S_{NLE}。对于由自相位调制(SPM)引起的相移 φ_{NL},载波频率感受到一个对应的内部频移(啁啾)量:

$$\Delta\nu = -\frac{1}{2\pi}\frac{\partial\varphi_{\mathrm{NL}}}{\partial\tau} - \frac{n_2}{\lambda}\int_0^z \frac{1}{A}\frac{\partial P}{\partial\tau}\mathrm{d}z' \qquad (16.3)$$

对于典型激光脉冲,$z=L$ 处的频移量越大,脉冲光谱展宽越严重,进而影响到许多需要高谱亮度应用的情形。这种非线性相移同样是限制超短脉冲产生的一个因素(参见第 17 章),也会影响基于光纤激光的多光束相干合成中的相位锁定。

根据式(16.3),SPM 引起的光谱展宽与脉冲形状有关,对于具有陡峭前沿或后沿的脉冲更为明显。这对运行在饱和状态(脉冲能量达到饱和,参见 16.2.2 节)下的脉冲放大器很不利,因为反转粒子数会被脉冲前沿大量消耗,脉冲在放大过程中发生畸变,前沿变得更加陡峭,对于给定的峰值功率,会出现更严重的 SPM。

当脉冲光谱中包含多个频谱时,即多个纵模,会加剧非线性相位调制。此时不同光谱分量的非线性相移会发生相互耦合,出现交叉相位调制(XPM),导致整个光谱的很大展宽[3]。

对于一般的非线性效应,可以通过使用大芯径、短光纤来减小 S_{NLE} 的值,从而减轻非线性相移的影响。采用单频种子源进行放大时(为避免 XPM),在时域上一个轻微倾斜的脉冲可以通过放大实现高谱亮度输出。

通过对输入种子光脉冲和光谱形状进行预处理也可以降低 SPM 和 XPM,如增益转换的半导体激光或外腔调制的 CW 激光种子源。例如,前面描述的脉冲变陡峭现象可以通过将前沿先变平滑,则放大之后,脉冲就会呈现出对称的类高斯形状[7,8]。

另外,式(16.3)中描述的由 SPM 引起的 $\Delta\nu$ 对脉冲斜率而言是正的,因此在脉冲前沿总是正的、在后沿则是负的,这称为正啁啾。因此,可以通过引入负啁啾(如通过电光调制器)进行补偿,从而补偿脉冲在光纤中传输或放大过程中由于 SPM 导致的光谱展宽。

4. 四波混频

光纤中的四波混频过程源自高亮度光束(通常称为 FWM 泵浦光)与基质材料(这里指熔融石英)散射中所导致光子对间的能量交换。这种散射效率依赖于三阶极化率,即参数 n_2。

由于 FWM 与材料共振无关,在其增益中光子能量守恒,这就意味初始 FWM 谱表现为泵浦光产生两频率间隔对称的边带的出现,继而功率转移向边带转移。由于存在这种主泵浦光将能量转移到边带(通常达到数纳米)的过程,脉冲光纤激光器或放大器中 FWM 成为限制高光谱亮度的主要因素。若 FWM 的边带处刚好可以获得拉曼增益,其能量转移效率还会通过 SRS 得到加强,抑或是通过非线性相位调制进行加强。事实上,当纤芯中的光强峰值足够高时,还会发生级联非线性效应,导致超连续谱产生。

发生 FWM 的另外一个必要条件就是光子必须满足动量守恒定律,即相位匹配条件:

$$\Delta k = 2\varphi_0 - \varphi_1 + \varphi_2 = 0 \qquad (16.4)$$

式中

$$\varphi_i = \frac{2\pi n_{\mathrm{eff}}(\lambda_i)}{\lambda_i} + \varphi_{\mathrm{NLc}i}, i = 0, 1, 2, \qquad (16.5)$$

式中:指标 0、1、2 分别表示泵浦光和两束散射光;λ_i、$n_{\mathrm{eff}}(\lambda_i)$ 和 $\varphi_{\mathrm{NL}(i)}$ 分别为每束光的波长、对应的有效折射率以及非线性相移(由式(16.2)给出)。注意到存在 FWM 时,由于

散射光功率很低,因此只需考虑 $\varphi_{NL(0)}$。相位失配时($\Delta k \neq 0$),散射光只会以 $2\pi/|\Delta k|$ 的周期(称为 FWM 相干长度)沿着光纤轴向传输,而不会积累能量。

当 $\lambda < 1.3\,\mu m$(零色散波长)时,硅基光纤中的色散参数 $D = \mathrm{d}/\mathrm{d}\lambda[n(\lambda)/\lambda]$ 为正数,FWM 一般不能满足相位匹配条件,除非泵浦光和散射光是不同的导波模式(仅可能出现在多模光纤),或是呈现出不同的偏振态。与之相反,当波长处于零色散区($D = 0$)或反常色散区($\lambda > 1.3\,\mu m, D < 0$)时,即使在单模光纤中很低的泵浦功率下 FWM 也能实现相位匹配。当泵浦功率足够高时,非线性相移 φ_{NL} 为正值也能使 FWM 满足相位匹配。

注意:在光纤放大器中,FWM 泵浦光的增益接近指数增长,功率在 FWM 相干长度的短距离内快速增长。这破坏了泵浦光和散射光之间的能量交换条件,即使在相位失配的情况下正常色散波长区(约 $1\,\mu m$)也可能会导致严重 FWM 现象的出现[10,11]。

类似于前述的 SBS 和非线性相位调制现象,当部分激光功率分布在二级或相邻谱分量,如多纵模情况下,FWM 也会加强。FWM 中处于这些频率的边带就会变成"种子",即使在很低的峰值功率下也能产生,特别是当光谱宽度只有几十吉赫或更窄的时候。

上述情况在光通信中称为准相位匹配串扰,会导致如图 16.1 所示的光谱展宽。图中所示是由一边频强度降低不到 10dB 的单频 Nd:YAG 激光输出的 1ns 脉冲,在掺 Yb 光纤放大器放大过程中光谱的展宽情况。优化设计脉冲光纤激光器时必须考虑这种重要情况,特别是对于放大器中种子源的选择,如 16.3 节中所讨论的。

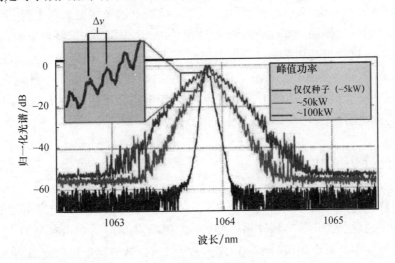

图 16.1　主动调 Q Nd:YAG 激光器作为种子源,经光纤放大器后输出
的光谱在对数坐标下的归一化变化趋势

注:种子输出的脉冲脉宽约为 1ns,重复频率为 10kHz,峰值功率为 5~10kW。黑线表示种子光谱;红线表示峰值功率放大到 50kW 时(10dB 增益);蓝线表示峰值功率为 100kW 时。放大器增益光纤为长 3m,纤芯直径为 25um 的掺 Yb 光纤。串扰的频率间隔($\Delta\nu$)约等于种子光的纵模间隔。

16.2.2　放大的自发辐射

光纤中掺杂离子的激发态产生的自发辐射分布在各个方向上,它们中的一部分可以被纤芯捕捉形成导波在光纤中双向传输,当存在粒子数反转时通过受激辐射被放大。在下一次脉冲形成之前,若光纤中只有泵浦光且反转粒子数处于积聚的过程(在纤芯中储能),ASE 功率会持续增加;当超过某个临界点,就会将泵浦功率都转换为 ASE,导致激发态粒子数不再增加。作为一般性规则,这只发生在受激辐射和自发辐射速率可比拟的时候。由于 ASE 限制了反转粒子数,小信号增益 G 也受到了限制,以及下一个脉冲的能量:

$$E_{ext} = GE_{sat} \tag{16.6}$$

式中:E_{sat} 为光纤的饱和能量,且有

$$E_{sat} = \frac{\varepsilon}{\sigma_a + \sigma_e} \frac{A}{\Gamma} \tag{16.7}$$

其中:σ_a、σ_e 分别为纤芯掺杂在脉冲光波长处的吸收和发射截面;ε 为光子能量;A 为模场面积;Γ 为模场和掺杂分布的横向交叠积分。

特别是对于低重复频率的脉冲序列,由于有一个较长时间在产生 ASE,导致脉冲能量和泵浦转换效率低。例如,在典型的 975nm 连续光泵浦的掺 Yb 大模场(纤芯直径约为 25μm,数值孔径为 0.06)光纤激光器中,当重复频率低于 10kHz 时,转换效率很低[12]。

除了这种对最大输出能量的限制,随信号光同向传输的 ASE 还会使得脉冲对比度(脉冲与连续波背景的功率比)降低,而背向 ASE 还会对放大器前端的器件造成破坏。若背向存在反馈,ASE 会多次经过光纤增益介质,导致上述破坏更加恶劣,甚至还会产生 ASE 增益峰处的寄生振荡。如存在 ASE 和期望外的光反馈起源,这些效应的泵浦功率阈值将会很低。不过对于高功率的光纤放大器而言,即使在腔内插入用以抑制任何外部反馈的光纤隔离器,寄生振荡仍然存在。因为光纤中的瑞利散射会提供一种内秉的分布式反馈,特别是在长光纤中。这种情况下寄生振荡甚至还会产生高功率的前向或后向脉冲,对系统造成危害。

16.2.3 光损伤

光纤中脉冲功率的定标最终受限于由于光致电离导致的电介质击穿引起的光损伤。在掺镱光纤中,脉宽为 50ps 的脉冲辐照度 $I_f \approx 450GW/cm^2$ 时达到击穿阈值[13]。这与报道的兆瓦峰值功率的击穿阈值(约 400 GW/cm^2)基本一致。接近损伤阈值的临界峰值功率 P_c 由 $I_f \times A$ 给出(A 为模场面积)。当光功率超过 P_c 时,会产生自聚焦(SF)现象,空间表现为介质折射率随辐照度成正比增大。最终,自聚焦导致空间光束塌缩以及失控的辐射发散,并造成光损伤。最近的研究分析表明[14,15]石英光纤中基模(LP_{01})的 P_c 与模场面积无关,可以近似为块状石英中的高斯光束,由下式给出:

$$P_c = \frac{\lambda^2}{2\pi n_0 n_2} \tag{16.8}$$

式中:λ 为波长;n_0 为折射率;n_2 为二阶非线性折射率系数,对于脉宽大于 1ns 的脉冲约为 $2.6 \times 10^{-20} m^2/W$(对小于 1ns 的脉冲低至 $2.2 \times 10^{-20} m^2/W$,因为电致伸缩消失了)。波长 $\lambda \approx 1.06\mu m$ 的掺 Yb 光纤中,熔融石英的 $P_c \approx 5MW$,这实际上比很多其他光学材料

的 P_c 值都要高。例如,通常用于产生高功率脉冲激光的晶体 Nd:YAG 和钛蓝宝石中,n_2 分别约为 $3 \times 10^{-19} \, \text{m}^2/\text{W}$ 和 $3 \times 10^{-20} \, \text{m}^2/\text{W}^{16}$,对应的 P_c 分别约为 330kW(1.06μm 处的 Nd:YAG)、2MW(0.8μm 处的钛蓝宝石)。但是,固体激光器或放大器可以在自聚焦区无损伤工作,因为可以通过控制晶体的物理长度比 SF 塌缩长度 L_c 短来保证。对于高斯光束,有[17]:

$$L_c = \frac{A}{\lambda} \frac{1}{\sqrt{P/P_c - 1}}$$ (16.9)

式中:A 为光束截面积;P 为峰值功率。

即使在纤芯直径约为 100μm 的单模掺 Yb 光纤($A \approx 5000 \, \mu\text{m}^2$)中,$\text{LP}_{01}$ 模的峰值功率 P 仅超过 P_c 的 10% 时,L_c 仅有 15mm,然而对于光纤而言,很难短于此长度。但是,对于晶体而言,A 可以很大,能量可以在厘米量级的晶体中被提取。

目前看来,掺稀土离子的光纤高功率时出现自聚焦现象似乎是难以避免的。但是,仍然有很多实验结果与理论描述的并不完全吻合。有些结果显示了光纤中的高阶模的自聚焦现象,其 P_c 值是基模 LP_{01} 的几倍,但是在传输过程中会出现空间不稳定性,且在同样的功率量级下(4~5MW)出现了塌缩现象[15]。另外的分析也说明了理论与实验的不一致,在超多模传能光纤中可以传输峰值功率高于 20MW 的脉冲[18]。另外,也有分析指出光纤中基模 LP_{01} 的 P_c 值与模场面积有关,因为光纤放大器中的空间烧孔效应会导致光斑呈丝状。

相比于整根光纤,光纤端面的损伤阈值更低。这是由于端面在切割或打磨过程中不可避免地会造成端面的光学质量降低。这个问题的解决围绕光纤端帽(图16.2)进行,它熔接了一段非波导的石英在输出光纤端面上。光纤导波光束在端帽中通过自由空间衍射导致在空气端面上截面光强的大幅度下降。只要进入端帽的光斑小于端帽横截面积中折射率均匀分布的部分,输出光束质量就不会恶化。光纤端帽技术现已广泛应用于脉冲或 CW 的高功率光纤激光器或放大器中。

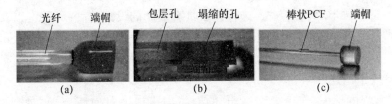

图 16.2 端帽的侧视照片

(a)通过熔接一段角度打磨后的大无芯熔融石英在输出光纤上制得的端帽;(b)光子晶体光纤中的端帽是通过将光纤输出端大约 2mm 的长度进行轴向孔洞热塌缩(抑制波导)制得的;(c)棒状光子晶体光纤(外径大于 1.5mm)通过高温熔接一个大直径(8mm)带高透膜的端帽(块状熔融石英)。

16.3 高功率脉冲光纤激光器

本节主要介绍产生高脉冲能量和高峰值功率的脉冲光纤激光器的设计过程中必

须考虑的关键技术。主要针对 16.2 节中描述的相关问题提出相关解决方案,很多脉冲光纤激光放大器的技术标准都来自于光通信中的放大器的设计。例如,增益最大化、噪声管理、低色散管理、熔融石英中放大器运转在最低损耗的波长处(约 $1.5\mu m$)等。虽然相比于 DPSS 激光器,光纤介质表现出些许不同,但是本章暂时不考虑这些不同之处,而是将重点放在保持光纤优势的同时怎样进一步提升输出功率,包括光纤激光器的高效率和高光束质量。下面将从光纤设计、ASE 管理以及激光器结构三个方面进行介绍。

16.3.1 光纤类型

获得高峰值功率最合适的光纤无非是大纤芯(对应大的模场面积 A)和相对短的光纤长度以减小由式(16.1)给出的非线性效应的强度。增加纤芯的掺杂面积也是一种能获得脉冲功率提升的有效方法(见式(16.7)),但同时会增加纤芯中传输的模式数,导致光束质量变差,除非减小纤芯的数值孔径 NA 或者是采用其他一些优化方法。例如,在 LMA 光纤或多模光纤中,通过选择性弯曲损耗的方法来抑制高阶模的传输,保证只有基模(LP_{01})能够在光纤中传输。而当光纤模场面积约为 $700\mu m^2$ 时,光纤中基模和高阶模的弯曲损耗已无法区分,因此这种选择性弯曲损耗抑制高阶模的方法已不再适用。而且,过度弯曲会导致模场发生畸变,极大地减小模场有效面积,也就失去了选择大模场光纤的意义。最后,即使在低 M^2 的光纤中,残余高阶模的空间干涉也会导致光斑中心弥散,远场光斑抖动,对其在远程遥感以及材料加工[21]中的应用很不利。

另一种方法是将波导设计成在非常大纤芯中单模传输的。一个重要的例子是光子晶体光纤(PCF)。这种光纤的结构是一系列呈六边形排列的轴向孔洞构成空气包层多模波导结构(用于泵浦导引),中心则是实心的稀土掺杂纤芯。泵浦波导和纤芯的折射率是由轴向孔洞的直径与间距之比和低折射率的氟掺杂量分别决定的。可以通过调节纤芯和泵浦波导的折射率比值来保证单模传输。这种微结构是通过堆栈—拉制的方法制作的,相比于普通化学沉积的方法,这种方法具有更高的设计精度,而且可以获得很低数值孔径的纤芯。这种方法使单模光纤的芯径变得很大(目前已达到 $100\mu m$),最终弯曲损耗变得很严重,因此 PCF 需要被封装在非常直的包层中,形成了棒状 PCF。有关其性能的例子见 16.4 节所述。

类似于常规的保偏(PM)光纤,PCF 的双折射可以通过使两个轴向棒与 PCF 包层的热失配引入的应力造成的弹光效应来实现。不同于常规的 PM 光纤,应力棒用于束缚光并且紧靠着纤芯,不需要通过过量的硼掺杂(因此结构是不稳固的)就可以在大芯径中实现高双折射。由于极低的纤芯—内包层折射率比,对于沿着 PCF 快轴传输的偏振光,双折射可使其获得比内包层更低的有效折射率,导致此光束溢出纤芯,称为极化效应。

其他一些光纤通过增加模场面积(MFA)来提升光束质量,包括泄漏通道光纤[22]、手性耦合光纤[23](如第 15 章中讨论的)。受限于大纤芯,这些能够保证单模传输特性的光纤似乎不可避免地会走向同一趋势,即需要保持光纤为直线,以避免弯曲损耗以及弯曲导致的模场压缩。另外一种光纤专门用于保证单个的、圆对称的大面积高阶模(HOM)传输,例如 LP_{04} 或 LP_{07}。这个选模过程是通过在光纤输入端引入一个特别设计的长周期光栅实现的[24];且高阶模受弯曲引起的面积收缩[24]和模间串扰[25]影响较小,可以保证存在弯曲的同时保持良好的模式纯度和低非线性效应。但是,HOM 的光束质量因子(BQ)并不理想(根据文献[26],LP_{04} 的 M^2 超过 6.7),在高功率应用时需要使用一个模场适配器以获得好的光束质量因子。而且,HOM 的局部峰值辐照度比基模 LP_{01} 大很多(例如,$2100\mu m^2$ 模场的 LP_{07} 的峰值辐照度与 $316\mu m^2$ 模场的 LP_{01} 的峰值辐照度相同),在高功率输出时很容易造成光损伤。最后,空间烧孔效应会导致能量提取效率下降以及多模输出。

相对于增大纤芯面积,通过缩短光纤长度来减低 NLE 对于光纤设计和激光器结构来说也很重要。在某些情况下,缩短光纤长度会引起泵浦吸收不充分导致光光转换效率下降。通常有两种解决方案:一是增加掺杂离子浓度,但是这种方法也存在限制,过高的掺杂浓度会导致激发态猝灭,降低激发态寿命;二是增加泵浦光和纤芯的作用面积,即通过几何设计的方法增加双包层光纤纤芯和包层的面积比。但这种方法会导致包层可容纳的泵浦光亮度降低;这近来已尝试通过采用高亮度的半导体激光器泵浦来解决,如目前商用的、带尾纤输出的、角度或偏振复用的二极管亮度可达 $10MW/(cm^2 \cdot sr)$。

假设有效泵浦吸收系数是在最小化纤芯—包层面积比的条件下获得的,任何减小掺杂体积(如减小总的掺杂离子数)的举动最终都会导致小信号增益降低,进而降低了储能能力。这必然导致可提取的能量(正比于小信号增益)降低,这意味着此激光器只能用作放大器的种子时,需要在保证效率的同时获得更高的输出功率[27]。

短光纤放大器的另一个问题是热管理。通常认为光纤是散热性最好的一种固态增益介质,即使是在几千瓦平均功率、单模输出、近衍射极限的激光器中,也表现出优良的热性质。然而,这种优势是针对长光纤中热分布均匀,热光畸变可忽略的情况而言的。为了避免 NLE,缩短光纤之后,在给定泵浦功率和输出功率时光纤的热载荷也成倍增加,导致具有很低 NA 纤芯的光纤中热致折射率变化的程度与"冷"光纤中纤芯—包层的折射率差可比拟,使得纤芯中的高阶模增加,从而导致 BQ 退化[28]。

16.3.2　放大的自发辐射管理

近年来通过各种方法抑制和管理增益光纤中产生的 ASE 已引起了广泛关注,但是仍然没有出现十分有效的措施。最简单的方法就是减小纤芯的 NA,这样可以成平方地减小纤芯中自发辐射的面积。

另一种方法是采用微结构的增益光纤,这种光纤可以对某些具有特定波长间隔的光产生光子禁带的作用,相当于一个分布式光谱滤波器。Goto 等人[29]采用掺 Yb 实心光子阻带滤波器成功抑制了 1030nm 处的 ASE。

对于产生高脉冲能量的激光器或放大器,ASE 的管理主要是通过合适的光纤激光器或放大器结构设计来实现。例如,在其他一些激光器中,最常用的 ASE 抑制方法是增益分段管理。这种方法同样适用于 MOPA 结构的放大器,采用中心波长在信号光波长处的带通滤波器将增益分别分布在几段增益光纤中。滤波器只允许放大的信号脉冲通过,而每级产生的 ASE 光则不能通过。这就要求信号光的带宽远远窄于 ASE 光的谱宽,一般非晶增益材料就有这种特性,如在玻璃光纤中能量转换过程会引发强烈的 Stark 展宽,使得 ASE 线宽为几十纳米。

光谱滤波器对于滤波带宽内的 ASE 光并不能起到滤波的作用,这就需要采用时域的方法来抑制。通常是在放大器链路中插入一个电光或声光幅度调制器,这种调制器相当于一个对脉冲信号具有高透过率而对其他光低透的光开关。而且只有当调制器的开/关消光比足够高(≥20dB),在一个脉冲重复周期内的透光时间足够短,才能实现带宽内 ASE 的抑制。这种方法的缺点是增加了系统复杂度以及成本。但一般在 MOPA 结构中,带宽内 ASE 光都产生于增益很高但功率比较低的放大器链路的前级,而这种低功率的、带尾纤输出的独立调制器已经商用,而且很容易接入放大器链路中,不会引起系统的复杂度和不稳定性。

对于低重复频率的激光器或放大器,可以采用脉冲泵浦的方法。这种方法通常用于块状 DPSS 激光器中,特别是用于光纤泵浦的激光二极管单管(可以被调制到很高频率)的频繁应用。这种技术中通过光泵浦间隔的精细设计可以抑制下个脉冲建立之前的 ASE 积累。若脉冲周期比反转粒子数寿命长,且对于足够长的光纤,相比于连续泵浦这种脉冲泵浦的方法非常有效。因为当一个脉冲产生之后,只有一小段增益光纤中剩余的反转粒子数用于产生 ASE 光,由于此时不再有泵浦光,ASE 得到了很好的抑制。对于硅基的掺 Yb 或 Er 光纤,要求脉冲重复频率应该分别小于 1kHz 和 100Hz。

16.3.3 MOPA 结构和振荡器结构

MOPA 结构的单级或多级放大器中通常采用一个低功率的激光器充当种子源,且 MOPA 结构可以使各放大级对产生脉冲的光谱或空间以及功率特性进行单独的优化。根据相关文献记载,很多情况下,脉冲光纤 MOPA 结构都是采用块状的固体激光器作为主振荡源。借鉴光通信中的设计,更为常见的方法是采用带尾纤输出的半导体激光器作为种子源,实现全光纤熔接的 MOPA 结构。实现脉冲输出通常是采用一个脉冲发生器进行增益调制或是通过外部电调制,这些技术可以实现任意形状的脉冲主动调制,包括脉宽(从几皮秒到 CW 光)、脉冲形状、重复频率以及脉冲与触发信号的同步性等。另外,通过外腔或分布反馈结构设计可以获得单频或近傅里叶转换极限的光谱特性。半导体激光器的一个缺点是其输出的脉冲能量很低,通常对于纳秒量级的脉冲只有纳焦量级的脉冲能量,这就意味着光纤放大器需要提供足够高的增益。于是,有人提出采用微片激光器替代半导体激光器,这种块状 DPSS 激光器同样具有很小的体积,易于集成到光纤系统中,而且其很短的腔长可以保证重复频率为几十千赫时脉宽只有 1ns 甚至更短,脉冲能量达 10μJ 的单纵模输出。但是,由于微片激光器是采用被动调 Q 的技术,重复频率不可调,且脉冲会随时间抖动,除非采用种子注入技术进行改善。

对于 MOPA 结构,另一个优势是可以实现增益的分段管理,从而可以极大地抑制 ASE(如前面讨论的)。还可以根据各放大级的增益选择合适的增益光纤进行放大,从而保证放大效率最大化,以及最大程度地降低非线性效应。但是,这种增益分段管理的 MOPA 结构每级都需要重复加入光器件,包括隔离器、滤波器以及时间门控电路等,势必会增加系统的复杂度以及成本。

相比于 MOPA 结构,另一种产生高功率脉冲的简单方法就是直接采用振荡器结构,如主动调 Q 光纤激光器。类似于块状 DPSS 激光器的设计,在线形或环形腔光纤激光器中插入一个电光(泡克尔盒)或声光转换器。对于产生毫焦量级脉冲能量的激光腔而言,一般用于光通信中的光纤耦合器件并不能承受如此高的功率,因此需要在腔内插入空间调制器件以及空间耦合光路。

调 Q 光纤激光器的另一个限制是腔长,通常为几米,而调 Q 的脉宽与腔长成正比(对于给定的腔损耗以及初始反转粒子数[30]),因此调 Q 脉冲光纤激光器的脉宽一般为几十纳秒,难以获得很高的峰值功率。通过采用棒状 PCF 作为增益介质,可以在足够短的光纤长度内获得很高的储能(见 16.4 节的相关结果)。对于主动调 Q 的光纤激光器,虽然脉冲重复频率可以通过腔内调制器进行主动调制,但是脉宽(对应峰值功率)和重复频率并不能独立控制。脉冲 PRF 的耦合源于对于给定的腔长,脉宽随着反转粒子数积累值的减小呈指数增加,直至减小到与增益介质透明时反转粒子数的值相当[30]。也就是说,对于给定的泵浦功率,脉宽随着 PRF 增加而增加。

16.4　高脉冲能量、高峰值功率的光纤放大器:结果

本节主要介绍近年来在纳秒量级、千赫重复频率的高功率脉冲光纤激光方面取得的进展,并重点关注其输出特性,包括高峰值功率和平均功率、光束质量、光谱亮度、偏振度、脉冲对比度以及脉冲形状的控制。

16.4.1　单级光纤放大器

早期介绍的具有高空间和光谱亮度的脉冲光纤放大器主要是通过引入弯曲损耗模式滤除器或内置模式匹配器(参见 16.3 节)来实现掺杂 LMA 光纤中的单模输出以及低非线性效应运转。文献[31]首次报道了 LMA 光纤中具有高光束质量的脉冲放大;此光纤放大器包括一根长为 7m、纤芯直径为 25μm、NA 为 0.1 的掺 Yb 光纤。将增益光纤盘绕成直径为 1.67cm 的圆盘,种子源是一个被动调 Q 的微片激光器(脉宽为 780ps,重复频率为 8.5kHz),并由 975nm 泵源反向泵浦(最大化地减小非线性效应作用长度)。如图 16.3 所示,放大器产生的最大脉冲能量约为 255μJ,对应的峰值功率和平均功率分别超过 300kW 和 2.2W,光束质量接近衍射极限($M^2 < 1.1$)。光谱中出现了非线性效应,主要是 SRS 和 FWM,没有出现 SPM 展宽。当时,此结果代表着近衍射极限光纤放大器中出现的最高峰值功率,并且极大地促进了 LMA 增益光纤在高功率脉冲光纤激光器中的应用。

随着大芯径、单模传输的掺 Yb PCF 的出现,上述结果很快被超越。图 16.4 是空气包层、纤芯直径为 40μm(其 MFA 是文献[31]中增益光纤的 3 倍)、长 2.5m 的掺 Yb PCF

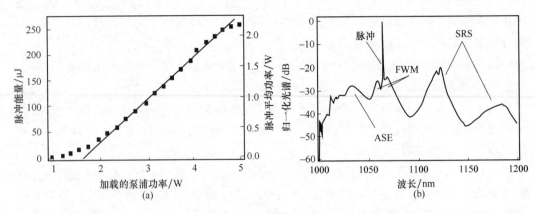

图 16.3

（a）脉冲能量和对应的平均功率随泵浦功率的变化（主振荡功率放大器（MOPA）由脉冲重复频率为 8.5kHz、脉宽为 780ps 的微芯片种子激光器和纤芯直径为 25μm 带弯曲损耗模式滤除器的掺 Yb 光纤放大器组成）；（b）最大脉冲能量（约 255μJ）输出时 MOPA 结构的宽光谱图。

放大器，同样是由 975nm 泵源反向泵浦，用被动调 Q Nd:YAG 微芯片激光器充当种子源（重复频率为 13.4kHz，亚纳秒脉宽，波长为 1064nm）[32]，输出的峰值功率超过 1.1MW（脉冲能量≈0.54mJ，平均功率≈7.2W，对应于光增益大于 20dB），输出有效光谱带宽小于 10GHz 的近衍射极限光斑。由图 16.4（c）所示的宽光谱图可以看出，1030 ～ 1040nm 处的 ASE 已经很明显，该放大器已不能获得更高的功率放大。

而其他组采用小芯径的 LMA 光纤进行同样结构的放大，也遇到了同样的问题，相比同样量级的 ASE，还出现了其他一些非线性现象[33]。

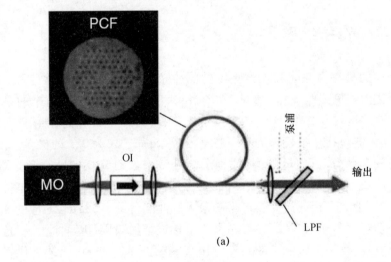

（a）

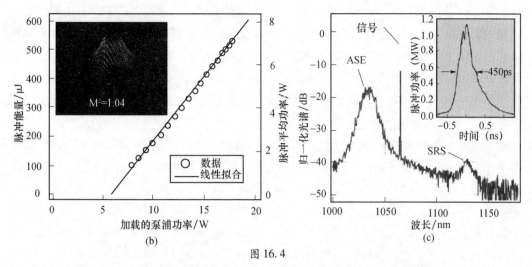

图 16.4

　　(a)MOPA 结构的放大器包括一个微芯片激光种子源(脉冲重复频率为 143.4kHz,亚纳秒量级脉冲宽度)和一个纤芯直径为 40μm 的掺 Yb 光子晶体光纤(PCF)放大器(单模 PCF 长 2.5m,不引入明显损耗的情况下可以弯曲成直径为 35 ~ 40cm 的圆);(b)脉冲能量和对应的平均功率随泵浦功率的变化(插图为最大脉冲能量时 MOPA 的近场输出光强三维图);(c)最大脉冲能量时 MOPA 输出的对数坐标宽光谱图(插图为对应的脉冲时序图)。

16.4.2　增益分段的 MOPA

　　采用这种增益分段管理链路可以很好地抑制 ASE(如 16.3 节中讨论的)。图 16.5 所示的 MOPA 结构输出特性与图 16.4 的类似,但是其在微片种子源和 PCF 放大器之间

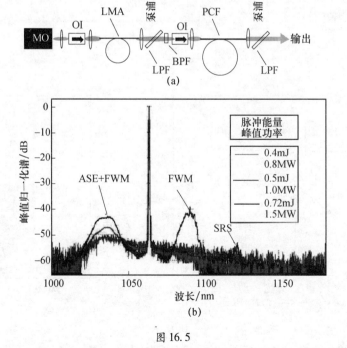

图 16.5

　　(a)两级 MOPA 放大的结构示意(主放级为纤芯 40μm 的掺 Yb PCF);(b)不同脉冲能量下 MOPA 的输出宽带光谱以及相应的峰值功率(重复频率为 13.4kHz)。

增加了一级 $30\mu m$ 纤芯直径的掺 Yb LMA 光纤构成的前置放大器(输出接有 ASE 阻带滤波器和光隔离器)[34]。前置放大器用于将种子信号的脉冲能量提高到 $50\mu J$,使得 PCF 主放大级在增益降低 10 倍的情况下最终放大输出的脉冲能量比图 16.4 中的脉冲能量更高,且这种方案可以使用更短的 PCF,从而降低非线性效应,更好地抑制 ASE 和 CW 光背景。

Torruellas 等采用这种增益分段管理方法[35],最终放大级的增益光纤为掺 Yb 的 LMA 光纤,获得了兆瓦量级的峰值功率[36]。

与之前的工作所描述的光纤相比[31-35],当峰值功率超过 1MW 时,由于能够明显地观察到 SRS、FWM、相位调制等非线性效应,MFA 需要大幅地增加。高光束质量技术、有效的单横模光纤以及多模光纤一直推动这种发展。由于标准光纤固有的制造限制(参见16.3 节),单模光纤通常使用微结构或者堆拉法光纤(如 PCF)获得。这个领域一次显著的发展就是大纤芯棒状光子晶体光纤的引入,使用直径大于 1mm 的刚性玻璃层包裹的光纤避免了由于纤芯包层折射率梯度降低(这对于大纤芯的单模光纤是必要的)引起的微观和宏观敏感度的问题。通过实施这个概念,在 2006 年首次报道了超过 2MW 的峰值功率[37],如图 16.6 所示。通过三级的 MOPA 放大结构实现,种子为掺钕镧钪硼酸(Nd:LSB)微片激光器(脉宽 1ns、PRF 为 9.6kHz),前置放大级(25/250μm 的固体硅基 LMA 掺 Yb 光纤)、增幅放大级(40/170μm 的掺 Yb PCF)、主放级(70/200μm 的掺 Yb 棒状 PCF)都采用 975nm 反向泵浦的方式,每一级之间都有光隔离器以及抑制 ASE 的带通滤波器。由于使用非常低数值孔径的棒状 PCF,使用非常大的芯径(70μm)它仍然输出了近衍射极限基模($M^2 \approx 1.1$)。

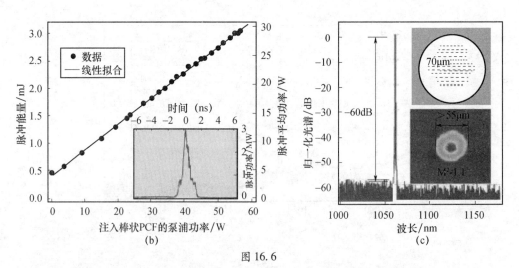

图 16.6

(a)三级 MOPA 结构(主放级为掺 Yb 棒状 PCF(70/200μm));(b)该 MOPA 结构的不同泵浦功率下脉冲能量以及相应的平均功率(插图:在最大能量约 3MW 下脉冲时序图);(c)在最大脉冲能量下的输出光谱图,插图上图为主放级 70um 纤芯的棒状 PCF 的横截面照片,插图下图为最大脉冲能量时输出光斑的近场图像。

该光纤的 MFA 超过 $2000\mu m^2$。如图 16.6(b)所示,该 MOPA 结构输出了 1ns 的脉冲,峰值功率超过 3MW(相应的能量和平均功率分别为 3mJ、30W),并且信噪比达到 60dB,没有明显的 ASE 和偏带非线性效应。唯一明显的非线性效应是 SPM。这将近变换极限的光谱线宽 $\Delta\nu$ 展宽到 20GHz。因而峰值光谱亮度(定义为 $P_{peak}/[\lambda^2(M^2)^2\Delta\nu]$)超过 $18kW/(sr\cdot Hz\cdot cm^2)$,这是基于光纤光源的最高报道[37]。2008 年 Schmidt 等人报道了类似的高峰值功率(3MW)的输出[38],种子采用短脉冲(85ps)的微片激光器,经两级的 MOPA 放大,主放级为较大芯径(80μm)的掺 Yb 棒状 PCF,实现了高光束质量($M^2\approx 1.4$)的输出。棒状 PCF 概念的极致应用如图 16.7 所示,其与图 16.6 基本相同,除了主放级的增益光纤为 100μm 纤芯的掺 Yb 棒状 PCF。

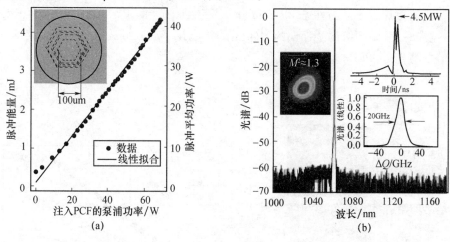

图 16.7

(a)不同泵浦功率下的脉冲能量与相应的平均功率(该 MOPA 结构与图 16.6 类似,主放级增益光纤为 100μm 纤芯的棒状 PCF,插图为 PCF 的横截面照片);(b)PCF 在最大脉冲能量下的输出光谱图(插图为最高脉冲能量时的输出光束的近场图像、单脉冲的时序图以及高分辨率的线形频谱)。

通过这样的结构,最终实现了 10kHz,峰值功率超过 4.5MW(对应的脉冲能量为 4.3mJ,平均功率为 41W)的高亮度、高光束质量($M^2\approx 1.3$)亚纳秒脉冲的输出[39]。这是迄今为止,基于近衍射极限、单模光纤的最高功率和峰值功率的输出。在最高功率时能够观察到脉冲的分裂(图 16.7(b)中插图),通过进一步的分析,这可能是自聚焦导致的。

除了棒状 PCF,也报道了在大纤芯的多模光纤中实现数兆瓦的峰值功率输出。例如,Cheng 等人[40]报道了采用脉冲泵浦的脉冲半导体二极管(重复频率为 100kHz,光谱宽度为 1nm)作为种子、盘绕的硅基 200μm 纤芯的掺 Yb 光纤作为主放级增益光纤,实现了超过 2.4MW 峰值功率(脉冲宽度为 4ns,单脉冲能量为 9.6mJ)、$M^2=6.5$ 的激光输出。通过对 10kHz、1ns 的种子进行放大,主放级增益光纤采用 140μm 纤芯、掺 Yb 的多模光纤,最终得到了更高峰值功率(约 5.8 MW,对应的脉冲能量为 6mJ,平均功率为 60W)的输出[41]。在另一个报道中[42],通过多模光纤放大级(80μm/0.06NA)利用弯曲损耗滤模的方式实现了峰值功率超过 5MW、$M^2\approx 1.3$ 的激光输出。然而,在这样的条件下由弯曲引起的模式辨别是非常轻微的,所以在没有精确控制的实验条件下重复这样的结果是一个非常大的挑战。

16.4.3 保偏 MOPA 以及波长转换

上述讨论中所描述的结构都是基于非保偏光纤,从而导致了进入放大级以及输出的脉冲信号会由于环境引起不稳定的偏振状态。这带来了设计的复杂性,诸如需要引入偏振控制器、偏振无关的隔离器以及偏振无关的光学器件;也导致了输出性能的缺陷,即在非线性波长转换以及相位合成等方面效率较低。正如在16.3.2节所论述的,PCF技术使得大芯径光纤中偏振控制成为可能,并为线偏振输出脉冲峰值功率定标提供了一个平台。例如,以微片激光器为种子,以 Schreiber[43, 44] 所设计的 PM、40μm 纤芯 PCF 作为主放级增益光纤,采用两级的全保偏的 MOPA 结构实现了 1062nm、峰值功率超过 80kW 的输出,偏振消光比(PER)超过 20dB(图 16.8)。

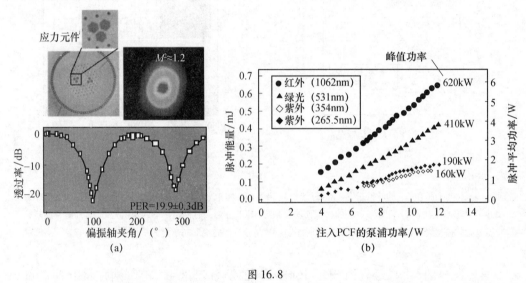

图 16.8

(a)40μm 纤芯的掺 Yb 的 PCF 截面照片以及输出光束的近场图像(这个光纤输出光实测的 PER 接近 20dB);(b)以 PM、40μm 纤芯的 PCF 作为主放级的两级 MOPA,基频输出(1062nm)和谐波输出的脉冲能量以及相应的平均功率随输出功率的变化曲线。

PCF 的输出通过非线性晶体能够有效地被转换为可见或者紫外线,并且在该波段实现了光纤光源的创纪录峰值功率[45, 46]。其他通过类似的脉冲形式(1ns 的脉冲宽度以及 50kHz 的重复频率)有效地将波长转换成可见光、紫外或者中红外(通过光参量产生)的报道是采用微片激光器作为种子,采用一级的 MOPA 放大,主放光纤采用 30μm 纤芯的 PM、LMA 的掺 Yb 光纤,但最终获得的峰值功率较低[47]。利用脉冲光纤 MOPA 结构的灵活性能够达到科研、工业等感兴趣的特殊波长。如文献[47]那样,以一根 PM 的掺 Yb、LMA 的光纤作为最终放大级来放大 0.7ns、100kHz 重复频率脉冲的、基于 Yb 光纤的多级放大 MOPA(25kW 的输出);MOPA 以 1064nm 与 1059nm 双波长脉冲二极管作为种子,进而通过差频产生太赫辐射[48]。

通过将偏振控制引入到大纤芯的棒状光子晶体光纤,实现了线偏振脉冲激光输出功率的进一步拓展。图 16.9 展示了单偏振、Yb 掺杂、70/200μm 纤芯/包层、长 85cm 的棒状 PCF 作为 MOPA 放大的主放光纤,以主动触发、脉冲可调的单频 1064nm 二极管作为种子,实现了峰值功率和脉冲能量分别超过 2MW、2mJ(脉冲宽度为 0.75ns,重复频率为 15kHz)、近衍射极限($M^2 < 1.2$)、PER 为 14dB、20GHz 带宽的输出。在 PRF = 50kHz 时(脉宽为 1.2ns)平均功率超过 80W[49]。

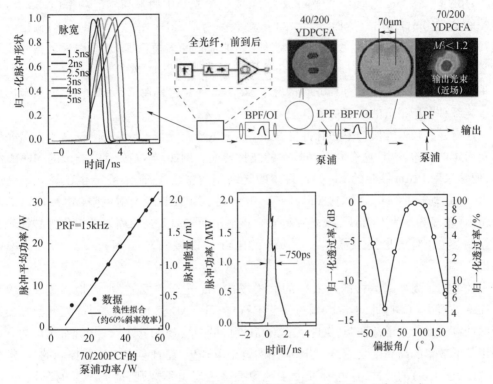

图 16.9　由单偏振或者保偏光纤实现的最大的脉冲能量以及峰值功率

近来出现了一种单偏振的(图 16.10)、Yb 掺杂、100μm 纤芯的棒状 PCF,并预言能够实现极好光谱、时域与频域特性的脉冲输出。

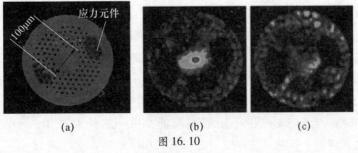

图 16.10

(a)100μm 纤芯的掺 Yb 棒状 PCF 的横截面照片;(b)当纤芯的激光偏振与 PCF 的慢轴方向匹配时 PCF 的近场图样;(c)与快轴方向匹配时的近场图样。

16.4.4 人眼安全的脉冲光纤激光源

正如16.3.1节所讨论的,与1μm波段相比,由于缺少有效并且多样性的光纤解决方案,极大地阻碍了人眼安全波段的高功率光纤激光器光源的发展。在1.5~1.6μm波段,将频谱分割光纤ASE源、主动脉冲放大、1567nm脉冲可调谐的种子源注入一根65μm纤芯/0.16NA、长9.5m的掺Er的光纤放大器,实现了光纤中的最高峰值功率(1.2MW)和脉冲能量(1.4mJ)输出。然而,放大器(重复频率为7.5kHz,脉宽为1.1ns)的输出为多模,光束质量$M^2 \approx 8.5$[51]。另一个以大纤芯(100μm)的多模掺Er光纤作为增益介质的方案是980nm半导体泵浦、声光调Q开关的环形光纤激光器,实现了11mJ的能量输出,在重复频率为1kHz(脉宽为140ns)情况下,$M^2 \approx 6$[52]。这是在1.5~1.6μm波长范围内基于光纤种子所报道的最高功率。

还有一些较低峰值功率和脉冲能量的掺Er光纤激光器,能够保持较高的光谱亮度以及稳定的偏振输出,这有利于高效率的波长转换。例如,与文献[51]类似的MOPA结构,但是采用15μm纤芯的Er-Yb共掺的光纤作为主放光纤,最终产生了高光谱亮度(3dB带宽小于0.8nm)、线偏振(PER≈22dB)、大于100μJ、近衍射极限($M^2 \approx 1.5$)的脉冲输出(重复频率为100kHz,脉宽为8ns)。该输出激光用于泵浦周期性极化铌酸锂光参量振荡器(OPO),最终在3.8~4.0μm的中红外区域实现了超过1W平均功率的输出[53]。

随着用于高功率运行的高效率的大模场掺Tm光纤的发展,极大地促进了1.9~2.1μm波段高功率脉冲的产生,通过钛蓝宝石与Nd:YAG激光器对掺Tm光纤激光器进行脉冲泵浦来产生增益调制,实现了非常高的脉冲能量(15mJ)[54,55]。然而,这样的方案采用了低效率的高亮度泵浦,对实际应用的效果不理想,而且会产生不易控制的、非常长脉宽(大于1μs)的脉冲,这些脉冲由于弛豫振荡表现出不规则、高低不平的时域特性。一种更利于实际应用的增益调制的方案已经被报道:包括纤芯泵浦的长30cm的掺Tm光纤短腔激光振荡器,用一个1550nm脉冲的掺Er的MOPA的泵源,获得了短至10ns的平滑脉冲[56]。由于较短的掺Tm光纤能够防止显著的能量储存与提取,这种类型的激光器能够有效地作为795nm泵浦、基于MOPA结构的大模场掺Tm光纤的种子源,最终在1995nm波长产生了超过140μJ(重复频率为30kHz,脉宽为30ns)的输出。这种激光器作为泵浦$ZnGeP_2$的光参量振荡器,用于产生3.4~3.9μm以及4.1~4.7μm波段的瓦量级中红外激光[57]。调Q是产生高功率、相对较短脉冲(数十纳秒)的另一种方法,这与CW的二极管泵浦Tm玻璃产生高光效率0.8μm区域相兼容。这种方案首先由El-Sherif与King最先报道[58],在重复频率70Hz的情况下获得了脉冲能量2.3mJ、峰值功率3.3kW的输出。Eichhorn与Jackson[59]采用双端泵浦20μm芯径的掺Tm光纤,在重复频率10kHz的情况下获得了单脉冲能量270μJ、峰值功率5.5kW的激光输出。McComb[60]使用25μm纤芯的掺Tm光纤在重复频率20kHz、脉宽115ns的情况下获得了脉冲能量350μJ。

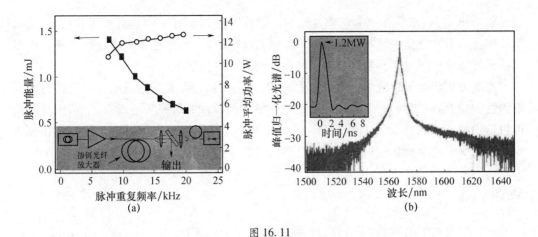

图 16.11

(a)掺 Er 光纤 MOPA 放大器中脉冲能量与相应的平均功率随脉冲重复频率的变化(插图为结构示意图);(b)约 1.4 mJ 与 PRF = 7.5 kHz 下的输光光谱图(插图为相应的脉冲时序图)。

16.5　总结与展望

本章描述了脉冲光纤激光器(PFL)功率定标的一系列挑战、方案设计以及最新的结果。关注的重点是接近纳秒脉宽、重复频率兆赫量级的脉冲激光,脉冲是由基于光纤的振荡器或者 MOPA 放大得到的,并且能够维持光谱以及空间亮度。几年来,这个领域的进步已经能够与连续的高功率光纤激光器相媲美,促进了适用于光通信的低功率运行机制中 PFL 概念的发展,其数毫焦脉冲能量、数兆瓦峰值功率的脉冲已能够与块状的固体激光器相媲美。这些进展的一个关键因素是新的稀土掺杂光纤的研发,这为克服限制光纤介质中脉冲功率放大的非线性光学效应提供了一种有效的工具。

在不久的将来,光纤激光器能够承受更高的脉冲能量和峰值功率,虽然光纤性能的极限已经近在眼前。这些限制中最基本的似乎是自聚焦效应。另一种挑战是热负载的管理,特别是当光纤通过缩短长度、增大芯径同时降低数值孔径以避免非线性效应同时不造成光束质量恶化的前提下。对于大多数的光纤来说,其内部折射率分布的热光畸变阻碍了高功率运行,这扰乱了导波特性,并最终导致了类似于块状激光器的、依赖于功率的光束质量。最终,为维持高的空间及光谱亮度,单根光纤中能量的储存与提取很难进一步提高;在实际装置中,仅能够达到几十毫焦的水平,并且在任何条件下都不太可能打破 100mJ 的障碍。

尽管进一步的研究和发展表明克服其中的某些限制因素是有可能的,其中一种可能的途径就是组束的概念,它能够在每根光纤的功率极限内提供功率定标能力(参见第 19 章)。与连续激光相比,光谱复用以及相干锁相在保持空间亮度方面特别有趣。这样的概念绝不是一个新鲜事物,并且原则上能够适用于任何激光器,光纤激光所具有的灵活体系结构、坚固耐用和紧凑的性质为实际应用提供了一个理想的框架。

纳秒脉冲光谱合成的例子由 Schmidt 提出[61],利用外部的衍射光栅,将四路脉冲半导体激光器驱动、5nm 间隔、时间同步、2ns 脉宽的 MOPA,最后以 80μm 纤芯的掺 Yb、单模棒状 PCF 合成,最终在 50kHz 重复频率的情况下获得了光束质量有些退化($M^2 \approx 2$)、脉冲能量 3.7mJ(对应于峰值功率 1.8MW)的合成光束。利用这个概念可以预期在单根基模光纤将获得超过单模光纤自聚焦临界值的合成峰值功率。

原则上相位相干合成是更有吸引力的,因为它在保持各光纤通道的光谱亮度方面具有独特的能力。尽管实际上实现相干锁相的纳秒级脉冲光纤光源还没有报道,但是最近的报道已经表明能量 180μJ、脉宽 1ns 的光纤放大器与主振荡器可以实现稳定的相位锁定。这表明了这个概念的可行性,并且应当视为在不久的将来有希望的功率定标方案。

致谢

我要感谢为 16.4 节的那些结果和进展做出重要贡献的前任与现任同事,包括 Christopher D. Brooks (Voxis Inc.)、Sebastien Desmoulins (SPI Lasers)、Michael K. Hemmat 以及 Eric C. Cheung (Northrop Grumman Aerospace Systems)。

参考文献

[1] Dilley, C. E., Stephen, M. A., and Savage-Leuchs, M. P. "High SBS-Threshold, Narrowband, Erbium Codoped with Ytterbium Fiber Amplifier Pulses Frequency-Doubled to 770 nm," Opt. Express, 15: 14389-14395, 2007.

[2] Leigh, M., Shi, W., Zong, J., Yao, Z., Jiang, S., and Peyghambarian, N., "High Peak Power Single Frequency Pulses Using a Short Polarization-Maintaining Phosphate Glass Fiber with a Large Core," Appl. Phys. Lett., 92: 181108, 2008.

[3] Agrawal, G. P., Nonlinear Fiber Optics, 4th ed. Burlington, MA: Academic Press, 2007. (See, in particular, Chap. 9.4.5 for a discussion of dynamic aspects of SBS and Chap. 7 for cross-phase modulation.)

[4] Zenteno, L., Wang, J., Walton, D., Ruffin, B., Li, M., Gray, S., Crowley, A., and Chen, X., "Suppression of Raman Gain in Single-Transverse-Mode Dual-Hole-Assisted Fiber," Opt. Express, 13: 8921-8926, 2005.

[5] Kim, J., Dupriez, P., Codemard, C., Nilsson, J., and Sahu, J. K., "Suppression of StimulatedRaman Scattering in a High Power Yb-Doped Fiber Amplifier Using a W-Type Core with Fundamental Mode Cut-Off," Opt. Express, 14: 5103-5113, 2006.

[6] Alkeskjold, T. T., "Large-Mode-Area Ytterbium-Doped Fiber Amplifier with Distributed Narrow Spectral Filtering and Reduced Bend Sensitivity," Opt. Express, 17: 16394-16405, 2009.

[7] Wang, Y., and Po, H., "Dynamic Characteristics of Double-Clad Fiber Amplifiers for High-Power Pulse Amplification," J. Lightwave Technol., 21: 2262, 2003.

[8] Schimpf, D. N., Ruchert, C., Nodop, D., Limpert, J., Tünnermann, A., and Salin, F., "Compensation of Pulse-Distortion in Saturated Laser Amplifiers," Opt. Express, 16: 17637-17646, 2008.

[9] Limpert, J., Deguil-Robin, N., Manek-Hönninger, I., Salin, F., Schreiber, T., Liem, A., Röser, R., et al., "High-Power Picosecond Fiber Amplifier Based on Nonlinear Spectral Compression," Opt. Lett., 30: 714-716, 2005.

[10] Brooks, C. D., and Di Teodoro, F., "1-mJ Energy, 1-MW Peak-Power, 10-W Average-Power, Spectrally Narrow, Diffraction-Limited Pulses from a Photonic-Crystal Fiber Amplifier," Opt. Express, 13: 8999-9002, 2005.

[11] Feve, J. P., Schrader, P. E., Farrow, R. L., and Kliner, D. A. V., "Four-Wave Mixing in Nanosecond Pulsed Fiber Amplifiers," Opt. Express, 15: 4647-4662, 2007.

[12] Sintov, Y., Katz, O., Glick, Y., Acco, S., Nafcha, Y., Englander, A., and Lavi, R., "Extractable Energy from Ytterbium-Doped High-Energy Pulsed Fiber Amplifiers and Lasers," J. Opt. Soc. Am. B, 23: 218-230, 2006.

[13] Smith, A. V., Do, B. T., Hadley, G. R., and Farrow, R. L., "Optical Damage Limits to Pulse Energy from Fibers," IEEE J. Select. Topics Quantum Electron. ,15: 153-158, 2009.

[14] Fibich, G., and Gaeta, G. L., "Critical Power for Self-Focusing in Bulk Media and in Hollow Waveguides," Opt. Lett. , 25: 335, 2000.

[15] Farrow, R. L., Hadley, G. R., Smith, A. V., and Kliner, D. A. V., "Numerical Modeling of Self-Focusing Beams in Fiber Amplifiers," SPIE Proceedings Conf. on Fiber Lasers IV: Technology, Systems, and Applications, 6453: 645309-1-9, 2007 (SPIE Photonics West, San Jose, CA).

[16] Major, A., Yoshino, F., Nikolakakos, I., Aitchison, J. S., and Smith, P. W. E., "Dispersion of the Nonlinear Refractive Index in Sapphire," Opt. Lett. , 29: 602-604, 2004.

[17] Koechner, W. ,Solid-State Laser Engineering, 6th ed. New York: Springer, 2006. (See Chap. 4.6.).

[18] Schmidt-Uhlig, T., Karlitschek, P., Marowsky, G., and Sano, Y., "New Simplified Coupling Scheme for the Delivery of 20 MW Nd:YAG Laser Pulses by Large Core Optical Fibers," Appl. Phys. B, 72: 183-186, 2001.

[19] Sun, L., and Marciante, J. R., "Filamentation Analysis in Large-Mode-AreaFiber Lasers," J. Opt. Soc. Am. B, 24: 2321-2326, 2007.

[20] Fini, J. M., "Bend-Resistant Design of Conventional and Microstructure Fibers with Very Large Mode Area," Opt. Express, 14: 69-81, 2006.

[21] Wielandy, S., "Implications of Higher-Order Mode Content in Large Mode Area Fibers with Good Beam Quality," Opt. Express, 15: 15402-15409, 2007.

[22] Dong, L., Wu, T. -W., McKay, H. A., Fu, L., Li, J., and Winful, H. G., "All-Glass Large-Core Leakage Channel Fibers," IEEE J. Sel. Topics Quantum Electron. , 15: 47-53, 2009.

[23] Liu, C., Huang, S., Zhu, C., and Galvanauskas, A., "High Energy and High Power Pulsed Chirally-Coupled Core Fiber Laser System" (paper MD2), Advanced Solid-State Photonics, OSA Technical Digest Series (CD), Optical Society of America, 2009.

[24] Ramachandran, S., Nicholson, J. W., Ghalmi, S., Yan, M. F., Wisk, P., Monberg, E., and Dimarcello, F. V., "Light Propagation with Ultralarge Modal Areas in Optical Fibers," Opt. Lett. , 31: 1797-1799, 2006.

[25] Fini, J. M., and Ramachandran, S., "Natural Bend-Distortion Immunity of Higher-Order- Mode Large-Mode- Area Fibers," Opt. Lett. , 32: 748-750, 2007.

[26] Yoda, H., Polynkin, P., and Mansuripur, M., "Beam Quality Factor of Higher Order Modes in a Step-Index Fiber," J. Lightwave Technol. , 24: 1350-1355, 2006.

[27] Limpert, J., Röser, F., Schimpf, D. N., Seise, E., Eidam, T., Hädrich, S., Rothhardt, J., et al., "High Repetition Rate Gigawatt Fiber Laser Systems: Challenges, Design, and Experiment," IEEE J. Select Top. Quantum Elec. , 15: 159-169, 2009.

[28] Hädrich, S., Schreiber, T., Pertsch, T., Limpert, J., Peschel, T., Eberhardt, R., and Tünnermann, A., "Thermo- Optical Behavior of Rare-Earth-Doped Low-NA Fibers in High Power Operation," Opt. Express, 14: 6091- 6097, 2006.

[29] Goto, R., Takenaga, K., Okada, K., Kashiwagi, M., Kitabayashi, T., Tanigawa, S., Shima, K., et al., "Cladding- Pumped Yb-Doped Solid Photonic Bandgap Fiber for ASE Suppression in Shorter Wavelength Region" (paper OTuJ5), Optical Fiber Communication Conference and Exposition and the National Fiber Optic Engineers Conference, OSA Technical Digest (CD), Optical Society of America, 2008.

[30] Siegman, A. ,Lasers, Sausalito, CA: University Science Books, 1986. (See Chap. 26.)

[31] Di Teodoro, F., Koplow, J. P., Kliner, D. A. V., and Moore, S. W., "Diffraction-Limited, 300-kW Peak-Power Pulses from a Coiled Multimode Fiber Amplifier," Opt. Lett. , 27: 518-520, 2002.

[32] Di Teodoro, F., and Brooks, C. D., "1. 1 MW Peak-Power, 7 W Average-Power, High-Spectral-Brightness, Diffraction-Limited Pulses from a Photonic Crystal Fiber Amplifier," Opt. Lett. , 30: 2694-2696, 2005.

[33] Farrow, R. L., Kliner, D. A. V., Schrader, P. E., Hoops, A. A., Moore, S. W., Hadley, G. R., and Schmitt,

R. L. , "High-Peak-Power (> 1. 2 MW) Pulsed Fiber Amplifier,"Proc. SPIE, 6102: 61020K, 2006.

[34] Di Teodoro, F. , and Brooks, C. D. , "Multistage Yb-Doped Fiber Amplifier GeneratingMegawatt Peak-Power, Sub-Nanosecond Pulses," Opt. Lett. , 30: 3299-3301, 2005.

[35] Torruellas, W. , Chen, Y. , Macintosh, B. , Farroni, J. , Tankala, K. , Webster, S. , Hagan, D. , et al. , "High Peak Power Ytterbium-Doped Fiber Amplifiers,"Proc. SPIE, 6102: 61020N, 2006.

[36] Dawson, J. W. , Beach, R. J. , Jovanovic, I. , Wattellier, B. , Liao, Z. M. , Payne, S. A. , and Barty, C. P. , "Large Flattened Mode Optical Fiber for High Output Energy Pulsed Fiber Lasers" (paper CWD5) ,Conference on Lasers and Electro-Optics/Quantum Electronics and Laser Science Conference, Technical Digest, Optical Society of America, 2003.

[37] Di Teodoro, F. , and Brooks, C. D. , "Fiber Sources Reach Multimegawatt Peak Powers in ns Pulses,"Laser Focus World, 42(11): 94-98, 2006.

[38] Schmidt, O. , Nodop, D. , Limpert, J. , and Tünnermann, A. , "105 kHz, 85 ps, 3 MW Peak Power Microchip Laser Fiber Amplifier System" (paper WB23) ,Advanced Solid-State Photonics, OSA Technical Digest Series (CD) , Optical Society of America, 2008.

[39] Brooks, C. D. , and Di Teodoro, F. , "Multimegawatt Peak Power, Single-Transverse-Mode Operation of a 100μm Core Diameter, Yb-Doped Rodlike Photonic Crystal Fiber Amplifier," Appl. Phys. Lett. , 89: 111119, 2006.

[40] Cheng, M. -Y. , Chang, Y. -C. , Galvanauskas, A. , Mamidipudi, P. , Changkakoti, R. , and Gatchell, P. , "High-Energy and High-Peak-Power Nanosecond Pulse Generation with Beam Quality Control in 200-μM Core Highly Multimode Yb-Doped Fiber Amplifiers," Opt. Lett. , 30: 358-360, 2005.

[41] Di Teodoro, F. , "Multi-MW Peak-Power, Multi-mJ Pulse-Energy, High-Spectral-Brightness Fiber Amplifiers," presented at the IEEE Lasers and Electro-Optics Society (LEOS) Summer Topicals, Quebec City, Canada, July 17-19, 2006.

[42] Galvanauskas, A. , Cheng, M. -Y. , Hou, K. -C. , and Liao, K. -H. , "High Peak Power Pulse Amplification in Large-Core Yb-Doped Fiber Amplifiers,"IEEE J. Sel. Top. Quantum Electron. ,13: 559-566, 2007.

[43] Schreiber, T. , Schultz, H. , Schmidt, O. , Röser, F. , Limpert, J. , and Tünnermann, A. , "Stress-Induced Birefringence in Large-Mode-Area Micro-Structured Optical Fibers,"Opt. Express, 13: 3637-3646, 2005.

[44] Schreiber, T. , Röser, F. , Schmidt, O. , Limpert, J. , Iliew, R. , Lederer, F. , Petersson, A. , et al. , "Stress-Induced Single-Polarization Single-Transverse Mode Photonic Crystal Fiber with Low Nonlinearity,"Opt. Express, 13: 7621-7630, 2005.

[45] Di Teodoro, F. , and Brooks, C. D. , "Harmonic Generation of an Yb-Doped Photonic-Crystal Fiber Amplifier to Obtain 1 ns Pulses of 410, 160, and 190 kW Peak-Power at 531, 354, and 265 nm Wavelength" (paper ME3) ,Advanced Solid-State Photonics, Technical Digest, Optical Society of America, 2006.

[46] Brooks, C. D. , and Di Teodoro, F. , "High Peak Power Operation and Harmonic Generation of a Single- Polarization, Yb-Doped Photonic Crystal Fiber Amplifier,"Opt. Commun. , 280: 424-430, 2007.

[47] Schrader, P. E. , Farrow, R. L. , Kliner, D. A. V. , Fève, J. -P. , and Landru, N. , "High-Power Fiber Amplifier with Widely Tunable Repetition Rate, Fixed Pulse Duration, and Multiple Output Wavelengths,"Opt. Express, 14: 11528-11538, 2006.

[48] Creeden, D. , McCarthy, J. C. , Ketteridge, P. A. , Schunemann, P. G. , Southward, T. , Komiak, J. J. , and Chicklis, E. P. , "Compact, High Average Power, Fiber-Pumped Terahertz Source for Active Real-Time Imaging of Concealed Objects,"Opt. Express, 15: 6478-6483, 2007.

[49] Di Teodoro, F. , Potter, A. B. , Hemmat, M. K. , Cheung, E. , Palese, S. , Weber, M. , and Moyer, R. , "Actively Triggered, 2 mJ Energy, 80 W Average Power, Single-Mode, Linearly Polarized ns-Pulse Fiber Source," presented at Fiber Lasers VII: Technology, Systems, and Applications Conference (SPIE Photonics West 2009) , San Jose, CA, January 24-29, 2009.

[50] Di Teodoro, F. , Hemmat, M. K. , Morais, J. , and Cheung, E. C. , "100 micron Core, Yb-Doped, Single- Transverse-Mode and Single-Polarization Rod-Type Photonic Crystal Fiber Amplifier,"Proc. SPIE, 7580: 758006, 2010.

[51] Desmoulins, S., and Di Teodoro, F., "High-Gain Er-Doped Fiber Amplifier Generating Eye-Safe MW Peak-Power, mJ-Energy Pulses," Opt. Express, 16: 2431-2437, 2008.

[52] Lallier, E., and Papillon-Ruggeri, D., "High Energy Q-Switched Er-Doped Fiber Laser," European Conference on Lasers and Electro-Optics 2009 and the European Quantum Electronics Conference (CLEO Europe—EQEC), 1-1, 2009.

[53] Desmoulins, S., and Di Teodoro, F., "Watt-Level, High-Repetition-Rate, Mid-Infrared Pulses Generated by Wavelength Conversion of an Eye-Safe Fiber Source," Opt. Lett., 32: 56-58, 2007.

[54] Dickinson, B. C., Jackson, S. D., and King, T. A., "10 mJ Total Output from a Gain-Switched Tm-Doped Fiber Laser," Opt. Commun., 182: 199-203, 2000.

[55] Zhang, Y., Yao, B.-Q., Ju, Y.-L., and Wang, Y.-Z., "Gain-Switched Tm3 + -Doped Double-Clad Silica Fiber Laser," Opt. Express, 13: 1085-1089, 2005.

[56] Jiang, M., and Tayebati, P., "Stable 10 ns, Kilowatt Peak-Power Pulse Generation from a Gain-Switched Tm-Doped Fiber Laser," Opt. Lett., 32: 1797-1799, 2007.

[57] Creeden, D., Ketteridge, P. A., Budni, P. A., Setzler, S. D., Young, Y. E., McCarthy, J. C., Zawilski, K., et al., "Mid-infrared ZnGeP2 Parametric Oscillator Directly Pumped by a Pulsed 2Im Tm-Doped Fiber Laser," Opt. Lett., 33: 315-317, 2008.

[58] El-Sherif, A. F., and King, T. A., "High-Energy, High-Brightness Q-Switched Tm-Doped Fiber Laser Using an Electro-optic Modulator," Opt. Commun., 218: 337-344, 2003.

[59] Eichhorn, M., and Jackson, S. D., "High-Pulse-Energy Actively Q-Switched Tm3 + -Doped Silica 2 Im Fiber Laser Pumped at 792 nm," Opt. Lett., 32: 2780-2782, 2007.

[60] McComb, T. S., Shah, L., Willis, C. C., Sims, R. A., Kadwani, P. K., Sudesh, V., and Richardson, M., "Thulium Fiber Lasers Stabilized by a Volume Bragg Grating in High Power, Tunable and Q-Switched Configurations" (paper AMB2), Advanced Solid-State Photonics, OSA Technical Digest Series (CD), Optical Society of America, 2010.

[61] Schmidt, O., Andersen, T. V., Limpert, J., and Tünnermann, A., "187 W, 3.7 mJ from Spectrally Combined Pulsed 2 ns Fiber Amplifiers," Opt. Lett., 34: 226-228, 2009.

[62] Cheung, E. C., Weber, M., and Rice, R. R., "Phase Locking of a Pulsed Fiber Amplifier" (paper WA2), in Advanced Solid-State Photonics, OSA Technical Digest Series (CD), Optical Society of America, 2008.

第 17 章

高功率超快光纤激光系统

Jens Limpert

弗里德里希·席勒大学应用物理研究所,

夫琅禾费应用光学和精密工程研究所,

耶拿,德国

Andreas Tünnermann

弗里德里希·席勒大学应用物理研究所,

夫琅禾费应用光学和精密工程研究所,

耶拿,德国

17.1 引言与动机

　　超短和高峰值功率的光脉冲种子源在诸多领域中变得越来越重要,如光谱学、遥感或者强场物理等。实际上,正如 12.1 节所描述的那样[1],基于钛蓝宝石激光器与放大器获得的高峰值功率飞秒光源在过去 10 年已经取得了长足进展。这些系统是超快科学的主力,并被证明在低重复频率下是可靠的选择。应用到强场物理的超短与超强的激光器往往需要去探测非常小概率发生的过程。因此,感生过程的探测需要精细、灵敏的仪器。重复频率增加几个量级能够为打破这些实际限制提供一个工具,并且为深入研究这些现象打开了一扇门。这同样适用于其他应用的超短激光脉冲,如激光微加工等。钛蓝宝石系统在不需要任何后续处理的情况下为用于创建非常小的、复杂的、高品质的结构提供了所需要的参数[2]。但是,这些激光器都工作于低重复频率,限制了超快激光器在工业的应用。因此,发展高重复频率、高峰值功率的激光系统的目的是为这些感兴趣的应用提供一个将原理验证性实验转变成真实世界应用的机会。

　　对于传统的固体激光器,提高输出功率的一种方法是通过低温冷却提高增益介质的热光学特性[3]。然而,这种方案很复杂,而且依赖于实验室的环境。因此,在过去的几十年里,已经发展了一些新的增益结构用于解决这些问题。一种非常突出的结构是第 10 章中介绍的薄片激光器,它用于产生超快脉冲的方法在第 13 章[4]已经讨论。然而,由于增益介质的长度较短,每一级增益不能太高。因此,为了提取到合理的输出,再生放大是必需的，但这导致了激光系统相当笨重，而且对准直非常的敏感。

对于增益介质尺寸而言，另一种完全不同的方法是光纤的概念。既长又薄的增益介质能够具有良好的热光性能。因为它特殊的几何形状，基于光纤的激光系统不存在热光的问题。表面积与增益体积的高比例产生了良好的散热。导模的光束质量由光纤纤芯的设计所决定，因此很大程度上与功率无关。在连续波工作模式下，已经报道了近衍射极限、高达 10kW 功率的激光输出[5]。由于激光与泵浦光都被限制在光纤内，这种强度保持在整个长度的光纤内，这使得激光系统具有极高的效率，并且获得了高的单通增益以及低的泵浦阈值。此外，将激光过程完整地集成在一个波导内使得光纤激光器紧凑并且能够长期稳定工作。特别是掺 Yb 的玻璃光纤，其具有小于 10% 的量子亏损，可以实现的光光转换效率远超过 80%，并且具有很低的热负载。由于它这些独特的性质[6]，掺 Yb 光纤特别适合用于高功率的超短脉冲的产生与放大。其最相关的属性是高达几十纳米带宽的放大带宽（取决于它的中心波长），以及其吸收光谱覆盖了能够使用的高功率半导体激光器的波长范围。另外，它的长荧光寿命（1ms）也提高了它的高功率储存能力。

17.2　限制稀土掺杂光纤超短脉冲放大最基本的因素——非线性效应

稀土掺杂光纤大部分优良的特性是由光纤几何形状本身所致，这使得它们成为非常具有吸引力的增益介质。然而，这种几何形状使得光在束缚状态下传播相当长的长度后会加强非线性效应。事实上，在超短脉冲放大的情况下，非线性大多都是有害的，并且使得光纤激光系统存在输出极限。

光纤非线性效应可以是多方面的，在标准光纤中非线性效应来源于三阶极化率 $\chi^{(3)}$。这些效应可以分为与强度相关的折射率引起的非线性效应以及由受激非弹性散射引起的非线性效应[7]。自相位调制（SPM）、四波混频（FWM）以及自聚焦属于第一类，而受激拉曼散射（SRS）和受激布里渊散射（SBS）属于第二类。

一般来讲，石英玻璃光纤的非线性系数本身是比较小的。SRS 与 SBS 的非线性折射率 n_2 和增益系数都比其他常见的非线性介质小至少 2 个数量级[8]。然而，由于光纤纤芯中强度与相互作用长度的乘积比较大，在极低的峰值功率的情况下便能观察到非线性效应，进而限制了脉冲稀土掺杂光纤系统的输出特性。

所有的非线性效应都与纤芯的光强以及光辐射与非线性介质即光纤的相互作用长度有关。因此，为减少非线性效应的影响，时域与空间都需要扩展。时域的扩展是通过众所周知的啁啾脉冲放大（CPA 方法，见第 12 章）[9]，在这个技术中，通过让从锁模振荡器中得到的超短光学脉冲经过一段色散延时线，它们将被按照一定的因子展宽，这个因子能够高达 10000。因此，在放大过程中，脉冲的峰值功率大大减少，因而非线性效应也相应被抑制。经过放大之后，脉冲经过与第一段光纤色散符号相反的第二色散延时线，从而导致脉冲压缩至超短脉冲。

另一方面，空间的扩展需要先进的光学设计，在光纤长度尽可能短时提高模场面积和纤芯中稀土的掺杂，从而减少非线性相互作用的长度。因此，出现了一种增加纤芯尺寸的新型光纤设计,但依然能够保持稳定的基模输出。传统有源阶跃光纤通过降低数值孔径,通过缠绕或者锥区部分实现单模输出,这最高能用于 40μm 的纤芯[10]。稀土掺杂的 PCF 能够实现高达 100μm 的纤芯尺寸[11-13],这是基于对纳米结构的纤芯与多孔的光子晶体包层间折射率差的很好控制实现的。由于 PCF 包层设计的自由度,增加了一些额外的功能,如偏振或偏振保持特性[14]。作为替代这种弱局限的 PCF 的其他选择,其他方法也进行了研究,包括基于特定的高阶模传播损耗的设计,如在手性耦合纤芯光纤(CCC)[15]或通道泄漏光纤(LCF)[16]。

扩大模场最基本的挑战是弯曲敏感度的增加,它随着模式面积的增大而迅速增大,并且表现出导模的收缩与变形。在一阶近似中,这个效应不依赖于纤芯的数值孔径,即不依赖于光纤的内在设计。关键参数是直光纤的模场面积。然而,需要提及的是在弯曲的光纤中,损耗相当依赖于纤芯的数值孔径。图 17.1 是三种不同 LMA 光纤的计算出的模式区域的变形。可以看出,初始模场面积为 400μm² 的光纤能够弯曲至 10cm 半径,而没有显著的减少模场面积。与此相反,光纤直线模场区域为 1600μm²,当弯曲半径为 1m 时,便会有相同的模场收缩。然而,当模场面积为 4000μm²,当弯曲半径为 5m 时,也会有同样的效果。因此,为了能够充分利用整个大模场光纤,增益光纤必须保持平直。值得注意的是,超多模光纤中的高阶模(HOM)并不存在严重的模式缩减;然而,增益光纤中这些模式的有效利用受到了粒子数反转水平空间烧孔的限制。

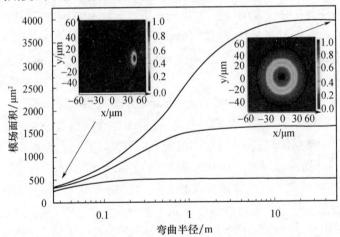

图 17.1 模拟弯曲光纤中的初始模式不同而变化

注:插入图表示直光纤盒紧紧缠绕的到场光纤的模式图。

随着掺 Yb 微结构光纤如棒状光子晶体光纤的发展,纤芯尺寸增加的方式也随之而来。图 17.2 展示了超大模场区域的横截面图。200μm 的内包层(泵浦波导)被空气包层覆盖,此包层中含有 90 个厚 400nm、长 10μm 的硅桥。这种结构使得 976nm 处的 NA ≈ 0.6,能够允许高阶模有效的耦合到光纤中。光纤中心区域 19 个缺少的孔构成了 Yb/Al 有源掺杂的六角形纤芯,角到角的距离为 88μm。纤芯周围三圈小尺寸、精细排布的空气孔(间距 $\Lambda \approx 14.9\mu m$,相对孔径尺寸 $d/\Lambda \approx 0.1$)有效限制了纤芯中光辐射的传播。基模的模场面积达到 4000μm²。泵浦的核心区域与增益纤芯区域的小比例增强了 976nm 的泵浦吸收效率,达到 30dB/m。整个内部结构由一个刚性的直径 1.5mm 石英外包层所覆盖。这种大的外包层的引入能够保持光纤笔直,因此能够防止弯曲引起的模式损耗或畸变。因此,在一个线形结构中,整个光纤长度内的大模场是可以获得的,而在普通光纤中却不是这种情况。此外,外包层使这种光纤自身可以保持机械稳定,所以不再需要额外的涂覆层,这使得可以直接实现高功率提取。通过使用该种光纤,在不同时域条件下飞秒到纳秒都获得了种种不同的新特性[18-20]。

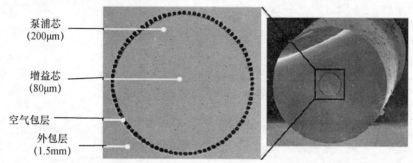

图 17.2　大模场棒状光子晶体光纤的横截面图(嵌入的微结构一部分的放大图)

　　尽管进行了大的时域(CPA)与空间(LMA 光纤设计)的拓展,但是在一定峰值功率水平的光纤放大器中非线性仍然有影响。自相位调制是最先出现的非线性效应。由于时域的克尔效应,在时域上脉冲强加在自身的额外相位项如下(忽略色散与放大的影响):

$$\mathrm{d}\varphi_{\mathrm{SPM}}(z,t) = \gamma \left| A(z,t) \right|^2 \mathrm{d}z \qquad (17.1)$$

式中:$A(z,T)$ 为脉冲的电场振幅;z 为传播距离;T 为随脉冲运动的参照系中的时间;γ 为非线性参量,且有

$$\gamma = \frac{n_2 \omega_0}{c A_{\mathrm{eff}}} \qquad (17.2)$$

式中:A_{eff} 为有效模场面积;n_2 为非线性折射率系数;c 为光速;ω_0 为光场的角频率。

　　在特定情况下,SPM 可以用来增加超短脉冲的峰值功率,例如,通过非线性脉冲压缩[21]。然而,在 CPA 中 SPM 是非常有害的,SPM 引起的相位项会导致非线性啁啾,这不能通过标准的色散元件进行补偿。脉冲在光纤中的传播,所累积的非线性相移参量,也就是 SPM 的影响因子—就是所谓的 B 积分定义如下:

$$B = \frac{\omega_0}{c} \int_0^L n_2 I(z) \mathrm{d}z \qquad (17.3)$$

式中:$I(z)$ 表示整个光纤长度上脉冲峰值强度的变化[22]。

　　小于 π 的 B 积分可看作一个线性传播量。但是,由于脉冲质量的劣化,会导致此值比预期略高。为了说明 SPM 的结果,对一个 CPA 的系统进行了模拟,其中在放大的过程中脉冲形状被设定为双曲正割(sech^2)的形状。图 17.3 描述了积累了非线性相移之后重新压缩的脉冲,与衍射极限的双曲正割脉冲相比较。可以看出,SPM 导致脉冲展宽,并产生了拥有相当一部分能量的边带结构。因此,即使是中等的 SPM 效应也会导致经过压缩后的脉冲发生畸变并伴随着脉冲峰值功率降低以及脉冲对比度下降[23]。

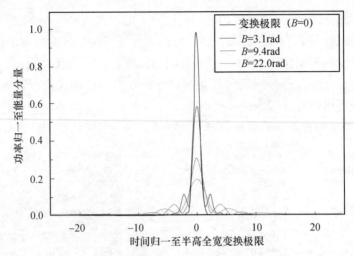

图 17.3 相位调制(SPM)早啁啾放大系统(CPA)中对重压缩脉冲质量的影响

注:其中假设放大过程中脉冲是双曲正割的形状。

17.3 高重复频率吉瓦峰值功率的光纤激光系统

基于光纤 CPA 系统非线性影响的考虑,设计了一个超快的高峰值功率的方案。高功率高平均功率的光纤 CPA 系统的结构如图 17.4 所示[24]。它包含一个被动锁模掺镱的钇钾钨(Yb:KGW)振荡器、一个电介质光栅展宽—压缩组、一个声光调制器作为脉冲选择器、两根掺 Yb 光子晶体光纤作为单通放大级,总增益系数约为 25000。

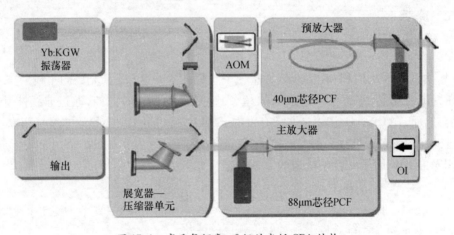

图 17.4 高重复频率 mJ 级的光纤 CPA 结构

长腔的 Yb:KGW 振荡器输出参数:重复频率为 9.7MHz,中心波长为 1030nm,近傅里叶变换极限的脉宽为 400fs,平均输出功率约为 1.6W。脉冲展宽器使用两个每毫米 1740 刻线的电介质衍射光栅,最后将 3.3nm 线宽的脉冲展宽至脉宽 2ns。基于石英的声光调制器用来降低脉冲频率。预放大级包括一个长 1.2m、纤芯 40μm 的单偏振空气包层 PCF。主放大器使用长 1.2m 的低非线性空气包层的 PCF。这种光纤的纤芯能够减少横模的数目,通过种子模式匹配,能够实现稳定的单模输出。输出的光束质量 $M^2 < 1.2$,与功率无关。

图 17.5 为 200kHz 重复频率下经过压缩后的输出特性。主放大器注入脉冲的平均功率为 0.5W,相应的脉冲能量为 2.5μJ。在泵浦功率 230W 下,最高输出功率为 145W,斜率效率高达 66%。因为这种光纤没有涂覆材料,并且使用了稳定的光纤装夹,没有在此功率水平下观察到热光或热机械问题。光纤放大输出的偏振度达到 98%,因此允许实现有效的脉冲压缩。压缩器效率为 70%,因此达到 46% 的总斜率效率,压缩后的平均功率为 100W,相应的脉冲能量为 500μJ。

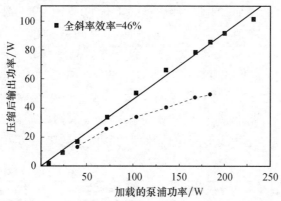

图 17.5　光纤 CPA 系统脉冲压缩后的平均输出功率

注:块表示 200kHz,圆圈表示 50kHz。

为得到最小的自相关宽度,压缩器中光栅的距离需要做相应的调整。在 500μJ 情况下,测量到的自相关宽度为 1.2ps,如图 17.6 所示(虚线);对应于假设脉冲性质为双曲正割型时的脉冲宽度为 780fs。为了进行比较,在非常低的能量下自相关曲线如图 17.6(点状)所示。当脉冲能量增加的时候出现了边带结构,这可以归结于所施加的非线性相移,正如 17.2 节所讨论的那样。这个情况下整个 B 积分计算值为 4.7rad。

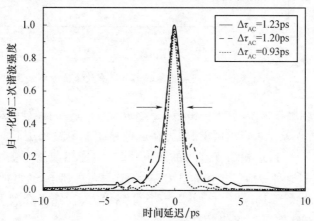

图 17.6　压缩脉冲的自相关曲线

注:点状表示在低脉冲能量下;虚线表示 200kHz&500uJ 能量下;实线表示 50kHz&1mJ 能量下。

使用重复频率 50kHz、70mW 的种子,在泵浦功率 180W 的情况下得到了平均功率 71W 的输出,相应的脉冲能量为 1.45mJ(图 17.5 中圆圈),在这种情况下,B 积分高达 7rad。由于泵浦功率增加带来端面损伤以及泵浦光吸收饱和的风险[25],没有进一步的增加泵浦功率。压缩后的自相关宽度为 1.23ps(相当于脉宽 800fs)。由于基底在时域的广泛分布说明了较强的非线性效应。相应的峰值功率约为 1GW。

17.4 峰值功率与脉冲能量定标中的注意事项

随着非线性效应的增加,刻画脉冲质量的劣化的一个品质参数即有效峰值功率被定义将为压缩脉冲的峰值功率归一化到具有相同脉冲能量以及变换极限脉宽(FWHM)的矩形脉冲的峰值功率。图 17.7 展示了该品质参数作为 B 积分的函数的变化,其中假设拉伸相位远大于 SPM 引起的相位项。在图 17.7 中,忽略了展宽器与压缩器的高阶色散项。正如 17.1 节所描述的一样,CPA 系统中 SPM 项是与展宽的脉冲形状成比例的,因此,脉冲形状决定了 SPM 对脉冲质量的影响。作为一个例子,图 17.7 包含了双曲正割、高斯、抛物线形的拉伸脉冲的品质参数随着 B 积分因子的增长而降低的现象。

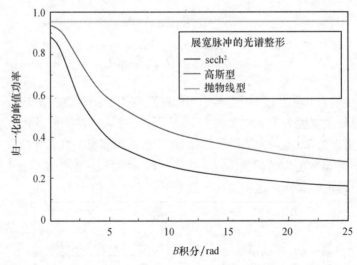

图 17.7 非线性 CPA 系统中不同展宽脉冲形状的有效峰值功率随 B 积分的下降

事实上,抛物线脉冲似乎与 SPM 相移积累无关,因为它的有效峰值功率是与 B 积分因子无关的。这种现象是可以理解的,因为在这种脉冲中 SPM 所引起的非线性相移也是抛物线(根据式(17.1)),这相当于理想的线形啁啾,它能够通过改变压缩器(如光栅距离)很容易被补偿。这种效应已经在光纤 CPA 系统中观察到了,通过把抛物线形状的脉冲的 B 积分因子放大到 16rad[25]。作为一个可替代方案,在光纤展宽器/光栅压缩器 CPA 系统中采用非对称频谱幅值的放大,展示出一个三阶色散失配,它已经用于补偿 SPM 引起的非线性相移[26-29]。然而,在这种系统中,由于非线性 CPA 系统的二阶以及三阶色散引起的相移必须通过仔细选择展宽光纤的正确长度、光栅压缩器相应的分离距离以及放大过程中的脉冲峰值功率来补偿。因此,对于脉冲展宽—压缩器的选择在给定功率输出状态下只有一个理想点(对应于合适的 B 积分因子用于平衡色散)。在那个最优配置中,与较完美匹配的脉冲压缩器相比,有效地峰值功率增加了大约 30%。

作为振幅整形的另一种选择,通过光谱相位整形来控制光纤 CPA 系统中非线性相移的影响是一种有前途的技术[30,31]。理论上,对应于变换极限情况的峰值功率总是可以实现的(图 17.7)。

自相位调制对啁啾脉冲的影响可以用频谱相位描述,它是 B 积分因子与归一化的频谱 $s(\Omega)$ 的乘积[32]。因此,一个形如 $\varphi = -Bs(\Omega)$ 的额外相位项的应用可以在非线性 CPA 系统输出变换极限脉冲。实验上,非线性 CPA 系统中脉冲整形也已经实现了。其结构与图 17.4 类似;然而,光谱宽度(RMS 值 2.6nm)更窄,并且脉冲被展宽至 1.3ns。脉冲整形器是一个由两层液晶组成的空间光调制器(SLM)。该装置允许在透射过程中有 3π 的最大相移。SLM 放置在预放大级之前(与图 17.4 相比)。需要输入光谱形状以用于计算所需的相位补偿,并且可以用光谱分析仪进行测量。然后,用于补偿的频谱相移由 SLM 产生。图 17.8 中的插图描述了这个例子中补偿的相移项。通过使用这项技术,能够在非线性 CPA 系统中产生接近变换极限的脉冲:B 积分因子为 8rad,输出脉冲的能量为 840μJ(压缩后),重复频率为 50kHz。输出脉冲的自相关脉冲半高宽与线性 CPA 系统中的一样,大约不 1.05ps。关闭脉冲整形并且只使用压缩器后,自相关测量表现出非常强的边带特征,脉冲半高宽约为 1.4ps。从图 17.7 中可以看出,通过相位整形,峰值功率的增加比例要大于 2。

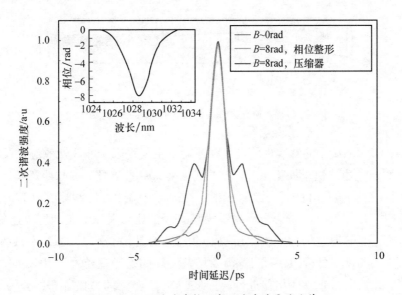

图 17.8　仅通过脉冲整形实现脉冲质量的改善

注:在 B 积分因子为 8rad 时非线性 CPA 系统的输出脉冲的自相关。插图描述了由空间光调制器(SLM)所施加的相位补偿。

除了传播脉冲包络导致的非线性相移累积的有害影响,较弱的初始光谱幅度以及相位调制也会导致脉冲对比度下降,并伴随着通过将能量转移到星型脉冲而增加 B 积分因子。因为这样弱的调制在真实激光系统中是无法避免的,激光系统中所积累的非线性相移应该足够低,才能用于产生高质量、高对比度的脉冲[33,34]。

为了进一步增加脉冲能量以及峰值功率,也必须考虑受激拉曼散射。SRS 有一个特定的启动阈值,超过阈值之后,能量会迅速地转移到频率较低的斯托克斯波上。光纤放大器中的 SRS 启动阈值为

$$P_{threshold}^{SRS} \approx \frac{16A_{eff}}{g_R L_{eff}} \tag{17.4}$$

式中:g_R 为拉曼的峰值增益;L_{eff} 为有效相干长度。有源光纤中 SRS 的精确阈值可以参见文献[35]。

除了这些基本的非线性效应,光纤的损伤也必须作为高功率光纤激光系统能量放大的限制。熔融石英的表面损伤通量阈值明显低于体损伤通量阈值,在 1μm 波段其值约为

$$H_{damage} = 22 \left(\Delta\tau\right)^{0.4} \left(J/cm^2\right) \tag{17.5}$$

式中:$\Delta\tau$ 为脉冲持续时间(ns)[36]。

因此,一般来说损伤阈值明显低于可提取的能量。这个问题可以通过对光纤端面的特殊处理解决。其中一种途径就是在光纤放大器的输出端面上熔接无芯端帽,如图 17.9 所示。光束的扩张降低了光通量,进而避免了端面损伤。

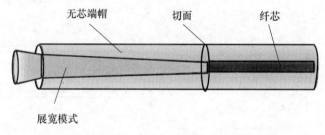

图 17.9 避免光纤端面损伤的无芯光纤端帽

在光纤 CPA 系统中能够实现的最大脉冲能量主要受限于非线性效应以及放大器的损伤阈值,尽管它也取决于展宽比率。脉冲展宽至 2ns(此展宽后的脉冲宽度是在下面的讨论中所假设的)是可行的。为了找出最关键的限制因素,利用式(17.3)~ 及式(17.5),图 17.10 总结了不同影响因素随模场直径的函数关系。正如所描述的那样,表面损伤(虚线)能够通过增加端帽来解决。有意思的是,光纤 CPA 系统在线性区($B < \pi$)实现毫焦的能量是可行的,但是,这需要增益光纤的模场直径大于 100μm。更高的脉冲能量需要对积累的非线性相移进行(主动或被动)补偿,例如,当 B 积分因子小于 10 rad 时能够实现 3mJ 的脉冲能量。此外,放大带宽的优化能够使压缩脉冲宽度降至 300fs。进而 CPA 系统中这样的脉冲能量水平与持续时间能够使峰值功率超过 10GW。进一步优化高重复频率后将可达到独特的激光性能。在假定的脉冲宽度情况下,由于自聚焦的限制产生了最基本的 8mJ 的极限值,这与模场面积是无关的(在熔融石英中,1μm 波段,线偏振光的临界峰值功率大约为 4MW[37])。

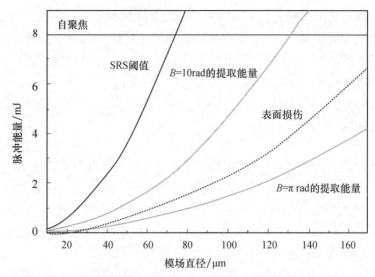

图 17.10　假设展宽脉冲为 2ns,1.2m 长棒状 PCF 的增益为 30dB 时,
光纤 CPA 系统的脉冲能量限制随模场直径的变化

17.5　超短脉冲光纤系统的平均功率定标

　　除了以上讨论的在峰值功率上的增长潜力以外,光纤放大器也为产生具有极高平均功率[38,39]的飞秒级脉冲输出提供了可能性。图 17.4 所示的 CPA 系统的一个升级版展现了光纤放大器的平均功率定标能力。在该系统的升级版中,初始的振荡器产生了脉冲宽度 200fs、中心波长 1042nm、重复频率 78MHz、平均功率 150mW 的激光输出。将声光调制器(AOM)移除后脉冲展宽到约 800ps。进而通过更换展宽—压缩器单元中的光栅以增加总体效率。随后,通过两级光纤放大器,剩余的信号光(120mW)被放大到 50W;这两级放大器分别使用了长度为 1.2m 和 1.5m 的参数相同的双包层 PCF,纤芯直径为 40μm、内包层直径为 170μm。所有的光纤放大都采用了 976nm 的泵浦光。主放大级采用了一根需要水冷的、长 8m 的双包层光纤,该光纤具有 27μm 的模场直径和 500μm 的包层直径。

虽然该折射率阶跃光纤并没有 PCF 结构,但是它的纤芯具有微纳结构,由亚波长直径的掺 Yb 和掺 F 离子的石英棒构成,具有折射率调谐性能和降低 NA 的效果。该大模场光纤是为高平均功率运转而专门设计的,它具有大空气孔包层设计且在高功率也能保证信号光单模运转。图 17.11 显示了该光纤的放大效果。

　　在泵浦功率 1450W 时,信号光输出功率为 950W,相对应的单脉冲能量为 12.2μJ。此时测得的主放大器的光束质

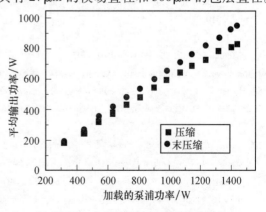

图 17.11　未压缩和压缩的信号光平均
功率随泵浦光的变化曲线

量 $M^2 = 1.3$。压缩后的信号光最大功率为830W,单脉冲能量为 $10.6\mu J$。在最高功率下,由于光纤内部的退偏振效应,压缩效率由95%稍下降到88%。由于与计算的11rad B 积分相对应的非线性相移(主要产生于主放大级),脉冲的自相关宽度由750fs增大到880fs,相应的峰值功率约为12MW。

17.6 总结与展望

本章综述了光纤激光系统中实现高峰值和高平均功率提取所面临的主要挑战。在这些挑战中,解决有害的自相位调制效应是目前最为迫切的。累积的非线性相位值在很大程度上由主放大级所用的光纤决定。由此采用低非线性的稀土掺杂双包层光纤,如88/200棒状PCF,是光纤激光系统实现高功率脉冲提取的先决条件。高重复频率光纤CPA系统输出毫焦量级飞秒脉冲的优异表现已被实验所证实。

应该指出的是,放大级的增益带宽(约为20nm)在理论上可以承受比本章所述的更短的脉冲。我们确信飞秒光纤CPA系统具有在兆赫量级重复频率上获得毫焦量级脉冲输出的潜力,即获得千瓦以上的平均功率,这是未来我们的发展目标。这样的激光光源会开启从基础研究到工业产品的新应用途径。

参考文献

[1] Yamakawa, K., and Barty, C. P. J., "Ultrafast, Ultrahigh-Peak, and High-Average Power Ti:Sapphire Laser System and Its Applications," IEEE J. Select. Top. Quant. Electron. , 6: 658-675, 2000.

[2] Nolte, S., Momma, C., Jacobs, H., Tünnermann, A., Chichkov, B. N., Wellegehausen, B., and Welling, H., "Ablation of metals by ultrashort laser pulses," J. Opt. Soc. Am. B, 14: 2716-2722, 1997.

[3] Müller, D., Backus, S., Read, K., Murnane, M., and Kapteyn, H., "Cryogenic cooling multiplies output of Ti:sapphire lasers," Laser Focus World, 41: 65-68, 2005.

[4] Giesen, A., Hugel, H., Voss, A., Wittig, K., Braucli, U., and Opower, H., "Scalable Concept for Diode-Pumped High Power Solid-State Lasers," Appl. Phys. B, 58: 365-372, 1994.

[5] Fomin, V., Abramov, M., Ferin, A., Abramov, A., Mochalov1, D., Platonov, N., andGapontsev, V., "10kW Single Mode Fiber Laser," SyTu-1.3, Symposium on High-Power Fiber Lasers, 14th International Conference, Laser Optics, 2010.

[6] Paschotta, R., Nilsson, J., Tropper, A. C., and Hanna, D. C., "Ytterbium-Doped Fiber Amplifiers," IEEE J. Quantum Electron. , 33: 1049-1056, 1997.

[7] Agrawal, G. P., Nonlinear Fiber Optics, San Diego, CA: Academic Press, 1995.

[8] Alfano, R. R., The Supercontinuum Laser Source. New York: Springer-Verlag, 1989.

[9] Strickland, D., and Mourou, G., "Compression of Amplified Chirped Optical Pulses," Opt. Commun. , 55: 447-449, 1985.

[10] Jeong, Y., Sahu, J. K., Payne, D. N., and Nilsson, J., "Ytterbium-Doped Large-Core Fiber Laser with 1.36 kW Continuous-Wave Output Power," Opt. Express, 12: 6088-6092, 2004.

[11] Limpert, J., Liem, A., Reich, M., Schreiber, T., Nolte, S., Zellmer, H., Tünnermann, A., et al., "Low-Non-linearity Single-Transverse-Mode Ytterbium-Doped Photonic Crystal Fiber Amplifier," Opt. Express, 12: 1313-1319, 2004.

[12] Limpert, J., Schmidt, O., Rothhardt, J., Röser, F., Schreiber, T., Tünnermann, A., Ermeneux, S., et al.,

"Extended Single-Mode Photonic Crystal Fiber Lasers," Opt. Express, 14: 2715-2720, 2006.

[13] Brooks, C. D., and Di Teodoro, F., "Multimegawatt Peak-Power, Single-Transverse-Mode Operation of a 100ìm Core Diameter, Yb-Doped Rodlike Photonic Crystal Fiber Amplifier," Appl. Phys. Lett., 89: 111119, 2006.

[14] Schmidt, O., Rothhardt, J., Eidam, T., Röser, F., Limpert, J., Tünnermann, A., Hansen, K. P., et al., "Single-Polarization Ultra-Large-Mode-Area Yb-Doped Photonic Crystal Fiber," Opt. Express, 16: 3918-3923, 2008.

[15] Liu, C. -H., Chang, G., Litchinitser, N., Galvanauskas, A., Guertin, D., Jacobson, N., and Tankala, K., "Effectively Single-Mode Chirally-Coupled Core Fiber" (paper ME2), Advanced Solid-State Photonics, OSA Technical Digest Series (CD), Optical Society of America, 2007.

[16] Wong, W. S., Peng, X., McLaughlin, J. M., and Dong, L., "Breaking the Limit of Maximum Effective Area for Robust Single-Mode Propagation in Optical Fibers," Opt. Lett., 30: 2855-2857, 2005.

[17] Ramachandran, S., Nicholson, J. W., Ghalmi, S., Yan, M. F., Wisk, P., Monberg, E., and Dimarcello, F. V., "Light Propagation with Ultralarge Modal Areas in Optical Fibers," Opt. Lett., 31: 1797-1799, 2006.

[18] Ortaç, B., Schmidt, O., Schreiber, T., Limpert, J., Tünnermann, A., and Hideur, A., "High-Energy Femtosecond Yb-Doped Dispersion Compensation Free Fiber Laser," Opt. Express, 15: 10725-10732, 2007.

[19] Limpert, J., Deguil-Robin, N., Manek-Hönninger, I., Salin, F., Schreiber, T., Liem, A., Röser, F., et al., "High-Power Picosecond Fiber Amplifier Based on Nonlinear Spectral Compression," Opt. Lett., 30: 714-716, 2005.

[20] Schmidt, O., Rothhardt, J., Röser, F., Linke, S., Schreiber, T., Rademaker, K., Limpert, J., et al., "Millijoule Pulse Energy Q-Switched Short-Length Fiber Laser," Opt. Lett., 32: 1551-1553, 2007.

[21] Eidam, T., Röser, F., Schmidt, O., Limpert, J., and Tünnermann, A., "57 W, 27 fs Pulses from a Fiber Laser System Using Nonlinear Compression," Appl. Phys. B, 92: 1, 9-12, 2008.

[22] Perry, M., Ditmire, T., and Stuart, B., "Self-Phase Modulation in Chirped-Pulse Amplification," Opt. Lett., 19: 2149-2151, 1994.

[23] [23] Schreiber, T., Schimpf, D., Müller, D., Röser, F., Limpert, J., and Tünnermann, A., "Influence of Pulse Shape in Self-Phase-Modulation-Limited Chirped Pulse Fiber Amplifier Systems," J. Opt. Soc. Am. B, 24: 1809-1814, 2007.

[24] Röser, F., Eidam, T., Rothhardt, J., Schmidt, O., Schimpf, D. N., Limpert, J., and Tünnermann, A., "Millijoule Pulse Energy High Repetition Rate Femtosecond Fiber Chirped-Pulse Amplification System," Opt. Lett., 32: 3495-3497, 2007.

[25] Limpert, J., Roser, F., Schimpf, D. N., Seise, E., Eidam, T., Hadrich, S., Rothhardt, J., et al., "High Repetition Rate Gigawatt Peak Power Fiber Laser Systems: Challenges, Design, and Experiment," IEEE J. Select. Top. Quantum Electron., 15: 159-169, 2009.

[26] Schimpf, D. N., Limpert, J., and Tünnermann, A., "Controlling the Influence of SPM in Fiber-Based Chirped-Pulse Amplification Systems by Using an Actively Shaped Parabolic Spectrum," Opt. Express, 15: 16945-16953, 2007.

[27] Kuznetsova, L., and Wise, F. W., "Scaling of Femtosecond Yb-Doped Fiber Amplifiers to Tens of Microjoule Pulse Energy via Nonlinear Chirped Pulse Amplification," Opt. Lett., 32: 2671-2673, 2007.

[28] Shah, L., Liu, Z., Hartl, I., Imeshev, G., Cho, G. C., and Fermann, M. E., "High Energy Femtosecond Yb Cubicon Fiber Amplifier," Opt. Express, 13: 4717-4722, 2005.

[29] Zaouter, Y., Boullet, J., Mottay, E., and Cormier, E., "Transform-Limited 100 μJ, 340 MW Pulses from a Nonlinear-Fiber Chirped-Pulse Amplifier Using a Mismatched Grating Stretcher-Compressor," Opt. Lett., 33: 1527-1529, 2008.

[30] Yilmaz, T., Vaissie, L., Akbulut, M., Booth, T., Jasapara, J., Andrejco, M. J., Yablon, A. D., et al., "Large-Mode-Area Er-Doped Fiber Chirped Pulse Amplification System for High-Energy Sub-Picosecond Pulses at 1. 55ìm," Proc. SPIE, 6873: 687354, 2008.

[31] He, F., Hung, H. S. S., Price, J. H. V., Daga, N. K., Naz, N., Prawiharjo, J., Hanna, D. C., et al., "High Energy Femtosecond Fiber Chirped Pulse Amplification System with Adaptive Phase Control," Opt. Express, 16: 5813-

5821, 2008.

[32] Schimpf, D. N., Seise, E., Limpert, J., and Tünnermann, A., "Self-Phase Modulation Compensated by Positive Dispersion in Chirped-Pulse Systems,"Opt. Express, 17: 4997-5007, 2009.

[33] Schimpf, D. N., Seise, E., Limpert, J., and Tünnermann, A., "The Impact of Spectral Modulations on the Contrast of Pulses of Nonlinear Chirped-Pulse Amplification Systems,"Opt. Express, 16: 10664-10674, 2008.

[34] Schimpf, D., Seise, E., Limpert, J., and Tünnermann, A., "Decrease of Pulse-Contrast in Nonlinear Chirped-Pulse Amplification Systems Due to High-Frequency Spectral Phase Ripples,"Opt. Express, 16: 8876-8886, 2008.

[35] Jauregui, C., Limpert, J., and Tünnermann, A., "Derivation of Raman Threshold Formulas for CW Double-Clad Fiber Amplifiers,"Opt. Express, 10: 8476-8490, 2009.

[36] Köchner, W., Solid-State Laser Engineering. Berlin: Springer, 1999.

[37] Brodeur, A., and Chin, S. L., "Ultrafast White-Light Continuum Generation and Self-Focusing in Transparent Condensed Media,"J. Opt. Soc. Am. B, 16: 637-650, 1999.

[38] Eidam, T., Hödrich, S., Röser, F., Seise, E., Gottschall, T., Rothhardt, J., Schreiber, T., et al., "A 325-W-Average-Power Fiber CPA System Delivering Sub-400 fs PulsesIEEE J. Sel. Top. Quantum Electron., 15: 187, 2009.

[39] Eidam, T., Hanf, S., Seise, E., Andersen, T., Gabler, T., Wirth, C., Schreiber, T., et al., "Femtosecond Fiber CPA System Emitting 830 W Average Output Power,"Opt. Lett., 35: 94-96, 2010.

第18章
高功率光纤激光在工业与国防领域的应用

Michael O'Connor

IPG 公司先进应用部总监

Bill Shiner

IPG 公司销售副总裁

18.1 引言

自从 20 世纪 90 年代电信市场泡沫破灭以来,光纤激光器发生了戏剧性的改变。在来自电信设备的订单需求下降以后,很多公司都处于具有非凡的技术和生产能力但市场很小的尴尬境地。该种情况与美国政府科技发展机构——国防部先进防御技术局(DARPA)的发展项目基金适时相结合,促进了光纤激光输出功率空前的加速发展。2002年,商业级产品的光纤激光器输出的平均功率在几瓦到几十瓦的水平。而到了 2010 年,数千瓦的光纤激光器已经得到商品化,单模功率 10kW、多模功率 50kW 的激光输出也已实现,高功率的光纤激光正在迅速渗透工业和国防领域。

自 2002 年以来,光纤激光器在工业和国防应用中相对较快地被接受有许多原因。相对于其他种类的高功率激光,光纤激光器有大量优点:

(1)高可靠性和皮实性。

(2)高效率。

(3)维护要求低。

(4)占用空间和体积小。

(5)能够提供高功率和高光束质量的连续光输出。

(6)不需预热,快速达到满功率状态。

(7)调制速率快,可达到约 10kHz。

(8)光纤灵活移动。

(9)价格低。

18.2 光纤激光工程

工业和国防应用的高功率光纤激光器主要是指掺镱光纤激光器。由于 1060nm 发射峰附近的量子缺陷较小,且其泵浦吸收峰位于 915 ~ 975nm,Yb 光纤激光器能够获得很高的光光转换效率,使增益介质中产生的废热减少。此外,细长的光纤(典型值是长度 10m,直径 125μm)有着非常高的表面积与体积比,意味着光纤散热非常迅速。光纤与激光器共同作用产生高功率激光输出是一个很好的结合,因为掺 Yb 光纤激光器产生的废热非常少,而真正产生的热量又扩散得非常快。正因为此,连续激光的功率能够达到空前的高度。掺 Yb 光纤激光器与二氧化碳(CO_2)和 Nd:YAG 激光器的输出功率提升曲线如图 18.1 所示。

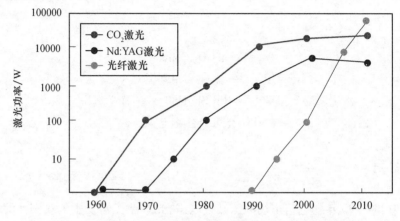

图 18.1 CO_2、Nd:YAG、光纤激光器的输出功率发展历程对比

光纤激光器很大程度上受益于电信产业的投资。很多如今用于高功率光纤激光器的组件曾经都是首先在电信工业拓张年代发展的。或许对光纤激光器的成功最关键的就是单管泵浦二极管的发展(图 18.2)。这些二极管封装为光纤耦合的、密封的且在 9 × ×nm 波长处能够具有很高的电光效率。这些二极管的寿命非常长,一般达 50000h 甚至 10000h 以上。尽管泵浦固体激光器的巴条二极管在近年来已经获得了很大改善,但与以上提到的二极管相比,仍然无法在寿命和可靠性上有所优势。巴条和闪光灯泵浦需要周期性地更换,增加了维护成本和时间。相反,在激光器寿命内,单管二极管一般不需要维护也不需要更换。单管二极管的另外一个优点是能够传导性冷却,所以不需要与冷却水

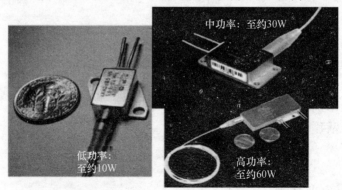

图 18.2 通信型光纤耦合式、单管泵浦二极管

注:单管一般可以提供 10W 输出,高功率封装包括多个使用微光器件耦合到光纤中的发射管。

或者其他冷却液体直接接触。最终,光纤耦合的封装与泵浦的光纤激光器相匹配。一般来说,几个或者几十个泵浦封装能够通过全光纤合束器合成。该种光纤耦合的二极管对直流电源的电光效率为 50% ~ 55% 。高电光效率与 Yb 光纤激光器的高光光转换效率(75% ~ 85%)相结合,得到了考虑到所有损耗后的光纤激光器的电光效率为 30% ~ 40% 。

除了高效率和高稳定性,使用单管二极管的掺 Yb 光纤激光器还有其他更多实用的优点。比如,该激光器不需要预热,因为光纤传导可以使单管二极管与另外一个二极管或者掺杂光纤实现热分离。引人注意的是,它们可以在 100μs 内实现冷启动到全功率的过程,调制频率可达 10kHz。这些特点使得光纤激光器在工业应用上特别实用。

对掺 Yb 光纤激光器可靠性的忧虑主要在于光子暗化效应。这与光纤纤芯中色心缺陷的形成相关,在实验上导致光纤激光器的输出功率随运转时间持续下降。这些缺陷被认为起源于多个的反转离子在可见光或者紫外波段(而不是近红外)的合作发光过程。这种能量的光子引起了纤芯缺陷,导致在紫外和可见光波段的强吸收。这种吸收可以延展到近红外波段,会导致能产生粒子数反转的泵浦光功率的降低,以及激光输出波长的损耗增加。一般来说,这种现象是逐渐发生的,持续时间长达数百小时;然而,在特定的环境下,功率降低将急剧快,在极端情况下光纤激光器会在几小时甚至几分钟内完全暗化。有研究表明,光子降低的速率与反转粒子数密度呈某种幂率关系[1]。因此含有高浓度 Yb 离子或者 Yb 离子团簇的增益级更容易受到该效应的影响。生产掺 Yb 光纤和光纤激光器的制造商已经开始采取行动去抑制或减小光子暗化效应的影响;特别是可以共掺某些元素以防止 Yb 离子的聚焦以抑制离子间能量交换。此外,增益级的增益水平也将降低以减小反转粒子数密度。

18.3　宽带多模光纤激光的功率定标

宽带多模光纤激光器的输出功率已经拓展到 50kW,而且表明进一步定标到数百千瓦也是可能的。与高功率宽带单模光纤激光器的逐级放大输出不同,高功率多模光纤激光器一般由多个单模光纤激光器并排合成形成的。图 18.3 显示了该种激光器的原理。该结构使用了一个全光纤的合束器来合成多个单模光纤激光器。该种激光器的功率拓展范围目前仅受到全光纤合束器的限制。

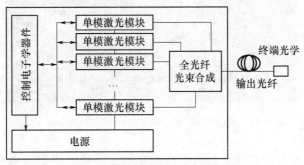

图 18.3　高功率多模激光器结构

用于高功率多模光纤激光器中的全光纤合束器在工业领域称为树状锥形结构（TFB），这是20世纪90年代电信工业拓展时发展的另外一种光纤器件。TFB原用于掺铒光纤放大器（EDFA）中来合束信号光和泵浦光到双包层增益光纤。多模光纤激光器所用的全光纤合束器的变化在于它是将多个单模输入光纤耦合进入一根多模输出光纤。因为多个输入端是非相干合束的，所以亮度并没有增加，甚至会降低，这是由于TFB中的非理想性以及TFB的孔径和数值孔径都没有被填满。而合束后的功率除了在合束器有所损失，大部分得以保存。一般会损失2%～3%甚至更少，所以将有至少97%的合束效率。表18.1显示了被报道的高功率多模光纤输出的几个例子。

表18.1　TFB输出光纤参数、光束质量和当前能够输出的功率

多模输出光纤直径/μm	输出光纤 NA	BPP/(mm·mrad)	M^2	最高输出功率/kW
50	0.09	2.3	7	7
100	0.09	5	15	20
200	0.09	10	30	50

非相干合成结构有以下三个优点：

（1）模块化易于实现功率定标。

（2）自然满足冗余性设计。事实上，可以加入和控制一些额外储备的光纤模块；当一个或多个单模光纤模块无法正常工作时，这些可以开启这些模块。

（3）当一个单模光纤激光器输出功率在其失效极限下时，可以不去开启，使得系统稳定可靠。

数百台数千瓦输出功率的光纤激光器已出售给工业和国防应用部门，证明了本结构的可靠性和可拓展性。图18.4显示了一台50kW光纤激光器封装，在该封装中，在电源下方垂直放置的1kW单模光纤模块清晰可见。

图18.4　50kW 多模光纤激光器（来自 IPG Photonics）

该种宽带多模光纤激光器比的宽带高功率单模光纤激光器结构简单。由于使用了平行结构和大芯径的输出光纤，受激拉曼散射和可用的泵浦光亮度将不会限制输出功率

的提高。该种平行多模激光器的主要限制条件在于光纤合束器内的热问题。由于合束器必须承受所有合束的单模光纤激光器的满载功率,所以即使很小比例的损耗都会造成明显的功率损失,导致在很小的空间内产生极高的热量。降低合束器损耗以及热管理对于该种高功率多模光纤激光器来说至关重要。

对于多模光纤激光的功率定标来说,其次的限制在于如何在提升功率时能够同时获得高亮度。如表 18.1 所列,使用小直径的输出光纤可以获得较好的光束质量。如果输出功率足够高,输出光纤纤芯的功率密度将达到 SRS 的阈值,限制了输出光纤的长度。

18.4　宽带单模光纤激光的功率定标

宽带单模光纤激光器的功率定标主要受到以下四点的影响:

(1)泵浦光亮度。

(2)光纤中的非线性效应,特别是 SRS。

(3)最后一级增益光纤中所产生的过多热量。

(4)基模功率损失,转化为高阶模。

以上每一个因素都制约着功率放大级(最后增益级)的功率定标。值得注意的是受激布里渊散射是制约窄线宽光纤激光器的主要因素,但对于光谱宽度几个纳米的宽带光纤激光器来说并不重要。SRS 也制约着输出光纤的长度(SRS 的阈值随着光纤长度增加及纤芯功率密度增大而降低)。尽管这些因素独立地制约着光纤激光器的功率定标,但是某种可以抑制或降低一种因素的方法可能会导致另一种因素的影响更大。例如,使用高亮度泵浦二极管可以克服泵浦亮度的问题,但是泵浦耦合或增益光纤中的热效应会更严重。为了降低单位长度上的热量,增益光纤长度必须加长,但是此时 SRS 阈值又会降低。由于这些因素的相关性,为了继续获得高功率必须综合考虑这四个因素。

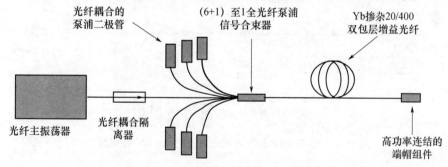

图 18.5　典型高功率掺 Yb 光纤放大器结构

以图 18.5 所示的光纤放大器为例。采用了纤芯直径 20μm、内包层直径 400μm 的增益光纤。使用包括 6 个芯径 200μm、NA = 0.22 的泵浦臂和一个信号纤的工业标准泵浦合束器。如果要从增益光纤两端同时泵浦,那么就需要 12 个这样的泵浦臂。如果该种光纤的尺寸限制了光纤耦合的泵浦源功率为 350W,就可以提供总功率 12 × 350W = 4.2kW 的泵浦光。假设输入信号光的功率为 500W,包括所有损耗的光光转换效率为 75%,那么由泵浦功率限制的输出激光功率为 0.75 × 4.2kW + 0.5kW = 3.65kW。为了增加泵浦功率,可以使用侧面泵浦来增加增益光纤中的泵浦功率。然而,由于功率水平和光纤纤芯尺寸的限制,所需的增益光纤的长度会导致 SRS 阈值的下降。为了增大 SRS 阈值,纤芯尺寸必须增大,以降低纤芯功率密度并增加芯包比。这些措施反过来会增加泵浦吸收,从而降低光纤长度。然而,光纤长度的降低会增加单位长度的热量,如第 15 章中所讨论的,很难在 $25\mu m$ 以上的纤芯中保持单模输出。如此 SRS 限制了分布式泵浦,只能进行端面泵浦。

试想采用新的更高亮度的 2 倍于现在功率的泵浦源,使用同样的光纤应用于光纤放大器中。理论上来说,图 18.5 中所示的放大器功率可以提高到 6.8kW,或者说近似为原有输出功率的 2 倍。然而,因为在这种功率水平上很可能已经超过 SRS 的损伤阈值,所以需要减短增益光纤长度。为了提高短光纤内的泵浦吸收效率,应该增加光纤中的 Yb 离子掺杂浓度。但是这样在单位长度的光纤上又会产生过多的热量,超过光纤的热阈值,导致光纤涂覆层的烧毁或退化。这些例子表明了这些相互关联的因素——泵浦亮度、SRS、热负载和基模传导是如何制约宽带光纤激光器的输出功率的。为了克服这些重要的因素,另外一些光纤的基础性能成为必备条件,包括低损耗光纤、熔接、对光纤和增益级采用抑制光子暗化的设计、能承受高泵浦光的低折射率涂覆层等。

一种克服以上制约宽带单模光纤激光器四个主要障碍的、不同寻常的方案是使用光纤激光器替代泵浦二极管来同带泵浦最后一级高功率放大器。波长为 1018nm 的单模掺 Yb 光纤激光器的发展解决了泵浦光的亮度问题,该种激光器功率已达到了 270W。图 18.6 为采用这种同带泵浦结构的 10kW 单模光纤激光器的示意。

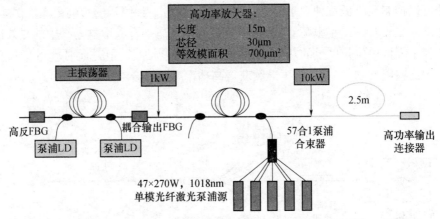

图 18.6　10kW 级单模光纤激光器结构(由 IPG 公司提供)

该结构的振荡器被 975nm 半导体激光器泵浦(掺 Yb 光纤的吸收峰)。主放大器采用波长 1018nm 光纤激光器的泵浦,其吸收带位于 975nm 吸收峰的红色圈处(图 18.7)。虽然在该波长处的吸收横截面较低,但泵浦亮度提高了两个量级:将 $105\mu m$ 芯径尾纤耦合多模二极管的 30W 输出功率(被当时单管光纤耦合二极管封装能力限制)大幅提升至单模光纤激光器的 270W。这样的功率增长使得可以使用较小的包层直径,这样可以增加芯包比并补偿低 Yb 吸收横截面。此外,该种结构也解决了热产生的问题。采用 1018nm 泵浦 1070nm 的激光,其量子亏损低于 5%,但是采用 975nm 泵浦会达到 9%。因此只有大约 50% 的热量是在增益光纤中产生的。相对于高阶模,同带泵浦还可以改善基模相对于高阶模的导波能力[2]。目前采用同带泵浦结构已获得大于 10kW 的单模输出[3]。据推测这种结构可以获得 20～30kW 的单模输出,此时受激拉曼效应和热效应将成为提高功率的最后障碍。

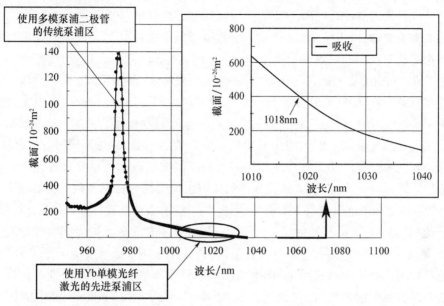

图 18.7　石英玻璃中的 Yb 离子在 1018nm 和 975nm 泵浦下不同的吸收横截面

18.5　工业应用中的高功率光纤激光

前面几章描述的光纤激光器的诸多优点,使其被工业激光市场快速接受。这种快速的整合首先由代替现有激光器所驱动,如相对低效的灯泵和二极管泵浦的 Nd:YAG 激光器。其次由于材料加工应用的发展,光纤激光器所独有的功率合成和光束质量等优势使其迅速渗透进市场。

光纤激光器能代替其他工业激光器有以下原因:作为一种替代技术,光纤激光器被证明能够让旧有激光器退出,它能提高生产力,同时降低运营成本。成本的降低包括停工期的降低、服务备件的减少以及高于 30% 的插头效率等。不断上涨的能源成本更是帮助了向 Yb 光纤激光器转换的趋势。将切割用二氧化碳激光器更换为 Yb 光纤激光器,能够降低一项主要的成本——不断变贵的氦气。对于新的设施来讲,设备集成商可以利用光纤激光器灵活传递光束的特点,采用机器人来降低材料加工单元的资本投资。公司也能迅速接受光纤激光器的多种应用。通过利用可能由光纤激光器得到的输出光纤的快速切换(通过体光学开关),用户可以用单个激光源驱动多个工作站。综合处理,包括切割、焊接和电镀,都可以通过光纤激光器实现,只需要根据要求选择输出光纤的纤芯直径和合适的传能器件。光纤传输能够为 100m 内或更长的工作单元提供隔离。

材料加工市场的竞争十分激烈。用户非常关注总成本中初始购买的价格、安装成本、长期运营成本。光纤激光器在三种成本上都有显著优势。因为日渐增长的需求,光纤激光器的市场采购容量的增大降低了制造价格。最近,光纤激光器的购买价格大大打击了其他与其相竞争的激光器。而由于以下几个因素光纤激光器的安装费用非常低:首先,光纤激光器降低了空间大小的要求。输出激光采用光纤传输时,激光器的集成化非常简单。或许最重要的是降低了长期的运营成本。光纤激光器空前的效率大大降低了所需的电力消耗,并可以使用较小的水冷机,也减低了能源花费。长期的稳定性和低维护需要也降低了长期的成本。

中等功率输出(几十瓦到几百瓦)的连续光纤激光器已在市场上被广泛接受。与脉冲光纤激光器一样,连续光纤激光器一般只需要风冷,高效且结构简单。因为使用了阶跃折射率多模光纤,所以焦点处的模式会从高斯分布转换成平顶(top-hat)分布。这样的改变使得在焊接应用中焦点和功率变化不那么敏感。例如,对剃须刀的点焊接,高斯分布会使切割和焊接的功率敏感度和焦点调整阈值太接近。平顶分布被证明更适合于制造业中。$10\mu m$ 纤芯的单模光纤激光器已能够承担切割薄材料和微焊接的应用。高于 $50kHz$ 的调制重复频率能够控制好热量管理,对一些敏感材料进行微钻孔和微焊接。

峰值功率高于 $6kW$ 和平均功率大于 $400W$ 的脉冲光纤激光器能够在脉冲或者连续模式下工作。它们在价格上非常具有竞争力,并适用于医疗设备和计算机产业的焊接,目前这些领域主要被高峰值功率、低平均功率的灯泵 YAG 激光器所垄断。脉冲光纤激光器的应用领域包括材料切割(医学支架、手术刀、阻焊和单晶硅太阳能电池板等)、焊接、烧结、低温焊接、打标和雕刻。

如上所述,高光束质量的高功率(>1kW)单模低阶多模光纤激光器已颠覆了工业市场。由于其高稳定度、大大降低了维护费用和运营费用,千瓦级以上的光纤激光器已被市场广泛接受。更重要的是,它们在所有的材料加工应用上都表现出了更好的性能和一致性。对于厚 $6mm$ 的材料,光纤激光器的切割速度是二氧化碳激光器的 5 倍,而对于厚 $20mm$ 的材料会更快。光纤激光器已统治了远程焊接领域,在该领域需要使用高速扫描仪和机器人,利用长焦透镜的优势来最大化切割速度。在 2009 年,提供机床切割的传统原始设备制造商(OEM)已经开始使用光纤激光器替代二氧化碳激光器,基于光纤激光器能提供更快的切割速度、更低的运营成本、光路结构更简单,以及铝、铜和黄铜能够稳定高质量地被切割等优点。相对于电焊机器,光纤激光器可以进行深渗透焊接。例如,$20kW$ 的光纤激光器能够以 $2m/min$ 的速度对厚 $25mm$ 的不锈钢进行电子束焊接。

光纤激光器最后一个增长领域在于翻新市场。相关公司已经在它们的机器工具上花费了大量资金;他们发现通过替代老式的二氧化碳或者 Nd:YAG 激光器,制造能力大大增长,与新激光器的成本相当。千瓦级光纤激光器的工业应用如下:

(1)液压成型汽车框架的切割。

(2)汽车行业的拼焊。

(3)飞机表面的钛焊接。

(4)航空和石油行业的熔覆。

(5)医疗器械行业中电池的焊接。

(6)医疗器械行业中起搏器的焊接。

（7）汽车工业传动焊接。

（8）金属板切割。

18.6　国防应用中的高功率光纤激光

国防领域的定向能应用也采用了 Yb 光纤激光器,其原因与工业应用的很多原因一样。特别是国防应用通常需要高效率、坚固、紧凑的激光器。激光通过光纤传输到光束定向器的便利性也是优势之一。光纤激光器已应用于各种定向能演示,如反简易爆炸装置(IED),对抗火箭、迫击炮(RAM)和对抗无人机(UAV)。

18.6.1　用于战略与战术定向能量应用的光纤激光器

对于讨论多种定向能量应用对激光器的需求,首先值得提及的是激光功率和光束质量对于远距离靶上的辐照度和光斑尺寸的影响。远距离靶上的辐照度(也称为功率密度,一般以单位面积上的功率定义)不仅由激光功率决定更由激光亮度决定。值得注意的是,亮度与激光功率成比例但与光束质量的平方成反比。所以随着目标距离的增加,即使有足够高的功率,光束质量差的激光器很快不再适用。相反,对于短距离应用,光束质量稍差的激光器也能满足要求。

战略定向能量应用包括诸如反洲际弹道导弹(ICBM)长程应用。此类应用需要激光器的输出功率至少达到数百千瓦级或更高,以及具有近衍射极限的光束质量。单模光纤激光器输出功率无法超过 25kW,不足以满足该应用的需求。然而,由于掺 Yb 光纤激光器有许多引人注意的优点,将多路光纤激光器合束以满足功率和光束质量的要求已成为目前的研究热点。为了在保证光束质量的同时将激光合束,相干合成或光谱合成方法正在被研究(参见第 19 章)。这些光束合成的方法(相对于非相干合成)需要使用窄线宽激光器。正如光纤激光器介绍中所讨论的那样,窄线宽激光器主要被 SBS 所限制。其功率极限依赖于线宽。至 2010 年,千赫量级的单色全光纤掺 Yb 光纤激光器输出功率小于 200W。线宽 10GHz 的 Yb 光纤激光器输出功率已达到 1kW。现有 DARPA 项目的目标是输出功率 2～3kW、线宽 10GHz 的光纤激光器。或许 100 台这种窄线宽激光器能被光谱或相干合成,产生数百千瓦级的近衍射极限激光输出。

当战略应用的窄线宽光纤激光器继续发展的时候,宽带 Yb 光纤激光器在工业领域发展迅速。这样的增长得到了应用于小于 10km 战术定向能量系统开发商的关注。为了获得足够的效果,3～5km 的应用需要激光具有近似于单模的光束质量。多模光纤激光器有时也可以应用于 3～5km 的范围内。标准工业级光纤激光器已经在对抗 RAM、对抗 UAV、对抗 IED 中成功应用。这些成功促进了多模和单模宽带光纤激光器的功率进一步提升,并促使高功率多模光纤激光器光束质量的改善。

参考文献

[1] Joona Koponen, Mikko Söderlund, Hanna J. Hoffman, Dahv A. V. Kliner, Jeffrey P. Koplow, and Mircea Hotoleanu,

"Photodarkening rate in Yb-doped silica fibers," Appl. Opt. 47: 1247-1256 2008.

[2] Codemard, C. A., Nilsson, J., and Sahu, J. K., "Tandem Pumping of Large-Core Double-Clad Ytterbium-Doped Fiber for Control of Excess Gain" (paper AWA3), presented at the Advanced Solid State Photonics Conference, 2010.

[3] O'Connor, M., Gapontsev, V., Fomin, V., Abramov, M., and Ferin, A., "Power Scaling of SM Fiber Lasers Toward 10kW" (paper CThA3), presented at the Conference on Lasers and Electro-optics, 2009.

[4] Dawson, J. W., Messerly, J. M., Beach, R. J., Shverdin, M. Y., Stappaerts, E. A., Sridharan, A. K., Pax, P. H., et al., "Analysis of the Scalability of Diffraction-Limited Fiber Lasers and Amplifiers to High Average Power," Opt. Express, 16: 13240, 2009.

第 5 篇　光束合成

第 19 章　光束合成

第 19 章

光束合成

Charles X. Yu

麻省理工学院林肯实验室,马萨诸塞州,列克星敦

Tso Yee Fan

麻省理工学院林肯实验室,马萨诸塞州,列克星敦

19.1 引言

最近激光阵列的光束合成研究取得了重大进展,总输出功率达到了 100kW。定标分析指出,使用当前最新的激光器进行光束合成,可以在保持良好光束质量的情况下进一步提升平均输出功率。因而在高功率激光器设计中,光束合成方面的知识是至关重要的。19.1 节简单回顾了光束合成评价指标。19.2 节描述了几种光束合成技术,包括非相干合成、相干合成(CBC)、光谱合成(WBC)和混合光束合成(HBC)。19.3 节简要回顾了近期光纤激光、半导体激光和固态激光等在光束合成方面的研究工作。19.4 节给出了简明的章节概要。

19.1.1 光束合成的动因

如果只是简单地提高泵浦功率,激光器就无法在保证光束质量的前提下获得任意高的功率输出。在固态激光中,热畸变效应(如热透镜效应)会在输出功率增加的时候降低光束质量。在光纤激光中,由于单模光纤的模场直径很小,熔石英的体损伤阈值只能达到 $10 \sim 20$kW。半导体激光器有着相似的模场面积和尺寸,其输出功率被限制在若干瓦。在功率需求超出单个激光器能力的场合中,就需要应用多个激光器。

光束合成的动因就是为了获得比单个激光器更高的功率和亮度。在成功的光束合成中,依照不同的光束合成技术,各激光器需要进行光谱控制和/或保证彼此间的相干性。适于光束合成的激光发射单元的输出功率通常小于非光束合成的同类激光器。因此,光束合成技术必须克服这个内在的劣势。

19.1.2 光束合成性能指标

光束合成系统的目标是从阵列激光器中产生完全理想的激光束。用简单的指标对所获得的激光束的"理想"程度进行量化是非常有价值的。M^2 因子($M^2 \geq 1$)和斯特列尔比 $S(S \leq 1)$ 通常用来度量激光器光束质量。$M^2 = 1$ 对应于理想高斯光束;$M^2 > 1$ 对应于差一些的光束质量。$S = 1$ 对应于从圆形孔径中出射的等振幅、等相位的光束;$S < 1$ 表示光束质量劣化。

$M^2 = 1$ 的高斯光束在所有传播平面上具有高斯强度分布[1]。M^2 因子给出了光束二阶矩的度量,后者定义为

$$W^2(z) = W_o^2 + (M^2)^2 \left(\frac{\lambda}{\pi W_o} \right)^2 z^2 \tag{19.1}$$

式中:z 为光束的位置;$W(z)$ 为 z 处的二阶矩束宽;$2W_o$ 为束腰;λ 为波长。

斯特列尔比刻画了近场硬边孔径射出光束在远场轴上强度。斯特列尔比定义为实际轴上强度与从相同硬边孔径出射的等功率均匀平面平顶光束(相位、强度)的轴上强度的比值[2]。斯特列尔比等于 1 的光束(均匀振幅、平顶相位)在远场呈现出经典的艾里图样,在所有的硬边孔径出射光束中这种光束具有最大的轴上强度,具有重要意义。波前畸变较小的平顶光束的斯特列尔比可以根据马雷夏尔近似表示为

$$S = \exp\left[-(2\pi/\lambda)^2 \Delta\Phi^2 \right] \tag{19.2}$$

式中:λ 为波长;$\Delta\Phi^2$ 为以长度单位表征的波前畸变。

这些光束质量测量手段有一个缺点,就是 M^2 因子无法从数学上转化成斯特列尔比,反过来也一样。例如,理想的高斯光束($M^2 = 1$)是无限扩展的,而斯特列尔比只是针对有限孔径出射的光束定义的。为了把高斯光束转化成斯特列尔比需要确定高斯光束的半径。另外,斯特列尔比 $S = 1$ 的光束无法定义 M^2 因子。尽管 M^2 因子与斯特列尔比之间不存在准确的转化形式,然而,以任意指标描述的很好的光束质量都意味着波前畸变要很小,也就是说,对于 $M^2 = 1$ 的光束和 $S = 1$ 的光束,在束腰处的波前必须是一个平面。可以认为

$$S \approx 1/(M^2)^2 \tag{19.3}$$

M^2 因子与斯特列尔比以及其他光束质量评价指标之间相互转化的根本难点在于,使用单一数字描述振幅、相位具有空间分布的激光束时损失了许多信息。简而言之,依据光束质量评价指标的定义,光束的部分信息被扔掉了。

因此,不存在一个单一的最优的光束质量定义,除 M^2 因子、斯特列尔比之外的光束质量指标也经常使用。最恰当的光束质量描述指标需要根据应用场合确定。桶中功率(PIB)是另外一个普遍使用的光束质量评价指标[2]。这种定义依赖于近场的硬边孔径。只要确定了近场的硬边孔径尺寸,就可以根据光束发散角确定远场硬边孔径。在本章中,尽可能地使用最普遍的光束质量评价指标 M^2 因子和斯特列尔比。

辐射亮度(或亮度)可以用来功率和光束质量来表示,定义为单位面积单位立体角内的功率,即

$$B = \frac{CP}{\lambda^2 (M^2)^2} \qquad (19.4)$$

式中：P 为功率；λ 为激光波长；M^2 为光束质量（假定是圆对称光束），C 为常值，依赖于光束尺度和发散角的定义（如果是高斯光束，$C=1$）。

依据辐射亮度理论[3]，当单束激光通过无损的光学系统时，其辐射亮度保持不变。由于辐射亮度的不变性，以及辐射亮度涵盖了光束质量和输出功率，可以认为光束合成是独立激光源的辐射亮度的合成。

19.2　光束合成技术和理论

光束合成有许多种方法[4]。激光阵列的光束合成技术可以分为非相干合成、相干合成、光谱合成三大类，如图 19.1 所示。在非相干合成（并行排列方式）中，合成光束的辐射亮度不会超过单元光束，然而在其他两种技术（相干合成和光谱合成）中，合成光束的辐射亮度与单元光束的亮度之比正比于阵列单元数 N。从技术上讲，可以把上述两种或多种技术混合使用。本章中，混合光束合成只涉及相干合成和光谱合成。

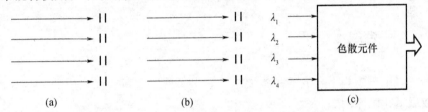

图 19.1　三种经典的光束合成方式（授权转载自 T. Y. Fan[4] @ 2005 IEEE）
(a)非相干合成；(b)相干合成；(c)光谱合成。

在非相干合成中，阵列单元可能（也可能不是）运转在同一波长，无须控制各单元的相位和光谱。尽管随着单元数的增加，总功率也随之增长，但光束质量却随着功率的增加不断下降。这是因为单元数的增加扩大了发射孔径的尺寸，光束的发散角却没有相应的减小。因而，合成光束的辐射亮度并没有增加。

相干合成和光谱合成都可以在保证光束质量的同时，提高总的输出功率。在相干合成或锁相阵列中，所有阵列单元的光谱相同，同时对各阵列单元的相位进行控制，以消除相干相消。纵观光束合成的历史，大多数的光束合成都试图使用这种经典的技术来获得好的光束质量。相干合成与电磁波谱中的射频和微波相位锁定阵列发射器完全类似。然而在光波段，由于光波长很短（微米量级），相干合成的难度更大。各阵列单元的相位必须控制到小于波长（2π 相位）的精度。尽管相干合成在较小阵列上已经得到了验证，采用简单、稳健的相位锁定方法在较大的合成阵列（10 或 100 单元）中获得近理想的光束质量一直是一件非常有挑战性的事情，但这方面已经有些进展了。例如，48 单元的光纤激光被动相干合成已经实现，相位残差小于 $\lambda/20$[5]。

光谱合成（波长合成）中，各阵列单元运转在不同的波长上，用色散光学系统把各单元光束在近场和远场叠加起来。尽管不像相干合成那么普遍，光谱合成也有一段历史了。在光通信领域的波分复用技术中，多个波长成分被耦合到一根单模光纤中，也算是光谱合成的范畴。同样，采用简单的方法，稳健地把较大激光阵列的输出光束合在一起一直是难题。

最近报道了 100 单元激光阵列近理想的光束合成（$M^2 = 1.3$），采用了外腔光栅稳定光束合成机制。最后，尽管偏振复用是光束合成的一种形式，由于其性能提升只有 2 倍，并不适用于大阵列。因此本章不会讨论偏振复用。

19.2.1　非相干合成

非相干合成是指无须光谱或相位控制，直接将多路激光排成阵列激光，以提高总的输出功率。传统的激光二极管阵列属于非相干合成。对于焊接等一些工业应用领域，激光和靶面之间的距离为几厘米，多路近衍射极限的光纤激光被耦合到一根多模光纤中以提高总的激光功率。虽然激光总功率很容易得到提高，但是这类光源的传输距离并不优于单路激光。对于依赖于远场同轴光强的应用领域，非相干合成并无优势。因此，在本章不讨论非相干合成的细节，详细介绍参见文献[7,8]。

19.2.2　相干合成

本书将讨论理想相干合成的基本要求[3, 9 - 19]。首先重新认识合成的一些方式[20 - 40]和合成效果退化的原因。

在相干合成中，激光阵列的所有链路都要求具有相同的频谱和相同的相位。因此，当各路光束重叠到一起时，整个光场呈现出相干相长的干涉效果。首先认识图 19.2(a) 和图 19.2(b) 两种简单的合成方法，随后将这两种方案推广到多链路的合成。这两种合成方式的子结构是共孔径合成和阵列排布合成方式。在共孔径合成方式中，相干发生在近场。如图 19.2(a) 所示，两路光束通过一个 50/50 分束器进行合成是共孔径合成方案的一种实现方式。共孔径合成方案中的合束器件可以认为是一个分束器件的逆向使用。为了将所有输入的功率转换为输出功率，需要满足一些条件。各路光束的偏振态必须一致，各路光束的功率必须匹配，为了实现相干各路光束的相位必须进行控制，各路光束在近场和远场必须是重叠的。在阵列排布合成方案中(19.2(b))，各子束并行排列，相干只能发生在远场。这种方案可以认为是一种组合的平面波实现方式。为了减少旁斑能量从而获得最大的远场中央光强分布，必须提高填充因子。对于这两种合成方式，参与合成的各子束必须保证同时的相干性以保证相干相长。因此，各子束的光谱必须保证一样，而且各子束必须在其相干长度之内。

上述阵列排布合成方案和共孔径合成方案光束相干产生的位置不同。在图 19.2(a) 中各路光束的相干发生在近场，然而在图 19.2(b) 中相干发生在远场。值得注意的是这两种方案实现理想相干合成的基本条件是一样的。对于阵列排布合成方案，所有的光束都必须朝同一个方向发射，而且各路光束之间在阵列排布时必须没有间隔，这种要求与共孔径合成中各路光束需要保证同轴性和光束重叠是类似的。理想情况下，通过两束的合成,亮度能够提升 1 倍,即合成效率为 100% 。对于近场发生相干的情况,合成光束的近场和远场光场分布与单光束一致,不会发生变化,而功率相对单光束提升了 1 倍。在阵列排布合成方式中,功率和合成孔径的尺寸都增加了 1 倍,同时整个系统的发散角减小了 1/2,因此,亮度提升了 1 倍。这种亮度提升方式能够推广到 N 束激光的合成,如图 19.2(c)和图 19.2(d)所示。在图 19.2(c)中,N 路光束在一个孔径填充的器件上进行合成。合成器件可以是分束光栅,一些空间分束器的组合,或者是一个 $N \times 1$ 的光纤分束器。在图 19.2(d)中,N 路光束并行排列。在这两种合成方式中,若 N 路光束参与合成,理想情况下亮度均能够提升 N 倍。在共孔径方案中,合成光束的近场和远场光斑与单链路的一致,而合成路数的增加使得亮度呈线性增加。对于理想的阵列排布合成方式,随着合成路数的增加, 在斯特列尔比保持不变的情况下合成功率呈线性增加,因此亮度也呈线性增加。

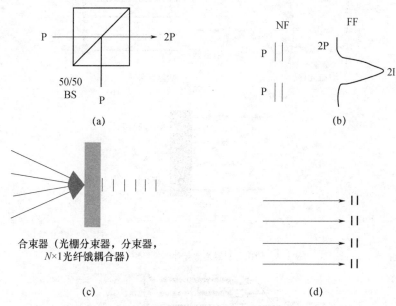

图 19.2　相干合成方式

(a)共孔径两路合成;(b)阵列排布两路合成;(c)共孔径 N 路合成;(d)阵列排布 N 路合成。

在共孔径合成方案中,为了获得理想的合成效果,对于确定的合成路数 N,合成器件必须进行具体的设计。例如,对于图 19.2(a),50/50 分束器不能够用于多链路的光束合成。反之,对于设计的 N 路合成器件,当合成路数仅有 FN 路($F<1$)时,合成器件的理论效率为 F,合束能量为 F^2[13]。如图 19.2(a)所示,如果只有一路光束参与合成,最终输出的光场能量只有两路合成时的 1/4。单路光束的一半功率将从一个端口输出,另一半能量将从另一个端口输出。与之类比[13],在阵列排布系统中,设排布的孔径尺寸一定,F 为孔径的填充因子,则斯特列尔比将变为理想情况下的 F 倍,中央能量将变为理想情况下的 F^2 倍。如果允许合成孔径的尺寸增加 N 倍,阵列排布合成方式的中央能量将提升为 N^2 倍,但是整个合成系统的亮度最多只能提升 N 倍。

相干合成广泛应用于半导体激光、固体激光、气体激光和光纤激光等多种激光器阵列的亮度提升。20 世纪 90 年代在相干合成方面的努力充其量可以称得上是勉强成功的。早期的相干合成抗干扰能力不强,人们对合成路数和输出功率的拓展性的认识也不够清楚。80 年代中期到 90 十年代的许多工作都集中于激光二极管阵列的相干合成,其目的是简化半导体激光系统(文献[3,9,15,18-20]很好地回顾了这方面的工作)。随着对相干合成所需条件理解的加深,以及对特定相干合成系统的分析,研究人员对提升相干合成系统阵元数目的难度有了更好的感悟。这一感悟又反过来促使人们研究相干合成,以提升系统的阵列数目和输出功率。许多相干合成方面的实验被报道,这些报道主要是以下合成方法中的一种或者综合运用的其中几种,即共腔法、倏逝波耦合、自组织、主动反馈和非线性光学效应,如图 19.3 所示。

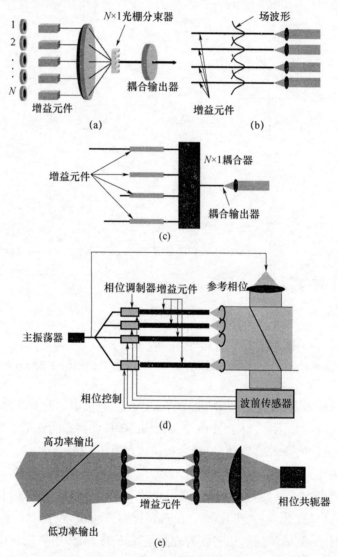

图 19.3 各种相干合成方法的原理(授权转载自 T. Y. Fan[4] @ 2005 IEEE)
(a)共腔法;(b)倏逝波耦合;(c)自组织;(d)主动反馈;(e)非线性光学效应。

　　如图 19.3(a)所示,在共腔法中,各单元激光放在一个光学谐振腔中,通过来自谐振腔的反馈光将各单元激光耦合到一起[22-29]。该方法可以看成是一个体谐振腔的空间采样。因此,作为一个体谐振腔,面临的挑战是如何实现低阶横模工作,这可以通过腔内的空间滤波器来实现。在共腔法相干合成中,目前已经采用腔内空间滤波和 Talbot 效应的方法来实现模式选择。虽然这些实验系统在低功率下获得了成功,但是随着功率的提升,难以获得低阶模输出。其中一个问题就是各路激光之间的光程差(活塞相差)在高功率时明显增加,这可以等价地看成是体光学系统中的波前畸变。活塞相差的存在导致难以获得低阶横模输出,近似于体激光器中光学介质的畸变。因为 CO_2 激光的波长超过 $10\mu m$,CO_2 激光的共腔法相干合成[26-28]比激光二极管和固体激光更为成功。由于具有更低的活塞相差,已经采用该方法实现了 85 路 CO_2 激光的相位锁定[28]。

　　倏逝波耦合方法[30-33]是一种广泛应用的方法(尤其是在半导体激光阵列的相干合成中),如图 19.3(b)所示。在这种方法中,阵列单元必须充分靠近以保证各单元激光的光场能够交叠而发生耦合,并希望通过单元光束的同相耦合来获得高的远场同轴光强。然而,实验中经常观察到耦合处于异相,使轴上的功率为 0。这是因为和同相耦合相比,异相耦合时单元激光之间存在零值,这将导致最小的损耗(尤其是如果单元激光之间的空间存在损耗时),或者导致更高的增益(因为单元激光模式的空间耦合更好)。

　　如图 19.3(c)所示,自组织法(又称为超模法)中,具有不同光程和不同光谱的单元激光通过自我调节以减小激光阵列的损耗[38,40-52]。这种方法本质上是将迈克尔逊干涉谐振腔[38,40]扩展到多于两个单元激光。可以通过多种方法来理解这种谐振腔。其中一种方法就是认为谐振腔在输出端的反射率是一个与波长相关的函数,获得最大反射率的波长会随着单元激光光程的变化而改变,如果有波长在各单元激光器的增益带宽内都能获得足够的反射率,那么阵列激光将起振。另一种方法就是将每一路激光分别看成一个振荡器,各振荡器相互注入,将激光频率锁定在各激光器都能运行的频率范围内。这种相互注入锁定使得整个激光阵列运行在同一个的频率,因而腔内损耗最小。但是,该方法不能控制各路激光的相位关系,以达到有效的高亮度合成。已经有实验报道采用这种方法实现数十路光纤激光相干合成。但是,合成效率随着合成路数的增加而下降。由于只能调整激光频率,而缺乏控制各路激光相位关系的机制,利用这种方法实现大阵元阵列激光相干合成的前景不佳[42,52]。

　　非线性光学相干合成主要包括相位共轭法和受激拉曼法[53-65]。许多相位共轭法相干合成都是基于块状介质中的受激布里渊散射效应,它具有相对较高的阈值,因此需要高峰值功率的激光。近年来,研究人员利用波导结构获得了更低的非线性效应阈值[65]。非线性光学相干合成的关键问题有提升单元激光的数目、降低非线性阈值、控制相位校正的带宽和动态范围。

　　以上列举的方法可以统称为被动相干合成。相位没有进行主动控制,而是通过单一的装置或机制来使单元激光之间的相位发生相互锁定,使合成激光在最低损耗的空腔谐振模式下运行。然而,这些没有采用主动相位控制的相干合成方法还没有被证明可以进行大数目阵列的相干合成。

在主动相位控制相干合成中,如图 19.3(d)所示,通过反馈系统对各路激光的光程差进行优化,进行相位控制,使各路激光的相位差为 2π 的整数倍[5,66-69]。这种方法可以等价地认为是使用一个变形镜对一个块状增益介质的波前畸变进行主动校正。这种方法主要采用主振荡功率放大(MOPA)结构。其关键技术主要包括如何探测各路激光之间的光程差、理解光程变化的动力学、研制能够提供足够带宽和动态范围的伺服控制系统。目前主要采用的伺服系统主要有相位探测[68,69]和多抖动[5,67]。前者利用专用的相位锁定环(PLL)对各路激光的相位进行探测和校正。后者不直接探测激光的相位,该方法只需要一个探测器,直接将合成激光的光束质量控制到最优。为了有效控制相位,伺服环路系统的带宽必须高于激光相位噪声的带宽[69]。由于伺服系统十分可靠,主动相位控制相干合成可以扩展到数目很大的系统激光阵列中。这种方法的缺点是每一路激光需要加入一个相位控制器。

相位探测控制环路的一个典型例子就是外差波前探测器,如图 19.4(a)所示。主振荡器(MO)的输出激光被分为多路,在其中一路激光中施加一个频移,作为其他各路激光相位探测的参考光。其他各路激光通过相位控制器后,再由多级放大器进行功率放大,最后将各路激光紧密排列,形成阵列光束输出。由于参考光和放大后的激光存在频移,两者干涉后产生随时间变化的拍频信号,只要这个频移足够低而能够被光电探测器探测到,就可以通过该信号探测出激光的相位。探测到的各路激光的相位作为相位控制电路的反馈信号,控制电路以此为依据向各频移器施加控制信号,将拍频信号的频率锁定到定值。控制电路非常简单,包括一个 XOR(异或)逻辑门和一个积分器,如图 19.4(b)所示。这种方法的固有特性使之很够扩展到许多路激光的相干合成。其缺点是,随着合成路数的增加,需要相应地增加探测器和控制电路的数量。

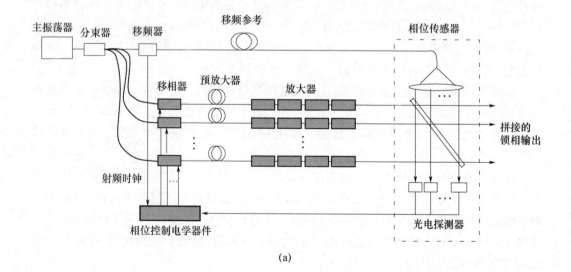

(a)

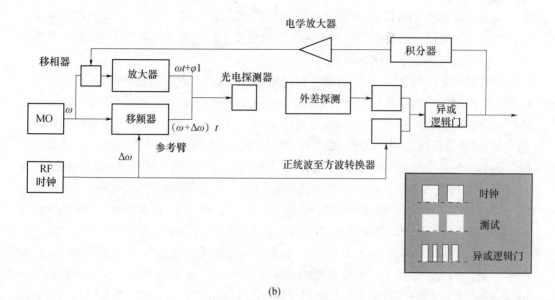

(b)

图 19.4　基于外差波前探测器的相干合成

(a)实验电路结构图；(b)相位控制电路和单个放大器链路。

19.2.3　相干合成性能退化

　　本节探讨由于阵元和阵列填充因子的不一致性所引起的相干合成性能退化。这些不一致性包括功率波动 ΔA、激光相位抖动 $\Delta \Phi$、激光间隔误差 ΔX 以及阵元指向不一致性 Δp。在分孔径合成中，退化通过斯特列尔比来量化，这也完全等价于共孔径合成的效率。

　　阵元之间的功率波动是普遍存在的，即使设计相同的激光器，其输出功率也会稍有差异。因此，为了认识是否有必要主动使各路激光功率的均等化来获得高的合成效率，确定功率波动(不考虑相位误差)所引起的合成退化程度是重要的。Fan[13] 分析了这一问题，对于大阵列和小 ΔA，表达式为

$$n_{\Delta A} = 1 - \frac{\sigma_{\Delta A}}{4} \tag{19.5}$$

式中：$n_{\Delta A}$ 为退化的斯特列尔比；$\sigma_{\Delta A}$ 为 ΔA 的标准差。

　　正如前面所提到的，主动和被动相位控制技术用来确保各阵元之间的相位锁定。因此，锁相残差引起的退化决定了相位控制的需求。文献[3,10]分析了这一问题，对于大阵列中不相关的小 $\Delta \Phi$，其表示为

$$n_{\Delta \varphi} = 1 - \sigma_{\Delta \phi} \tag{19.6}$$

式中：$n_{\Delta \phi}$ 为不考虑功率波动时退化的斯特列尔比；$\sigma_{\Delta} \phi$ 为 $\Delta \Phi$ 的标准差。

　　式 (19.6) 是式 (19.2) 式中 Marechal 近似的线性化。

　　需要指出的是，尽管式 (19.5) 与式(19.6) 形式上相似，但是 $\Delta \Phi$ 变化的范围远大于 ΔA。ΔA 引起的退化要比 $\Delta \Phi$ 引起的退化小 10 倍以上。对于名义上相同的激光器，典型

的激光功率差异在 10% 以内,导致的斯特列尔比下降小于 1% 。所以,采取主动控制使各阵元功率一致是没有必要的。控制单元激光的相位才是至关重要的。即使 $\lambda/20$ 的相位误差也将导致斯特列尔退化 10% 。

用光纤激光阵列作为例子,有助于探讨由 ΔX 和 Δp 引起的退化。光纤激光阵列通常配有与之匹配的微透镜阵列,来确保输出准直的细光束。如果光纤间隔误差导致与微透镜阵元间隔失配,各阵元准直后的细光束将不指同一方向。总的指向误差导致退化的波前质量,进而降低斯特列尔比 S。斯特列尔比的下降可以用式 (19.2) 来计算。因此,光纤间隔的均匀性必须控制在小于模场直径(MFD)的尺寸。用相同的例子,容易发现 Δp 通过降低阵列填充因子及限制在微透镜边缘的单个光束来使斯特列尔退化。光纤倾斜量必须控制在小于光纤 NA 的程度。图 19.5(a) 和图 19.5(b) 针对 800 nm 标准单模光纤(模场直径为 5.5 μm,数值孔径为 0.12),画出了斯特列尔退化量与 ΔX 和 Δp 的关系。图 19.5 表明:对于 ΔX 的容忍量,微米尺度或者光纤模场直径的 20% 是需要的;对于 Δp 的容忍量,20 mrad 或者光纤数值孔径的 20% 是需要的。这两项中,ΔX 的控制更具有挑战性。光纤激光器所应用的大模场光纤可以拥有 25 μm 的模场直径和 0.03 的数值孔径。这种光纤降低了对 ΔX 的要求,代价是对 Δp 的要求提高了。

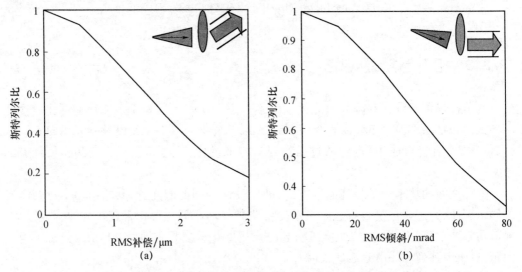

图 19.5 800 nm 单模光纤的斯特列尔退化量与 ΔX 和 Δp 的关系

对于分孔径合成,另外一个导致斯特列尔退化的因素是阵列填充因子。如果阵元之间不存在间隙,阵列填充因子是一致的,合成的光束将重新产生一个单一的孔径。对于填充因子不一致的激光器阵列,如果假定孔径是理想方形的且具有均匀的强度和相位,那么 $S = c^2/b^2$,其中 b 为激光阵元之间的间隔,c 为激光阵元的尺寸。因此,斯特列尔比的退化量等于填充因子[3]。

对于共孔径合成,在分析多端口合束器中去掉某些子束的影响时,可以将共孔径合成的效率直接类比于分孔径合成中的斯特列尔比[13]。在共孔径实现时,激光合束只有在所有端口都运作时才具有一致的合成效率。对于那些为了获得一致的合成效率而要求所有端口功率相同的合束器来说,当所有端口中只有一部分(F)起作用时,合成效率简单

等于 F,这可以直接类比于斯特列尔比等于填充因子。这导致系统合成后输出功率只能达到阵列全部运行的 F^2。

19.2.4　光谱合成

光谱合成(WBC)的辐射强度随着单元激光器的数量而增加。光束的合束器件决定了光谱合成的两种基本结构,即串行光束和并行光束,如图 19.6 所示。研究人员早期提出利用双色干涉滤光片作为合束器件,并实现了六个不同波长的激光二极管的光束合成[70]。该方法中,每一个激光器(或通道)的波长都不相同,每一个干涉滤光片都是只允许某一路激光二极管的输出光透过,而其他波长的激光则被反射。这种合成方式的缺点就是合束器件的数量很多。如果合成 N 路激光,就需要 $N-1$ 个合束器,每一个合束器的光谱都不同。每一束激光都要分别做到精确准直,以使得 N 路光束经过 $N-1$ 个合束器后依然重合。这种方法在 N 较小时很实用;然而当 N 较大时,由于需要的合束器数量增多,这种方式的合成变得很困难。

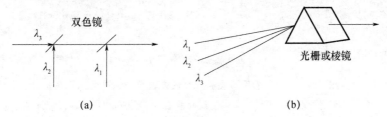

图 19.6　光谱合成 (授权转载自 T. Y. Fan[4] @ 2005 IEEE)
(a) 串行光束合成; (b) 并行光束合成。

通过并行光束光谱合成来增加光功率和辐射度的概念也在发展。例如,采用一对光栅(称为光栅棱镜)对不同波长的二极管激光器光谱合成[71]。这种方法的难点在于,它使用的是传统的法布里-珀罗二极管激光器,输出光谱即使采用温控也仍然不稳定。由于缺少充足的波长稳定化,降低了输出光束的光束质量。

光谱合成技术在针对光通信的波分复用传输领域也得到了发展[70,72,73]。早期的波分复用合束器使用的路数较少,如 4 路或 8 路。这些合束器大部分是串行的,如干涉滤光片或光纤布拉格光栅。由于串行的方式不利于合成路数扩展,而并行的方式采用自由空间光栅[72]或阵列波导光栅[73],可以容纳更多路数,实现了用单级波分复用合束器合成512 路不同波长的系统[73]。然而,对于一个波分复用传输系统,使更多不同波长的单路光进入到一根单模光纤中是人们关注的焦点;至于输出光的功率、亮度以及效率对于这套系统并没有那么重要。因此,这种波分复用合束器往往是有损耗的,限制了合成效率。此外,这种合束器的功率被限制在 1W 以内。

马萨诸塞州技术研究院的林肯实验室的工程师发明了一种低损耗自由空间波分复用器。这种器件能够提供波长控制,同时实现对大激光阵列(几百路)的近理想光束合成[6,74-81]。图 19.7 是利用这种合束器件进行合成的线性二极管激光器阵列系统简图。值得注意的是,在该系统中光纤激光阵列可以代替二极管激光阵列。通过光反馈控制每路激光的光谱,使得每路光的光谱均不相同,且符合理想光束合成的要求。每一路激光的增益元件均在激光振荡器中,一端是共振腔反射镜,另一端是部分反射的输出耦合器作为输出端。激光增益介质与自由空间之间有高透射膜或做成一定角度的斜面,以阻止界面回光。系统中,每路激光阵列共用透镜、光栅以及输出耦合器。透镜放在距离光束出射口一倍焦距的位置,将每路激光在阵列中的位置转化成特定入射角入射到光栅上。光栅放置在透镜的焦点位置,以保证每路光束空间重合。因为每束平行光都垂直入射到平面输出耦合镜上,保证了各子束的同向传播。由于每路光入射光栅的入射角均不相同,因此需要外腔振荡器选取不同波长的光束以保证各路光共轴传输。

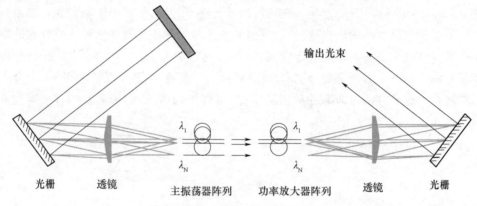

图 19.7　带有主振荡波长控制的光谱合成系统的主振荡
功率放大器(MOPA)结构(授权转载自 T. Y. Fan[4] 2005 IEEE)

另一种看待上述外腔激光器工作原理的方法是从单路光束的角度考虑。在平行纸面的平面内将单路光束调整至振荡器中,垂直于透镜的光轴。当调整这束光路时,光束的输出方向不会被改变,因为输出耦合器迫使所有输出光都必须垂直入射其表面。另外,由于光栅放置在透镜的焦点位置上,光束入射光栅的位置也不会改变。因此,如果沿着该光路放置其他光束,各路不同波长的光束仍会相互共轴。

此外,还可以从类似光栅光度计的角度看待上述结构。在光栅光度计中,宽带光辐射入射到光栅上(入射方向与合成激光的输出光束方向相反)。由于衍射角不同,光栅可以将不同波长的光分开;之后,利用转换透镜或者平面镜改变光束在焦平面上的传播角度,使得不同波长的光进入不同的位置。从本质上来说,光谱合成的实质就是光栅光度计的反向应用。这种结构的光路是一维的。这种外腔结构已被应用于二极管光谱合成[6,76,77]和光纤激光阵列中[75,78-80]。原则上,光谱合成可以通过交叉光栅拓展至二维阵列,如利用 CCD 成像作为探测器的分光计系统[82]。

我们对这种结构所能容纳的合成路数进行了一定的评估。结果显示,在合理的假设下,可以合成数百路至数千路的光。相邻光路之间的间隔 d 与透镜焦距 f、输出光的总波长差 $\Delta\lambda$、光栅的角色散 $\mathrm{d}\beta/\mathrm{d}\lambda$ 的关系表达如下:

$$d \approx f\left(\frac{\mathrm{d}\beta}{\mathrm{d}\lambda}\right)\Delta\lambda \tag{19.7}$$

光栅角色散与一定波长差的两条谱线其角间隔的大小有关。换而言之,这种色散与

光栅常数 a 和衍射角 β 有关。

$$\frac{\mathrm{d}\beta}{\mathrm{d}\lambda} = \frac{1}{a\cos\beta} \tag{19.8}$$

对于一个 2000 线/mm 的光栅,在入射波长 1μm 时,角色散的值约为 4rad/μm。对于 $f = 20\mathrm{cm}$,光束总波长差为 25nm 的 1μm 光纤或半导体激光器,如果光栅角色散为 4rad/μm,那么 $d \approx 2\mathrm{cm}$。光路空间中心在 250μm 时,这种设计可容纳 80 路光束。减小光路之间的间隔或增大透镜焦距可以增加合成路数。

对于高功率光谱合成,需要对光栅进行热管理以阻止光束质量的退化。镀金光栅的吸收率高达 1%。对于一束 100kW 的光,它将产生 1kW 的热负载。而多层电介质光栅的吸收率仅约为 10^{-4}。这样,对于 100kW 的光束,用电介质光栅进行合成,热负载可控制在 10W。

19.2.5　光谱合成性能的降低

串行和并行光谱合成在光谱控制与多光路的准直方面均遇到了挑战。在串行光束合成的方案中,光谱控制问题对于单路激光和滤光片都是难点。由于合成路数的增加以及相邻光束的波长间隔减小,给滤光片的制造增加了难度。另外,由于光路末端的激光累积了大量的回光,串联装置要求干涉滤光片的角度位置只能有很小的容差。角度位置的偏离将导致输出光束在远场的拖尾效应,降低轴上光强度。显然,为获得近衍射极限的合成光束,各路达到衍射极限的光必须在近场和远场都保持重合。这种获得串行合成的基本方法利用的是光纤通信传输中的波分复用器,它在分布反馈式激光器、光纤布拉格光栅和单模光纤中得到发展。效率在波分复用传输应用中的重要性要小于它在功率放大中的重要性,所以可以接受一定程度的损耗。角度和近场位置的偏差可以利用单模光纤元件消除。但在光纤耦合和熔接不理想的情况下会损失部分光功率。

在并行合成中(图 19.7),激光子束的线宽必须足够窄才能使光栅由于衍射极限射束发散所引起的波束发散较小。由激光的有限线宽造成的限制[74,83] 如下式:

$$\arcsin\left[\left(\lambda + \frac{\Delta}{2}\right)g - \arcsin(\theta_i)\right] - \sin^{-1}\left[\left(\lambda - \frac{\Delta}{2}\right)g - \sin\theta_i\right] \leqslant \frac{4\lambda}{\pi d} \tag{19.9}$$

式中:d 为光束宽度;Δ 为激光线宽;θ_i 为光束入射光栅的入射角;g 为光栅频率,反比于式(19.8)中的光栅常数 a。

因此,式(19.9)表示激光的有限线宽引起的光束发散应该小于光束本身的衍射。

此外,对耦合到近场位置的光谱也是有要求的。在近场,光束位置必须和光束光谱相对应,或者说每路光束的光谱要和其在近场的位置相一致。利用近场的光反馈机制能自动地控制光束在特定光谱下运行。这种机制有效地提高了对近场位置的要求,并且使光波长与其近场的位置相匹配。与该近场平面正交的平面(光束阵列平面以外)很重要;线阵列中的"微笑"效应将导致非合束平面上光束质量的下降。系统的衍射极限准直包含远场光路的准直和光学系统的调整,这样光束才能在光栅上得到很好空间重合。如果透镜严格在距光束阵列一个焦距的位置上,那么阵列单元的远场指向偏差也必须控制在子束的发散角内。

　　Bochove[81]分析了以上因素,并找到了由于光纤光谱带宽、光束倾斜与侧向偏置引起的光束质量降低的表达式:

$$M_x^2 = \sqrt{v\langle 1+\omega_x^2\rangle + 6\langle \frac{\Delta\theta_x^2}{\theta_0^2}\rangle + 4\langle \frac{\Delta(\omega_x\theta_x)^2}{\theta_0^2}\rangle} \tag{19.10}$$

$$M_y^2 = \sqrt{\langle 1+\omega_y^2\rangle + 4\langle \frac{\Delta\theta_x^2}{\theta_0^2}\rangle + 4\langle \frac{\Delta(\omega_y\theta_y)^2}{\theta_0^2}\rangle + 4\langle \frac{\Delta y^2}{\Delta\omega_0^2}\rangle} \tag{19.11}$$

式中

$$\langle \omega_x^2\rangle \approx \frac{\varepsilon^2}{Z_R^2} + \frac{\alpha_0\varepsilon W^2}{6fZ_R^2} + \frac{\alpha_0 W^4}{80f^2 Z_R^2}$$

$$\langle \omega_y^2\rangle \approx \frac{\varepsilon^2}{Z_R^2} + \frac{\beta_0\varepsilon W^2}{6fZ_R^2} + \frac{\beta_0 W^4}{80f^2 Z_R^2}$$

$$v = 1 + \frac{\Delta\lambda_{Bn}^2}{2\Delta\lambda_{Cn}^2}$$

其中:W 为光束的宽度;α_0 和 β_0 分别为入射角和衍射角;ε 为光束末端与透镜焦平面距离的偏差($\varepsilon = 0$,说明光束末端刚好在透镜的前焦平面上);f 为透镜的焦距;Z_R 为模场的瑞利距离,$Z_R = \pi\omega_0^2/\lambda$;$\omega_0$ 为高斯模场半径;θ_0 为光束的发散角;θ_x 和 θ_y 分别为沿 x 轴和 y 轴的偏离角;$\Delta\lambda_{Bn}$ 为光纤的光谱带宽;$\Delta\lambda_{Cn}$ 为腔的光谱带宽;Δy 为垂直或沿非合束方向的偏置量(半导体激光中的"微笑"效应)。括弧表示光束阵列的平均值:

$$\begin{cases} \langle \chi^2\rangle = \sum_n P_n\chi_n^2 \\ \langle \Delta\chi^2\rangle = \sum_n P_n\chi_n^2 - \left[\sum_n P_n\chi_n\right]^2 \\ \sum_n P_n = 1 \end{cases} \tag{19.12}$$

其中:P_n 为第 n 束光纤的归一化输出;χ_n 为被平均的物理量。如果光源在微透镜阵列的焦平面上,上式可以直接应用到使用微透镜阵列的构型中。

　　最后,值得注意的是光谱合成在准直误差和激光器的因素所引起的光束质量退化方面要比相干合成在这些方面引起的光束退化大,因为光谱合成是功率叠加而不是电磁场的叠加。所带来的结果是,并行光束光谱合成的效率与固定系统结构中使用光束的数量无关,这一点与相干合成相反。

19.2.6　混合合成

　　混合合成是指综合采用 19.2.1 节 ~19.2.3 节介绍的技术中的几种技术。其目的就是突破单一技术中合成路数的限制,以实现更多路激光的光束合成。这些限制因素可能是激光的物理特性(如激光介质的增益带宽),或者当前技术水平的限制(如相位锁定环路的控制带宽)。

　　最简单的混合合成就是将多路合成光束进行非相干合成。首先通过相干合成或光谱合成提升激光子系统的输出功率,当输出功率达到子系统极限后,再将多个子系统排列在一起,构成一个非相干合成系统。然而,本章中混合合成特指互补地利用光谱合成和相干合成来同时提升输出激光的功率和亮度[84,85]。实现方式:首先,通过相干合成进行相位控制,将 M 路激光合为一束,合成光束可以看成是具有单一频率的单束激光;然后,将 N 个具有不同波长的各相干合成激光阵列,通过光谱合成合为一束,总的激光路数为 $N \times M$ 路。其紧凑的执行方案如图 19.8 所示,N 个主振荡器的波长各不相同,每个 MO 被分为 M 路进行放大。各路激光输出后通过一个变换透镜并入射到一个衍射光栅上。光栅将不同波长的光进行叠加后输出。利用分光镜和双色镜提取相干合成相位控制系统中抖动算法所需的反馈信号。在混合合成系统中,需要同时满足相干合成光谱合成所需的必要条件。

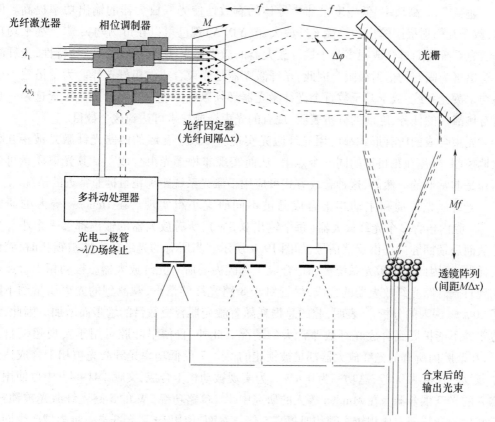

图 19.8　N（光谱合成）$\times M$（相干合成）路激光的混合合成系统结构

19.3　特殊激光系统的光束合成

在过去几十年里,关于各种激光系统的光束合成方面的研究工作已取得很大进展。本节仅总结与高平均功率激光系统相关的光束合成最新进展的细节,同时将这些近期的工作写进文中的历史部分。我们选择了光纤激光器、半导体激光器和固体激光器系统三个特殊领域的工作,它们已显示出最重要的进展。

19.3.1 光纤激光光束合成

尽管稀土掺杂玻璃早在 20 世纪 60 年代就展示出了其作为良好激光物质的特点,这样的激光器却直到 20 世纪 80 年代才以单模光纤的形式出现[86,87]。光通信传输过程中作为放大器的应用促使光纤激光器的发展。由于通信传输窗口在 1550nm,关于光纤激光器的早期工作大部分集中于掺铒光纤。泵浦光和信号光均在纤芯中传输;因此,需要亮度非常高的泵浦半导体来实现放大。由于高亮度泵浦半导体的功率有限,掺铒光纤放大器(EDFA)的输出功率被限制在数百毫瓦。

光纤放大器的包层泵浦在 20 世纪 90 年代提出,从而为光纤放大器的低亮度泵浦提供了途径[88]。高功率、低亮度泵浦半导体的有效性使光纤放大器的输出功率提高。例如,数千瓦衍射极限输出的掺镱光纤放大器(YDFA)现已可以在市场购买[89]。高平均功率激光系统可通过合成很多基于这种放大器的激光器来实现。由于其波导特性,光纤激光输出可为固有的衍射极限。因此,光纤激光器是光束合成的极好选择。为了搭建一个高功率激光系统,数十乃至数百个光纤激光器必须以好的光束质量合成。尽管这是一个具有挑战性的任务,之前的分析表明,现有的光束合成技术可达到这个数目。

光束合成的所有形式都已用光纤激光实现。单束千瓦级的四路光纤激光被相互独立地控制、聚焦在靶目标的同一个点上,从而实现非相干光束合成[8]。其光束质量可想而知是非常低的。然而,这种合成方式可应用于激光系统距离靶目标非常近的情况。

光纤激光被动和主动相干合成已被不同研究小组实现。在 Hendow 等人的研究中[90],腔内包含多个光纤放大器(每个输出 0.5W),所有放大器的输出都被一个小孔聚焦从而反馈回腔内提供反馈信号,如图 19.9 所示。当所有的光纤放大器被锁相时,腔内损耗最小,因此这个激光系统被动地合成了其腔内的所有光纤放大器。被动相干合成可实现直到八路光纤放大器的合成,尽管对于 8 路光纤的情形,观测到的光束质量约下降了 40%。深入的分析[52]表明,腔的总损耗随着激光器合成数目的增多而增加。因此,该方案并不能扩展到合成光纤数非常大的情况。此外,自傅里叶腔可用于实现超模自选择,在该腔内所有的光纤放大器都是被锁相的[51]。7 束低功率光纤激光被相干合成达到了条纹对比度为 0.87,总功率为 0.4W。为实现被动相干合成,文献 [41-44] 中也使用了嵌入的光纤耦合器。在 Minden 等人的研究中[44],单路功率 7W 的 5 路光纤激光被锁相,锁相后的斯特列尔比相较未锁相时提高 5 倍。然而,使用 19 路光纤进一步尝试产生同相超模时并不成功。分析表明,这种方案仅限于约 10 路激光合成[42]。一种使用 SBS 相位共轭镜实现被动相干合成的非线性光学方案,也实现了两路瓦级光纤放大器的被动相干合成[61]。

光纤激光主动相干合成已用 MOPA 结构实现。一个主振荡器(MO)分出若干条支路,并被每条支路的多个功率放大器(PA)放大。每条支路有自己的相位控制器,相位控制器接收反馈信号。在 Anderegg 等人的研究中[68],四路窄线宽掺镱光纤放大器(YDFA)通过一个标准的 PLL 技术实现相干合成。每个放大器需要独立的相位探测器和 PLL。总的输出功率为 470W,观测到的相位噪声 PV 值小于 $\lambda/30$。在 Shay 等人的研究中[66],单

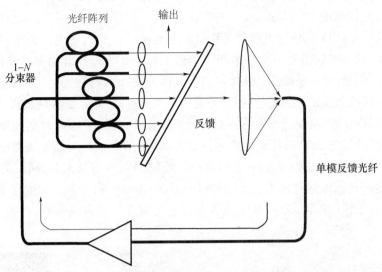

图 19.9　被动光纤合成(授权转载自 S. T. Hendow et al[90])

路功率 145W 的 5 路窄线宽放大器实现相干合成。每个光纤放大器被用自己的频率抖动。一种类似于副载波解调的技术用于从单个探测器获得所有光纤激光的反馈信号(图19.10)。该技术的术语为通过单探测器电子频率示踪的光相干锁定(LOCSET)。当控制回路闭合时,同样观察到了小于λ/30 的相位噪声。该实验实现了目前最高的合成功率。16 路放大器合成实现 2 kW 正在努力实现中。

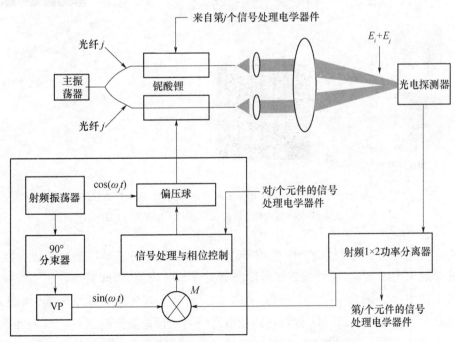

图 19.10　单探测器电子频率示踪的光相干锁定(LOCSET)

示意(授权转载自 T. M. Shay et al[66])

在一个涉及最多路数合成的实验中[5,67],将 48 路单频光纤激光合成获得共 1W 的输出功率(实验结构如图 19.11 所示)。一个单频钛蓝宝石激光器经过分束获得 1 路参考光和 48 路信号光。48 路信号光的每一路光纤都经过一个光纤压电拉伸器,并排列成二维光纤阵列。该二维输出阵列是一个四个角被去掉的正方形光纤网格。输出光束的一小部分作为反馈信号。基于相位探测和基于多抖动的技术都在实验中进行了验证。一个 CCD 用于测量全部光纤的相位,测量数据用于对所有光纤激光进行锁相。尽管使用一个 CCD 比用不同的探测器分别探测各路激光相位方便一些,但是 CCD 的速度相对较慢,从而使可获得的带宽低于 1kHz。对于多抖动方案,远场光轴上光强被选为评价函数,这与共同相位锁定情形下是一致的。然后将抖动施加到每一路激光上,利用类似于"爬山法"的算法使评价函数达到最大。在两种情形下,锁相后的斯特利尔比退化约为 1dB,该退化不是来自于锁相控制闭环,而是主要来自于光学方面引入的残差,例如光纤对准和微透镜焦距不一致等。

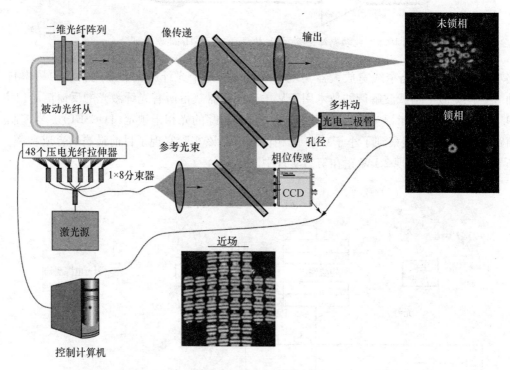

图 19.11　利用相位探测和多抖动技术的 48 路光纤激光
相干合成实验系统结构(授权转载自 J. E. Kansky et al[67])

值得注意的是窄线宽放大器不是相干合成所必需的。由于窄线宽光线放大器的功率提升受限于 SBS 效应,而增加谱线宽度能够提升 SBS 阈值,因此宽谱合成能够获取更大的输出功率。Augst 等人[83]对,两路 10W 的光纤放大器实现了相干合成。由于参与合成的放大器的线宽为 25GHz,因此两路光束之间的光程差需控制在几毫米。当两路光束的光程差进行严格控制时,整个合成系统的条纹对比度大于 90%。这种宽谱光纤放大器的功率提升能力要比目前单频光纤放大器高很多。实际上,最近研究已经证实了功率

1. 26 kW、谱宽 21GHz 的光纤放大器也能够用于相干合成[91]。

此外,理解光纤放大器相位控制很有必要。目前已经报道了 30 W 商用光纤放大器的光程变化(相位噪声)[83],如图 19.12 所示。在图 19.12(a)中,当放大器开启时,光程由于热效应等因素的影响变化了几千个波长。在热平衡状态下(图 19.12(b)),安静的实验室中光程在微秒时间尺度变化了几十个波长,而在有其他声音噪声的环境中光程的变化将更大。这种光程的变化已经足够大,因此,为了实现相干合成必须对这种光程的变化进行补偿。任何相干合成的方案都必须能够调整这种光程的变化。幸运的是相位噪声主要取决于热效应和环境噪声,而不是自发辐射。因此,这种相位噪声的特征频率一般低于 1kHz(图 19.12)。这种相位噪声的来源已经在 260W 光纤放大器环境噪声的抑制实验中被 Jones、Stacey 和 Scott 等人证实[92]。实验结果表明相位噪声在几赫兹附近急剧下降。

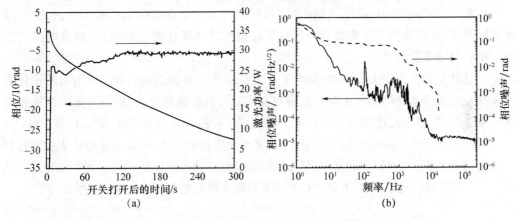

图 19.12　30W 光纤放大器的相位噪声

(a) 时间相应;(b)稳态下的噪声功率谱(实线)和积分谱密度(虚线)。

对于光谱合成,无论是串行结构还是并行结构,都是多路不同波长的高功率光纤激光器的输出光强叠加。与相干合成不同,光谱合成不需要控制单路激光的相位。因此,相位噪声不会影响光谱合成的品质。对于并行结构,衍射光栅是首选的合束器件。因为衍射光栅具有高效率和高功率控制能力。光纤激光器的光谱合成在谐振腔[75,79,80]和 MOPA 结构[78]均得到了实现。MOPA 结构通过功率发生器将时域和光谱波形分开控制,如同研究脉冲振荡和光谱展宽一样。Cook 和 Fan[75]利用外腔控制的方法来保证单路光纤激光器的波长与它们的空间位置相对应。由于光纤激光功率较高,而多层电介质光栅的损耗小,因此光纤激光器光谱合成的输出功率近年得到很大提升。2003 年,5 路 2W 掺镱光纤放大器合成得到 $M^2 = 1.14$[78]。几年后,3 路掺镱光纤放大器合成得到 522W 输出功率,$M^2 = 1.18$[74];4 路掺镱光纤放大器合成得到 2065W 输出功率,$M^2 = 2.0$[93]。

光谱合成不要求单路激光做到单频。在文献 [74,78,93]中用到的光纤放大器均具有吉赫线宽。大部分合成采用衍射光栅作为分光元件。按照这些元素设计光谱合成,宽线宽激光器的光束发散不会降低最终合成光束的 $M^{2[78]}$。体布拉格光栅(VBG)用于串行结构的光谱合成(实验结构如图 19.13 所示)。5 路放大器通过 4 个 VBG 被合束。利用该方法进行的光谱合成输出功率达到 770W,功率转换效率为 91.7%,但是并未报道输出光束质量的好坏[94]。

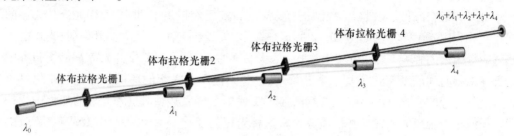

图 19.13 利用体布拉格光栅(VBG)的 5 路光谱合成实验结构
(授权转载自 O. Andrusyak et al. @ 2009 IEEE)

少数光谱合成利用振荡器结构。4 路掺铥光纤激光器合成输出功率 11W,但光束质量未标明[79];3 路掺镱光纤激光器利用硅熔接透射式光栅作为色散元件,合成输出功率为 104W,$M^2 = 2.7$[80]。

光纤激光的混合光束合成在 2004 年首次实现[84]。在原理论证中[85],两对功率分别为 40mW 的光纤激光器实现了合成。每对激光器具有相同的波长,同一对里的两根光纤先是相干合成,然后把这两对光谱合成。输出光具有良好的光束质量,$M^2 = 1.15$。

尽管光纤激光合成功率还没有超过单根光纤激光器的功率,但是测量分析表明通过相干合成或者光谱合成可以实现这个目标。事实上,合成功率应该超过单根光纤激光器的功率至少 1 个量级。现在,研究人员正在利用光纤激光器为光束合成功率提高做努力[95]。

19.3.2 半导体激光光束合成

尽管半导体激光具有小的尺寸和高的效率,但高光束质量的半导体激光器输出功率一般较低(约 1W)。在一些商业应用中一般不需要良好的光束质量($M^2 < 1.2$),因此半导体激光的非相干合成是一种主要的功率提升方法。对于这种商业应用,多个半导体激光器通常并排装配到一维阵列上。这种激光"巴条"能够包含几百个激光器单元,其输出功率可达几百瓦,但是输出的光束质量是非常差的,当包含多个激光器单元时 $M^2 > 1000$[7]。

为了利用半导体激光器建立高平均功率高光束质量的激光系统,必须使用良好光束质量的半导体激光器,然而这种系统的构建具有一定的挑战性。如果每个激光器的输出功率为 1W,一个高能系统就需要几万个激光器单元在保证光束质量的前提下进行有效的合成。由于半导体系统具有一定的吸引力,许多研究组在 20 世纪末都在向这个目标前进[3,9,18,19,31-37]。

半导体激光的相干合成可以追溯到 1975 年[22]。随后又进行了大量的工作[15-24,31-37]。由于构建高功率系统需要对多路激光器进行相干合成,早期工作集中在构建半导体激光阵列的锁相系统[18,19]。作为相位控制的一种方法,不同的模式选择机理被引用到激光腔中实现被动相干合成。这些被动锁相包括倏逝波耦合、Talbot 效应耦合等。利用这种方式实现了 2W 的合成功率输出[18,19],中央主斑能量为 1.15W。此功率水平与单个激光器的输出功率基本相近。

此外,主动锁相 MOPA 合成结构和注入锁定合成结构也得到了发展[20,34-36]。一个主振荡器通过分束注入一个集成相位调制器件的功率放大结构中。通过相位调制器施加反馈的相位控制信号实现各路光束的同相相干。No 等人[34]对,一个一维 100 路阵列的合成系统实现了 97% 的条纹对比度。部分由于紧随激光二极管的空间准直光学系统无法捕捉离轴激光,在总的近场输出功率为 7.9 W 时远场中央主斑内的能量仅有 1.63 W。这种一维的阵列结构随后又拓展为二维 900 个激光器单元的相干合成系统。整个二维阵列排布系统的输出功率为 15W[15],但未报道其光束质量。Bartelt - Berger 等人[37]对 19 路带尾纤的半导体激光器通过注入锁定的方式实现了同波长输出。然后 19 根尾纤被排布在一个填充孔径上,通过主动控制各路激光器尾纤的长度进行光程控制,在远场实现了相干相长的合成效果。相位锁定时远场轴上光强比不锁定位相时提高了 13 倍,但阵列填充的占空比较低。

Saunders 等人[33],同时利用主动和被动锁相实现了二维阵列 144 激光单元的相干合成。在这个系统中,通过利用一个 Talbot 腔和一个液晶阵列实现锁相,获得了 1.4 W 近衍射极限的输出。

最近,光束合成已经包括相干合成和光谱合成[6,21,39]。通过引入光学反馈锁相技术在共孔径和阵列结构的合成方案中均实现了两路瓦级激光器的合成[21]。在共孔径合成方案中,通过使用一个 2×1 的光纤耦合器实现了共孔径的合成。在阵列排布结构中,准直输出的光束并排放置,合成后的光强较合成前增加了 75%。Huang 等人[39]将板条耦合的光波导激光器(SCOWL)也用于光束合成以增加其输出功率。一个 10 单元的一维 SCOWL 阵列在 Talbot 腔中成功实现了被动锁相,得到了 7.2 W 近衍射极限的激光输出。作为另一种方式,用一个主振荡器作为种子,将 10 单元的 SCOWL 装配成一个激光阵列,利用主动锁相实现了 4.9 W 的总功率输出。在主动锁相系统中,系统采用多抖动锁相算法调节每个单元的驱动电流实现整个系统的锁相。图 19.14 是 SCOWL 的相位噪声的功率谱。由图可知,控制 SCOWL 放大器的控制带宽仅需几赫兹。一维阵列的 SCOWL 激光器相干合成同样能够推广到二维激光阵列的合成。

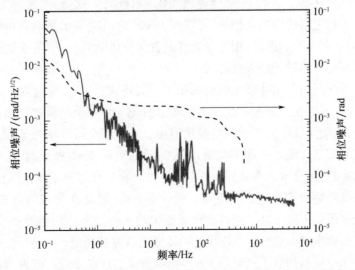

图 19.14　SCOWL 激光器的相位噪声:功率谱密度(实线)和积分谱(虚线)

文献[6,96]中已经实现了利用 SCOWL 的光谱合成。100 路 100μm 倾斜的 SCOWL 阵列插入光束合成腔中(图 19.15)。这种结构获得了 50W 近衍射极限的输出(在两个方向上的 M^2 均小于 1.35)。图 19.15(a)展示了光谱沿阵列位置变化的情况,图 19.15(b)给出了输出功率与光束质量随阵列变化的曲线。这是半导体激光系统输出的近衍射极限的最高功率,远远高于单束半导体激光器输出的近衍射极限的功率。另一项与上述方式基本相同的演示是 Hamilton 等人[97]用 1400 个半导体激光器——7 个包括 200 只单管的巴条——在施密特结构中合束功率达到 26W。由于热效应,在最高功率时没有测量光束质量。然而,在 8.6W 时测得合成光束在 x 和 y 方向上的 M^2 分别为 4.4 和 3.0。

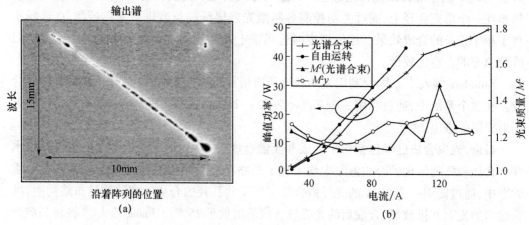

图 19.15　100 路激光二极管光谱合成实验结果(授权转载自 B. Chann et al [6])
(a) 输出光谱;(b) 输出功率和光束质量。

19.3.3　固体激光光束合成

相比于光纤激光和半导体激光,块状固体激光目前具备产生更高功率输出的能力。固体激光的缺点是在高功率水平下,激光器可能(而且通常就会)产生严重的热致畸变,如热透镜效应。利用自适应光学校正,可以在 10kW 输出功率水平下获得好的光束质量(约 1.5 倍衍射极限)[98]。因此,相比于光纤或者半导体激光,一个基于固体激光的高功率激光系统可用更少的激光路数来合成。

很多研究团队报道了固体激光的被动相干合成研究[47-50]。通过对一段激光棒的不同区域进行泵浦,可以在一个激光腔中产生多路激光。将一个超模选择器件,如衍射和/或干涉元件,插入激光腔中从而使各路激光锁相。这种方法可以认为是增加了单横模振荡的固体激光的模场面积。在低重频脉冲模式下,基于一根激光棒的 16 个区域的相干合成已经成功实现,其合成效率达到 88%,$M^2 = 1.3$,输出功率几十毫瓦。在更高功率下,热透镜效应和高阶畸变等热光效应使得合成效率下降,就像在传统的激光谐振腔中,高功率将导致光束质量下降一样。可以在激光腔中插入透镜来补偿热透镜效应,从而在固定的工作点提高输出功率[49],这与传统的固体激光谐振腔类似。

尽管在许多应用都用到了两路激光的主动锁相,如计量学[99],但直到最近才有关于利用主动相干合成获得高功率固体激光系统的报道。在 Goodno 等人[100]的报道中,一个通用的主振荡器为两个"之"字光路 Nd:YAG 板条放大器作种子(图 19.16)。每路放大器的输出功率约 10kW,两路放大器相干合成获得了 19kW 的输出,光束质量为 1.73 衍射极限。这是目前功率最高的连续固体激光,超过了单个固体激光可获得的功率。在进一步的功率提升实验中,利用 7 个上述放大器进行相干合成,每路激光功率为 15kW,总输出功率达到 105kW,光束质量为 2.9[101]。这两个激光器已在前面第 8 章进行了详细的讨论。

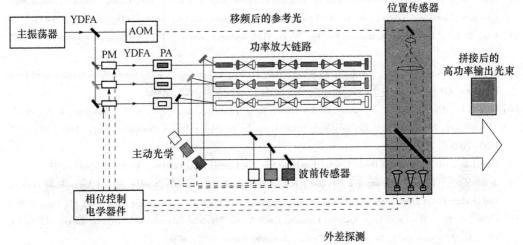

图 19.16 高功率 Nd:YAG 激光放大器相干合成系统结构(授权转载自 G. D. Goodno et al[100])

19.4 小结

本章主要回顾了光谱合成和相干合成(包括主动相干合成和被动相干合成)等激光光束合成技术。虽然被动相干合成的一些必要条件还有待深入研究,但是对主动相位控制相干合成技术的认识已经较为成熟,这种方法需要添加额外的硬件系统。在增加硬件系统的前提下,主动相干合成能够实现大规模激光阵列的相干合成。目前对光谱合成的认识也较为成熟,这种方法利用衍射光栅等分离元件进行合成。为了突破这两种方法在合成路数方面的限制,发明了混合合成的方法,同时利用光谱合成和相干合成来进行光束合成。本章还综述了一些关于光纤激光、半导体激光和固体激光光束合成方面有代表性的工作。这三类激光的光束合成在今年来都取得了重大进展,已获得的合成输出超过或接近单路同类激光。

致谢

作者感谢 Steve Augst 校验此章并提供了图 19.12 和图 19.14、Hagop Injeyan 提供了图 19.4,以及 Bien Chann、Jan Kansky、Daniel Murphy、Antonio Sanchez – Rubio 等人对光束合成的功效。本工作部分由美国空军在合同号 FA8721 – 05 – C – 0002 下合作支持。

文中的观点、解释、结论和其他建议是这些作者的,并且不需要美国政府的许可。

参考文献

[1] Siegman, A. E. ,Lasers, Mill Valley, CA: University Science Books, 1986.

[2] Sasiela, R. J. ,Electromagnetic Wave Propagation in Turbulence: Evaluation and Application of Mellin Transforms, Bellingham, WA: SPIE Press, 2007.

[3] Leger, J. R. , "External Methods of Phase Locking and Coherent Beam Addition of Diode Lasers, "Surface Emitting Semiconductor Lasers and Arrays, eds. G. A. Evans and J. M. Hammer, Boston: Academic Press, 1993, 379-433.

[4] Fan, T. Y. , "Laser Beam Combining for High Power, High Radiance Sources, "IEEE J. Quantum Electron. , 11: 567-577, May 2005.

[5] Yu, C. X. , Kansky, J. E. , Shaw, S. E. J. , Murphy, D. V. , and Higgs, C. , "Coherent Beam Combining of Large Number of PM Fibers in a 2-D Fiber Array, " Electron. Lett. , 42: 1024-1025, 2006.

[6] Chann, B. , Huang, R. K. , Missaggia, L. J. , Harris, C. T. , Liau, Z. L. , Goyal, A. K. , Donnelly, J. P. , et al. , "High-Power, Near-Diffraction-Limited Diode Laser Arrays by Wavelength Beam Combining, " Opt. Lett. , 30: 1253-1255, 2005.

[7] Diehl, R. , ed. ,High Power Diode Lasers: Fundamentals, Technology, Applications, Berlin: Springer, 2000.

[8] Sprangle, P. , Ting, A. , Penano, J. , Fischer, R. , and Hafizi, B. , "Incoherent Combining and Atmospheric Propagation of High Power Fiber Lasers for Directed Energy Applications, "IEEE J. Quantum Electron. , 45: 138-148, 2009.

[9] Chinn, S. R. , "Review of Edge-Emitting Coherent Laser Arrays, "Surface Emitting Semiconductor Lasers and Arrays, eds. , G. A. Evans and J. M. Hammer, Boston: Academic Press, 1993, 9-70.

[10] Nabors, C. D. , "Effect of Phase Errors on Coherent Emitter Arrays, "Appl. Opt. , 33: 2284-2289, 1994.

[11] Cheston, T. C. , and Frank, J. , "Array Antennas, " inRadar Handbook, ed. , M. I. Skolnik, New York: McGraw-Hill, 1970, Chap. 11.

[12] Leger, J. R. , Holz, M. , Swanson, G. J. , and Veldkamp, W. , "Coherent Beam Addition: An Application of Binary Optics, "Lincoln Lab. J. , 1: 225-245, 1988.

[13] Fan, T. Y. , "The Effect of Amplitude (Power) Variations on Beam-Combining Efficiency for Phased Arrays, "IEEE J. Select. Top. Quantum Electron. , 15: 291-293, 2009.

[14] Khajavikhan, M. , and Leger, J. L. , "Modal Analysis of Path Length Sensitivity in Superposition Architectures for Coherent Laser Beam Combining, "IEEE J. Select. Top. Quantum Electron. , 15: 281-290, 2009.

[15] Glova, A. F. , "Phase Locking of Optically Coupled Lasers, "Quantum Electron. , 33: 283-306, 2003.

[16] Leger, J. R. , Swanson, G. J. , and Veldkamp, W. B. , "Coherent Laser Addition Using Binary Phase Gratings, "Appl. Opt. , 26: 4391-4399, 1987.

[17] Mecherle, G. S. , "Laser Diode Combining for Free Space Optical Communication, "Proc. SPIE, 616: 281-291, 1986.

[18] Botez, D. , "Monolithic Phase-Locked Semiconductor Laser Arrays, "Diode Laser Arrays, eds. , D. Botez and D. R. Scifres, Cambridge, UK: Cambridge University Press, 1994, 1-67.

[19] Welch, D. F. , and Mehuys, D. G. , "High-Power Coherent, Semiconductor Laser, Master Oscillator Power Amplifiers and Amplifier Arrays, "Diode Laser Arrays, eds. , D. Botez and D. R. Scifres, Cambridge, UK: Cambridge University Press, 1994, 72-122.

[20] Goldobin, I. S. , Evtikhiev, N. N. , Plyavenek, A. G. , and Yakubovich, S. D. , "Phase-LockedIntegrated Arrays of Injection Lasers, " Sov. J. Quantum Electron. , 19: 1261-1284, 1989.

[21] Satyan, N. , Liang, W. , Kewitsch, A. , Rakuljic, G. , and Yariv, A. , "Coherent Power Combination of Semiconductor Lasers Using Optical Phase-Lock Loops, "IEEE J. Select. Top. Quantum Electron. , 15: 240-247, 2009.

[22] Philipp-Rutz, E. M. , "Spatially Coherent Radiation from an Array of GaAs Lasers, "Appl. Phys. Lett. , 26: 475-477,

1975.

[23] Leger, J. R. , Scott, M. L. , and Veldkamp, W. B. , "Coherent Addition of AlGaAs Lasers Using Microlenses and Diffractive Coupling,"Appl. Phys. Lett. , 52: 1771-1773, 1988.

[24] Corcoran, C. J. , and Rediker, R. H. , "Operation of Five Individual Diode Lasers as a Coherent Ensemble by Fiber Coupling into an External Cavity,"Appl. Phys. Lett. , 59: 759-761, 1991.

[25] Glova, A. G. , Dreizin, Yu. A. , Kachurin, O. R. , Lebedev, F. V. , and Pis'mennyi, V. D. , "Phase Locking of a Two-Dimensional Array of CO2 Waveguide Lasers," Sov. Tech. Phys. Lett. (USA), 11: 102-103, 1985.

[26] Newman, L. A. , Hart, R. A. , Kennedy, J. T. , Cantor, A. J. , DeMaria, A. J. , and Bridges, W. B. , "High Power Coupled CO2 Waveguide Laser Array,"Appl. Phys. Lett. , 48: 1701-1703, 1986.

[27] Kachurin, O. R. , Lebedev, F. V. , and Napartovich, A. P. , "Properties of an Array of Phase-Locked CO2 Lasers," Sov. J. Quantum Electron. (USA), 15: 1128-1131, 1988.

[28] Vasil'tsov, V. V. , Golbev, V. S. , Zelenov, Ye. V. , Kurushin, Ye. A. , and Filimonov, D. Yu. , "Using Diffraction Optics for Formation of Single-Lobe Far-Field Beam Intensity Distribution in Waveguide CO_2-Lasers Synchronized Arrays," Proc. SPIE, 2109: 122-128, 1993.

[29] Kono, Y. , Takeoka, M. , Uto, K. , Uchida, A. , and Kannari, F. , "A Coherent Allsolid-state Laser Array Using the Talbot Effect in a Three-mirror Cavity,"IEEE J. Quantum Electron. , 36: 607-614, May 2000.

[30] Youmans, D. G. , "Phase Locking of Adjacent Channel Leaky Waveguide CO_2 Lasers," Appl. Phys. Lett. , 44: 365-367, 1984.

[31] Scifres, D. R. , Burnham, R. D. , and Streifer, W. , "Phase-Locked Semiconductor Laser Array,"Appl. Phys. Lett. , 33: 1015-1017, 1978.

[32] Mawst, L. J. , Botez, D. , Zmudzinski, C. , Jansen, M. , Tu, C. , Roth, T. J. , and Yun, J. , "Resonant Self-Aligned-Stripe Antiguided Diode Laser Array,"Appl. Phys. Lett. , 60: 668-670, 1992.

[33] Saunders, S. , Waarts, R. , Nam, D. , Welch, D. , Scifres, D. , Ehlert, J. C. , Cassarly, W. J. , et al. , "High Power Coherent Two-Dimensional Semiconductor Laser Array,"Appl. Phys. Lett. , 64: 1478-1480, 1994.

[34] No, K. H. , Herrick, R. W. , Leung, C. , Reinhart, R. , and Levy, J. L. , "One Dimensional Scaling of 100 Ridge Waveguide Amplifiers,"IEEE Photon. Technol. Lett. , 6: 1062-1066, 1994.

[35] Levy, J. L. , and No, K. H. , "Coherent Two Dimensional 1000-Emitter Phase Array," presented at Seventh Annual Diode Laser Technology Conference, Fort Walton Beach, FL, 1994.

[36] [36] Osinski, J. S. , Mehuys, D. , Welch, D. F. , Waarts, R. G. , Major, J. S. , Dzurko, K. M. , and Lang, R. J. , "Phased Array of High-Power, Coherent, Monolithic Flared Amplifier Master Oscillator Power Amplifiers,"Appl. Phys. Lett. , 66: 556-558, 1995.

[37] Bartelt-Berger, L. , Brauch, U. , Giesen, A. , and Opower, H. , "Power-Scalable System of Phase-Locked Single-Mode Diode Lasers,"Appl. Opt. , 38: 5752-5760, 1999.

[38] DiDomenico, Jr. , M. , "Characteristics of a Single-Frequency Michelson-Type He-Ne Gas Laser,"IEEE J. Quantum Electron. , QE-2: 311-322, 1966.

[39] Huang, R. , Chann, B. , Missaggia, L. , Augst, S. , Connors, M. , Turner, G. , Sanchez, A. , and Donnelly, J. , "Coherent Combination of Slab-Coupled Optical Waveguide Lasers,"Proc. SPIE, 7230: 7230-1G, 2009.

[40] Smith, P. W. , "Mode Selection in Lasers,"Proc. IEEE, 60: 422-440, 1972.

[41] Shirakawa, A. , Saitou, T. , Sekiguchi, T. , and Ueda, K. , "Coherent Addition of Fiber Lasers by Use of a Fiber Coupler,"Opt. Express, 10: 1167-1172, 2002.

[42] Kouznetsov, D. , Bisson, J. , Shirakawa, A. , and Ueda, K. , "Limits of Coherent Addition of Lasers: Simple Estimate,"Opt. Rev. , 12: 445-447, 2005.

[43] Sabourdy, D. , Kermene, V. , Desfarges-Berthelemot, A. , Lefort, L. , Barthélémy, A. , Mahodaux, C. , and Pureru, D. , "Power Scaling of Fibre Lasers with All-Fibre Interferometric Cavity,"Electron. Lett. , 38: 692-693, 2002.

[44] Minden, M. L. , Bruesselbach, H. , Rogers, J. L. , Mangir, M. S. , Jones, D. C. , Dunning, G. J. , Hammon, D.

L. , et al. , "Self-Organized Coherence in Fiber Laser Arrays,"Proc. SPIE, 5335: 89-97, 2004.

[45] Michaille, L. , Bennett, C. , Taylor, D. , and Sheperd, T. , "Multicore Photonics Crystal Fiber Lasers for High Power/Energy Applications,"IEEE J. Select. Top. Quantum Electron. , 15: 320-327, 2009.

[46] Liu, L. , Zhou, Y. , Kong, F. , and Chen, Y. C. , "Phase Locking in a Fiber Laser Array with Varying Path Lengths,"Appl. Phys. Lett. , 85: 4837-4839, 2004.

[47] Oka, M. , Masuda, H. , Kaneda, Y. , and Kubota, S. , "Laser-Diode-Pumped Phase-Locked Nd:YAG Laser Arrays," IEEE J. Quantum Electron. , 28: 1142-1147, 1992.

[48] Menard, S. , Vampouille, M. , Desfarges-Berthelemot, A. , Kermene, V. , Colombeau, B. , and Froehly, C. , "Highly Efficient Phase Locking of Four Diode Pumped Nd:YAG Laser Beams,"Opt. Commun. , 160: 344-353, 1999.

[49] Ishaaya, A. , Davidson, N. , and Friesem, A. , "Passive Laser Beam Combining with Intracavity Interferometric Combiners,"IEEE J. Select. Top. Quantum Electron. , 15: 301-310, 2009.

[50] Ishaaya, A. A. , Davidson, N. , Shimshi, L. , and Friesem, A. A. , "Intracavity Coherent Addition of Gaussian Beam Distributions Using a Planar Interferometric Coupler,"Appl. Phys. Lett. , 85: 2187-2189, 2004.

[51] Corcoran, C. J. , and Durville, F. , "Passive Phasing in a Coherent Laser Array,"IEEE J. Select. Top. Quantum Electron. , 15: 294-301, 2009.

[52] Bochove, E. , and Shakir, S. A. , "Analysis of a Spatial-Filtering Passive Fiber Laser Beam Combining System,"IEEE J. Select. Top. Quantum Electron. , 15: 320-327, 2009.

[53] Basov, N. G. , Efmkov, V. F. , Zubarev, I. G. , Kotov, A. V. , Mironov, A. B. , Mikhailov, S. I. , and Smimov, M. J. , "Influence of Certain Radiation Parameters on Wavefront Reversal of a Pump Wave in a Brillouin Mirror,"Sov. J. Quantum Electron. (USA), 9: 455-458, 1979.

[54] Carroll, D. L. , Johnson, R. , Pfeifer, S. J. , and Moyer, R. H. , "Experimental Investigations of Stimulated Brillouin-Scattering Beam Combination,"J. Opt. Soc. Am. B, 9: 2214-2224, 1992.

[55] Kong, H. J. , Lee, J. Y. , Shin, Y. S. , Byun, J. O. , Park, H. S. , and Kim, H. , "Beam Recombination Characteristics in Array Laser Amplification Using Stimulated Brillouin Scattering Phase Conjugation,"Opt. Rev. , 4: 277-283, 1997.

[56] Rodgers, B. C. , Russell, T. H. , and Roh, W. B. , "Laser Beam Combining and Cleanup by Stimulated Brillouin Scattering in a Multimode Optical Fiber,"Opt. Lett. , 16: 1124-1126, 1999.

[57] Vasil'ev, A. F. , Mak, A. A. , Mit'kin, V. , Serebryakov, V. A. , and Yashin, V. E. , "Correction of Thermally Induced Optical Aberrations and Coherent Phasing of Beams During Stimulated Brillouin Scattering,"Sov. Phys. -Tech. Phys. (USA), 31: 191-193, 1986.

[58] Rockwell, D. A. , and Giuliano, C. R. , "Coherent Coupling of Laser Gain Media Using Phase Conjugation,"Opt. Lett. , 11: 147-149, 1986.

[59] Gratsianov, K. V. , Komev, A. F. , Lyubimov, V. V. , Mak, A. A. , Pankov, V. G. , and Stepanov, A. I. , "Investigation of an Amplifier with a Composite Active Element and a Stimulated Brillouin Scattering Mirror,"Sov. J. Quantum Electron. (USA), 16: 1544-1546, 1986.

[60] Gratsianov, K. V. , Komev, A. F. , Lyubimov, V. V. , and Pankov, V. G. , "Laser Beam Phasing with Phase Conjugation in Brillouin Scattering,"Opt. Spectrosc. (USA), 68: 360-361, 1990.

[61] Grime, B. , Roh, W. B. , and Alley, T. , "Beam Phasing Multiple Fiber Amplifiers Using a Fiber Phase Conjugate Mirror,"Proc. SPIE, 6102: 6102-1C, 2006.

[62] Sumida, D. S. , Jones, D. C. , and Rockwell, D. A. , "An 8. 2 J Phase-Conjugate Solid-State Laser Coherently Combining Eight Parallel Amplifiers,"IEEE J. Quantum Electron. , 30: 2617-2627, 1994.

[63] Moyer, R. H. , Valley, M. , and Cimolino, M. , "Beam Combination Through Stimulated Brillouin Scattering,"J. Opt. Soc. Amer. B, 5: 2473-2489, 1988.

[64] Smith, M. H. , Trainor, D. W. , and Duzy, C. , "Shallow Angle Beam Combining Using a Broad-Band XeF Laser," IEEE J. Quantum Electron. , 26: 942-949, 1990.

[65] Russell, T. H., Willis, S. M., Crookston, M. B., and Roh, W. B., "Stimulated Raman Scattering in Multimode Fibers and Its Application to Beam Cleanup and Combining," J. Nonlinear Opt. Phys. Mater., 11: 303-316, 2002.

[66] Shay, T. M., Baker, J., Sanchez, A. D., Robin, C., Vergien, C., Zerinque, C., Gallant, D., et al., "High Power Phase Locking of a Fiber Amplifier Array," Proc. SPIE., 7195: 71951M-1-8, 2009.

[67] Kansky, J., Yu, C. X., Murphy, D., Shaw, S., Lawrence, R., and Higgs, C., "Beam Control of a 2D Polarization Maintaining Fiber Optic Phased Array with High-Fiber Count," Proc. SPIE, 6306: 63060G, 2006.

[68] Anderegg, J., Brosnan, S., Cheung, E., Epp, P., Hammons, D., Komine, H., Weber, M., and Wickham, M., "Coherently Coupled High Power Fiber Arrays," Proc. SPIE, 6102: 61020U1-5, 2006.

[69] Augst, S. J., Fan, T. Y., and Sanchez, A., "Coherent Beam Combining and Phase Noise Measurements of Ytterbium Fiber Amplifiers," Opt. Lett., 29: 474-476, 2004.

[70] Nosu, K., Ishio, H., and Hashimoto, K., "Multireflection Optical Multi/Demultiplexer Using Interference Filters," Electron. Lett., 15: 414-415, 1979.

[71] Minott, P. O., and Abshire, J. B., "Grating Rhomb Diode Laser Power Combiner," Proc. SPIE, 756: 38-48, 1987.

[72] Yu, C. X., and Neilson, D. T., "Free Space Diffraction Grating Based Demux Using Image Plane Transformations," J. Select. Top. Quantum Electron., 8: 1194-1201, 2002.

[73] Takada, K., Abe, M., Shibata, M., Ishii, M., and Okamoto, K., "Low-Crosstalk 10GHz-Spaced 512-Channel Array-Waveguide Grating Multi/Demultiplexer Fabricated on a 4-in Wafer," IEEE Photon. Technol. Lett., 13: 1182-1184, 2001.

[74] Loftus, T., Thomas, A., Hoffman, P., Norsen, M., Royse, R., Liu, A., and Honea, E., "Spectral Beam Combined Fiber Lasers for High Average Power Application," IEEE J. Select. Top. Quantum Electron., 13: 487-497, 2007.

[75] Cook, C. C., and Fan, T. Y., "Spectral Beam Combining of Yb-Doped Fiber Lasers in an External Cavity," in OSA Trends in Optics and Photonics, vol. 26, Advanced Solid-State Lasers, eds., M. M. Fejer, H. Injeyan, and U. Keller, Washington, DC: Optical Society of America, 1999, 163-166.

[76] Daneu, V,. Sanchez, A., Fan, T. Y., Choi, H. K., Turner, G. W., and Cook, C. C., "Spectral Beam Combining of a Broad-Stripe Diode Laser Array in an External Cavity," Opt. Lett., 25: 405-407, 2000.

[77] Hamilton, C., Tidwell, S., Meekhof, D., Seamans, J., Gitkind, N., and Lowenthal, D., "High Power Laser Source with Spectrally Beam Combined Diode Laser Bars," Proc. SPIE, 5336: 1-10, 2004.

[78] Augst, S. J., Goyal, A. K., Aggarwal, R. L., Fan, T. Y., and Sanchez, A., "Wavelength Beam Combining of Ytterbium Fiber Lasers," Opt. Lett., 28: 331-333, 2003.

[79] Clarkson, W. A., Matera, V., Kendall, T. M. J., Hanna, D. C., Nilsson, J., and Turner, P. W., "High-Power Wavelength-Combined Cladding-Pumped Tm-Doped Silica Fibre Lasers," OSA Trends in Optics and Photonics (TOPS), vol. 56, Conference on Lasers and Electro-optics (CLEO 2001), Technical Digest, Postconference Edition, Washington, DC: Optical Society of America, 2001, 363-364.

[80] Reich, M., Limpert, J., Liem, A., Clausnitzer, T., Zellmer, H., Kley, E. B., and Tünnermann, A., "Spectral Beam Combining of Ytterbium-Doped Fiber Lasers with a Total Output Power of 100 W," Europhysics Conference Abstracts, 28C: Fib-10137, 2004.

[81] Bochove, E. J., "Theory of Spectral Beam Combining of Fiber Lasers," IEEE J. Quantum Electron., 38: 432-445, 2002.

[82] Vogt, S. S., and Penrod, G. D., "HIRES: A High Resolution Echelle Spectrometer for the Keck 10-m Telescope," Instrumentation for Ground-Based Optical Astronomy: Present and Future, ed. L. B. Robinson, Berlin: Springer-Verlag, 1988, 68-103.

[83] Augst, S. J., Ranka, J., Fan, T. Y., and Sanchez, A., "Beam Combining of Ytterbium Fiber Amplifiers," J. Opt. Soc. Am. B, 24: 1707-1715, 2007.

[84] Fan, T. Y., Goyal, A., and Sanchez, A., "High Power, Spectrally Combined Laser Systems and Related Methods,"

US Patent 6,697,192, Feb. 24, 2004.

[85] Fridman, M., Eckhouse, V., Davidson, N., and Friesem, A., "Simultaneous Coherent and Spectral Addition of Fiber Lasers," Opt. Lett., 33: 648-650, 2008.

[86] Desurvire, E., Erbium-Doped Fiber Amplifiers, Principles and Applications, New York: Wiley, 1994.

[87] Digonnet, M. J. F., ed., Rare-Earth-Doped Fiber Lasers and Amplifiers, New York: CRC Press, 2001.

[88] Po, H., Cao, J. D., Laliberte, B., Minns, R., Robinson, R., Rockney, B., Tricca, R., and Zhang, Y., "High Power Neodymium-Doped Single Transverse Mode Fiber Laser," Electron. Lett., 29: 1500-1501, 1993.

[89] Yeong, Y., Sahu, J. K., Payne, D., and Nilsson, J., "Ytterbium-Doped Large-Core Fiber Laser with 1.36 kW cw Output Power," Opt. Exp., 12: 6088-6092, 2004.

[90] Hendow, S. T., Shakir, S. A., Culver, B., and Nelson, B., "Passive Phasing of Fiber Lasers," presented at Solid State and Diode Laser Technology Review, Los Angeles, CA 2007.

[91] McNaught, S. J., Rothenberg, J. E., Thielen, P. A., Wickham, M. G., Weber, M. E., and Goodno, G. D., "Coherent Combining of a 1.26-kW Fiber Amplifier" (paper AMA2), OSA Topical Meetings on Advanced Solid-State Photonics, 2010.

[92] Jones, D. C., Stacey, C., and Scott, A. M., "Phase Stabilization of a Large-Mode-Area Ytterbium-Doped Fiber Amplifier," Opt. Lett., 32: 466-468, 2007.

[93] Wirth, C., Schmidt, O., Tsybin, I., Schreiber, T., Peschel, T., Bruckner, F., Clausnitzer, T., et al., "2 kW Incoherent Beam Combining of Four Narrow- Linewidth Photonics Crystal Fiber Amplifiers," Opt. Exp., 17: 1178-1183, 2009.

[94] Andrusyak, O., Smirnov, V., Venus, G., Rotar, V., and Glebov, L., "Spectral Combining and Coherent Coupling of Lasers by Volume Bragg Gratings," IEEE J. Select. Top. Quantum Electron., 15: 344-353, 2009.

[95] Seeley, D., "High Energy Laser Joint Technology Office Electric Laser Initiatives," presented at The Optical Fiber Communication Conference and Exposition (OFC) and the National Fiber Optic Engineers Conference (NFOEC), San Diego, CA (2009). http://www.ofcnfoec.org/conference_program/2009/images/09-1a-seeley.pdf.

[96] Huang, R. K., Chann, B., Missaggia, L. J., Donnelly, J. P., Harris, C. T., Turner, G. W., Goyal, A. K., et al., "High-Brightness Wavelength Beam Combined Semiconductor Laser Arrays," IEEE Photon. Technol. Lett., 19: 209-211, 2007.

[97] Hamilton, C., Tidwell, S., Meekhof, D., Seamans, J., Gitkind, N., and Lowenthal, D., "High Power Laser Source with Spectrally Beam Combined Diode Laser Bars," Proc. SPIE, 5336: 1-10, 2004.

[98] Goodno, G. D., Asman, C. P., Anderegg, J., Brosnan, S., Cheung, E. C., Hammons, D., Injeyan, H., et al., "Brightness-Scaling Potential of Actively Phase-Locked Solid-State Laser Arrays," IEEE J. Quantum Electron., 13: 460-472, 2007.

[99] Ye, J., and Hall, J. L., "Optical Phase Locking in the Microradian Domain: Potential Application to NASA Space-borne Optical Measurements," Opt. Lett., 24: 1838-1840, 1999.

[100] Goodno, G. D., Komine, H., McNaught, S. J., Weiss, S. B., Redmond, S., Long, W., Simpson, R., et al., "Coherent Combination of High Power, Zigzag Slab Lasers," Opt. Lett., 31: 1247-1249, 2006.

[101] McNaught, S. J., Komine, H., Weiss, S. B., Simpson, R., Johnson, A. M. F., Machan, J., Asman, C. P., et al., "100 kW Coherently Combined Slab MOPAs" (paper CThA1), Conference on Lasers and Electro-Optics, 2009.